U0189643

SAUCES PICKLES PRESERVES

西餐酱汁
圣经

The Encyclopedia
of Sauces Pickles and Preserves

[英] 凯瑟琳·阿特金森 克里斯汀·法郎士 玛吉·梅休 / 著

丛龙岩 / 译

中国轻工业出版社

图书在版编目（CIP）数据

西餐酱汁圣经 /（英）凯瑟琳·阿特金森（Catherine Atkinson），（英）克里斯汀·法郎士（Christine France），（英）玛吉·梅休（Maggie Mayhew）著；丛龙岩译. —北京：中国轻工业出版社，2017.12

ISBN 978-7-5184-1424-6

Ⅰ. ①西…　Ⅱ. ①凯…　②克…　③玛…　④丛…　Ⅲ.①西式菜肴－调味酱－制作　Ⅳ.①TS264.2

中国版本图书馆CIP数据核字（2017）第127402号

责任编辑：史祖福

策划编辑：史祖福　　　责任终审：唐是雯　　　封面设计：奇文云海
版式设计：锋尚设计　　　责任校对：晋　洁　　　责任监印：张　可

出版发行：中国轻工业出版社（北京东长安街6号，邮编：100740）

印　　刷：北京顺诚彩色印刷有限公司

经　　销：各地新华书店

版　　次：2017年12月第1版第1次印刷

开　　本：787×1092　　1/16　　印张：31.75

字　　数：731千字

书　　号：ISBN 978-7-5184-1424-6　　定价：258.00元

邮购电话：010-65241695

发行电话：010-85119835　传真：85113293

网　　址：http://www.chlip.com.cn

Email：club@chlip.com.cn

如发现图书残缺请与我社邮购联系调换

141561S1X101ZYW

前 言

酱汁就如同普通的机械配件，在能工巧匠的手中能够将它们魔术般地装配成为令人叹为观止的杰作，或者又如同精美的绘画作品，能够成为一个房间里所有装饰品中最吸人眼球的焦点之作。酱汁可以把一盘最简单的菜肴变化成为令人难以忘怀的美味佳肴。对于一道完整的菜肴来说，酱汁可以说是其中不可或缺之物，它能够将菜肴中的所有风味要素完美地融合到一起，从而形成一个和谐而饱满的整体，它可以搭配着菜肴一起上桌食用，对菜肴的风味进行补充或者与菜肴形成鲜明的对比。其目的是为客人提供非同一般的口感。例如，一份美味的三文鱼排配上一份脆嫩可口的莎莎酱，或者香肠配上用紫甘蓝制作而成的泡菜。颜色在菜肴装盘中所起到的作用也至关重要。一道简单的甜点，例如一份乳蛋饼或者一份油炸卡芒贝尔乳酪搭配上一勺用宝石红的李子与小豆蔻一起制作而成的宝石红色的果酱，看起来就会富丽堂皇。酱汁同样会起到中和的作用，比如提供鳄梨酱时搭配一个红艳艳的辣椒，就有可能挑战你的味觉。还有烤牛肉搭配辣根酱，还有青芥辣，不起眼却辛辣似火，搭配寿司时，一勺就足够了。

几个世纪以来酱汁一直处于传统烹饪的核心地位。Sauce 这个词汇从拉丁语 salsus 演变而来，意思是 salted（咸的），厨师们最初的本意是，在菜肴中不加入香辛料，而是在那些使用肉类或者鱼类为主料制作而成的菜肴不是很新鲜的情况下，用酱汁来遮盖一下这些菜肴的味道。

在酱汁中加入百里香和香叶之类的香草，以最大限度地保持菜肴的新鲜度和风味。

经典的法式洋葱酱汁是食用三成熟、鲜嫩多汁的牛排时传统的搭配酱汁。

为了中和这些菜肴的风味，味道浓郁的香草类开始受到欢迎，直至意大利文艺复兴时期，当跟随美迪奇家族来到法国深受启发的大厨们开始研发以细腻的口味和华丽的装盘而闻名于世的菜肴，而在此之前，这些都不是法国菜的强项。

当凯瑟琳·德·美迪奇前往法国下嫁给后来的法国皇帝亨利二世时，她带来了她的私人厨师团队，并给法国引进了一系列新颖而美味的菜肴，这些菜肴通常都会搭配着清淡雅致的酱汁。这些菜肴和酱汁被法国人所认可和接受并运用到了法国菜的制作中。在这之后经过了一个多世纪，佛朗索瓦·拉瓦雷纳研发出了以黄油炒面粉（roux）为基础的酱汁系列，在接下来差不多三百年的时间里，法国大厨们坚持不懈的努力，包括最伟大的厨师安托万·卡列姆，创造性地将种类繁多的酱汁按照所要搭配主菜的类型进行了归纳分类！

到了二十世纪五十年代中期，随着味道浓郁、口味厚重的酱汁在人们心目中的喜爱程度逐渐地下降，保罗·博古斯对传统法国烹调敲响了警钟，并引入了新式烹调方式（Nouvelle Cuisine）。酱汁因此变得更加清淡，成为了使用最新鲜食材制作而成的菜肴，在美轮美奂地呈现在顾客面前时的锦上添花之作。

厨师们都知道，时至今日经典的酱汁仍然发挥着重要的作用，并且已经扩大了使用范围。酱汁可以是一份简单的燉浓之后的肉汤（stock），可以是水果蓉（coulis），可以是香咸开胃的结力（jelly），可以是用生的、切碎的蔬菜制作而成的开胃小菜（relish）。它们可以是乳脂状，或者具有鲜脆的口感，可以是热的或者是冷的，可以是甘甜味道，也可以是咸香口味。

它们可以作为泡菜汁使用，或者作为蘸酱使用。一种酱汁可以是老年人的挚爱，就如同苹果酱汁总是会陪伴着祖母喜欢吃的烤猪肉一样，或者采用更加现代的方法将它们混合到一起。菊苣与天然晒干的番茄搭配在一起，可以再加上些泰国罗勒以及辣椒酱。这些就成为了你储存的酱汁——就如同芒果酸辣酱、酸黄瓜以及其他种类的果酱和蜜饯一样。果酱和蜜饯类食品的制作艺术就如同酱汁制作一般有着悠久的传统，要感谢跨界文化带来的深远影响以及各种新颖的服务理念，使得酱汁制作也正在经历一场复兴。一些传统的"涂抹酱"甚至可以当成快捷方便的酱汁来使用，可以尝试一下：在一款热气腾腾的蒸布丁上面舀上一勺果酱或者柑橘酱效果会怎样。

本书对这两方面的参考作用是毋庸置疑的，书中详尽地列出了厨师在制作酱汁以及果酱和蜜饯时所需要了解的所有相关和常用的原材物料、工具器皿、技巧方法

许多果酱和蜜饯在储存时都会使用相类似的，最简单的方式：研发和试验了几个世纪了！

等内容。超过了400道让人心潮澎湃的食谱，通过配有详尽制作步骤的图片，清晰无误地给你带来最大的信心和灵感上的启发。总而言之，当涉及那些传统的调味品时，本书就是你所需要的入门指南。

用各种水果和蔬菜制作而成的果酱和结力，可以是咸香口味或者是甘美的甜味。

目 录
CONTENTS

酱汁类
Sauces

传统的咸香口味酱汁，莎莎酱汁和蘸酱，用于肉类主菜，鱼与蔬菜类菜肴的酱汁，沙拉酱汁和腌泡汁以及甜食酱汁

传统的开胃沙司、莎莎酱，用于配主菜中肉类、鱼类、蔬菜、沙司、腌泡汁和甜酱汁等调味品

经典酱汁

一款酱汁对许多菜肴来说具备丰富的内涵——从只是盛放在餐盘边上来突出一道制作工艺简单而普通的菜肴的味道，到成为一道制作工艺更加复杂菜肴的一个组成部分。酱汁可以是咸香味，也可以是甘甜口味，可以带来鲜嫩口感，也可以给人以强烈冲击，所有酱汁的一个共同特点就是它们都含有液体成分。与撒在菜肴表面的干粉原料、混合香辛料，或者是涂抹到菜肴上的原料不同，酱汁中含有一定量的液体，即便是油脂，例如黄油，在经过加热之后也会变成液体。你可能购买到成百上千种不同品牌或种类的酱汁，但是它们都根本无法与你自制的酱汁相提并论——对于一款色香味俱佳的酱汁来说，其制作程序并不十分复杂。

味道清新鲜美的莎莎酱：由混合了少许香草和味道浓郁、口感丰富的水果和蔬菜一起制作而成

酱汁的传统标准

在传统的烹饪学校里，烹饪大师们仍然是按照制作技法来划分酱汁（使用增稠的方法，燴浓的方法，或者浓缩的方法，也或者乳化的方法），根据酱汁的用途或者颜色不同，突出"母汁"或者基础的酱汁，可以有各种不同的变化以制作出一系列不同的酱汁。然而传统酱汁的制作方法和分类方法依旧是制作众多酱汁的根本所在，这些方法现在对于我们来说更加简单易用。这些基本的规则尽管今天仍在使用，但酱汁的释义已经被提升到了一个全新的、内容更加丰富的境地。

重新搭配组合的酱汁

酱汁不仅日渐变得清淡，就连菜肴的制作与酱汁之

基于传统的番茄酱汁的各种令人愉悦的变化，均可以搭配肉类和素食类菜肴

间的结合也更加紧密。曾经覆盖在餐盘内、浇淋在菜肴上口味厚重的酱汁以及酒味浓郁的脂肪类酱汁如今已不再多见。新研发的酱汁已经占据了主导地位，使用好的食材，使用肉类的精华制成的肉汁，加上些黄油来增加香味，而不是大量使用黄油增加油腻感。清淡的肉汤和基础汤汁，在略微燴浓之后，加上些奶油和黄油用来增香增稠（而不是变得更加油腻）已经变得非常普遍。易于制作的酱汁与菜肴之间已经形成了纯粹的伙伴关系，使得整盘菜肴充满了丰富的色彩和动感活力。

酱汁对烹饪世界带来的影响

国际烹饪发展的大势已经促进了酱汁的制作，使它们在使用方式上都发生了引人瞩目的变化。前几个时代的大厨们或许会小心翼翼地将偶尔发现的香料带到欧洲使用，而在 21 世纪的食谱中，却将国际范围内食材的广泛使用提升到了一个别出心裁的艺术高度。

无论是冷的还是热的、甜酸口味或者咸甜口味的酱汁，我们都已经充分认识到了色香味形俱佳的酱汁，已经将我们的日常饮食演变成为了令人大快朵颐的国际美食。无论是基于高汤还是牛奶或者是蔬菜制作而成的酱汁，其传统的制作方法已经与各种跨界文化带来的影响融合在一起了，并且可以通过调味或者使用食材的组合搭配使得酱汁在极短的时间之内大放光彩。

酱汁与菜肴一起烹调或者将酱汁添加到菜肴中

在本书众多食谱的制作中，聚焦点在于主菜和与之搭配的酱汁如何融为一体。对于酱汁与主菜之间可以搭配的各种方法在本章节给出了许多的演示和建议，酱汁给各种食材起到锦上添花的作用。一般情况下来说，"与

菜肴一起烹调的酱汁"是在菜肴烹制的最后时刻加入到菜肴中,所使用的原材料可以列在食谱中,也可以在烹调的过程中加入。

有一些菜肴,例如炖、焖一类的菜肴,在烹调过程中会产生出属于自己独特风味的酱汁,对于厨师们来说,需要的烹调技能相对要简单一些,还有一些菜肴需要将食物加入到制作好的酱汁中进行烹调。食物在酱汁中烹调是圆满地制作出美味佳肴最关键的一个步骤,具有一定的奥秘和复杂性,添加到菜肴中的酱汁可以给菜肴的烹调带来各具不同的特色。

提前制作好的酱汁以及通常会搭配着另外制作好的普通食物一起,这些酱汁在制作时可以使用烤、煎或者炖菜等烹调方法余下的材料进行制作,也可以使用基于腌料或者烤肉剩下的汤汁进行制作。最简单的做法是使用调味黄油或者油脂作为酱汁或者沙拉酱汁来搭配制作好的食物一起食用。

冷热酱汁组合使用

沙拉酱汁以及新鲜制作的,不经过加热烹调的酱汁最好不要将其束之高阁仅仅用于沙拉中或者作为蘸酱来使用,用于热菜中也很好,油醋汁类、基于蛋黄酱制作而成的酱汁类或者酸奶口味的酱汁等也都非常适合于现做的鱼类、家禽类、肉类或者蔬菜类的菜肴。细腻的蓉类,不需要经过加热烹调的,像原料切成细粒状制成的莎莎酱,或者切成块状的蔬菜和水果混合体之类的不应将它们划归于酱汁之列。加入香料增香,加入柑橘类增加酸酸的味道,或者加入充满芳香气味的新鲜香草,所有这些不需要加热烹调制作而成的酱汁类富含各种营养成分。通常它们的脂肪含量也会很低,并且制作起来也会非常快捷方便。

提前制作好酱汁,简单易行

自己动手制作酱汁不需要花费多少心思,却可以代替购买来的那些用大量脂肪、糖分、调味品以及各种食品添加剂制成的复合调料酱,在本书接下来的几个章节中可以选择出几道自己所感兴趣的食谱和一些烹饪前辈们成功制作酱汁时的一些小提示,这样就能轻而易举地制作出你每日所喜爱的酱汁。那么你就会在充满成功喜悦的同时对你的烹饪技能信心十足。

绝大多数酱汁都可以提前制作好,待冷却之后放入到密

一款清淡可口、水果味道的酱汁是以鸡蛋为主料制作而成的布丁类菜品的完美搭配

像豆蔻一类的香料主要用于众多咸香味和甘甜味的酱汁中

闭容器内冷藏保存,有些酱汁可以提前1~2天制作好,有些酱汁则可以提前一周准备妥当。经过冷冻保存的酱汁,可以在使用之前用微波炉进行解冻融化。一次性大批量制作出你喜欢的单一口味的酱汁(例如番茄酱汁,或者基础白色酱汁等),分成数份分别冷冻保存是省时省力的最佳方式。你也可以用小罐冷冻莎莎酱和蘸酱试试看效果如何。

应季的新鲜水果和蔬菜在它们处于最佳口味和最便宜时都可以用来制作酱汁。使用"时令蔬果"制成的酱汁可以冷冻保存并常年使用。不只是局限于咸香口味的酱汁,果泥类、巧克力酱类和糖浆类都可以制作好之后冷藏或者冷冻保存。

在提前制作酱汁时只需要记住一条简单的规则,就是做好明确的标记。在你装好的酱汁罐上清晰明了地标注出酱汁的名称、制作数量和制作日期。也可以将制作好的酱汁装入到袋内或者容器内,使用时可以用微波炉、蒸锅、隔水加热或者烤箱解冻处理。毫不夸张地说,制作出富有创造力的以及性价比极高的、大受欢迎的酱汁可以使你的日常烹调工作大有改观。

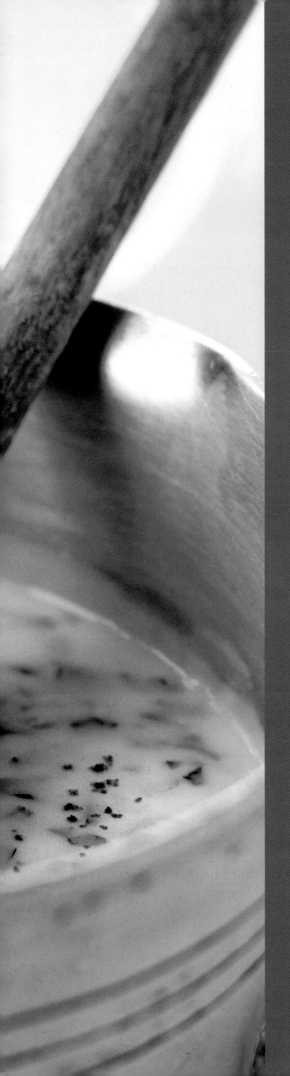

酱汁类制作指南
a guide to making sauces

就制作酱汁来说没有什么神秘可言——只是需要使用高品质的食材反复去尝试和试验，并且给菜肴搭配上相得益彰的酱汁。一个小小的制作酱汁技法就会让你少走很多弯路，所以学习一些酱汁的基本制作技法是非常有必要的。酱汁在什么时间需要熬煮，小火慢炖，或者仅仅需要保温，为什么有些酱汁需要全力打发，而另外一些酱汁则只需要轻轻搅拌？哪一种酱汁可以在极短的时间内就可以制作好，以及需要提前多少时间才能制作好酱汁，掌握了之后便可以在最后时刻完美地呈现在顾客面前。

面粉类

在市面上有许多不同种类的面粉和增稠剂售卖。选择一种最适合自己使用的产品非常关键，因为精挑细选出的用于制作酱汁所使用的面粉，不仅决定着使用哪种烹调方法，更决定着酱汁制作好之后的品质和口味。这里介绍的这些通用指南将有助于消除你在选择各种面粉时的困惑。

小麦面粉

小麦面粉也称作通用面粉。这类面粉是制作以油脂炒面粉（roux）为基础制作的酱汁和肉汁时的最好选择。其细滑的质感使其在以油脂炒面粉为基础制作的酱汁中更容易与融化后的脂肪紧密地融合在一起，因为，在加热时，淀粉颗粒会碎裂开并在烹调的过程中，将酱汁变得浓稠。

在小麦面粉中通常包含有 70%~75% 的小麦籽粒。绝大多数麦麸和小麦胚芽在研磨时就已经被除掉了，使其几乎成为了纯白色，所以，小麦面粉尤其适合于用来制作白色的酱汁。小麦面粉经过化学方法漂白之后颜色变浅，因此比没有经过漂白的细磨面粉更加适合于用来制作白色酱汁。

高筋粉和低筋粉

这些面粉主要用于烘焙，而不是用来制作酱汁，但是在没有小麦面粉可用的情况下可以应急，用来制作酱汁。自发粉在研磨过程中加入了化学原料成分，在加热

小麦面粉（通用面粉）

从左至右：黑麦面粉，全麦面粉

酱汁专用面粉

烹调的过程中起化学反应从而可以使蛋糕混合物涨发起来。高筋粉也叫面包粉，含有较高的面筋成分，使其更加适合制作面包。低筋粉也叫蛋糕粉，含有较低的面筋成分，主要用来制作蛋糕，它们也都可以用来制作口味清淡的酱汁时的增稠剂。

全麦面粉、粗面粉和黑麦面粉

这些面粉中都含有分量更多的麦麸和小麦胚芽，含有 80%~90% 的小麦籽粒，使其具有了坚果的味道和粗糙的质地，以及更深一些的颜色。由于具备了这些特点，所以一般不会用它们来制作酱汁，但是如果你不介意酱汁的颜色和质地的话，完全可以使用这些面粉来增稠酱汁。而使用它们制作酱汁的意外之喜是在菜肴中获得了些额外的膳食纤维等营养成分。

酱汁专用粉

这种面粉是最近才推出的，它比普通的面粉具有更低的蛋白质含量，所以用来制作酱汁会使其变得更加细腻。这种面粉是专门用来制作白色酱汁和肉汁而研发的。也非常适合于制作低脂类酱汁，另外，还适用于制作那

些炖焖一类的菜肴，以及不加油脂而将面粉混合成糊状用于烹调中使用。

玉米淀粉

玉米淀粉属于无麸质粉。质轻而细滑，可以用来制作出口感柔顺光滑的酱汁，通常使用混合的方式添加到菜肴的制作中。在加入到热的汤汁之前，淀粉先要与少量的冷水混合成糊状，（这种技法叫水化，slaking）这样才可以制作出细腻顺滑的酱汁。在中餐菜肴中被广泛地用于勾芡增稠，其清淡、略带些许胶质的质地感使得淀粉特别适合于制作甜味酱汁和牛奶冻，或者用于浇淋在食物上的酱汁中。

土豆粉

由纯土豆淀粉制成。土豆粉非常细滑，颜色呈现明亮的白色，给酱汁带来的是清淡、清澈的增稠效果，丝毫影响不到菜肴本身的口味。使用土豆粉作为增稠剂时，用量要比常用的小麦粉用量略少一些。其尤其适合制作混合酱汁时使用，常见于在中餐和其他亚洲餐中以及热菜中作为增稠剂使用。

葛根粉

这是一种由热带树木的根制成的色泽洁白、质地细腻的粉状物，葛根生长在中美洲。用来作为增稠剂使用时，与玉米淀粉的使用方法相同，制作酱汁时使用混合法。与玉米淀粉在经过加热变得不透明的特征相反，葛根粉在经过加热煮沸之后会变得清澈透明，因此常常用来给甜品增亮使用。

吉士粉（卡仕达粉）

这是一种以不含糖分的土豆粉为主要材料，混合了香草香精等材料之后制成的一种粉。常用于快速制作吉士酱（也称之为卡仕达酱，custard sauce）使用。可以

按顺时针从上左开始：玉米淀粉、吉士粉、土豆粉、葛根粉

使用由玉米淀粉制作而成的酱汁加上蛋黄和香草香精熬煮之后达到相类似的效果。与牛奶一起使用混合法制成的酱汁，属于甜味酱汁。

面粉的储存方法

面粉要储存在一个凉爽、避光、干燥、通风的地方，远离水汽和潮湿。要装入到带有密封盖的容器内，在重新将面粉装入到容器之前要将容器彻底清洗干净并拭干。认真核实保质期，并在到期之前将面粉全部使用完或者更换面粉。不可以将新面粉加入到没有使用完的旧面粉中储存——最好的方法是先用先出。

一旦打开包装，小麦面粉（通用面粉）储存方式恰当的话可以大约保存6个月，全麦面粉和黑麦面粉由于含有较高的脂肪成分，最好在两个月之内使用完。就如同所有的食物一样，面粉也最好是开袋即用——因为面粉放置时间过久，会吸收"异味"，使其变得腐臭，如果在一个环境潮湿的条件下储存面粉，面粉就会发霉。

动植物油脂类和植物油脂类

动植物油脂类可以让酱汁变得更加美味可口，并且还可以改变食物的口感和质地。制作酱汁时使用的通常是黄色的一类动植物油脂，例如黄油或者人造奶油或者油脂类等。在制作酱汁时动植物油脂在大多数情况下要与面粉混合在一起使用，例如，油面酱（roux，油脂炒面粉）是经过加热烹调之后制作而成的面糊，而黄油面团（beurre manie）则是不需要加热调制而成的生面团。将动植物油脂与面粉一起加热之后可以使得油脂变成液体状，再与面粉充分混合之后，就不会呈现出颗粒状。经典的乳化类酱汁，像荷兰酱汁（hollandaise，又称荷兰少司）或者蛋黄酱（mayonnaise，又称马乃司，沙拉酱），使用的是融化后的黄油或者液体类的植物油脂类与鸡蛋一起搅打至呈浓稠的乳液状态。在需要将酱汁熬浓时也使用相类似的制作方式，例如白色的黄油酱汁（beurre blanc），以植物油脂类为主料制作而成的像油醋汁（vinaigrette）一类的沙拉酱汁类，都是油脂类搅拌进熬浓之后的酱汁中或者调好味之后的液体中，再一起制作成为细腻幼滑状的乳液类酱汁。在制作莎莎酱和蓉类酱汁时，植物油脂类是作为风味调料加入的，或者淋撒到酱汁中之后再使用的。

动植物油脂的类型

饱和脂肪酸在常温下呈固体状，并且能够在血液中增加胆固醇的含量，而不饱和脂肪酸却可以帮助人体降低胆固醇的含量，单不饱和脂肪酸在调节人体胆固醇含量方面有着积极的作用，不饱和脂肪酸呈液体状，但是在氢化作用下会变成固体。这也是制作玛琪琳和其他涂抹用的油脂的方式。

乳酸（发酵）无盐（淡味）黄油（左），盐味（咸味）黄油

从左上方顺时针开始：酥油，澄清黄油，浓缩黄油

黄油

黄油是在生产奶油的过程中出品的一种天然产品，其中含有80%的脂肪含量，属于饱和脂肪酸。黄油的制作方式有两种，甜奶油和乳酸，两种方式都可以制作出咸味黄油（含盐黄油）、淡咸味黄油和淡味黄油（无盐黄油），使用哪一种黄油，很大程度上取决于味道，根据你要制作的是甜味还是咸味酱汁而定。也可以有其他选择，像澄清黄油、精炼黄油或者浓缩黄油等，这些黄油都可以自制，它们比没有经过处理的黄油耐热性更高，阻燃性更强。

人造黄油

软质（桶装）人造黄油是由蔬菜油和／或动物油脂混合制成的。呈柔软的可涂抹质地。硬质（纸箱装）人造黄油则质地坚硬，是由动物和植物油脂制成的。这两种人造黄油都有与黄油相同的脂肪含量，在制作甜味和咸味酱汁时可以直接用来代替黄油使用。但是因为人造黄油的风味与黄油相比还是略有不如，因此，人造黄油更适合制作那些不需突出主料风味，而是需要突出味道更加浓烈的酱汁风味的菜肴时使用。

涂抹用油脂类

在市面上可以见到各种各样不同的涂抹用油脂，这类油脂没有统一的分类方法，如果它们都贴着"低脂肪"

从左开始：多不饱和植物油、橄榄油、奶油风味油脂、降脂油脂

或者"超低脂肪"的标签，那么这些涂抹用油脂通常都可以用来制作酱汁。但是，在制作酱汁时，具体选择使用哪一种涂抹用油脂，可以依据个人的喜好来决定。

多不饱和植物油：这类油脂可以用单一的植物油或者葵花油制作而成，或者由几种不同的植物油一起混合而成。脂肪含量为61%～79%。

单不饱和植物油：由橄榄油或者菜籽油制作而成，脂肪含量为60%～75%。

奶油风味油脂：这些黄油风味的涂抹油脂里含有奶油或者脱脂乳的成分以及细腻的质地，可以作为低脂肪的黄油来使用。脂肪含量为61%～75%。

降脂油脂：这一类产品可以由植物油单独制作而成，或者添加一些奶制品或者动物脂肪制作而成。脂肪含量为50%～60%。

低脂肪油脂和超低脂肪油脂：这一类油脂，特别受到减肥人士的欢迎，含有不超过40%的脂肪含量。在一般情况下，脂肪含量会低于25%。这些油脂适合在炖焖一类的菜肴中使用，但是一般不推荐在烹调中使用。

动植物油脂类的储藏

所有固体的动植物油脂类都应该储藏在4℃以下的冰箱内冷藏保存。应覆盖包装或者密封包装以避光和隔绝空气。远离气味浓烈的食物，因为这类油脂很容易的就会吸收这些气味。（储存黄油时，大多数情况下可以储存在冰箱的门口位置，这个位置要比冰箱内其他位置温度要高一点，所以黄油储存在这个位置时不会变的太硬。）因为植物油脂类在低温时能够固化，最好是保存在温度介于4～12℃凉爽的橱柜内。需避光保存，否则会加快它们腐败变质的程度。

植物油脂类

这一类油脂在常温下呈液体状。可以用来制作乳化酱汁时使用，例如蛋黄酱和沙拉酱汁等，在制作酱汁时，通常会加入柑橘类果汁或者其他酸性汁液，用来调味并中和一下味道。它们也可以在制作油面酱（油脂炒面粉）或者类似的使用面粉增稠的酱汁时，直接

左图：罐装人造黄油和块状人造黄油

右图：从左至右：低脂肪油脂和超低脂肪油脂

用来代替黄油或者固体的动植物油脂类使用，效果也非常不错。

除了椰子油和棕榈油之外，它们绝大多数都富含不饱和脂肪酸，不饱和脂肪酸有助于人体降低胆固醇的含量。至于具体使用哪一种植物类油脂，用来制作风味独特的酱汁，主要是依据酱汁的口味和个人的习惯爱好而决定。

花生油：由花生制作而成，通常用于制作口味比较柔和的酱汁。

香油：通常用于制作带有东方风味的酱汁时，在制作好酱汁之后加入到其中调味使用。香油带有一股强烈而浓郁的风味，并且在加热时极易燃烧。因此加热香油时要小心，或者在必要时与其他种类的油脂，例如花生油等按照各占一半的比例混合到一起之后再使用。

豆油：口味柔和的植物类油脂，具有耐高温的特点，使其容易储存并且经济实用。

葵花油：比起使用豆油来说会略微贵一些，葵花油口味清淡，用途广泛，由于葵花油不会遮盖住其他原材料本身的风味，因此非常适合于用来制作酱汁和沙拉酱汁。

坚果油：在坚果油中，核桃油和榛子油在制作沙拉酱汁时是最常用到的两种油脂，借助于它们丰盈的口感，能够给沙拉带来别具一格的风味。要适量使用，或者要与其他风味的油脂混合使用，这样可以增强酱汁的风味。

橄榄油

由于品种、种植区域和生产方法的各不相同，橄榄油各自的品质和特点也大相径庭。尽管许多橄榄油都是混合油，但是最优品质的橄榄油却是用单一品种的橄榄制作而成的。对于制作大多数酱汁，包括蛋黄酱来说，最适合选择初榨橄榄油或者纯橄榄油，而价格更高的特级初榨橄榄油则适合于制作沙拉酱汁或者直接淋撒在菜肴上使用。批量购买橄榄油是更经济实惠的做法。

特级初榨橄榄油或冷榨橄榄油：它们都是由橄榄第一次压榨时的油制成，没有经过任何额外的加工处理步骤，像加热或者调和等工序。根据法律规定，这一类橄榄油所含酸度不能超过1%，以确保其顶级风味。其风味独特，芳香浓郁，颜色通常为深绿色，略带浑浊，但是因为这一类橄榄油的产地不同，因此这些指标也会有所变化。

初榨橄榄油：初榨橄榄油也是冷榨橄榄油并且没有经过提炼加工，但酸度要比特级初榨橄榄油略高些，范围在1%至1.5%之间。

纯橄榄油：纯橄榄油来自于对橄榄的第三次或者第四次压榨，通常为调和而成。最大酸度为2%。口感柔和而不浓烈，因此在烹调中被广泛使用。

轻质橄榄油（也称之为淡味橄榄油）：这是橄榄经过最后一次压榨之后的产品。"light（清淡）"这个词汇是指颜色清淡和口味清淡，而不是指卡路里的含量少。

从左至右：花生油、葵花油、豆油、香油、核桃油

原料的储存

准备充足并分门别类存放的原材料可以让厨师的工作事半功倍，当在制作各种酱汁时，做好各自的餐前准备工作十分必要。只需要储存一些常用的原材料，你就可以根据客人的口味要求，即兴发挥制作出充满想象力的酱汁，化腐朽为神奇，将一道简单的菜肴赋予其生命，转化成为特色鲜明的珍品佳肴。

浓缩固体汤料和粉装汤料

市面上有种类繁多的浓缩固体汤料和粉装汤料（肉汤粉）供选择使用，但是口味和质量都参差不齐。高品质的汤料可以用来替代新鲜熬制的高汤，当然各种汤料使用起来也会更加方便快捷。有些汤料本身含有盐分，所以在

浓缩固体汤料块和粉料

添加其他调味料时要考虑到这一点。要按照包装说明书上的用量斟酌使用。通常而言，使用高品质的浓缩固体汤料或者粉料会更加物有所值，因此，选择使用天然材料制成的固体汤料或者粉料制作而成的酱汁也会更加货真价实。

现在许多超市在冷冻食品柜台处也会售卖预制好的盒装冷冻高汤，包括，牛肉汤、鸡汤、鱼汤和蔬菜汤等。如果在家里因为时间紧来不及制作高汤时，偶尔采购一些冷冻高汤，会是非常不错的替代品。

罐装的肉清汤在制作需要使用褐色类高汤制成的美味酱汁时是最佳的选择，所以可以储存一些，以备不时之需。如果需要制作色泽清淡一些的高汤，罐装的肉清汤颜色可能会太深，但是各种品牌的肉清汤色泽之间差别非常大，可以选择性使用。

罐装番茄和成品的酱汁类

我们现在所购买的许多小番茄都不是应季而生，因此口感不够纯正，购买高品质的罐装整粒的或者切碎的番茄用于菜品的制作中会更加适宜和方便。

从左至右顺时针：意大利番茄酱（passata）、番茄酱、整粒番茄、番茄蓉、原汁番茄碎

无论是使用整个的还是切碎的番茄，最好的做法是根据食谱的要求去使用高品质的罐装番茄。

所以要仔细地看好罐头上的商标，意大利出品的罐装番茄品质最佳。polka di pomodoro（意大利语）是指切成细末或切碎的番茄。不要选择那些添加了香草或者香料的番茄产品，这些调料我们可以在制作酱汁时，现用现加。

切碎番茄或糊状番茄：售卖方式如同番茄酱、番茄碎和意大利番茄酱（都是使用过滤之后的番茄制成的瓶装番茄酱）一样，但通常会用方便罐、可重复使用的包装盒或者瓶子来盛放。这些产品都非常适合用来制作酱汁。

番茄酱（香辣番茄酱，sugocasa）和番茄碎（polpa）中都带有颗粒状的番茄肉质，而意大利番茄酱（passata）是经过过滤之后制作而成的糊状、具有细腻的质感、如同番茄泥般的番茄酱。

番茄泥（番茄酱）类：这是将番茄肉经过加工之后形成的浓稠的膏状番茄，以软包装或者罐装的方式售卖。因为不同品牌之间番茄的浓稠度有所不同，因此使用时要多加注意，否则番茄的味道会遮盖住酱汁的口味。用天然晒干的番茄制作的番茄酱味道甘美、风味浓郁，味道比普通番茄酱更加柔和。

市售的成品酱汁类

对于一名富有创造力的厨师来说，合理利用市面上所售卖的大量数不胜数的成品酱汁或者调味品就是一个天赐良机。以下列出了一些在你手头上需要常备的酱汁类和调味品类。

辣椒汁类（hot pepper sauces）：在西印度群岛和南美烹饪中广泛使用的一种调料汁，辣椒汁有许多不同的口味，其中最著名的是 tabasco（美国辣椒汁，通常译作美国辣椒仔）。使用这些辣椒汁时要注意，它们可能会非常辣，辣椒汁可以搭配几乎所有的开胃酱汁，腌料汁或者沙拉酱汁等一起使用。

芥末类（mustards）：成品芥末是用磨碎的芥末籽加上面粉和盐一起混合制作而成的，一般情况下，也会加入各种酒、香草和其他香料进行调味。Dijon（大藏芥末）通常会在制作传统的法式酱汁时使用，同时也在制作像油醋汁和蛋黄酱之类的酱汁时使用——它也能对乳化后的酱汁起到稳定作用。黄色的英式芥末用来给奶酪增加色彩和丰富口感，或者增加肉类酱汁的风味来说都是非常不错的选择。口味更加柔和的德式芥末最适合用来制作搭配猪排和香肠一起食用的烧烤酱。清淡、乳状的美式芥末酱可以直接挤到热狗或者汉堡包上食用。芥末籽芥末酱口感适宜，特别适合于用来制作乳状酱汁和沙拉酱汁时使用。

上面一行，从上左开始至右：蚝油、酱油、辣酱油、鱼露、辣椒汁
下面一行：辣味香蒜酱、香草香蒜酱、英国芥末酱

蚝油（oyster sauce）：一种质地浓稠的，由生蚝提炼而成的酱汁，用生蚝制成的酱汁口味甘美开胃，主要用于搭配肉类、鱼类和蔬菜类菜肴（非素食类菜肴）。

香蒜酱（pesto）：市面上所售卖的香蒜酱，不管是传统的，使用新鲜罗勒叶制成的绿色香蒜酱，还是以晒干的番茄制成的红色香蒜酱，都是以罐装的形式售卖的。在制作意大利面时，它们完全可以用来代替现做的香蒜酱使用，再加上点现磨碎的帕玛森奶酪或者淋上点橄榄油提味。你也完全可以在制作番茄酱汁、莎莎酱和沙拉酱汁时加上一勺用量的香蒜酱，用来丰富和增强酱汁的风味。香蒜酱一旦被开罐使用了，这些产品应等同于新鲜制作的香蒜酱，需要在冰箱内冷藏保存。

酱油（soy sauce）：尽管酱油主要是在中餐和日本料理中使用，但是在东方风味的菜肴制作中也被广泛使用。酱油可以给所有的开胃酱汁、腌料汁和沙拉酱汁增添风味和色彩。生抽适用于制作鱼类或者蔬菜类菜肴，例如制作清淡可口、酸甜适中或者小炒一类菜肴；而味道更浓一些，滋味更甜一些的老抽，则更适合用来制作味道浓郁的肉类菜肴，像沙爹类、烧烤类等。

泰国鱼露（Thai fish sauce or nam pla）：这是使用发酵的鱼类制作而成的一种传统的泰国酱汁。有一股特殊的风味，最好用于制作热菜。也可以用来给肉类和鱼类菜肴制成的酱汁增添风味。

辣酱油（又称为喼汁，Worces-tershire sauce）：这一传统的英国风味酱汁最早起源于印度。其香味浓郁、敦厚芳醇，却略带香辣的风味特点，可以对所有口味的开胃酱汁、腌料汁和沙拉酱汁等增添风味。也常用于突出肉类酱汁或者需要长时间加热制作的炖焖一类菜肴的风味。

醋类（vinegars）

这些气味芳香的醋类是基于麦芽、葡萄酒、啤酒、苹果酒、米酒以及白糖等制作而成的，通常用来增强酱汁的风味或者作为乳化剂使用。颜色漆黑、需要长期发酵制作而成的雪利醋或者香脂醋都具有浓郁的、强烈的味道，在酱汁中只需要加入几滴就足矣。

红葡萄酒和白葡萄酒醋以及水果醋都非常适合用来制作沙拉酱汁

椰奶和椰浆（coconut milk and cream）

椰奶和椰浆在东方风味菜肴类的制作中被广泛使用，特别是那些基于香辣类和咖喱类的菜肴。它们可以像奶制品一样使用，用来给菜肴酱汁增稠、丰富菜肴的风味和口味。

椰奶：大多是罐装并可以长期保存。其浓度与淡奶油相类似。

椰浆：浓度与鲜奶油相类似。椰膏（creamed coconut）呈固体状，颜色洁白，以块状形态售卖，这样你每次就可以只切割下来所需要的大小用量，添加到酱汁中或者加上少许热水融化开之后再使用。

香草类和香料类 （herbs and spices）

在许多酱汁的制作过程中都需要加入香草和香料以增加酱汁的风味和丰富酱汁的色彩。现如今你可以购买到各种各样的香草和香料，特别是在大型的超市里和生意繁忙的食品店内都有出售。一般说来，香草类是指可食用植物类的叶片和茎干部分，香料类则是指浆果类、种子类、树皮类和根类等部分。

调味香草类 （culinary herbs）

自己种植几种经常用到的香草是值得提倡的方式。一些香草可以种植在花盆中，放置到厨房的窗台上，当你需要使用这些香草时随手剪下几支会非常方便。这样做也会更加便宜，从商场购买回来的新鲜香草，甚至是种植在花盆中的香草，都会有一个使用期限，或许会非常昂贵。在家庭可以种植的常见香草品种大多是香芹、香葱、百里香、薄荷、阿里根奴（牛至）、鼠尾草、香叶和莳萝等。

当在烹调中使用香草时，用量不需要太精准。将食谱中的用量标准作为参考即可，可以根据个人喜好酌情添加或减少香草的用量。

干燥香草和速冻香草类（dried and frozen herbs）

在厨房内储存一些干燥的香草以备不时之需是非常

顺时针从左上角开始：切碎并速冻的香草类——香菜、香芹、香葱。

有必要的。但是如果你能够购买到新鲜的香草这是最好的选择——对于菜肴的风味来说会是迥然不同的效果。许多风味柔和的叶类香草，像罗勒、香菜或者细叶芹等，经过干制之后效果不是很好，但是也有一些可以购买干燥的制品，像百里香、迷迭香、香芹、薄荷、阿里根奴（牛至）、他力干（龙蒿）和莳萝等。干燥香草要避光储存在密闭容器中，开罐后要尽快的使用完，因为香草的风味流失得非常快。

顺时针从碗开始：咖喱酱、豆蔻、桂皮、香草豆荚、盐、香菜籽、小茴香、黑色、绿色、白色胡椒粒

顺时针从左开始：薄荷、香叶、百里香

顺时针从上开始：冷冻干燥薄荷、冷冻干燥香芹、冷冻干燥莳萝、冷冻干燥他力干、冷冻干燥百里香、冷冻干燥迷迭香。中间位置：冷冻干燥阿里根奴（牛至）

冷冻香草，像香芹、香葱和香菜，可以保留住本身大部分新鲜时的香味，并且非常实用也非常方便——在冷冻的情况下可以直接加入酱汁中或者沙拉酱汁中。

盐和胡椒（salt and pepper）

高品质的海盐味道比"餐桌用盐"或者"烹调用盐"更加浓烈。各种不同的海盐带有各自独特的风味。储存一些味道强烈的黑胡椒，味道柔和的白胡椒，以及味道更加柔和的绿胡椒（青胡椒）都是值得的。

调味香料（culinary spices）

在厨房内香料要储存好。常用的香料包括有豆蔻、桂皮、香草豆荚、香菜籽、小茴香以及咖喱酱（咖喱酱的保存时间比咖喱粉要长一些）。

桂皮：带有香甜的风味，广泛地应用于甜味酱汁和酸辣酱的制作中。桂皮可以磨成粉使用或者整条使用并在烹饪之后取出。

香菜籽：在制作腌制类菜肴或者酸辣酱时，香菜籽是必需添加的香料，本身具有柔和的甜美味道。

小茴香：制作酸辣酱和咖喱时不可或缺的一种香料，风味突出，并带有一点苦味。

咖喱酱：以各种不同的浓度和风味进行售卖，比咖喱粉保存的时间要长一些。

香草豆荚：将这些干香草豆荚浸泡在牛奶或者奶油中用来制作甜味酱汁和蛋奶酱（科斯得酱，custard）。与白糖一起储存在糖罐里可以制作出香草糖。

豆蔻：使用现磨的豆蔻粉比使用成品的豆蔻粉效果要好得多。

香精和花水（essence and flower waters）

香草或者其他风味的香精确实非常方便，但是要精心选购。要检查标签——应写出所含有的成分，为纯香草香精还是香草提取物，而不只是加有香草香精进行调味。

花水对于冷的甜味酱汁、糖浆和奶油来说是不可多得的增添风味的方式。在中东地区偶尔也会运用到一些咸味的菜肴中。其中最有名的是玫瑰花水和橙味花水，但是要小量的使用——最高品质的花水要经过三重蒸馏，所以只需添加上几滴就会在奶油酱汁中增加绝妙的香味。

从左开始：花水、香草香精、杏仁香精

乳制品（dairy products）

基于乳制品制作而成的酱汁数量较多，所以，花费一点时间来了解一下不同种类的奶制品很有必要。你可能想制作出一份香味浓郁、奶香扑鼻的酱汁，也可能更喜欢制作出一份清淡、健康型的酱汁，那么，下面这些知识会给你提供必要的帮助。

牛奶类（milk）

制作酱汁时使用哪一种牛奶，取决于你所希望的，酱汁在制作好之后的浓稠程度而定——如果需要制作出香味浓郁和奶香扑鼻质地的酱汁，要选择全脂牛奶，但是如果你在意酱汁中的脂肪含量，并且希望制作出口味清淡些的酱汁，可以选择脱脂牛奶或者半脱脂牛奶。

巴氏消毒奶：绝大多数牛奶都是巴氏消毒牛奶，它是通过热处理的方式，以消灭有害细菌。此种牛奶需要在冰箱内冷藏，可以保存5天以上的时间。

均质牛奶：这种牛奶通过加工处理使得其中的脂肪球颗粒能够均匀地分布在牛奶中，而不会像奶油那样漂升到表面上。均质牛奶的保存方法如同普通牛奶一样。

灭菌牛奶：这是一种均质牛奶，装瓶之后经过20分钟的热处理，所以此种牛奶在开瓶之前不需要冷藏保存。

超高温灭菌牛奶：这是一种只需要经过1~2秒钟的高温瞬时灭菌处理，比热处理的牛奶更均质的牛奶。略带一点焦糖的味道，储存一些这种牛奶以备不时之需是非常有必要的，因为超高温灭菌牛奶在密封的情况下无需冷藏就可以保存大约一年的时间。

炼乳（浓缩牛奶）：这种口感带甜味或者不带甜味的牛奶是罐装的。经过熬煮之后直到变得浓稠并且浓缩成炼乳。口感非常浓稠，并且甜味型的炼乳非常甜腻，特别适合用来制作香浓型的甜味酱汁使用。市面上也有售卖低脂肪的炼乳。

淡奶（脱脂牛奶）：没有添加糖分，但是会蒸发掉一部分水分，这种牛奶具有浓郁的风味，并且略微带一点焦糖风味。也有低脂型的淡奶。有罐装型或者延长保质期型出售。

羊奶：许多人会对牛奶过敏，但却能够适应羊奶。羊奶目前被广泛使用，并且在烹调中可以直接用来代替普通的牛奶。羊奶与牛奶的味道相类似，风味会更加浓烈一点，但是也更容易消化吸收。

牛奶中的脂肪含量

早餐奶：含有5%~8%的脂肪。

全脂牛奶：含有4%的脂肪。

低脂奶：含有1.7%的脂肪。

脱脂奶：含有0.1%的脂肪。

奶油类（cream）

所有种类的奶油都可以用来给甜味酱汁或者咸味酱汁、冷的酱汁或者热的酱汁增香和增稠。以下所列出的是主要的奶油种类。

淡奶油（single cream）：这种奶油的脂肪含量只有18%。用于打发时脂肪含量过低不易打发。加热时会不稳定，但是却可以在加热烹调酱汁的最后时刻将淡奶油搅拌进入酱汁中用来给酱汁增加香浓的风味。

酸奶油（Sour cream）：实际上，这是真正的淡奶油加上了一种乳酸菌，使其味道变得强烈并且质地也变得更加浓稠。

从左开始：脱脂奶、半脱脂奶、全脂奶、早餐奶、淡奶、炼乳

从左到右顺时针：淡奶油（单倍奶油 single cream）、浓奶油（高脂厚奶油，双倍奶油 double cream）、鲜奶油（crème fraiche）、酸奶油（sour cream）、搅打奶油（whipping cream）

浓奶油（高脂厚奶油，双倍奶油 double cream）：脂肪含量为 48%。当进行打发时，体积几乎能够增至两倍大。尤其适合制作热的酱汁使用，因为浓奶油在加热过程中，其品质稳定不变。

搅打奶油（whipping cream）：含有 35% 的脂肪，可以打发至非常轻柔的质地，或者在加热烹调之后，不经过打发，直接搅拌进热的酱汁中使用，而不会凝结成块状。

从左到右：希腊酸奶（原味酸奶）和低脂酸奶

鲜奶油（creme fraiche）

这是一种口感柔和的奶油，有着与酸奶油相仿的强烈味道。这些特点使得鲜奶油主要用于甜味和咸味酱汁以及

沙拉酱汁的制作中。脂肪含量在 40% 左右，在加热时比酸奶油要更加稳定。你可以购买使用低脂肪的鲜奶油，这种奶油可以很好地融和到热的酱汁中。

大厨提示

* 在搅打浓奶油的时候，你可以通过在每 150 毫升浓奶油中加入 15 毫升牛奶的方法使得打发后的浓奶油的体积增大。可以使用手动搅拌器代替电动搅拌器进行搅打，以便更好地控制打发的速度。

可用于制作酱汁的稳定性酸奶（stabilizing yogurt for sauces）

为了防止酸奶在加热制作酱汁的过程中分解，可以将 5 毫升用量的玉米淀粉加入到 150 毫升的酸奶中。先用小量的酸奶和玉米淀粉混合好，然后再与其余的酸奶混合好，然后加入到酱汁中并根据食谱的要求进行加热烹调。

酸奶类（yogurt）

　　酸奶和其他低脂奶制品类，例如鲜奶酪，在使用奶油制作许多酱汁时都可以用来作为口味更加清淡的，无论是咸味酱汁还是甜味酱汁等的极好的替代品。在制作热酱汁时，使用一些淀粉能够使得酸奶的质地更加稳定。

　　希腊酸奶：可以使用牛奶或者羊奶来制作。希腊酸奶的口感和质地比大多数的酸奶都更加浓郁，但是其脂肪含量却只有 8%～10%。因此这使得它可以成为用奶油制作酱汁时口味更加清淡的替代品。

　　低脂酸奶：低脂奶或者脱脂奶都可以用来制作低脂酸奶。使用这两种类型的牛奶制成的酸奶口感都十分浓烈，可以用来给口味清淡的酱汁增添风味。在制作许多蘸酱和沙拉酱汁时，都可以使用低脂酸奶来当作酱汁中的基础材料。

鸡蛋类（eggs）

　　一般情况下，所有食谱中都会使用中等个头大小的鸡蛋，除非食谱中有特别指出的除外。但是你在实际工作中或许会发现在对不多的酱汁增稠或者增香时，小个头的鸡蛋会更加好用。

　　从大型超市购买的鸡蛋，其新鲜程度很容易鉴别。因为绝大部分的鸡蛋，都会在它们的外壳上标有日期的

鸡蛋

戳印。新鲜的鸡蛋可以保存 2 周的时间。要挑选那些外壳没有破损也没有污迹的鸡蛋使用。因为蛋壳具有可渗透性，因此鸡蛋最好储藏在冰箱内的底部位置，远离有强烈气味的食物。一般来说，鸡蛋在使用之前，应该从冰箱内取出放置在常温下大约 30 分钟的时间。

鸡蛋安全使用要点

＊ 因为生鸡蛋存在着极少地被污染的概率，因此建议孕妇、孩童、老年人或者所有因患有慢性病导致身体虚弱的人士尽量避免食用生的鸡蛋或者不熟的鸡蛋。

奶酪类（cheeses）

　　许多硬质奶酪均可以擦碎并且融入到酱汁中。

　　硬质奶酪（strong, hard cheeses）：发酵成熟的奶酪：例如，切达奶酪、格鲁耶尔奶酪以及巴马奶酪等可以非常容易的擦碎并在热酱汁中融化开。它们细腻的风味可以作为意大利面条酱汁或者浇淋到蔬菜上面的奶油白色酱汁的有效补充。记住在需要使用这些奶酪时，才可以现擦碎现使用。奶酪一旦加入到了酱汁中，只需要略微加热而不必烧开，否则会因为加热过度而变成黏稠的线条状。

　　软质奶酪（soft, fresh cheese）：这是一类具有奶油状质地的奶酪，例如乳清奶酪或者马斯卡彭奶酪等奶酪，这一类奶酪经常用来给酱汁和蘸酱丰富口味，从番茄酱汁到水果蓉或者奶油酱类，乳清奶酪是一种口味清淡而柔和的奶酪，是制作蘸酱非常好的基料。马斯卡彭奶酪是一种口味浓郁、奶油味道丰富且脂肪含量非常高的奶酪，其使用方法可以与浓奶油相同。

顺时针，从上开始：珀尔梅散奶酪（parmesan）、马斯卡彭奶酪（mascarpone）、乳清奶酪（里科塔奶酪，ricotta）、切达奶酪（cheddar）、格鲁耶尔奶酪（gruyere）

制作酱汁所需的工具器皿（sauce-making equipment）

制作酱汁时几乎不需要使用那些专用的工具器皿，但是拥有一套经过精挑细选的最基本的工具器皿将会使得诸如煮、搅拌和过滤等各种工作更加轻松和方便。你在厨房工作时，或许会发现大部分常用型的工具器皿已经配备了。在购买那些必需的工具器皿时，你需要货比三家，因为相互之间质量差别很大。

平底锅类（pans）

这里对平底锅的使用原则是物尽其用，也就是说你使用的各种平底锅没有必要非得成套的购买。某些锅并不是只具有单一的功能，但是几个大小和不同形状的平底锅还是必需的。要寻找那些坚固耐用、厚底形的平底锅，即使空置时也是四平八稳，并且带有一个与之配套的锅盖，和一个铆接的非常牢固的锅把手。购买高品质的锅肯定会是物有所值的，因为这些锅可以使用好多年，购买那些便宜的、锅底非常薄的平底锅不仅磨损非常快，而且锅底的传热不均匀，从而容易导致糊锅。下述举例的这些平底锅，会满足绝大多数烹饪工作的需要。

- 奶锅（milk pan），带有深边和一个锅盖。可以是不粘锅，但是并不一定非要不粘锅。
- 三种锅，都带盖，大小从大约 1 升到 7 升。锅边直且

双层锅和放置有耐热碗的平底锅。

深，这样最大限度地降低热量损耗。

- 炒锅（saute pan）——这是一种带有直边的深锅。
- 双层锅（double boiler）——适合用来制作打发奶油和制作奶油酱，以及融化一些材料，例如巧克力等使用。如果你的厨房内没有双层锅，你可以临时将一个耐热碗摆放到一个加有热水的平底锅上面，用来代替双层锅使用。

顺时针，从左到右：搪瓷锅、
铝氧化膜锅和铜锅

汤锅（汁锅）的材质（materials for saucepan）

不锈钢：不锈钢经久耐用，深受人们欢迎，其锅底比铝锅或者铜锅要厚一些，热量的传导非常均匀和高效。

阳极氧化铝：质地轻盈并且容易清洁，导热性非常好，不会被轻易腐蚀。此种金属与酸性和碱性食物接触时会起化学反应，因此食物不宜在这种材质制成的锅内长久加热。

铜：由铜制成的锅价格高昂，但是导热效率非常高，并且美观耐用。要选择那些内衬有不锈钢的平底锅，比起内衬为马口铁的平底锅要更加耐磨实用。

铸铁搪瓷：这种材质质地沉重，但是导热性非常好，受热均匀而缓慢。搪瓷锅可以长时间的保温，并且经久耐用。

木勺类（wooden spoons）

多备几把适用于不同用途的木勺是非常有必要的，分别单独使用这些木勺会非常方便。在制作辣酱汁时可以单独使用一把木勺，制作奶油酱汁时可以使用另外一把等。这样制作酱汁时它们之间就不会串味。优先挑选的木勺之中要包括有一把勺沿能够接触到锅沿的木勺，以及一把直边木铲。

搅拌器（whisks）

球形搅拌器和螺旋状酱汁搅拌器都适合用于进行混合和搅拌使用。拥有两种不同尺寸的搅拌器会非常实用方便。

长柄勺（ladles）

长柄勺有各种不同的尺寸和大小型号，可以非常方便地用来舀取酱汁和将酱汁浇淋到食物上。有一些小的长柄勺带着一个非常实用的开口，可以用于更加方便的

从左到右：漏眼勺，带有开口的长柄勺。

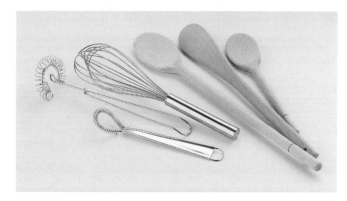

从左到右：螺旋状酱汁搅拌器，球形搅拌器，各种木勺。

量杯和量勺。

浇淋酱汁。不锈钢长柄勺最实用。漏眼勺最适合于用来撇沫和从酱汁中捞取小块的原材料。

量杯（measuring jug）

选择标有标准度量单位的固体量杯（水罐）。耐热型的玻璃量杯是最好的选择，因为它可以非常方便地看清楚液面的刻度单位，并且可以盛放热的液体，同时量杯的把手还能够保持凉的状态，因为它的导热性非常差。

量勺（measuring spoons）

一套量勺，无论是英制还是公制（根据你的工作需要选择你喜欢的度量单位类型）都是在制作小量的酱汁时精确测量所使用的原材料时的必备之物。普通餐桌服务时使用的汤勺其容量各自不同，因此不适合用来当作量勺使用。食谱中所使用的量勺用量指的都是装至平勺。

细眼筛和漏勺（sieve and chinois）

细网状的不锈钢细眼筛在制作酱汁时是必不可少的（通常叫作细筛或者密漏）。可以使用双层细网、经久实用性的细眼筛。在厨房内准备一个漏勺也是非常实用的。圆锥形的细眼筛可以用来对许多种类的蔬菜进行过滤和制泥。

厨房电器设备（electrical equipment）

尽管制作酱汁时电器设备不是必需之物，但是一台搅拌机，一台食品加工机，一个手持式电动搅拌机或者一个手持式电动搅拌器等电器设备可以在制作许多酱汁和沙拉酱汁时替代我们完成许多繁重的工作。一台食品加工机擅长于将原材料切末和切片。在制作酱汁时，手持式电动搅拌机或许会比一台大型的搅拌机更加方便实用，因为手持式电动搅拌机可以直接在锅内或者罐（水罐）内将原材料搅拌好或者打碎成泥状，并且很容易清洁，只需在使用完之后直接插入到热肥皂水中简单的启动搅拌器进行清洁即可。手持式电动搅拌器也常用于快速打发和搅拌原材料时使用。

从左到右：漏勺、细眼漏勺

手持电动搅拌器

灭菌消毒和储存（sterilizing and storing）

许多酱汁都是基于面粉、奶酪或者蔬菜制作而成的，它们至少可以保存 2 周的时间，将酱汁储存在经过灭菌消毒后的玻璃罐内保存，因为玻璃罐可以直接在炉子上加热烧开或者放到烤箱里加热。

- 使用炉灶加热灭菌消毒，需要一个大号的汁锅。
- 使用烤箱加热消毒，将玻璃罐摆放到烤盘里，使其底部可以水平摆放好（这样做这些玻璃罐就不会来回滑动）
- 准备好用于夹取热玻璃罐的特制夹子。
- 往玻璃罐内装入食物时可以使用漏斗和一把小长柄勺，或者一把小的耐热壶。

新鲜酱汁的储存（storing fresh sauces）

很多种的新鲜酱汁都可以提前制备好并且通过冷藏或者冷冻之后备用。白色酱汁，葡萄酒酱汁和以番茄为基料制作而成的酱汁都非常适合于冷冻储存，先批量制作好，再按份分装之后冷冻保存，用时取出以方便融化，以及用微波炉重新加热。

- 密封型塑料保鲜盒用于冷藏或者冷冻酱汁也非常不错。要记住在盛装酱汁时要留有预空而不能一次装的太满。
- 铝箔保鲜袋最适合用来存储酱汁。它有一个底座并折叠成三角形的形状，所以在填装酱汁时可以站稳，并且顶端可以折叠以进行密封。
- 同样的，将冷冻袋放入到耐冻碗或者耐冻壶里填装好酱汁之后冷冻也是一种不错的办法。当酱汁变成固体状以后，从容器内取出冷冻袋，放入到冰箱内可以长时间的储存。

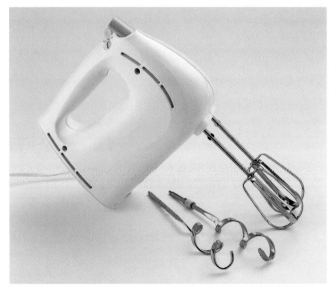

手持电动搅拌机

制作基础高汤（making basic stocks）

市面上所售卖的块状浓缩汤料和牛肉清汤粉等无法与自制的高汤相媲美，但是它们可以用来给缺乏滋味的高汤添加风味。使用时，先将高汤烧开，然后将块状浓缩汤料或者 1 茶勺的牛肉清汤粉搅拌进入高汤中。这样制作好的每一份基础高汤大约是 1 升的用量。

牛肉基础高汤（beef stock）

原材料：

675 克瘦牛肉（腿肉），切成小丁

1 个洋葱，1 个胡萝卜，1 段芹菜梗，全部切碎

香草束　6 粒黑胡椒　2.5 毫升海盐

1.75 升水

步骤：

1 将所有的原材料放入一个大的汤锅内，用小火加热烧开。

2 盖上锅盖，用微火加热 4 个小时，撇净浮沫，将汤汁过滤并冷却。

鱼基础高汤（fish stock）

原材料：

1 千克白鱼骨连下脚料

1 个洋葱，切成丝

1 个胡萝卜，切成片

1 根芹菜梗，切成片

香草束　6 粒白胡椒　2.5 毫升海盐

150 毫升干白葡萄酒

1 升水

步骤：

1 将所有的原材料放入一个大的汤锅内，用小火加热烧开。

2 撇净表面上的浮沫，盖上锅盖，用微火加热 10 分钟。将汤汁过滤并冷却。

鸡基础高汤（chicken stock）

原材料：

1 个鸡架鸡杂

1 根韭葱，切碎

1 根芹菜梗，切碎

香草束　5 毫升白胡椒粒　2.5 毫升海盐

1.75 升水

步骤：

1 将鸡架斩断，放入一个大的汤锅内与其余原材料一起加热烧开。

2 改为小火加热，盖上锅盖，用小火加热 2.5 小时，撇净浮沫。将汤汁过滤并冷却。

制作香草束（making a bouquet garni）

传统的香草束通常包含有一片香叶、一枝百里香以及几枝香芹。但是你自己可以根据口味需要而有所变化，以适应你想要制作的菜肴的风味。其他种类的，你可以添加的蔬菜和香草类包括熬煮鸡高汤时的一段西芹，用于熬煮牛肉高汤和羊肉高汤时添加的一枝迷迭香，一块茴香或者韭葱，或者在熬煮鱼高汤时添加上一块柠檬皮等。

用一根细棉绳将香草牢稳的捆缚到一起，这样在熬煮好高汤之后就会非常方便的取出香草束。同样，也可以用一块干净

的方块形棉布（纱布）把香草包裹好，用细棉绳捆缚到一起并捆紧。然后留出一段长度能够系到锅把上的棉绳。

蔬菜基础高汤（vegetable stock）

原材料：

500 克切碎的各种蔬菜（杂菜），像洋葱、胡萝卜、西芹、韭葱等

香草束

6 粒黑胡椒

2.5 毫升海盐

150 毫升干白葡萄酒

1 升水

步骤：

1 将所有的原材料放入一个大的汤锅内，用小火加热烧开。

2 撇净表面上所有的浮沫，改用微火加热，盖上锅盖，继续用微火加热30 分钟。将汤汁过滤，待冷却之后，放入冰箱内冷藏保存。

保证高汤的清澈

要制作出一款清澈的汤类菜肴，最重要的就是要保存基础高汤的清澈透明，要避免将基础高汤烧开，可以使用微火加热，并不时地将基础高汤表面上出现的浮沫撇除干净。

1 在将肉或者肉骨头加入汤锅中，在熬煮之前，要先除掉所有的脂肪部分，因为多余的脂肪会影响到基础高汤的清澈度。

2 保持基础高汤在微开的程度，在熬煮高汤的过程中随时撇净表面上出现的浮沫。大部分的蔬菜都可以加入基础高汤中，用来增加风味。但是土豆易碎并且会把基础高汤弄浑浊，所以最好是避免使用这一类的蔬菜。

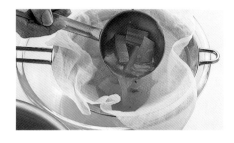

3 用铺有细纱布的细眼筛过滤高汤，并且不要在过滤时挤压固体材料，因为这样做会让高汤的清澈度下降。

从基础高汤中清除脂肪

除掉多余的脂肪，以改善基础高汤的颜色和口味，同时也可以保持高汤的清澈程度。

1 静置高汤让脂肪漂浮到表面，然后用一把大号的、浅边的勺子撇净浮沫。为了吸附掉更多的油脂，可以在高汤的表面放上几张吸油纸进行吸附。

2 放入几块冰块。脂肪就会在冰块的周围凝固，这样就会很容易的用勺子撇净脂肪。

3 待基础高汤冷却之后可以脂肪冷藏飘到表面上并凝固。这样脂肪只需要抬起取出即可。也可以使用一把大的勺子除掉已经凝固的脂肪。

如何储存高汤

基础高汤如果储存在冰箱里可以保存一周的时间。基础高汤可以熬浓一些，以减少冷冻所需要的空间。

1 冷冻基础高汤，将高汤倒入密封容器中，留出 2.5 厘米的高度，然后密封好放入到冰箱内冷冻，可以保存 3 个月以上的时间。

2 将用于添加到酱汁中的基础高汤，按可以方便取用的份装冷冻，将基础高汤倒入制冰格中冷冻。

大厨提示

* 制作基础高汤时不可以加盐，盐要在最后使用高汤时再放入。

* 使用牛肉或者小牛肉制作褐色基础高汤时，先将牛骨头在预热好的烤箱内烘烤 40 分钟的时间。在烘烤到一半的时间时加入各种蔬菜。用水将烤盘内烘烤之后剩余的残渣冲洗一下，一并倒入到褐色基础高汤中进行熬煮。之后如同制作基础高汤一样进行过滤。

* 要制作味道浓郁的浓缩型高汤，用小火熬煮，将高汤熬浓至呈糖浆状的浓稠度，足可以挂到勺子背面上而不滴落。将基础高汤浓缩到如此程度后，基础高汤会凝固成为固体的胶状，可以用来给酱汁类和汤类菜肴丰富口感，增添风味。

以面粉为基料的酱汁类（flour-based sauces）

调整一种酱汁的浓稠程度其标准的方法是使用面粉勾芡。有三种基本的方法可以做到这一点——油脂炒面粉（油面酱，roux），融合法（blending），或者使用合多为一法（一体化方法，all-in-one）。

许多传统的白色酱汁都是基于"油脂炒面粉"——一种使用面粉和油脂一起加热制作而成的混合物。绝大多数白色酱汁都会使用牛奶，但是也可以用其他液体代替牛奶使用。其他著名的白色酱汁，例如传统的贝切梅酱汁（béchamel sauce），使用的是用蔬菜和香草加热调味的牛奶。福劳特酱汁（veloute sauce）则是使用高汤来代替牛奶，使制作出的酱汁从外观上看更有质感，制作好的酱汁还可以通过添加奶油来增添浓郁程度。褐色酱汁或者肉汁是使用褐色黄油炒面粉，在添加到基础高汤中或者其他液体例如葡萄酒之前，通常还要加上洋葱等材料一起制作。

使用油脂炒面粉制作而成的白色酱汁

在油脂炒面粉时，需将锅底全部搅拌到，并且要慢慢地加入液体材料，先将液体加热以避免油脂炒面粉在液体中起块。

1 在锅内融化黄油，然后加入面粉。用小火加热翻炒1～2分钟。在加热的过程中混合物会冒泡，形状质地类似蜂巢状，但是颜色没有变成褐色。在此时的温度下将黄油炒面粉制作好是非常重要的，因为淀粉颗粒在此时会膨胀并裂开，这样就会避免了随后在制作酱汁时形成结块。

2 将锅从火上端离，将液体慢慢地搅拌进入到锅内，液体此时可以是热的也可以是冷的。完全搅拌之后再放回到火上加热，搅拌至烧开。用小火加热熬煮，不时地搅拌一下，大约需要2分钟的时间，直到酱汁变得浓稠并且呈现细腻光滑状。

融合法（blending method）

使用融合法制作酱汁通常是用玉米淀粉、葛根粉、土豆粉或者酱汁粉制作而成。使用玉米淀粉和酱汁粉可以制作出质地轻盈、光滑细腻的酱汁，特别适合于冷冻保存。如果你需要一种水晶般清澈透明质地的酱汁用于给菜肴增亮上色，可以使用葛根粉或者土豆粉。液体可以使用牛奶、高汤、水果汁、罐头水果糖浆或者煮水果。作为参考标准，大约需要使用20克玉米淀粉或者酱汁粉来给300毫升的液体增稠到浇淋酱汁的浓稠度。葛根粉或者土豆粉筋力比较强，因此在300毫升的液体中只需加入15克就能够达到与之相同的浓稠度。

1 将粉类放入碗中并加入足够的液体搅拌成为细腻光滑的、稀的糊状，将剩余的液体加热至快要沸腾的程度。

2 将小量加热的液体倒入到混合好的糊状液体中，不停地搅拌。然后将搅拌好的糊倒回到热的液体锅内，搅拌，以避免结块。重新加热并搅拌至沸腾，然后用小火加热熬煮2分钟，一直搅拌到浓稠度适宜并且细腻光滑。

合多为一法（all-in-one method）

这种方法如同黄油炒面粉一样使用相同的原材料和比例，但是使用的液体必须是凉的。将面粉、黄油和液体一起放入到一个锅内，并且要在中火加热的情况下不停地搅拌至混合物烧开。然后继续搅拌 2 分钟的时间，直到浓稠度适宜并且光滑细腻。

使用蛋黄增稠（using a egg yolk liaison）

这是一种给牛奶、高汤、奶油或者熚浓的液体适当增稠的一种非常简单的方法。特别适合于用来给美味可口的白色酱汁类或者奶油酱汁类增香。2 个蛋黄可以给大约 300 毫升的液体增香和增稠。蛋黄和奶油的混合物也具有同样的效果：将液体从火上端离开之后再加入蛋黄，以免形成结块。

将 30 毫升热的液体或者酱汁与 2 个蛋黄在碗里混合好。然后再倒回到剩余的酱汁中。用小火加热，同时搅拌均匀，不要将锅烧开。

制作黄油面团（making beurre maine）

按照字面意思翻译成“揉捏而成的黄油”。这是一种将黄油和面粉揉捏到一起制成的混合物。可以搅拌倒入到小火加热的酱汁中，或者正在熬煮的液体中、正在制作的菜肴中，以便将汤汁增稠。最恰当的做法是在烹调制作的最后时刻加入黄油面团调整酱汁或者菜肴的浓稠度，因为此时你可以根据需要添加精准用量的黄油面团。剩余的黄油面团可以冷藏保存两周的时间。

1 将等量的黄油和面粉放入到一个碗内用手指或者木勺揉制到一起，制作成一个光滑的面团。

2 将茶勺大小的黄油面团块加入到微开的酱汁中，彻底搅散之后再加入下一块面团搅散，直到将酱汁搅拌至浓稠和细腻光滑，并且达到所需要的浓稠程度。

浸渍出风味（infusing flavours）

可以将各种风味先在牛奶、高汤或者其他的液体中进行浸渍，然后再用来制作酱汁。例如贝夏美酱汁（béchamel），将所需要的液体倒入到一个汁锅内并加入切成细丝或者小丁的洋葱、胡萝卜、西芹以及一个香草束、几粒胡椒或者一点豆蔻。将液体用小火加热烧开，然后将锅从火上端离开，盖上锅盖静置大约 10 分钟的时间。在使用之前将调味蔬菜等材料过滤掉。

给以面粉为基料的酱汁类增添风味

根据具体需要，可以在基础酱汁中添加各种不同的风味：

- 将 50 克擦碎的切达奶酪或者其他味道浓郁的奶酪与 5 毫升的颗粒芥末酱以及几滴辣酱油一起搅拌进入到白色基础酱汁中。
- 葡萄酒可以使绝大多数以高汤为基料的酱汁变得更加有生气——在锅内熬煮 80 毫升用量的红葡萄酒或者白葡萄酒直到熚出香味，然后与一点豆蔻粉或者黑胡椒粉一起搅拌进入到制作好的酱汁中。
- 在制作好酱汁出锅之前的几分钟时，加入切碎的香草以增添风味。

酱汁中有结块时的处理（fixing a lumpy sauce）

如果制作好的以面粉增稠的酱汁中出现了结块，不要灰心——酱汁可以修正好。

1 首先，使用搅拌器用力搅拌，把结块搅散，以消除结块，然后用小火重新加热，并不停地搅拌。

2 如果酱汁仍然不够细腻光滑，将其用细网筛过滤，用木勺用力挤压结块将其碾碎。然后重新加热，同时不停地搅拌。

3 同样，你也可以将带有结块的酱汁，倒入食品加工机内搅打至细腻状。然后重新加热，同时不停地搅拌。

酱汁的保温（keeping sauces hot）

1 可以将酱汁倒入一个耐热碗内放到用微火加热的锅上面隔水保温。

2 要避免酱汁表面形成结皮，可以在油纸上涂抹一点油脂或者用水湿润一下，然后覆盖到酱汁上。

酱汁脱油处理（degreasing sauce）

使用扁平的金属勺子从热的酱汁或者肉汁中撇净所有的油脂。在液体的表面平铺一张吸油纸并拖拽而过，以吸尽最后一滴油脂。

制作以黄油炒面粉为基料的褐色酱汁（又称布朗少司，brown sauce）

褐色酱汁（布朗少司）是搭配肉类使用的许多酱汁的基料。在油脂中加入面粉之前先要将洋葱和蔬菜煸炒上色。使用的油脂可以是黄油和植物油，或者烤肉时滴落下来的油脂。黄油本身不适合于用来煸炒蔬菜类，因为在高温下黄油很容易变焦。使用大约30毫升植物油和25克面制作成的油脂炒面粉加入到600毫升的褐色高汤中。在制作好酱汁之后，加入15克冻硬的黄油。

1 将油脂融化，加入一个小的切成细末的洋葱煸炒至变软，颜色变成褐色。撒入面粉，用小火煸炒4～5分钟的时间，直到变成深褐色。

2 将锅端离开火并将液体缓慢地搅拌进去，液体可以是冷的或者热的。再用小火加热，同时不停的搅拌，大约熬煮2分钟，直到酱汁变得浓稠并细腻光滑。这种酱汁也可以过滤以便把洋葱除掉。

酱汁的增亮（deglazing for sauce）

增亮（geglazing）的意思是在烤肉或者煎过肉之后在烤盘内或者锅内加入一点液体以稀释味道浓郁的肉汁用于制作酱汁。再将这些液体加入到锅中制作成酱汁时，要用勺子撇去多余的油脂并且刮掉沉淀物。

1 抬起锅，用勺子撇去肉汁表面多余的油脂。

2 将几汤勺的葡萄酒，高汤或者奶油搅拌进去。

3 用小火加热，在熬煮酱汁的过程中，不停地搅拌和刮起锅内的沉淀物。快速烧开熬至如同糖浆般的浓稠度，然后浇淋到菜肴上。

制作肉汁（making gravy）

高品质的肉汁应该是细腻有光泽、不油腻也没有面粉的味道。通常可以小量使用于对酱汁的增稠中，因为肉汁可以改善酱汁的口感。如果将肉烤至深棕色，在烤肉时滴落的肉汁的颜色就会足够深。如果颜色不够深，可以将几滴深色的肉汁搅拌进去。

1 要制作浓稠质地的肉汁，从烤盘内的肉汁中撇去所有多余的大约15毫升的脂肪。然后将大约15毫升的面粉慢慢搅拌进去，刮下烤盘内的沉淀物和汤汁。

2 将烤盘放到炉灶上加热并搅拌汤汁至冒泡。继续加热，并不时地搅拌1~2分钟直到颜色变成褐色而且面粉完全成熟。

3 慢慢的将液体搅拌进去，直到烤盘内的肉汁达到所需要的浓稠程度。用慢火继续加热2~3分钟，不时地搅拌，同时调好口味。

给酱汁增亮的几点建议：

白兰地和胡椒粒：

在烤盘内加入白兰地或者雪利酒，加入奶油和黑胡椒碎搅拌好，可以配牛排。

红葡萄酒和蔓越莓：

在烤盘内加入红葡萄酒并将蔓越莓酱汁或者蔓越莓酱搅拌进去，非常适合搭配野味或者火鸡食用。

贝尔西酱汁：在烤盘内加入干白葡萄酒或者味美思酒，然后将切成细末的青葱加入，煸炒至变软。再加入奶油、柠檬汁和香芹末。是炸鱼或者煮鱼的绝佳搭配。

给褐色酱汁增加风味

味道绝佳的褐色高汤，先用小火熬至三分之一或者一半用量的程度，是制作出味道鲜美的褐色酱汁所需要使用的最基本材料，除此之外，在酱汁中还可以加入下面这些调味料，用以增强和丰富酱汁的风味。

- 几根切碎的新鲜紫苏、细香葱或者香芹，在刚制作好酱汁时撒入搅拌好，将会改善基础褐色酱汁的口味和观感。
- 对于野味和火鸡菜肴，可以在黄油炒面粉中加入一点咖喱酱，两瓣压碎的蒜头以及一个切成细末的洋葱并加热大约5分钟的时间，然后再加入高汤。最后加入一些切碎的香菜。
- 在搭配鸭子和野味菜肴的基础褐色酱汁中可以加入一些擦碎的橙子皮增添风味。

蔬菜类酱汁和莎莎酱（Vegetable sauce and salsas）

许多酱汁都使用各种蔬菜来增添风味、改善颜色和质地。使用最基本的技法就可以给不同的酱汁带来无穷无尽的花样变化。通常将蔬菜制成泥，或者切成末，用来制作成酱汁或者莎莎酱。蔬菜类酱汁和莎莎酱由于口味新鲜、口感清淡，从而可以用来替代传统的味道浓郁的酱汁使用，并且它们的制作无一不是非常的容易和方便。

基础番茄酱汁（basic tomato sauce）

新鲜的番茄必须是成熟的并且形状如同李子形的为最佳。罐装番茄应是原味，没有添加其他风味。在使用之前要先将新鲜番茄去皮并且在这道食谱中，或者其他的食谱中，可以使用大约 500 克的新鲜番茄代替 400 克的罐装番茄。

可以制作出大约 450 毫升的量
原材料：

1 瓣蒜，切成细末

1 个小洋葱，切成细末

1 根西芹茎，切成细末

15 毫升橄榄油

15 克黄油

400 克罐装碎番茄

几片罗勒叶

盐和黑胡椒粉

步骤：

1 先用橄榄油和黄油一起煸炒洋葱、大蒜和西芹。

2 继续用小火煸炒洋葱等材料，不时地搅拌大约 15~20 分钟或者煸炒到洋葱变软并且开始变色。

3 加入番茄烧开。盖上锅盖并用小火继续熬煮 15~20 分钟，要不时地翻炒，直到将番茄炖烂汤汁变得浓稠。

4 将罗勒叶用手撕碎或者切碎，搅拌进入到锅中。用盐和现磨的胡椒调味并趁热食用。

大厨提示

* "soffritto"（意大利语），或者 "sofrito"（西班牙语），是制作许多地中海地区肉类菜肴或者番茄酱汁的基础材料。在食谱中可能书写的是 "soffritto" 作为主要材料。基本的 soffritto 中，包括有洋葱末、蒜末、青椒末和西芹末，有时候也会加上胡萝卜或者意大利培根，一起在锅内用慢火煸炒至蔬菜变软和上色。

生食莎莎酱（quick salsa crudo）

按照字面意思，这是一种由蔬菜或者水果制作而成的一种"生食的酱汁"。你可以非常容易的创制出自己喜欢的风味组合。制作出一份好吃的莎莎酱所需要的材料包括辣椒、青椒、洋葱，以及大蒜等食材。可以搭配着铁扒的鸡肉、猪肉、羊肉或者鱼等菜肴一起食用。

1 根据需要对各种蔬菜去皮、去籽或者修剪整齐，然后用一把锋利的刀将这些蔬菜切割成形状均匀的小丁。尽量按照蔬菜的质地、颜色和风味进行组合搭配，适量添加辣椒和其他非常香辣的原材料。将所有切成丁的原材料放入一个碗里。

2 加入 15~30 毫升的橄榄油和几滴青柠汁或者柠檬汁，并拌入切成碎末的鲜罗勒、香菜、香芹或者薄荷。用盐和胡椒粉调味，在上桌之前轻轻拌好。

番茄去皮（how to peel tomatoes）

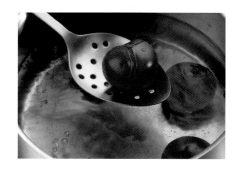

在番茄顶端用刀尖刻划出一个十字形。放入到锅里的开水中。关火烫30 秒钟的时间。然后取出放入到冷水中过凉。用一把小刀揭掉番茄皮。

同样，可以将番茄用叉子叉好，放到煤气火苗上烧灼，直到番茄表皮起泡并开裂。将番茄放冷到可以用手拿取时，再用一把小刀揭掉番茄皮。

铁扒（碳烤）蔬菜用于制成泥和酱汁（grilled vegetables for purees and sauces）

经过碳烤的蔬菜可以用于到许多酱汁或者莎莎酱中。在烧烤架上快速铁扒可以给蔬菜带来丰富的风味，特别是青椒类、茄子类、番茄类、大蒜或者洋葱等蔬菜，在将蔬菜外皮铁扒至焦黄时，可以保留住这些蔬菜中鲜嫩的汁液。但是这样做会比较费时费力，所以最好的替代方法是将蔬菜摆放到烤盘里用焗炉焗上色。

烤蔬菜酱汁（roast vegetable sauce）

可以搭配家禽类、肉类或者野味类菜肴。因为烤蔬菜酱汁更加富有质感，并且制作简单用时短暂。

此食谱可以制作出 300 毫升的酱汁。

原材料：

2 个红色或者黄色柿椒，切成两半

1 个小洋葱，切成两半

1 个小茄子，切成两半

2 个番茄，去皮

2 瓣蒜，带皮

30~45 毫升橄榄油

15 毫升柠檬汁

25 克现制作的面包糠

步骤：

1 将蔬菜和大蒜切面朝下摆放到烤盘里。放到焗炉里用大火焗或者放到烤箱里用高温烘烤，焗或者烘烤到表面变成焦黑色，肉质变得鲜嫩。

2 取出烤盘，直至冷却到可以用手拿取的温度，然后将柿椒或洋葱、大蒜的皮除掉。

3 将茄子肉质挖出，将蒜肉从蒜皮内挤出。

4 将所有的原材料放入搅拌机或者食品加工机内搅打成为肉质细腻幼滑的泥后，加入橄榄油和柠檬汁调味。如果你喜欢更加细腻幼滑的酱汁，可以将搅打好的蔬菜泥用细网筛过滤。

5 要想将蔬菜泥变得浓稠，将小量现制作的面包糠搅拌加入蔬菜泥中，再搅打几秒钟的时间。制作好的蔬菜泥静置之后会变得更加浓稠，因此不宜加入太多的面包糠。

黄油酱汁（savory butter sauces）

最简单的酱汁是在融化的黄油中加入柠檬汁或者香草调味而成。更加精致的版本是使用澄清黄油，并且将各种调味蔬菜过滤掉。将黄油用醋或者其他的调味料乳化之后，可以制作出香浓的黄油酱汁或者荷兰酱汁（又称为荷兰少司）。冷的风味黄油可以搭配热菜食用，并且可以塑形成美观的造型用于到菜肴中，成为特别醒目的装饰。

使用搅拌机搅拌制作荷兰酱汁（blender hollandaise）

这一款香浓的黄油酱汁可以使用搅拌机快速而方便地制作而成。

可以制作出 250 毫升荷兰酱汁

原材料：

60 毫升白酒醋
6 粒胡椒
1 片香叶
3 个蛋黄
175 克澄清黄油
盐和现磨的黑胡椒粉

步骤：

1 用一个小锅将白酒醋、胡椒粒和香叶一起用小火慢慢㸆至剩余 15 毫升 /1 汤勺的量。去掉白酒醋中的调味料。

2 将蛋黄倒入到搅拌机内，打开开关，将浓缩的白酒醋通过加料孔加入到蛋黄中，搅拌 10 秒钟。

3 将黄油加热。在搅拌机转动的情况下，将液体黄油透过加料孔成细流状不停顿的加入到蛋黄中直到将蛋黄液体搅拌至浓稠状并且呈细腻光滑的程度。用盐和胡椒调味，趁热搭配煮鱼、鸡蛋或者蔬菜类一起食用。

出现结块的纠正（correcting curdling）

如果荷兰酱汁在制作过程中由于加热过度，或者黄油加入的速度过快，酱汁中就会出现结块并且质地中会有许多颗粒。如果发生了这种情况，在酱汁出现分离之前，立刻停止加热。

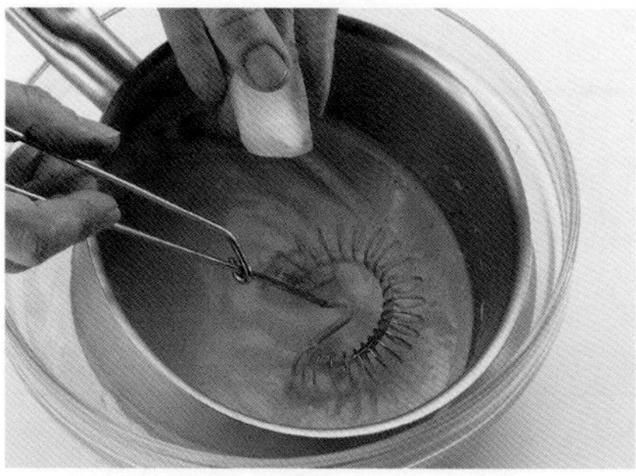

马上将一粒冰块加入到酱汁中，然后用力搅拌至冰块融化并且酱汁开始变凉。另外也可以将锅底浸入到一盆冰水中，同时加入一粒冰块搅拌好。

法式黄油汁（白色黄油汁，beurre blanc）

这是一种制作方法非常简单的酱汁之一。白葡萄酒和醋一起用大火㸆浓以产生浓郁的香味。黄油随后被搅拌进入㸆浓的液体中以丰富风味并使其变得浓稠。这种酱汁非常适合于搭配铁扒鱼类或者鸡类等菜肴。

1 分别将 45 毫升 /3 汤勺的白酒醋和干白葡萄酒与切成细末的青葱一起加入到一个小号平底锅内。烧开并将液体㸆至剩余大约 15 毫升 /1 汤勺的量。

2 将 225 克冻硬的无盐黄油切割成小块状。用小火加热小锅内的液体，慢慢的将黄油搅拌进去，要一块一块地加入，让每次加入的黄油块都搅拌至融化并被液体所吸收之后再加入下一块。在经过调味之后立刻服务上桌。

制作澄清黄油（how to clarify butter）

澄清黄油是将黄油加热，直到水

分蒸发并且除了黄油之外的其他杂质成分（例如盐分）与黄油分离开，只留下清澈而浓郁的黄油。提炼黄油这种技法起源于印度烹饪，澄清后的黄油可以长期保存并且会比普通黄油加热到更高的温度而不会焦煳。澄清黄油可以用来炒菜，在用于制作酱汁时会带来一种柔和的风味和晶莹的光泽感。主要有两种制作澄清黄油的方法。

将黄油与等量的水一起在锅内加热至溶化。将锅端离开火并且放置到黄油冷却凝固。小心地取出凝固了的黄油，将水分和杂质留在锅内。

同样，将黄油用小火融化。继续用小火加热直到黄油中的水分等杂质喷溅的声音停止下来，并且在锅底形成沉淀。撇净浮沫，然后用铺有细纱布的细网筛过滤。

制作调味黄油（making savoury butter）

调味黄油可以塑成一定的造型或者用裱花嘴挤出各种美观的造型，用来搭配牛排或者煮及铁扒的鱼类菜肴

时使用。

要制作香草风味的调味黄油，先将你选择好的新鲜香草切成细末，再将黄油搅打至软化，然后将香草末与黄油均匀地搅拌好。

将塑形调味黄油切片（making shaped slices）

要将调味黄油切割成片状，先将软化的香草黄油略微冷藏，用双手将香草黄油放入油纸或者保鲜膜中卷起成香肠形状。在冷藏好之后取出，切割成所需要厚度的片状。

用裱花嘴挤出调味黄油造型（piping butter）

在将调味黄油装入裱花袋内挤出之前先要将其软化，使用星状裱花嘴，在油纸上挤出各种造型。

制作涂抹用调味黄油（making shaped butters）

略微冷冻调味黄油，然后将调味

黄油夹在两张油纸中间擀开。冷藏至调味黄油硬化，取出后揭掉上面一层油纸，然后使用各种造型的切割模具切割出所需要的造型。

给调味黄油增添风味

在烤、铁扒或者烧烤各种肉类之前，可以将调味黄油涂抹到肉类上，或者用锡纸与鱼肉包裹到一起，或者代替大蒜黄油涂抹到热腾腾的面包上。

- 将香草切成细末，例如细香葱、香芹、莳萝、薄荷、百里香，或者迷迭香等。可以只使用一种香草，也可以几种香草混合在一起使用，与足够多的黄油一起搅拌好，或者加入足够体现出香草风味用量的黄油搅拌好。
- 将柠檬、青柠檬或者橙子外皮擦碎，并且挤出汁液添加到调味黄油中。
- 将银鱼柳切成碎末加入到调味黄油中。
- 将酸黄瓜或者水瓜柳切成细末添加到调味黄油中。
- 将干辣椒磨碎或者将鲜辣椒切末加入到调味黄油中。
- 将蒜末或者烘烤熟了的大蒜肉挤成泥加入到调味黄油中。
- 将香菜籽磨碎，与咖喱粉或者咖喱酱一起加入到调味黄油中。

制作美味的鸡蛋类酱汁（savoury egg sauces）

鸡蛋广泛的应用于给各种酱汁增稠和增香，或者制作成各种乳液，例如 蛋黄酱（马乃司，美乃滋，沙拉酱，mayonnaise）。剩余的蛋黄可以冷冻保存（制作蛋白霜剩余的蛋黄），要在蛋黄中略微加入一点盐或者白糖以防止蛋黄变稠。

蛋黄酱（mayonnaise）

手工搅打的蛋黄酱更加细腻且富有质感，与美味的煮三文鱼是绝佳的搭配，也是制作鸡肉沙拉的必需品。你自己可以根据口味需要选择要使用的油脂，特级初榨橄榄油通常味道会过于浓烈。使用轻质橄榄油或者将一半的橄榄油和一半的葵花籽油混合在一起使用都是不错的主意。或者使用其他种类的轻质油脂。所有用于制作蛋黄酱的原材料都要保持在室温下，以制作出美味的蛋黄酱并且在制作过程中不容易出现结块。

可以制作出大约 300 毫升的蛋黄酱

原材料：

2 个蛋黄
15 毫升柠檬汁
5 毫升法国大藏芥末
300 毫升轻质橄榄油
盐和现磨的黑胡椒粉

步骤：

1 将蛋黄、柠檬汁、法国大藏芥末、盐和胡椒粉一起放入一个碗内，将

混合物搅打至细腻并混合均匀。

2 采取一只手搅打，另外一只手加料的方式，将橄榄油缓慢地、一滴一滴地加入到不断搅打中的蛋黄液体中，要确保搅拌均匀之后再加入下一滴。

3 一旦搅打至浓稠的乳化状态时，可以加快橄榄油倒入的速度，将橄榄油呈一个均匀地细流状源源不断的滴落到蛋黄液体中，同时继续搅打，至到蛋黄液体呈现出细腻、浓稠状，用盐和胡椒粉调味。

使用食品加工机搅拌蛋黄酱（blending mayonnaise）

使用食品加工机或者搅拌机将会加快制作蛋黄酱的工作进程和速度。使用全蛋来代替蛋黄。

开动机器先将鸡蛋和调味料搅打几秒钟的时间，然后在机器开动的情况下，在加料孔处将油呈细流状不间断的滴落到鸡蛋液体中，直到将蛋黄混合物搅打成为细腻、乳状的质地。

蛋黄酱失败的纠正（correcting curdling）

在搅打蛋黄的过程中如果油脂加入的过快或者过多，蛋黄酱就会出现和油脂分离的状况，如果在刚一出现这种状况时就马上停止搅拌，这种情况就可以被纠正。只需在另外一个干净的碗内再打入一个新的蛋黄，将搅打失败的蛋黄酱慢慢的搅打进去，一次搅入一小勺的量，不停地搅打至浓稠。继续搅打直到将所有搅打失败了的蛋黄酱全部搅打进去。

各种不同口味的蛋黄酱

- 大蒜蛋黄酱：加入 3~6 瓣大蒜泥。

- 香辣蛋黄酱：加入 15 毫升芥末酱，7~15 毫升辣酱油，或者根据你的口味需要再加入几滴辣椒仔（塔巴斯科辣椒汁）。

- 绿色蛋黄酱：分别将 25 克香芹和西洋菜转入搅拌机或者食品加工机内，加入 3~4 段春葱和一瓣蒜，搅打成细泥状。加入到120 毫升的蛋黄酱中搅拌均匀。用盐和胡椒粉调味。

- 蓝芝士沙拉汁：将 225 克的丹麦蓝芝士碎搅拌进蛋黄酱中。

甜味鸡蛋酱汁（sweet egg sauces）

甜味鸡蛋酱汁通常都香浓可口并且呈现乳状的质地，包括可以浇淋的细致入微的酱汁或者浓稠的奶油卡仕达酱汁。像质地轻柔并且蓬松柔软的沙巴雍，可以单独饮用或者作为一款华丽的酱汁配餐时使用。

卡仕达酱汁（奶油冻，可思得，custard sauce）

英式奶油酱（creme anglaise）是一种传统的用于浇淋到甜品上使用的带有香草口味的卡仕达酱汁。它的制作方法与使用淀粉或者卡仕达粉制作而成的卡仕达酱汁大相径庭——质地更稀薄，味道更浓郁，并且更加美味可口。不但可以作为一款经典的酱汁使用，而且可以用来热食或者冷食，英式奶油酱通常会用来当成制作奶油酱汁或者冰淇淋等的基料使用。在制作时，可以用奶油来代替牛奶，以增添更加浓郁的口感，或者使用利口酒来添加上别具一格的风味，在添加这些原材料制作酱汁的过程中，必须使用小火加热，并慢慢地加入到酱汁中，否则，酱汁中会出现结块。

可以制作出大约 400 毫升的量
原材料：
300 毫升牛奶
1 根香草豆荚
3 个蛋黄
15 毫升细砂糖

步骤：

1 将牛奶和香草豆荚一起加热至刚好沸腾的程度，然后从火上端离开（如果要增强口味，可以将香草豆荚从中间纵长劈开）。盖上锅盖让香草豆荚在牛奶中浸泡 10 分钟的时间，然后将牛奶过滤到一个干净的盆内。

2 将鸡蛋和白糖轻轻地搅打到一起，然后加入到牛奶中搅拌均匀。

3 用小火加热牛奶混合物，同时要不停地搅拌，直到搅拌到卡仕达酱汁浓稠到可以轻松地覆盖在一把木勺上面。从火上端离开锅，并倒入到一个盆内，以便让牛奶停止加热升温。

卡仕达酱汁制作失败的纠正（correcting curdling）

在制作卡仕达酱的过程中，一旦出现结块，立刻将锅底放入到冷水中浸泡。将 1 茶勺淀粉均匀地搅拌进卡仕达酱中，然后再重新加热。

沙巴雍酱汁（sabayon sauce）

每一份用量的沙巴雍使用 1 个蛋黄和 15 毫升细砂糖在一个碗里搅打到一起，碗要放置到一个用慢火加热的锅上，隔水加热打发。再按照每一个蛋黄，搅打进去 30 毫升甜味白葡萄酒、利口酒或者水果汁的用量加入。搅打至起泡沫的程度，并且提起搅拌器时可以见到沙巴雍表面有清晰的纹路为好。立刻服务上桌或者一直搅打至冷却为止。

烘烤的卡仕达（baked custard）

卡仕达与熟水果是传统的相得益彰的搭配。将烤箱预热到 180℃。在一个耐热盘内涂抹上油脂。将 4 个鸡蛋、几滴香草香精和 15～30 毫升细砂糖一起打发。再将 600 毫升热牛奶搅拌进去。过滤到摆放在烤盘内提前准备好了的耐热盘中。在烤盘内注入到一半高度的水。隔水烤 30～60 分钟。

传统的甜品酱汁类（classic dessert sauces）

如同广受欢迎的卡仕达酱汁类和白色调味酱汁类一样，许多浇淋到甜品上的酱汁都可以快捷方便地使用成品原材料一挥而就般的制作而成。这些酱汁是浇淋到冰淇淋球上的理想之物。它们也可以搭配小甜饼一起食用，并且特别受到孩童们的喜爱。

香草豆荚的使用（how to use vanilla）

香草豆荚通常会在制作甜味的甜品酱汁时使用，偶尔也会用来给咸香风味的奶油酱汁增添风味。给甜味酱汁增添风味，将一根香草豆荚埋到一瓶细砂糖中。可以用来当做香草风味地白糖使用，添加到甜味酱汁中或者甜品的制作中。

将香草风味浸渍到牛奶中，或者奶油中，要将香草豆荚与其一起慢慢地用小火加热，直到快要沸腾时，端离开火，盖上锅盖并静置浸渍10分钟的时间。取出香草豆荚漂洗干净后晒干，还可以继续这样使用几次。

要最大限度地吸取香草豆荚中的风味，可以使用一把锋利的小刀纵长劈开香草豆荚并打开，使用刀尖将豆荚内带有黏性的香草籽刮取下来，加入到热的酱汁中。

快速制作浇淋到冰淇淋上的酱汁类（speedy sauces for topping ice cream）

许多在厨房内存储的原材料都可以巧手转化成非常具有诱惑力的酱汁类。

溶化棉花糖（marshmallow melt）

将90克的棉花糖与30毫升/2汤勺的牛奶或者奶油在一个小锅内一起加热溶化。再加入一点豆蔻粉搅拌均匀之后就可以用勺舀到冰淇淋上面进行装饰。

黑森林酱汁（black forest sauce）

将罐装黑樱桃的汤汁过滤出来，用一点汤汁和一点葛根粉或者玉米淀粉混合好。与剩余的汤汁一起倒入到锅内。用小火加热，同时不停地搅拌，直到烧开并变得有些浓稠。加入黑樱桃和一点樱桃白兰地酒。熬煮几秒钟的时间。可以热食、温食或者冷食。

巧克力太妃酱汁（chocolate toffee sauce）

将玛尔斯巧克力切碎放入到一个锅内，用小火加热，搅拌至刚刚熔化的程度。用勺舀到冰淇淋上并撒上坚果碎。

橘子果酱和威士忌酱汁（marmalade whisky sauce）

将60毫升的橘子果酱和30毫升的威士忌一起加热，直到完全溶化并开始冒泡。用勺舀到冰淇淋上。

威士忌酱汁（whisk sauce）

量出600毫升的牛奶。将其中15毫升的牛奶和30毫升的玉米淀粉混合好。将剩余的牛奶烧开，将一部分烧开的牛奶倒入到混合有玉米淀粉的牛奶中搅拌均匀，然后再倒回到热的牛奶中，放到火上重新用小火加热，不停的搅拌，直到牛奶变稠。再继续用小火熬煮2分钟的时间。将牛奶端离开火，混入30毫升的白糖和60~90毫升的威士忌。

甜品酱汁使用的创意（presentation ideas）

当你为一道精心制作出的甜品搭配上一款美味可口的酱汁的时候，为何不使用酱汁来美化装饰餐盘，从而让甜品相得益彰？可以尝试着按照下述这些简单创意之中的一个，将你创作出的酱汁装饰造型变成餐桌上谈话的兴趣主题。按份切成片的甜品、蛋糕或者挞类，或者一份烘烤的酿馅桃子，像这样的装饰效果会非常棒。

大理石花纹造型（marbling）

当你有两种对比色并且浓度相类似的酱汁时，可以使用这种技法，例如使用水果泥搭配卡仕达或者奶油。使用汤勺交替着将两种酱汁舀到一个碗里或者一个餐盘里，然后将两种酱汁轻轻的搅拌到一起，旋转着搅拌以制作出大理石花纹般的造型效果。

阴阳造型酱汁（yin-yang sauces）

这个创意尤其适合于使用两种对比色的果泥或者果蓉（果酱），例如一种是覆盆子果蓉，另一种是芒果果蓉。将其中一种果蓉用勺舀到各自的一边餐盘中的位置上，用勺子轻轻的将它们融到一起，一种果蓉围绕着另一种形成旋转的阴阳造型图案。

雨滴图案造型（drizzling）

将非常细腻的酱汁或者果蓉装入到带一个细眼嘴造型的挤瓶内。在餐盘内甜品的四周，呈雨滴状的挤出酱汁，或者挤出非常细的波浪形的线条进行装饰。

挤出轮廓线造型（piping out-lines）

将小量的水果蓉或者巧克力酱用勺舀到装有一个细眼圆口裱花嘴的裱花袋内。在一个餐盘内挤出所需要的造型轮廓线，然后将酱汁用勺舀到轮廓线里面填满。

飞羽状的心形图案造型（feathering hearts）

在餐盘内铺满一种细腻而光滑的酱汁，例如巧克力酱汁或者一种水果蓉。用一把茶勺将淡奶油呈小水滴的形状均匀地滴落到盘内的酱汁中，用小刀的刀尖从小水滴状的奶油中间划过，拖拽出心形图案造型。

快速制作用于可丽饼（法式薄饼，crepes）的酱汁

香浓的奶油糖果酱汁（rich butterscotch sauce）

在一个小锅内用小火熔化75克黄油和175克红糖以及30毫升的金色糖浆。熔化之后端离开火，再加入75毫升/5汤勺的鲜奶油，搅拌至完全混合均匀。如果你喜欢，还可以再加入大于50克切碎的核桃仁。趁热可以搭配冰淇淋或者可丽饼一起食用。

橙味酱汁（orange sauce）

在厚底锅内熔化25克淡味黄油。加入50克细砂糖煸炒到呈金黄色。加入2个橙子挤出的橙汁和半个柠檬的柠檬汁，继续加热熬煮成焦糖。

火焰浆果酱汁（summer berry flambe）

将25克的黄油在一个煎锅内加热熔化开。加入50克细砂糖煸炒到呈金黄色。加入2个橙子挤出的橙汁和擦取的半个橙子的橙皮碎末，熬煮成橙味糖浆。再加入350克的混合浆果类并用小火加热。加入45毫升的金万利酒并在安全的地方使其点燃。待火苗熄灭后，将熬煮好的糖浆舀到可丽饼上。

水果酱汁类（fruit sauces）

从最简单的新鲜水果泥，到熬煮好的浓稠的水果酱汁，水果酱汁类有成百上千种不同的方法给布丁类、挞类和馅饼类甜品增添风味。在酱汁中添加上一点利口酒或者柠檬汁可以让水果的味道更加丰富和浓郁并且可以防止水果变颜色。有一些水果酱汁，尤其是苹果和蔓越莓，也是肉类和家禽类的绝佳搭配酱汁，还有新鲜水果制作的莎莎酱也可以与香辣的菜式相搭配。

制作水果蓉（making a fruit coulis）

美味的水果蓉将会给甜品和冰点带来让人食欲大开的颜色和口味上翻天覆地般的变化。在一年四季当中都可以使用新鲜水果或者冷冻水果来制作水果蓉。软质水果和浆果类，例如覆盆子、黑醋栗或者草莓等，都是制作水果蓉时经常使用到的水果。其他一些热带水果，例如芒果以及猕猴桃等，可以方便快捷地制作成芳香扑鼻的果蓉。可以在果蓉中加入几滴橙花水或者玫瑰花水，以增加芳香的风味，但是使用这些花水时要注意——加入的太多会遮盖住水果本身的美味。

1 将水果的外壳、茎把、外皮或者果核统统除掉。

2 将准备好的水果放入一个搅拌机内或者食品加工机内，搅拌成细腻的蓉状。

3 将制作好的果蓉用细眼筛过滤，以除掉残留的籽或者纤维组织部分，制作出如同丝缎般细腻光滑的果蓉。可以在果蓉中添加适当的糖粉以增加甜度。如果有必要，也可以挤出一些柠檬汁或者青柠汁加入到果蓉中以提升和突出风味。

大厨提示

＊要熬煮去皮的水果，可以使用土豆捣碎器将水果粗略的捣碎。

桃酱（peach sauce）

将 400 克装糖水桃罐头连汁液一起连同加入的 1.5 毫升杏仁香精在搅拌机或者食品加工机中搅打成蓉。

倒入瓶内冷藏好，可以搭配松软的布丁类、挞类、冰淇淋类或者慕斯类甜品一起食用。也可以使用其他不同种类的罐装水果罐头制作。

百香果果蓉（passion fruit coulis）

这种果蓉与水果串是绝配。例如，将 3 个成熟的木瓜切割成两半，挖出籽，削去皮之后切成块状。用竹签穿起成为木瓜串。

1 将八个百香果切割成两半，挖出果肉。在搅拌机内搅打成果蓉。

2 将百香果果蓉用细眼筛过滤，以除掉籽。在果蓉中加入 30 毫升的青柠汁，30 毫升的糖粉以及 30 毫升的白朗姆酒。一起搅拌均匀至糖粉完全溶化。

3 将一些果蓉用勺舀到餐盘内。将木瓜串摆在果蓉上面。将剩余的果蓉淋撒到木瓜串上，还可以撒上一点烘烤过的椰丝装饰。

巧克力酱汁类（chocolate sauces）

巧克力酱汁是广受欢迎的一类酱汁，从制作简单的卡仕达到混合有利口酒或者奶油的能够充分发挥出想象空间制作而成的各种酱汁。它们可以搭配冰淇淋和其他冷冻的甜品类，如果搭配煮梨和一系列的布丁甜品也会非常受欢迎。在制作巧克力酱汁时，所选用利口酒的口味要能够与所需要增添风味的甜品的味道相得益彰。咖啡和白兰地以及桂皮粉都特别适合于搭配巧克力。

在巧克力中的可可固体含量越高，巧克力本身的风味就越加浓郁。纯巧克力（半甜巧克力）中大约含有30%~70%的可可固体。纯黑巧克力（苦甜巧克力）则含有大约75%的可可固体，所以，如果你想制作出一种非常香浓而颜色深黑的巧克力酱汁，这种巧克力是必选之物。牛奶巧克力含有20%的可可固体。白色巧克力中则不含有可可固体，所以，严格的说起来，白色巧克力不是真正的巧克力，而只是从可可脂那里带上了巧克力的味道而已。

融化巧克力最好的方法是使用一个双层锅，或者将盛有巧克力的碗放到带有热水的锅上（即隔水加热法）。千万不要让水或者水蒸气接触到巧克力，因为这样会让巧克力变硬。对巧克力加热过度也会破坏巧克力本身的风味和质地。纯巧克力在融化时加热的温度不应超过49℃。牛奶巧克力和白色巧克力的融化温度不应超过43℃。

在制作巧克力酱汁的各种食谱中，巧克力都是与一定用量的其他液体一起融化，例如牛奶或者奶油等。此时巧克力可以与其他液体一起直接在锅内加热融化，前提条件是其中的液体足够多，并且要使用小火加热，同时还要不断地搅拌直到巧克力完全融化。

可可粉是将已经提炼出绝大部分可可脂的可可饼块研磨而成的粉状物。

奶油巧克力酱汁（creamy chocolate sauce）

将120毫升淡奶油倒入到锅内，并加入130克切碎的巧克力。用小火加热，同时不停地搅拌直到巧克力完全溶化。此种酱汁可以热食或冷食。

卡仕达巧克力酱汁（chocolate custard sauce）

1 将90克的黑巧克力切碎后放入到碗里，在加有热水的锅上隔水加热融化。

2 将200毫升的英式奶油酱加热，但是不要烧开，将融化后的巧克力搅拌进去，直到搅拌均匀。卡仕达巧克力酱可以热食或者冷食。

香浓白兰地巧克力酱汁（rich chocolate brandy sauce）

将115克黑巧克力切碎放入到一个碗里。放到一个加有热水的锅上隔水均匀的加热搅拌至完全融化。从锅上取下装有巧克力的碗，将30毫升的白兰地和30毫升融化的黄油一起搅拌进去，搅拌至均匀细腻状。要趁热食用。

制作腌料汁（腌泡汁）和沙拉酱汁（making marinades and dressings）

腌料汁可以是开胃型的，或者是甜味型的，香辣口味型的，水果口味型的，也或者是芳香扑鼻型的，用来给所有的食物增添风味或者加强食物的口味。腌料汁也可以使得菜肴鲜嫩多汁，在烹调的过程中保持水分的滋润，并且还可以当成制作酱汁时的基础材料，用来搭配最后制作好的菜肴一起食用。

油基型腌料汁类（oil-based marinades）

选择一种油基型腌料汁用于低脂肪型食物的制作，例如瘦的肉类，家禽类或者白鱼类，在烹调的过程中可能会变得枯燥无味。油基型腌料汁特别适合用于铁扒类和烧烤类菜肴的制作中，最简单的油基型腌料汁包含有油脂和拍碎的大蒜以及切碎的香草。可以用切碎的辣椒制作出香辣口味的腌料汁。在腌料汁中不要放盐，因为其中的盐分会析出食物中的汤汁。

1 将所有的腌料汁所使用的原材料都放入到量杯中。用一把叉子反复搅动使其彻底地混合均匀。将食物在非金属的盘内平铺开成为单层，将腌料汁浇淋到食物上。

2 翻转食物使其均匀的沾满腌料汁。盖好之后到放入冰箱内，根据食谱的需要，冷藏并腌制 30 分钟到几个小时不等。期间要不时地将食物翻转一下。

3 当食物腌制好之后，将其从腌料汁内取出。腌料汁可以倒入到一个小锅内用小火加热熬煮几分钟的时间直到全部熟透，然后可以用勺舀到制作好的食物上与食物一起享用。

葡萄酒或者醋基型腌料汁类（wine-or vinegar-based marinades）

葡萄酒或者醋基型腌料汁非常适合于用来腌制味道浓郁的食物，例如野味或者富含油脂的鱼等，用来给它们增添风味，以减轻和平衡食物中的油腻感。使用香草风味醋用于腌制富含油脂的鱼并加入切碎的新鲜香草，例如他力干（龙蒿）、香芹、香草以及百里香等用来增加风味。

葡萄酒中或者醋中的酸性物质在开始烹调之前就已经开始嫩化食物的进程了。对于野味来说，肉质会比较坚韧，需要将野味在腌料汁中腌制一晚上的时间。根据自己的口味爱好，可以加入柠檬汁、大蒜、黑胡椒和香草等，甚至可以加入雪利酒、苹果酒或者橙汁等来调味。

酸奶也是一种非常不错的腌料，可以加入大蒜末、柠檬汁，以及一点切成碎末的薄荷叶、百里香，或者迷迭香等调味，用来腌制羊肉或者猪肉。要腌制鱼类，可以使用基于柠檬汁加入一点油脂和大量黑胡椒的腌料汁。

1 将所有的原材料用量杯量好，用叉子搅拌均匀。

2 将要腌制的食物成单层平铺到一个非金属的大盘里，将腌料汁舀到食物上进行腌制。翻转食物使其均匀地沾满腌料汁。根据食谱的需要，盖好之后放入到冰箱内冷藏，并腌制 30 分钟到几个小时不等的时间。

3 在烹调之前，将食物从腌料汁内捞出并控净多余的腌料汁，如果烹调食物时使用的是煎或者铁扒的烹调方法，需要在烹调的过程中，将腌料汁涂刷到食物表面上，以增加风味并保持食物的鲜嫩滋润感。

制作一份带有油醋风味的沙拉酱汁（making a vinaigrette style dressing）

一份品质优良的油醋汁不仅仅只是用来浇淋沙拉时食用。在烹调的过程中还可以涂抹到肉类、家禽类、海鲜类或者蔬菜上进行调味。许多传统的沙拉酱汁，例如油醋汁或者法国汁，都是基于油脂和酸性材料的混合液。其基本的用料比例为使用3份的油脂配以1份的酸性材料一起搅打至形成一种乳化的乳液状态。最简单的制作方法是使用一把叉子在罐内反复搅打而成，或者将所有的原材料装入到一个带螺旋盖的瓶内拧紧瓶盖之后用力摇晃而成。你选择用于制作沙拉酱汁所使用的油脂要能够补充沙拉的风味特点，并且你选择使用哪一种油脂用于制作哪一种沙拉酱汁，还要根据你自己的口味需要以及使用了哪些沙拉原料而定。味道浓烈的特级初榨橄榄油能够对一款制作方法简单的绿叶蔬菜沙拉或者一款土豆沙拉填补上品质特点，但同时也遮盖住了原料本身更唯美的口感。纯橄榄油或者葵花籽油味道会更清淡。坚果一类的油脂，例如核桃油或者榛子油，价格非常昂贵，但是在小量使用的情况下可以带给沙拉一种独具一格的与众不同的风味特点。

在沙拉酱汁中使用的酸性材料可以是醋或者柠檬汁，它可以决定制作好之后的沙拉口味特点。可以选用葡萄酒醋、樱桃醋或者苹果醋，香草醋、辣椒醋或者水果醋等，以能够与制作沙拉所使用的原材料和所使用的油脂类型进行匹配和对比。陈醋类例如香脂醋，味道会非常浓烈。香脂醋具有浓烈的味道，是因为它需要在木桶内进行老化处理，所以使用香脂

醋时，基本的3份油脂使用1份醋的用料比例应该更改为5份油脂使用2份香脂醋。柠檬汁会给沙拉酱汁带来一股清新的风味。其他种类的水果汁，例如橙汁或者苹果汁也可以在甜味更大些，酸性更小一些的沙拉酱汁中使用。

各种不同口味的油醋酱汁

- 可以使用红酒醋或者白酒醋，或者使用香草风味醋。
- 可以用1汤勺的葡萄酒代替醋。
- 可以使用橄榄油，或者将色拉油与橄榄油一起混合使用。
- 混合使用120毫升的橄榄油和30毫升的核桃油或者榛子油。
- 在醋与油脂混合之前，先在醋里面加入15～30毫升的法国大藏芥末。
- 在油醋酱汁里加入15～30毫升切碎的香草（香芹、紫苏、细香葱、百里香等）。

装在瓶内的沙拉酱汁可以摆设在厨房内成为讨人喜欢的装饰品，并且可以作为极具特色的礼品赠送给客人

传统的油醋汁（classic vinaigrette）

要确保将所有的原材料混合成一种非常细腻的乳液状，原材料必须确保都是在室温下。

将30毫升的醋与10毫升的大藏芥末一起放入到一个碗里，加入盐和黑胡椒粉。根据自己的口味爱好，可以加入1.5毫升的细砂糖。搅拌至混合均匀。将90毫升的油脂慢慢的加入进去，继续搅拌混合至细腻的状态。根据需要继续调味。

橙汁奶油沙拉酱汁（creamy orange dressing）

这是一种适用性非常强的沙拉酱汁，可以搭配橙子和番茄沙拉，铁扒鸡排，烟熏鸭脯，或者鸡肉串配米饭沙拉等菜肴。

[供4人用]

原材料：

45毫升的鲜奶油

15毫升白酒醋

1个橙子，擦取外层碎皮并挤出橙汁

盐和现磨的黑胡椒粉

步骤：

1 将量好的鲜奶油和白酒醋装入到一个带螺旋瓶盖的瓶内，加入橙汁和橙皮碎。

2 用力摇晃至混合均匀，然后根据口味进行调味。

传统的咸香口味酱汁
classic savoury sauces

热的或者冷的，熟的或者生的，如果你掌握了这些极具影响力的咸香口味的酱汁的制作方法，你就具备了如同天马行空般的随心所欲的创作出千变万化的酱汁的能力。如同普通的白色酱汁和肉汁一样，这些酱汁只需要略微搅拌，用多汁的番茄或者各种各样的蔬菜进行调和，对于沙爹酱汁和必备的蛋黄酱食谱来说这是一种快速的制作技法。使用本节中的内容，作为检验自己使用各种酱汁制作技法的参考，寻找出适合自己口味的正确的酱汁用料配方比例并且精挑细选出搭配各种菜肴最恰当的酱汁。

贝夏美酱汁

白色奶油酱汁，
béchamel sauce

这是一种带有极佳的圆润芳醇风味的乳白色酱汁，与意式宽面（lasagna）是绝配，与此同时不但可以成为制作其他种类酱汁的基础材料，也还可以搭配许多鱼类、蛋类和蔬菜类菜肴。

营养分析：

能量：0.488 千焦；蛋白质 3.4 克；碳水化合物 8.6 克，其中含有糖分 3.8 克；脂肪 7.9 克，其中饱和脂肪酸 5 克；胆固醇 22 毫克；钙 107 毫克；纤维素 0.2 克；钠 73 毫克。

2 用小火，在一个锅内熔化黄油，将锅端离开火并将面粉搅拌进去。重新将锅放回到火上加热 1~2 分钟的时间，同时不断的搅拌，制作出黄油炒面粉（roux）。

3 重新加热牛奶混合物至快要沸腾时，将牛奶过滤，同时用一把勺子挤压蔬菜，以释放出尽量多的汁液。

[供 4 人食用]

原材料：

1 个小洋葱

1 根小胡萝卜

1 段西芹茎

香草束

6 粒黑胡椒

少许现磨碎的豆蔻粉或者一片豆蔻

300 毫升牛奶

25 克黄油

25 克通用面粉

30 毫升淡奶油

盐和胡椒粉

步骤：

1 将各种蔬菜去皮切碎。将蔬菜、调味料和牛奶一起放入到一个锅内。加热烧开。将锅从火上端离开。

4 关掉火，将牛奶逐渐的搅入到黄油炒面粉中，不停的搅拌，直到将酱汁搅拌至细腻光滑的程度。重新用小火加热，直到酱汁浓度均匀，然后继续用小火加热并不停地搅拌 3~4 分钟。

5 将锅端离开火。用盐和胡椒粉调味并加入淡奶油搅拌好。

这种白色基础酱汁非常适用于各种菜肴的制作，但是其本身的滋味过于清淡，所以要先尝过滋味再进行适当的调味。

白色基础酱汁
basic white sauce

营养分析：

能量：38.1 千焦；蛋白质 3.8 克；碳水化合物 8 克，其中含有糖分 4.8 克；脂肪 5.2 克，其中饱和脂肪酸 3.3 克；胆固醇 15 毫克；钙 127 毫克；纤维素 0.3 克；钠 68 毫克。

[供 6 人食用]

原材料：

600 毫升牛奶　25 克黄油

25 克通用面粉　盐和胡椒粉

步骤：

1 将牛奶在锅中用小火加热，但不要烧开。

2 在另外一个锅内，将黄油加热熔化，然后将面粉搅拌进去，用小火继续加热并搅拌 1~2 分钟，制作出黄油炒面粉。注意不可以将面粉炒上色。

3 将锅端离开火，慢慢的倒入热牛奶，同时要不停的搅拌，以制作出光滑细腻的酱汁。中间可以停止倒入牛奶并用力的搅拌以防止在酱汁中形成结块。

4 将锅放回到火上重新加热至慢慢烧开，同时不停地搅拌直到酱汁变得浓稠。

5 用小火继续加热 3~4 分钟，直到熬煮到所需要的浓稠程度并且细腻光滑。用盐和胡椒粉调味。

大厨提示

＊ 要制作出浓稠一些的，用于覆盖到菜肴上的白色基础酱汁，在制作黄油炒面粉时，分别增加 50 克的面粉和黄油。

＊ 如果你没有使用不粘锅，可以使用一个小号的搅拌器，用来将面粉和牛奶搅拌得更加丝滑细腻。

各种白色酱汁

白色基础酱汁对于千变万化的各种酱汁来说是"母汁"。所有这些酱汁都可以在上菜之前通过在基础酱汁中添加上几种原材料来制作。

● 香芹酱汁是搭配培根、鱼类或者蚕豆的传统酱汁。在上菜之前，在基础酱汁中根据需要搅拌进去 30~60 毫升的香芹末。

● 奶酪酱汁可以使得焗出的鸡蛋类和蔬菜类菜肴更加美味可口。将 50 克擦成细末的熟化好的切达奶酪和 2.5 毫升的芥末加入到正在慢火熬煮的基础酱汁中。

瓦鲁特酱汁

veloute sauce

这一款美味的浇淋酱汁因为其细腻光滑而柔软的质地而得名。它是基于使用鱼、蔬菜或者肉类熬煮而成的原色高汤（white stock）而制成的，所以这种酱汁会很容易的就能与你要制作的各种菜肴相互之间进行完美的搭配。

营养分析：

能量：0.544 千焦；蛋白质 1.1 克；碳水化合物 5.2 克，其中含有糖分 0.3 克；脂肪 11.8 克，其中饱和脂肪酸 7.4 克；胆固醇 31 毫克；钙 19 毫克；纤维素 0.2 克；钠 130 毫克。

[供 4 人食用]

原材料：

600 毫升高汤　　25 克黄油

25 克通用面粉　　30 毫升淡奶油

盐和胡椒粉

步骤：

1 将高汤加热至快要沸腾时关火。在另外一个锅内将黄油熔化并将面粉搅拌进去。用中火不停的煸炒面粉 3～4 分钟，或者不停的搅拌，一直煸炒到面粉开始发灰变成淡黄色的程度。

2 将锅从火上端离开，将热的高汤逐渐地搅拌进去混合好，要不停地搅拌。将锅重新放回到火上加热并烧开，持续不断的搅拌，直到酱汁变得浓稠。

3 继续用微火熬煮，同时不停的搅拌，直到汤汁㸆至剩余 3/4 的容量。

4 在加热过程中要持续的将表面上出现的浮沫撇除干净，在熬煮好酱汁之后用细眼筛过滤。

5 在配餐之前，从火上将酱汁端离开并将淡奶油搅拌进去。调好口味。

各种瓦鲁特酱汁

- 对于一款特别制作的菜肴需要使用风味更加浓郁的瓦鲁特酱汁时，可以减少 30～45 毫升的高汤用量，改用干白葡萄酒或者味美思酒来代替。
- 要制作雪利瓦鲁特酱汁，在高汤中加入 60 毫升的干雪利酒。同时减少 60 毫升的高汤用量。

风味犀利的柠檬和带有柔和的茴香风味的他力干会给鸡类菜肴、鸡蛋类菜肴以及蒸制蔬菜类菜肴带来更加唯美的味道。

他力干柠檬酱汁

龙蒿柠檬酱汁，
lemon sauce with tarragon

营养分析：

能量：0.712 千焦；蛋白质 1.3 克；碳水化合物 5.6 克，其中含有糖分 0.8 克；脂肪 12.8 克，其中饱和脂肪酸 7.9 克；胆固醇 33 毫克；钙 39 毫克；纤维素 0.6 克；钠 46 毫克。

[供 6 人食用]

原材料：

1 个柠檬

1 枝新鲜他力干香草

1 根青葱，切成细末

90 毫升白葡萄酒

1 份用量的瓦鲁特酱汁

45 毫升鲜奶油　　　30 毫升白兰地

盐和黑胡椒粉

步骤：

1 从柠檬上削下薄薄的外层黄皮，要注意不要将柠檬的白色外皮部分一起削下来。挤出柠檬汁倒入一个锅内。将柠檬放置到一边。

2 择除他力干香草上面的粗茎部分。将他力干叶片切碎，留出 15 毫升的用量备用，将剩余的他力干香草连同柠檬外皮和青葱一起放入锅内。

大厨提示

* 这一种酱汁与带有煮鸡蛋的简单午餐非常搭配，也可以搭配一系列简单的宵夜之类的菜肴。可以试着搭配一块铁扒的或者煎熟的，外面包裹着意大利培根片的去骨的鸡胸。

3 加入葡萄酒并用小火慢慢加热直到将汁液熬浓至剩余一半时，将汁液过滤到另外一个干净的锅内，再放回到火上加热。

4 加入瓦鲁特酱汁，鲜奶油、白兰地和预留出的他力干香草。直接烧开，根据需要进行调味。

西班牙酱汁

espagnole sauce

西班牙酱汁是一种传统的、味道浓郁的褐色酱汁，是红肉类菜肴和野味类菜肴所搭配的理想酱汁。也可以作为基础酱汁，用来制作其他各种美味可口的、味道浓郁的酱汁。

营养分析：

能量：0.204 千焦；蛋白质 0.8 克；碳水化合物 4 克，其中含有糖分 0.8 克；脂肪 3.6 克，其中饱和脂肪酸 2.2 克；胆固醇 9 毫克；钙 9 毫克；纤维素 0.3 克；钠 159 毫克。

[可供 6 人食用]

原材料：

25 克黄油

50 克培根，切碎

2 根青葱，去皮切成末

1 根胡萝卜，切成末

1 段西芹茎，切成末

修剪好的蘑菇（可选）

25 克通用面粉

600 毫升热的褐色酱汁（布朗少司）

香草束

30 毫升番茄蓉（番茄酱）

15 毫升雪利酒（可选）

盐和黑胡椒粉

步骤：

1 在一个厚底锅内熔化黄油，放入培根煸炒 2~3 分钟，然后加入青葱、胡萝卜、西芹和蘑菇（可选），继续煸炒 5~6 分钟，或者一直煸炒至蔬菜呈金黄色。

2 逐渐地加入面粉，并用中火继续煸炒 5~10 分钟，直到将所有面粉煸炒成深棕色。

3 将锅端离开火，将高汤慢慢加入搅拌至混合好。

4 用小火加热烧开，同时搅拌至酱汁变得浓稠。加入香草束、番茄蓉、雪利酒（可选），并调味。将火降至微火继续熬煮 1 小时，期间要不时地搅拌。

5 将制作好的西班牙酱汁过滤，在使用之前略微加热即可。

大厨提示

* 西班牙酱汁可以覆盖好之后在冰箱内保存 4 天以上的时间。或者冷冻保存 1 个月以上的时间。

这一款由蘑菇和葡萄酒制作而成的酱汁，能够将只是经过简单的煎或者铁扒的鸡肉，铁扒或者烤熟的猪肉，或者兔肉等菜肴摇身一变成为令人拍案叫绝的美味佳肴。

猎人酱汁

车沙酱汁，chasseur sauce

营养分析：

能量：0.694千焦；蛋白质2克；碳水化合物7.5克，其中含有糖分2.3克；脂肪10.7克，其中饱和脂肪酸6.6克；胆固醇27毫克；钙22毫克；纤维素0.9克；钠279毫克。

[供3~4人食用]

原材料：

25克黄油

1棵青葱，切成细末

115克蘑菇，切成片

120毫升白葡萄酒

30毫升白兰地

1份用量的西班牙酱汁

15毫升新鲜的他力干或者细叶芹，切碎

3 将葡萄酒和白兰地倒入锅内，继续用中火加热将汤汁慢慢熳至剩余一半的程度。

4 加入西班牙酱汁和香草搅拌均匀并烧开，边加热边搅拌。制作好之后的酱汁要趁热食用。

步骤：

1 在一个中号或者大号平底锅内用中火熔化黄油，然后加入青葱煸炒，直到青葱变软但是不要煸炒上色。

2 加入蘑菇继续煸炒，直到蘑菇开始变成黄色。

法式黄油酱汁

白色黄油酱汁，beurre blanc

[大约可以制作出 150 毫升的用量]

原材料：

3 棵青葱，切成细末

45 毫升干白葡萄酒或者海鲜高汤（court bouillon）

45 毫升白酒醋或者他力干醋

115 克冻硬的无盐黄油，切成小丁

柠檬汁（可选）

盐和白胡椒粉

大厨提示

* 如果可能的话，一定要使用青葱来代替洋葱。青葱在口感上会略带有甜味，特别是在加热煸炒至开始变成焦黄色之后，在制作法式黄油酱汁时，加入青葱会让制作起来非常简单的酱汁味道更加令人回味。

这一款浅色的酱汁与水煮三文鱼或者水煮虹鳟鱼，铁扒三文鱼或者铁扒虹鳟鱼构成了完美而绝妙的搭配。

营养分析：

能量：3.93 千焦；蛋白质 2.5 克；碳水化合物 12.8 克，其中含有糖分 9.4 克；脂肪 94.8 克，其中饱和脂肪酸 59.9 克；胆固醇 245 毫克；钙 62 毫克；纤维素 2.1 克；钠 703 毫克。

步骤：

1 将青葱末和葡萄酒或者海鲜高汤以及醋等一起加入一个小锅内。烧开之后用大火熬至只剩余约 30 毫升的汤汁。

2 将锅端离开火，置于一边，将锅内的液体冷却到微温的程度。

3 将冷冻的黄油丁一次一块地加入锅内，将锅内的酱汁与黄油一起，搅拌成一种浅色的奶油状的酱汁。尝味之后，可以用盐和胡椒粉调味，还可以加入一点柠檬汁用来增添风味。

4 如果制作好的法式黄油酱汁不是立刻使用，将其放入保温锅内加热保温。

荷兰酱汁

荷兰少司，hollandaise sauce

[大约可以制作出 120 毫升的用量]

原材料：

115 克无盐黄油

2 个蛋黄

15~30 毫升柠檬汁，白葡萄酒醋或者他力干醋

盐和白胡椒粉

大厨提示

* 在制作荷兰酱汁时使用了没有煮熟的蛋黄，也就是说荷兰酱汁不适合于孩童、孕妇、老年人或者免疫系统有疾病的患者食用。

这种香浓、温热的酱汁最适合于在一个轻松淡雅写意的晚餐时搭配水煮鱼一起食用。

营养分析：

能量：4.09 千焦；蛋白质 6.5 克；碳水化合物 0.7 克，其中含有糖分 0.7 克；脂肪 105.5 克，其中饱和脂肪酸 63 克；胆固醇 648 毫克；钙 68 毫克；纤维素 0 克；钠 715 毫克。

步骤：

1 在一个小锅内熔化开黄油。同时，将蛋黄和柠檬汁，或者醋放入一个碗里。用盐和胡椒粉调味，将蛋黄搅打至充分混合均匀。

2 将熔化好的黄油呈稳定的、均匀的细流状倒入到搅拌中的蛋黄里，用力搅打至细腻光滑、呈乳脂状的酱汁。用盐和胡椒粉调味，根据需要可以添加更多一些的柠檬汁或者醋进行调味。

奶油西洋菜酱汁

watercress cream

这一款美味可口的绿色奶油酱汁，与粉红色肉质的鱼类菜肴相互搭配之后看起来相得益彰，像三文鱼或者海鳟鱼等。当然风味也会相互搭配，互为补充。

营养分析：

能量：2.98 千焦；蛋白质 12.6 克；碳水化合物 28.9 克，其中含有糖分 8.5 克；脂肪 51.1 克，其中饱和脂肪酸 31.7 克；胆固醇 139 毫克；钙 387 毫克；纤维素 3.1 克；钠 449 毫克。

[可以制作出大约 250 毫升的用量]

原材料：

2 把西洋菜或者芝麻生菜

25 克黄油

2 棵青葱，切碎

25 克通用面粉

150 毫升热的鱼高汤

150 毫升干白葡萄酒

5 毫升银鱼柳

150 毫升淡奶油

柠檬汁

盐和辣椒粉（辣椒面，cayenne pepper）

步骤：

1 择除西洋菜或者芝麻生菜上腐坏的叶子及粗茎。洗净之后用开水煮 5 分钟。捞出控净水，用冷水过凉，再用漏勺控净水。

2 用一把勺子在漏勺边上用力挤压西洋菜或者芝麻生菜，以除净多余的水分。然后剁碎放到一边备用。

3 在锅内熔化黄油并加热青葱，用中火煸炒 3~4 分钟，直到青葱变软。然后加入面粉继续煸炒 1~2 分钟。

4 从火上将锅端离开，将鱼高汤和葡萄酒逐渐地搅拌加入进去。再将锅放回到火上重新加热并烧开，要不时的搅拌，用小火慢慢熬着 2~3 分钟，同时要不停地搅拌。

5 将熬煮好的酱汁过滤到一个干净的锅内，将西洋菜或者芝麻生菜加入进去，再加入银鱼柳和奶油，搅拌好，继续用小火加热。用盐和辣椒面调味并加入柠檬汁提味。趁热食用。

有些人认为传统的蛋黄酱很难制作，其实芥末蛋黄酱更难制作，其中的关键因素是要将所有的原材料放置在室温下。

芥末蛋黄酱

mustard mayonnaise

营养分析：

能量：10.35 千焦；蛋白质 9.3 克；碳水化合物 0.2 克，其中含有糖分 0.2 克；脂肪 270.9 克，其中饱和脂肪酸 37.3 克；胆固醇 392 毫克；钙 53 毫克；纤维素 0 克；钠 138 毫克。

[可以制作出大约 350 毫升的用量]

原材料：

1 个鸡蛋，再加上 1 个蛋黄

5 毫升法国大藏芥末

1 个柠檬，挤出柠檬汁

175 毫升橄榄油

175 毫升葡萄籽油，葵花籽油，或者玉米油

盐和白胡椒粉

大厨提示

* 要注意在这一款酱汁中含有生的鸡蛋。如果在意这一点，可以购买成品的蛋黄酱代替使用。

* 要将蛋黄酱制作出更加丝滑般的效果，可以根据需要，在最后加入大约 15 毫升的开水。

步骤：

1 将鸡蛋和蛋黄放入食品加工机内，启动机器搅拌 20 秒钟。加入芥末、一半的柠檬汁，以及适量的盐和胡椒粉。盖上盖，然后启动机器搅拌大约 30 秒钟，直到将所有的原材料都混合均匀。

2 在机器转动的情况下，从加料孔内将油脂呈均匀稳定的细流状滴落到搅拌中的蛋黄混合物中。当油脂全部加完，并且蛋黄酱呈现出浅色并变得浓稠时，尝味之后根据需要可以加入更多的柠檬汁和盐及胡椒粉调味。将搅拌好的蛋黄酱刮到碗内。

芥末和莳萝酱汁
mustard and dill sauce

这一款口味清新的酱汁可以搭配所有冷的、烟熏的或者生腌的三文鱼一起食用。要注意的是在酱汁中含有生的蛋黄，所以，如同荷兰酱汁一样，尽量避免给孩童、孕妇、老年人或者免疫系统有疾病的患者食用。

营养分析：

能量：2.99 千焦；蛋白质 5.9 克；碳水化合物 6.5 克，其中含有糖分 5.6 克；脂肪 74.3 克，其中饱和脂肪酸 9.6 克；胆固醇 202 毫克；钙 10 毫克；纤维素 1.5 克；钠 904 毫克。

[**大约可以制作出 120 毫升的用量**]

原材料：

1 个蛋黄

30 毫升深色法国芥末

2.5~5 毫升红糖

15 毫升白葡萄酒醋

90 毫升葵花籽油或者色拉油

30 毫升新鲜莳萝，切成细末

盐和黑胡椒粉

步骤：

1 将蛋黄放入一个小碗内，加入芥末和根据口味需要加入的一点红糖。用一把木勺搅打至光滑的程度。

2 将白葡萄酒醋搅拌进去，再将油脂在开始阶段，一滴一滴地搅拌进去，然后呈细流状在搅拌的过程中也滴落进去。随着油脂加入的增多，酱汁开始变得浓稠并且开始乳化。

3 当所有的油脂全部搅拌进去并乳化之后，用盐和胡椒粉调味，然后将切好的莳萝细末搅拌进去。将酱汁覆盖好并冷藏 1~2 个小时之后再食用。

这一款芳香扑鼻的酱汁在制作好之后，要趁热食用，可以搭配铁扒或者水煮的三文鱼或者鳟鱼。由于酱汁太过于美味可口，你要多准备好一些面包或者煮的新土豆之类的佐餐配菜，以便能够让客人用来蘸取干净餐盘内剩余的所有酱汁。

橄榄油，番茄和香草酱汁

olive oil, tomato and herb sauce

营养分析：

能量：32.5 千焦；蛋白质 3 克；碳水化合物 9.2 克，其中含有糖分 8.7 克；脂肪 81.1 克，其中饱和脂肪酸 11.7 克；胆固醇 0 毫克；钙 100 毫克；纤维素 4.5 克；钠 34 毫克。

[可以制作出大约 350 毫升的用量]

原材料：

225 克番茄

15 毫升切成细末的青葱

2 瓣蒜，切成薄片

120 毫升特级初榨橄榄油

30 毫升冷水　　　　　15 毫升柠檬汁

适量细砂糖

15 毫升切成细末的新鲜细叶芹

15 毫升切成细末的新鲜细香葱

30 毫升新鲜罗勒叶　　盐和黑胡椒粉

大厨提示

* 对于要突出这一款酱汁别具一格的风味来说，特级初榨橄榄油是必不可少的，因此，要使用最高品质的橄榄油。

步骤：

1 将番茄去皮去籽，然后切成细丁。

2 将青葱、大蒜以及油一起放入一个小锅内，用微火加热浸渍几分钟的时间。要保持所有的原材料都是在温热状态，但是绝不可以煸炒或者将原材料加热至成熟。

3 将冷水搅拌进去，再加入柠檬汁。将锅从火上端离开，加入番茄。加入一点盐和胡椒粉以及白糖调味。再将细叶芹和细香葱搅拌进去。放到一边静置 10~15 分钟，再重新加热，最后在上菜之前将罗勒叶搅拌进去。

慕斯林酱汁

mousseline sauce

一款让人满口喷香的酱汁，巧妙地将浓郁的香味与丰厚的奶油风味融为一体。可以用来作为洋蓟或者洋蓟心，以及各种海鲜的蘸酱使用。

营养分析：

能量：1.18 千焦；蛋白质 1.9 克；碳水化合物 0.5 克，其中含有糖分 0.5 克；脂肪 30.3 克，其中饱和脂肪酸 18.1 克；胆固醇 172 毫克；钙 26 毫克；纤维素 0 克；钠 123 毫克。

[供 4 人食用]

原材料：

2 个蛋黄

15 毫升柠檬汁

75 克软化的黄油

90 毫升鲜奶油

柠檬汁（备用）

盐和黑胡椒粉

举一反三

● 如果喜欢，可以使用等量鲜榨的青柠汁代替本食谱中所使用的柠檬汁。

步骤：

1 要制作慕斯林酱汁，将蛋黄和柠檬汁放入一个碗里隔水加热搅打，或者放到双层保温锅上搅打，一直搅打到蛋黄变得浓稠而蓬松。

2 搅入黄油，一次搅入一点，搅拌进去之后，待黄油融化之后再加入，直到全部搅好，具有类似于蛋黄酱一般的浓稠度。

3 在另外一个碗里，搅打鲜奶油直到硬性发泡的程度，将鲜奶油叠拌进温的酱汁中，并用盐和胡椒粉调味。你也可以根据要搭配的食物的口味或者菜谱的要求，再加入一点柠檬汁来提味。

举一反三

● 要搭配大型特制的鱼类菜肴，例如龙虾或者多佛龙利鱼等，可以在上菜之前将 30～45 毫升 /2～3 汤勺的鱼子酱搅拌加入酱汁中，作为鱼子酱慕斯林酱汁使用。

作为经典的、搭配原汁原味的肉类菜肴所使用的酱汁，在制作这一款带有香草风味的黄油酱汁时，在这一道食谱中，添加了其他风味，但是，却完全没有遮盖铁扒牛排或者煎牛排的原来风味。

边尼士酱汁

班尼士酱汁，
béarnaise sauce

营养分析：

能量：1.4 千焦；蛋白质 2.6 克；碳水化合物 1.9 克，其中含有糖分 1.5 克；脂肪 35.3 克，其中饱和脂肪酸 21 克；胆固醇 216 毫克；钙 38 毫克；纤维素 0.5 克；钠 241 毫克。

[供 2~3 人食用]

原材料：

45 毫升白葡萄酒醋　30 毫升水

1 个小洋葱，切成细末

几枝新鲜的他力干和细叶芹

1 片香叶　6 粒黑胡椒，压碎

115 克黄油　2 个蛋黄

15 毫升切碎的新鲜香草，例如他力干、香芹、细叶芹等

盐和黑胡椒粉

步骤：

1 将白葡萄酒醋、水、洋葱末、香草枝、香叶和黑椒碎一起放入一个锅内。用小火加热，燉至液体减少至一半的程度。将液体过滤后冷却备用。

2 在另外一个碗里，将黄油打发至松软。

3 在一个隔水加热的碗里，或者在双层保温锅上，打发蛋黄和冷却后的液体至颜色变白，质地变得轻柔而蓬松。隔水加热时不要让水烧开，以免过度加热蛋黄液体，否则蛋黄会变熟并凝结成块状。

4 逐渐地加入黄油搅拌，一次只加入半茶勺的量。一直搅拌至将所有的黄油都吸收。

5 将切碎的新鲜香草搅拌进去，要边搅拌边尝味。

6 趁热食用，可以搭配在铁扒牛排的旁边或者舀到新土豆的上面使其融化。

举一反三

● 科伦酱汁（choron sauce）是非常适合于搭配烤羊排或者铁扒羊排的一款酱汁，可以将 15 毫升 /1 汤勺用量的番茄蓉（或者番茄酱）在步骤 1 时搅拌进去。

纽堡酱汁

newburg sauce

这一款乳脂状的马德拉风味的酱汁最早起源于美国。它本身浓郁的风味不会遮盖住食物的原味，是各种海鲜类食物的理想搭配酱汁。与煎鸡排也非常搭配。

营养分析：

能量：1.96 千焦；蛋白质 3.6 克；碳水化合物 3.4 克，其中含有糖分 3 克；脂肪 47.5 克，其中饱和脂肪酸 28.2 克；胆固醇 262 毫克；钙 60 毫克；纤维素 0.2 克；钠 51 毫克。

3 加入辣椒面和除了 60 毫升鲜奶油之外的所有原材料。让耐热碗继续隔水加热 10 分钟，以将原材料彻底热透。

4 将马德拉酒搅拌进去。将蛋黄与鲜奶油一起搅打好并搅拌到热的酱汁中。继续在快要沸腾的水上面隔热搅打酱汁，直到酱汁变得浓稠。用盐和胡椒调味。要趁热食用。

【供 4 人食用】

原材料：

15 克黄油

1 小颗青葱，切成细末

少许辣椒面

300 毫升鲜奶油

60 毫升马德拉酒

3 个蛋黄

盐和黑胡椒粉

步骤：

1 在锅内熔化黄油并加入切好的青葱煸炒至呈透明状。

2 将炒好的青葱倒入一个耐热碗里，放到一个锅上，隔水加热。

举一反三

- 要制作传统的纽堡龙虾，在刚开始制作时，与青葱一起，在锅内加入 200 克龙虾肉，其他的制作步骤如上同。
- 要在酱汁中制作出美观的造型效果，在制作过程的最后步骤，在酱汁中加入 15～30 毫升的粉红色或者黑色圆鳍鱼鱼子酱。鱼子酱会使得酱汁的颜色更加美观。

对于一款纯粹的番茄风味以及诱人食欲的大红颜色的蔬菜酱汁来说，如果有可能，使用新鲜的意大利圣女红果是最佳选择。对于现煮的意大利面条来说，蔬菜酱汁是最受人欢迎的盖浇酱汁。

番茄蔬菜酱汁
rich vegetable sauce

营养分析：

能量：0.33 千焦；蛋白质 1.2 克；碳水化合物 6.2 克，其中含有糖分 5.9 克；脂肪 4.1 克，其中饱和脂肪酸 0.7 克；胆固醇 0 毫克；钙 18 毫克；纤维素 1.7 克；钠 24 毫克。

[供 4～6 人食用]

原材料：

30 毫升橄榄油

1 大个洋葱，切成末

2 瓣蒜，切碎

1 根胡萝卜，切成细末

1 段西芹茎，切成细末

675 克番茄，去皮并切碎

150 毫升红葡萄酒

150 毫升蔬菜高汤

香草束

2.5～5 毫升白糖

15 毫升番茄蓉（番茄酱）或者根据需要适当的增减

盐和黑胡椒粉

4 从酱汁内取走香草束。根据需要，重新尝味并用盐和胡椒调味，如果味道有些淡或者有点浓，可以加入一点白糖和一些番茄蓉进行调整。

5 可以直接作为酱汁食用，或者要制作出更加细滑的质地，可以将酱汁过筛。同样，也可以使用搅拌机或者食品加工机将酱汁搅打成泥状。还可以直接舀到刚刚烫熟的西葫芦片上，或者整根的熟芸豆上，与之形成美味的搭配。

步骤：

1 在锅内将橄榄油烧热，加入洋葱和大蒜煸炒至变软并且颜色变成淡金黄色。加入胡萝卜和西芹继续煸炒，要不停地搅拌，直到将所有的蔬菜都煸炒成为金黄色。

2 加入番茄、葡萄酒、高汤和香草束，用盐和胡椒粉调味。

3 将锅烧开。改用小火，盖上锅盖，用慢火熬煮 45 分钟，期间要不时地搅拌。

金巴伦酱汁配烤鸭

金巴利酱汁，坎伯兰酱汁，cumberland sauce with duck）

橙子、红醋栗结力（红加仑结力）和葡萄酒使得这一款充满活力的酱汁与烤鸭形成了绝美的搭配。传统上金巴伦酱汁是搭配煮火腿或者烤火腿一起食用的，但是这里使用的传统酱汁食谱制作而成的金巴伦酱汁，与烤鸭是形影不离的一对。

营养分析：

能量：1.02 千焦；蛋白质 51.3 克；碳水化合物 4.3 克，其中含有糖分 1.4 克；脂肪 10.2 克，其中饱和脂肪酸 3.4 克；胆固醇 169 毫克；钙 24 毫克；纤维素 0.7 克；钠 176 毫克。

[供 8 人食用]

原材料：

4 个橙子，取出瓣状橙子肉，保留橙皮和橙汁
2 个重量分别为 2.25 千克的鸭子，带内脏
盐和黑胡椒粉　香芹，用于装饰
用于金巴伦酱汁　30 毫升通用面粉
300 毫升鸡高汤或者鸭高汤
150 毫升波特酒或者红葡萄酒
15 毫升红加仑结力

步骤：

1 将烤箱预热至 180℃。用棉线将橙子皮捆好塞到两只鸭子的腹腔内。

2 将两只鸭子摆放到一个大烤盘或者两个小烤盘里，用叉子或者扦子在鸭皮上戳出一些孔，撒上盐和胡椒粉，按照每 450 克鸭子需要烘烤 30 分钟（大约需要 2.5 小时），计算烘烤所需要的时间，直到烤至成熟并且流淌出来的汁液变为清澈为好。

3 在烤鸭过程中的后半段时间里，将烤盘内的油脂类舀出到一个耐热碗里。

4 鸭子烤好之后，取出摆放到切割菜板上。覆盖上锡纸松弛一会。然后从腹腔内取出橙皮。将橙皮切成细末或者细丝，放到一边留着制作酱汁用。

5 制作酱汁，将烤盘里汤汁内的所有油脂撇出，只留下汤汁和沉淀物。如果使用了两个小烤盘，将其中一个烤盘内的汤汁和沉淀物刮取到另一个小烤盘内。在烤盘内加入面粉，用小火加热，搅拌，熬煮 2 分钟。

6 将制备好的橙皮连同汤汁一起加入到烤盘内，加入波特酒或者红葡萄酒和红加仑结力。搅拌至混合均匀，然后烧开并用小火熬煮，不时地搅拌，继续熬煮大约 10 分钟。将酱汁过滤到一个锅内。加入橙肉瓣和留出的橙汁。

7 切割烤鸭，先切割鸭腿和鸭翅，然后从关节处切断。将两个翅尖切割下来丢弃不用。将鸭脯从鸭身上整块的切割下来，然后切割成薄片。将小量的酱汁浇淋到鸭肉上，其余的酱汁搭配切割好的鸭肉一起上桌。

大厨提示

* 当制作好的酱汁要搭配火腿或者铁扒肉类菜肴时，不需要将橙子烤熟，也不需要烤盘内的汁液。将一个橙子的橙皮切成细丝，先用少许开水焯一下，然后过滤控净水。在锅内制作酱汁，最后加入橙丝。

这是一款制作方法非常快捷，但是用途却非常广泛的奶油酱汁。蓝奶酪在奶油中很容易的就会溶化开，能够制作成一款简单的酱汁，用来搭配蔬菜类或者意大利面条类菜肴，作为香喷喷的午餐或者宵夜时享用。

蓝奶酪和核桃酱汁

blue cheese and walnut sauce

营养分析：

能量：3.46 千焦；蛋白质 26.8 克；碳水化合物 3.9 克，其中含有糖分 1.7 克；脂肪 78.5 克，其中饱和脂肪酸 40.8 克；胆固醇 167 毫克；钙 616 毫克；纤维素 1.2 克；钠 1237 毫克。

[供 2 人食用]

原材料：

50 克黄油

50 克口蘑，切成片

150 克硬质蓝奶酪，例如意大利古冈佐拉奶酪（Gorgonzola），斯提耳顿奶酪（Stilton）或者丹麦蓝奶酪（Danish blue）等。

150 毫升酸奶油

25 克擦碎的佩科里诺奶酪（pecorino）

50 克碎核桃仁

盐和黑胡椒粉

步骤：

1 在一个汤锅内溶化黄油，加入蘑菇片，用小火煸炒 3~5 分钟，直到蘑菇变成浅金黄色。

2 将蓝奶酪在一个碗里弄碎之后加入奶油。用盐和胡椒粉调味，用叉子搅拌，直到彻底混合均匀。

3 将搅拌好的奶酪奶油混合物倒入蘑菇锅内，用小火加热，不停地搅拌，直到全部溶化。

4 最后，将佩科里诺奶酪和碎核桃仁加入搅拌好。从火上端离开。趁热食用。

简易沙爹酱
quick satay sauce

关于这一款美味的花生酱汁有许多不同的版本。这里所介绍的这一种沙爹酱，尽管制作方法非常便捷，但是淋撒到铁扒或者烧烤鸡肉串上之后味道却是异常鲜美。在举行派对的时候，可以用牙签串起鸡块，摆放到一碗热气腾腾的沙爹酱周围，供宾客享用。

营养分析：

能量：0.45 千焦；蛋白质 3.6 克；碳水化合物 5.8 克，其中含有糖分 4.9 克；脂肪 8 克，其中饱和脂肪酸 2.1 克；胆固醇 0 毫克；钙 30 毫克；纤维素 0.8 克；钠 150 毫克。

[供 4 人食用]

原材料：

200 毫升椰膏

60 毫升花生酱

1 茶勺辣酱油

适量的美国辣椒汁

新鲜椰子，装饰用（可选）

步骤：

1 将椰膏放入一个小锅内，用小火加热，并不时地搅拌，加热大约 2 分钟。

3 加入辣酱油和适量的美国辣椒汁并调好味。倒入到一个餐碗内。

4 如果有新鲜椰子，就使用削皮刀从新鲜椰子肉上刮下椰子片，将椰子片撒到你选择好的餐盘内装饰，配好酱汁立刻上桌。

2 加入花生酱，用力搅拌，直到与椰膏混合均匀。继续用小火加热，将酱汁热透但是不要烧开。

大厨提示

* 可以使用椰奶用来代替椰膏，但是要购买不含有糖粉的椰奶品种，用于食谱中酱汁的制作。留意速溶椰奶粉，通常可以在亚洲商店里购买到，味道非常棒，并且通用性非常强。可以替代椰膏或者罐装的椰奶使用。

这一款奶油状的酱汁特别适合用来搭配意大利面条、猪排或者羊排、铁扒鸡排等菜肴一起食用。盐卤的青胡椒粒比干燥包装的青胡椒粒更好用，因为盐卤的青胡椒粒可以给酱汁带来更加圆润饱满的风味。

青胡椒酱汁

绿胡椒酱汁，green peppercorn sauce

营养分析：

能量：3.05 千焦；蛋白质 0.8 克；碳水化合物 2.5 克，其中含有糖分 1.2 克；脂肪 13.3 克，其中饱和脂肪酸 8.1 克；胆固醇 33 毫克；钙 19 毫克；纤维素 0.3 克；钠 86 毫克。

[供 3~4 人食用]

原材料：

15 毫升盐卤青胡椒粒，控净水分。

1 个小洋葱，切成细末

25 克黄油

300 毫升清淡的高汤

半个柠檬，挤出柠檬汁

15 毫升黄油面团（beurre manie）

45 毫升鲜奶油

5 毫升法国大藏芥末

盐和黑胡椒粉

步骤：

3 将黄油面团揉碎，一点一点的加入到锅内，同时不停的搅拌，一直搅拌到汤汁变得浓稠并呈细腻光滑状。

4 使用小火，边加热边将青胡椒碎搅拌进去，然后加入鲜奶油和法国大藏芥末。用小火热透汤汁，但是不要烧开，最后用盐和黑胡椒粉调味。

举一反三

● 要制作出味道更加清淡一些的青胡椒酱汁，可以用清淡一些的鲜奶油（creme fraiche）来代替口味厚重的鲜奶油（double cream）。

大厨提示

* 要制作黄油面团（beurre manie），将等量的黄油和通用面粉搅拌到一起。冷藏至凝固即可。

1 用吸油纸将青胡椒粒上面的水分拭干，用刀按压碎，或者使用研钵和杵捣碎。

2 用黄油即将洋葱煸炒至软。加入高汤和柠檬汁烧开，然后用小火熬煮15 分钟。

经典的面包酱汁
classic bread sauce

这是一款搭配野味类、鸡肉类或者火鸡类菜肴的经典酱汁，现在面包酱汁则几乎成为了圣诞烤火鸡的专属酱汁。然而，实际上面包酱汁是一种用途非常广泛的白色酱汁。

营养分析：

能量：0.41 千焦；蛋白质 3.4 克；碳水化合物 11.6 克，其中含有糖分 3.2 克；脂肪 4.8 克，其中饱和脂肪酸 2.9 克；胆固醇 13 毫克；钙 88 毫克；纤维素 0.3 克；钠 112 毫克。

[供 6~8 人食用]

原材料：

475 毫升牛奶

1 个小洋葱，插上 4 粒丁香

1 段西芹茎，切成末

1 片新鲜香叶，撕成两瓣

6 粒多香果

1 片肉豆蔻

90 克面包糠

现磨的豆蔻粉

30 毫升鲜奶油

15 克黄油

盐和黑胡椒粉

步骤：

1 将牛奶、洋葱、西芹、香叶、多香果和肉豆蔻一起放入到一个锅内加热烧开。关火之后将锅盖半盖。放到一边让这些原材料在牛奶中浸渍 30~60 分钟。

2 将牛奶过滤，然后倒入到搅拌机或者食品加工机内。将洋葱上面的丁香取下丢弃不用，将洋葱和西芹一起加入到牛奶中，开动机器搅拌成泥状，然后将牛奶重新过滤到一个干净的锅内。

3 将牛奶锅重新加热烧开并将面包糠搅拌进去，用小火加热，同时用一个小号的搅拌器不停地搅拌，直到将其搅拌至浓稠并呈细腻光滑的程度。如果太过于浓稠，可以再加入一些牛奶。

4 用盐和胡椒粉及现磨的豆蔻粉调味。在上菜之前，将鲜奶油和黄油搅拌进去。趁热食用比用裱花袋挤出造型之后再加热食用效果会更好。

举一反三

- 经典的面包酱汁最好是原味搭配烤火鸡食用，制作好之后就可以食用。同时面包酱汁也非常适合于搭配铁扒香肠或者猪排一起食用。下面这些各具特色的变化，使得使用面包增稠的酱汁的适用性更加广泛。

- 在制作面包酱汁时，在奶油和黄油中加入一个柠檬的柠檬碎皮和挤出的一个柠檬的柠檬汁，适合于搭配煮鸡肉一起食用。如果在面包酱汁中再加入一点牛奶使其稀薄一些，可以用来搭配烤鱼。

- 雪利面包酱汁与铁扒鸡排搭配会非常美味可口，还可以搭配铁扒蘑菇和培根卷等菜肴。在面包糠内加入 45 毫升的干雪利酒，小火熬煮，其他做法与上述相同。

- 可以在酱汁内分别加入 15 毫升切成细末的他力干香草和细香葱，以及 30 毫升的切成细末的香芹混合好。

加入肉汁使得这一款美味可口、颜色黝黑的洋葱酱汁搭配香肠、肝脏、猪排或者布丁香肠等菜肴时都非常适宜，而奶油土豆泥更是必不可少的配菜。

洋葱肉汁
onion gravy

营养分析：

能量：2.66 千焦；蛋白质 10.8 克；碳水化合物 75.8 克，其中含有糖分 3.2 克；脂肪 34.4 克，其中饱和脂肪酸 20.9 克；胆固醇 85 毫克；钙 189 毫克；纤维素 7.7 克；钠 2393 毫克。

[供 4 人食用]

原材料：

40 克黄油或者烤牛肉时滴落下来的肉汁

450 克洋葱，切成两半，然后切成细丝

2.5 毫升红糖　45 毫升通用面粉

400-500 毫升热的牛肉高汤或者蔬菜高汤

1 枝新鲜的百里香香草

10 毫升老抽　5 毫升辣酱油（可选）

盐和黑胡椒粉

步骤：

1　用小火将黄油或者肉汁加热。加入洋葱煸炒 15～20 分钟，直到洋葱开始变成黄色。

2　加入红糖，将火力加大一点，继续煸炒 20～30 分钟，直到将洋葱煸炒成深褐色。

3　加入面粉，翻炒几分钟的时间，然后边搅拌边将 400 毫升的热高汤加入进去。继续用小火加热，同时不停的搅拌，以熬煮出浓稠的肉汁，如果汤汁过了浓稠，可以再加入一点高汤。

4　加入百里香香草，将口味调整的略微清淡一些，然后再继续用小火加热熬煮，同时不停地搅拌，再熬煮 10～15 分钟。

5　加入老抽，如果使用辣酱油的话，这时候也要加入进去，根据需要，再重新调味。如果肉汁此时还有些浓稠，可以再加入一点高汤稀释一下。取出百里香香草，立刻趁热上桌。

举一反三

● 洋葱可以用烤箱烘烤至金黄色。如果使用色拉油烘烤的话效果会比使用黄油和肉汁烘烤，效果要好得多。将洋葱丝放入到烤盘内拌入 45 毫升的色拉油。用 190℃烘烤 20 分钟的时间，烘烤期间要搅拌几次。然后拌入红糖，再用 220℃烘烤 15～25 分钟，直到将洋葱烘烤到深褐色并且呈现焦糖色为止。

● 可以用红葡萄酒或者黑啤酒代替一部分的牛肉高汤或者蔬菜高汤。你可能需要在其中略微多加入一点红糖以调节葡萄酒或者黑啤酒中间的酸性味道。

花生酱汁
peanut sauce

这一款酱汁是基于著名的印度尼西亚酱汁，用来搭配铁扒猪排、鸡排或者海鲜沙爹的酱汁制作而成的。酱汁用一点水稀释之后，也可以用来搭配加多加多（gado-jado，花生酱拌杂菜），这是一种让人拍案叫绝的沙拉，由生的或者熟的蔬菜类以及水果等制作而成。

营养分析：

能量：0.51 千焦；蛋白质 3.9 克；碳水化合物 5.8 克，其中含有糖分 4.7 克；脂肪 9.6 克，其中饱和脂肪酸 1.6 克；胆固醇 0 毫克；钙 34 毫克；纤维素 1.3 克；钠 557 毫克。

2 在锅内剩余的油内加入青葱、大蒜、姜，以及大部分的辣椒丝和香菜粉，用小火不停的煸炒大约 4~5 分钟，直到青葱变软，但是没有完全上色的程度。

3 将炒好的原材料放入到一个搅拌机或者食品加工机内，加入花生、柠檬草、5 毫升的黑糖、生抽和 105 毫升的椰奶以及泰国鱼露。开动机器将混合物搅拌成非常细腻的酱汁。

4 尝味，根据需要，可以加入更多的泰国鱼露，再加入罗望子蓉，用盐和胡椒调味，加入青柠汁，根据自己的口味需要，还可以加入更多的糖。

5 如果搅好的酱汁过于浓稠，可以再加入一些椰奶和一点水，但是不要让酱汁看起来太稀薄。

6 酱汁可以冷食，或者用小火加热之后热食，在加热的时候要不停的搅拌，以防止澥开。上菜之前，可以用剩余的辣椒进行装饰。

[供 4~6 人食用]

原材料：

30 毫升花生油

75 克花生，煮熟　2 棵青葱，切碎

2 瓣蒜，切碎　15 毫升姜末

1~2 个青辣椒，去籽，切成细丝

5 毫升香菜粉　1 棵柠檬草，切碎

5-10 毫升黑糖　15 毫升老抽

105-120 毫升椰奶　15-30 毫升泰国鱼露

15-30 毫升罗望子蓉　青柠汁

盐和黑胡椒粉

步骤：

1 在一个厚底炒锅内将油烧热，加入花生，用小火煎炸，将花生煸炒成均匀的浅棕色。用漏勺捞出花生，在吸油纸上控净油，放到一边冷却备用。

大厨提示

* 要制作罗望子酱，将 25 克的罗望子肉与 120 毫升的开水一起放入到一个瓷碗里浸泡大约 30 分钟，用叉子将罗望子肉搓碎。然后将罗望子肉用不锈钢细网筛过滤。罗望子蓉密封好之后，在冰箱内冷藏可以保存好几天的时间。

这是真正的调味品而不仅仅只是一款酱汁，这种酸甜口味的苹果蓉通常要冷食或者温食，而一般不热食。苹果酱汁是食用烤猪肉、烤鸭或者烤鹅时要搭配的传统酱汁，但是也可以用来搭配铁扒肉肠、冷切肉和咸香味的馅饼等菜肴。

苹果酱汁
apple sauce

营养分析：

能量：0.175 千焦；蛋白质 0.1 克；碳水化合物 6 克，其中含有糖分 6 克；脂肪 2.1 克，其中饱和脂肪酸 1.3 克；胆固醇 5 毫克；钙 3 毫克；纤维素 0.6 克；钠 16 毫克。

[供 6 人食用]

原材料：

225 克酸甜口味的苹果

30 毫升水　1 条柠檬皮

15 毫升黄油　15～30 毫升细砂糖

步骤：

3 取出柠檬皮不用。将稀烂的苹果搅拌成泥，或者用细筛过滤成泥。

4 在苹果泥中拌入黄油，然后根据口味，添加适量的细砂糖。

1 将苹果去皮之后切成四瓣，去籽，切成薄片。

2 将苹果片与水和柠檬皮一起放到一个锅内，用小火加热，同时不停地搅拌，将苹果熬煮到稀烂。

举一反三

● 将 15 毫升的苹果酒和黄油一起加入到酱汁中。

● 要制作奶油苹果酱汁，将 30 毫升的酸奶油或者淡奶油在最后时刻加入到酱汁中搅拌好。

莎莎酱汁和蘸酱
salsas and dips

通用性强，不拘一格，这些精挑细选出的，非常容易制作的简单食谱，能够适合各种场合使用。在这些食谱中，包括有那些经典的用于头盘或者便餐的蘸酱；用于派对上与丰盛的菜肴一起供应的美味的莎莎酱；以及与那些淡而无味的食物进行拌合从而使得其口味焕然一新的莎莎酱；制作它们时的准备工作通常不会比开动食品加工机转动的时间更长。丰富多彩而种类繁多的原材料适应了人们的各种口味需要，并且一定会让你的每一次享用，都能带来意犹未尽的效果。

香草莎莎酱

绿色莎莎酱、青酱，salsa verde）

这一款传统的绿色香草莎莎酱的制作方法有许多种不同的版本。你可以将这一款酱汁淋撒到碳烤鱿鱼上，或者伴着烤土豆并搭配一份蔬菜沙拉一起享用。

营养分析：

能量：0.66 千焦；蛋白质 0.9 克；碳水化合物 1.1 克，其中含有糖分 1 克；脂肪 16.8 克，其中饱和脂肪酸 2.4 克；胆固醇 0 毫克；钙 35 毫克；纤维素 1 克；钠 6 毫克。

2 加入水瓜柳（去掉盐分）、他力干和香芹，再次按动脉冲开关将原材料搅打成非常细的末状。

3 将搅打好的原材料倒入一个碗里，加入青柠皮和青柠汁、柠檬汁和橄榄油，轻轻搅拌好，不要用力搅拌，以免让酸性的汁液和橄榄油乳化。

4 逐渐地加入辣椒汁和黑胡椒粉调味。将制作好的香草莎莎酱冷藏保存。但是提前制作香草莎莎酱的时间不要早于 8 个小时。

[供 4 人食用]

原材料：

2~4 个青辣椒

8 棵春葱

2 瓣蒜

60 毫升盐渍水瓜柳

1 枝新鲜的他力干香草

1 枝新鲜的香芹

1 个青柠，擦取外皮并挤出青柠汁

1 个柠檬，挤出柠檬汁

90 毫升橄榄油

约 15 毫升绿色美国辣椒汁

黑胡椒粉

步骤：

1 将青辣椒切开成两半，去掉籽，剥好春葱。将蒜切成两半。将它们放入食品加工机内，按动开关将原料搅碎。

大厨提示

* 盐渍的水瓜柳味道会特别咸，要在使用之前进行漂洗。可以使用腌水瓜柳（pickle caper，又称酸豆）来代替。

将这一款芳香扑鼻的莎莎酱浇淋到鱼肉、鸡肉或者意大利面条等菜肴上面，或者用来拌合牛油果（鳄梨）番茄沙拉会非常的美味可口。要将它转变成为蘸酱，只需要将一点蛋黄酱或者酸奶油拌入进去即可。

香菜风味莎莎酱
coriander pesto salsa

营养分析：

能量：1.1 千焦；蛋白质 5.4 克；碳水化合物 2.5 克，其中含有糖分 1.9 克；脂肪 25.7 克，其中饱和脂肪酸 4.6 克；胆固醇 6 毫克；钙 123 毫克；纤维素 1.8 克；钠 140 毫克。

[供 4 人食用]

原材料：

50 克新鲜香菜叶

15 克新鲜香芹

2 个红辣椒

1 瓣蒜

50 克开心果仁

25 克巴美仙奶酪粉（帕玛森奶酪粉，巴马奶酪粉），多备出一点用于装饰用

90 毫升橄榄油

2 个青柠檬，挤出青柠檬汁

盐和黑胡椒粉

3 加入开心果仁，使用脉冲按键将开心果仁大致的绞碎。再加入巴美仙奶酪粉、橄榄油和青柠檬汁。

4 加入盐和胡椒粉调味。将混合好的莎莎酱用勺舀出到一个餐碗里，盖好之后冷藏至需要时再取出。上菜之前撒上一点巴美仙奶酪粉装饰。

举一反三

- 可以使用任意数量的各种香草和干果仁，用来制作出与这一款莎莎酱相类似的莎莎酱——可以将迷迭香和香菜混合在一起试试看，或者再加上一点黑橄榄用于搭配地中海风味的华丽菜肴。

步骤：

1 将新鲜香菜和香芹加入食品加工机内或者搅拌机内绞碎。

2 将辣椒纵长切开，去掉籽。与大蒜一起加入机器中绞碎。

传统风味番茄莎莎酱
classic tomato salsa

这是一款传统的基于番茄风味的莎莎酱，绝大多数人将其与墨西哥食物联系到一起。番茄莎莎酱的制作食谱多种多样，但是其最基本的原材料都包括有洋葱、番茄和辣椒。可以将这种番茄莎莎酱当做调味品使用，它和众多的菜肴都能够搭配在一起使用。

营养分析：

能量：0.19千焦；蛋白质1.8克；碳水化合物9.1克，其中含有糖分7.9克；脂肪0.6克，其中饱和脂肪酸0.1克；胆固醇0毫克；钙39毫克；纤维素2.6克；钠16毫克。

[作为配菜，可供6人食用]

原材料：

3~6个墨西哥辣椒

1大个白皮洋葱

2个青柠檬，擦出碎皮并挤出青柠檬汁，保留出几根青柠皮用作装饰

8个熟透的番茄 1大枝新鲜香菜

1.5毫升白糖

盐

举一反三

- 可以使用春葱或者味道比较柔和的红皮洋葱代替白皮洋葱。
- 为了增加辛辣风味，可以使用干红辣椒代替鲜辣椒。

步骤：

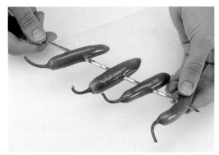

1 制作中等辣度的莎莎酱时，可以使用3个辣椒；如果你喜欢辣味，可以使用6个辣椒。要将辣椒去皮，将辣椒串到一个长扦子上，用煤气炉灶上的明火烧烤，直到辣椒表面起泡并变成焦黑状。注意不要将辣椒肉质部分烤焦。也可以将辣椒摆放到煎锅内干煎至外皮变焦并变黑。

2 将烧烤至焦黑的辣椒装入一个结实的塑料袋内并且将袋口捆紧以免热气流失。放到一边静置20分钟。

3 与此同时，将洋葱切成细末，与青柠皮和青柠汁一起放入一个碗里。青柠汁会让洋葱末变软。

4 从塑料袋内取出辣椒，将外皮剥除。切除辣椒蒂，然后切开辣椒，去掉籽。将辣椒肉切碎，放入一个小碗内备用。

5 在每一个番茄的顶端都切割出一个小十字形的切口。放到一个耐热碗里，倒入开水没过番茄。烫10秒钟。

6 捞出番茄浸入到冷水中过凉。捞出番茄控净水。去掉番茄皮。

7 将去皮后的番茄切成小丁并放入一个碗里。加入已经变软的洋葱末，连同所有的青柠皮和青柠汁。将香菜切成细末。

8 将切成细末的香菜和辣椒以及白糖一起加入到莎莎酱中。轻轻搅拌至白糖溶化并且所有的原材料都均匀的沾满青柠汁。盖好之后放入冰箱内冷藏保存2~3个小时，以利于莎莎酱中几种不同滋味的混合。在上菜之前将保留好的青柠皮撒到表面上用作装饰。

香辣番茄莎莎酱

fragrant tomato and chilli salsa

烤番茄给莎莎酱带来了更加厚实的风味，与此同时，此款莎莎酱的滋味也得益于烤辣椒所带来的微辣，饱满的风味。

营养分析：

能量：0.1千焦；蛋白质1.1克；碳水化合物4.4克，其中含有糖分4.1克；脂肪0.4克，其中饱和脂肪酸0.1克；胆固醇0毫克；钙26毫克；纤维素1.6克；钠11毫克。

[作为配菜，可供6人食用]

原材料：

500克熟透的番茄　2个鲜红辣椒

1个洋葱　1个青柠檬，挤出青柠檬汁

一大把新鲜香菜　盐

步骤：

1 将烤箱预热到200℃。将番茄切成四瓣，然后将它们摆放到一个烤盘里。再将辣椒摆放好。放入烤箱烘烤45分钟至1个小时，一直烘烤到番茄和辣椒颜色焦黄，肉质变软。

2 将烤好的辣椒放入一个结实的塑料袋内并且将袋口捆紧以免热气流失。放到一边静置20分钟。让烤好的番茄自然冷却，然后使用一把锋利的小刀去掉番茄皮，将番茄肉切成小丁。

3 将洋葱切成细末，然后放入到一个碗里，加入青柠汁和番茄丁。搅拌好。

4 从塑料袋内取出辣椒，将辣椒皮除掉，切去蒂把，纵长切开，用一把锋利的小刀刮去籽。切成粗粒，拌入到洋葱番茄中。

5 将香菜剁碎，将大部分香菜加入到莎莎酱中。加入盐调味，盖好之后冷藏保存。在上菜之前要至少冷藏1个小时的时间，上菜时，将剩余的香菜末撒到莎莎酱表面上进行装饰。这种莎莎酱在冰箱内可以冷藏保存1周的时间。

这一道食谱中的烟熏风味来自于烟熏培根和市售的烟熏汁。与酸奶油搭配到一起，是烤土豆的绝佳酿馅食物

烟熏风味番茄莎莎酱
smoky tomato salsa

营养分析：

能量：0.34 千焦；蛋白质 3.1 克；碳水化合物 3.8 克，其中含有糖分 3.8 克；脂肪 6.2 克，其中饱和脂肪酸 1.5 克；胆固醇 8 毫克；钙 31 毫克；纤维素 1.7 克；钠 171 毫克。

[供 4 人食用]

原材料：

450 克番茄

4 片不带猪皮的烟熏培根切片

15 毫升色拉油

1 瓣蒜，切成细末

45 克切碎的新鲜香菜叶或者香芹

15 毫升烟熏风味腌泡汁

1 个青柠檬，挤出青柠檬汁

盐和黑胡椒粉

步骤：

1 将番茄放入一个耐热碗里，倒入开水没过番茄浸泡 30 秒钟。用漏勺将番茄捞出，放入到冷水中过凉，然后取出去皮，将番茄切成两半，将籽挖出不用，将番茄肉切碎。

2 将培根切成小段。在一个煎锅内烧热色拉油，放入培根煎 5 分钟，同时不停地翻炒，直到将培根煎至脆嫩并呈金黄色。

3 在锅内加入番茄和切碎的新鲜香菜或者香芹。再将大蒜末拌入，然后加入烟熏汁和现挤出的青柠汁。用盐和胡椒粉调味并用木勺或者塑料刮板搅拌均匀。

4 将制作好的莎莎酱舀到一个餐碗里，用保鲜膜盖好，放入到冰箱内冷藏至需用时。

举一反三

• 可以通过在莎莎酱中添加一点辣椒汁或者少许辣椒面来提升莎莎酱的风味。

番茄和他力干风味莎莎酱

fresh tomato and tarragon salsa

小番茄（圣女红果）、大蒜、橄榄油和香脂醋一起制作出了这一款风味非常地中海化的莎莎酱——可以用它搭配铁扒羊排或者与现煮的热气腾腾的意大利面条拌合到一起享用。

营养分析：

能量：0.52 千焦；蛋白质 1.3 克；碳水化合物 4.4 克，其中含有糖分 4.1 克；脂肪 11.5 克，其中饱和脂肪酸 1.5 克；胆固醇 0 毫克；钙 29 毫克；纤维素 1.8 克；钠 15 毫克。

3 用一把锋利的小刀，将蒜瓣切碎。

4 将油、香脂醋和盐及胡椒粉一起用力搅拌成酱汁。

5 加入切碎的新鲜他力干香草，轻轻搅拌好。

6 将番茄和大蒜搅拌在一起并倒入到他力干酱汁中搅拌均匀，在上菜之前要在室温下至少浸渍 1 个小时，然后用他力干丝进行点缀。

[供 4 人食用]

原材料：

8 个中等大小的番茄，或者 500 克小番茄

1 瓣蒜

60 毫升橄榄油或者葵花籽油

15 毫升香脂醋

30 毫升切碎的新鲜他力干香草，另外切出一点他力干香草丝用作装饰

盐和黑胡椒粉

步骤：

1 将小番茄加入到开水中烫 30 秒钟。然后用漏勺捞出，放入冷水中过凉。

2 用一把锋利的小刀剥除小番茄的皮（如果烫的时间足够，外皮就会非常容易的去掉），将番茄肉切成细末。

大厨提示

★ 此款莎莎酱要在常温下食用，因为番茄在经过冷藏之后再食用时，其酸味会遮盖住甜味。

在这一款与众不同的莎莎酱中，充满了甘美的玉米风味。使用了小番茄，能够在莎莎酱中增加一种特殊的口味，并且与铁扒成熟的新鲜无比的原味玉米棒子上剥下来的玉米粒融合到一起互为补充。

铁扒原味玉米莎莎酱

grilled corn on the cob salsa

营养分析：

能量：1.2 千焦；蛋白质 2.6 克；碳水化合物 17.1 克，其中含有糖分 8.5 克；脂肪 12.7 克，其中饱和脂肪酸 4.9 克；胆固醇 16 毫克；钙 18 毫克；纤维素 2 克；钠 191 毫克。

[供 4 人食用]

原材料：

2 个玉米棒子

30 毫升熔化的黄油

4 个番茄

8 棵春葱

1 瓣蒜

30 毫升鲜柠檬汁

30 毫升橄榄油

适量美国辣椒汁

盐和黑胡椒粉

4 将 6 棵春葱摆放到菜板上，切成细末，将蒜瓣剁碎，然后在一个小碗内将春葱和蒜末混合好，再加入玉米粒和番茄丁混合到一起。

5 将柠檬汁和橄榄油一起搅拌好，再加入辣椒汁，盐和胡椒粉调味。

6 将调制好的汁液浇淋到混合蔬菜上并搅拌均匀。覆盖好莎莎酱，在上菜之前，让其在室温下先浸渍大约 1~2 个小时的时间。上菜时用剩余的春葱进行装饰。

大厨提示

＊可以在夏天当新鲜玉米棒子大批上市的时候制作这一款莎莎酱。

步骤：

1 除掉玉米棒子的外皮和须。在玉米粒上涂刷上熔化的黄油，然后烧烤或者铁扒 20~30 分钟，要不时地翻动玉米棒子，直到将玉米棒子烤至嫩熟并且外皮呈现淡褐色。

2 要将玉米粒取下，可以将玉米棒子竖立到菜板上，用一把大号的厨刀沿着玉米棒切割下去。

3 将番茄浸泡到开水中 30 秒钟，然后用漏勺捞出番茄，放在冷水中过凉。取出后除掉番茄皮（烫过之后番茄皮很容易就会除掉），将番茄肉切成细末。

超辣莎莎酱
fiery salsa

这是一款只能提供给无畏勇敢者的超辣的莎莎酱！只需小量的涂抹到做好的肉块上和汉堡上或者只需添加一点点的莎莎酱到咖喱类或者辣火锅菜肴里。

营养分析：

能量：0.217 千焦；蛋白质 0.8 克；碳水化合物 3.4 克，其中含有糖分 3.2 克；脂肪 4 克，其中饱和脂肪酸 0.6 克；胆固醇 0 毫克；钙 20 毫克；纤维素 1.3 克；钠 7 毫克。

[供 4 人食用]

原材料：

6 个苏格兰红辣椒（加勒比红辣椒）

2 个熟透的番茄　4 个墨西哥青辣椒

30 毫升切碎的新鲜香芹

30 毫升橄榄油

15 毫升香脂醋或者雪利醋

步骤：

1　将苏格兰红辣椒去皮，可以选择在煤气炉灶的火焰上烧灼 3 分钟直到辣椒外皮变黑并起泡，或者将它们放入到开水中烫。然后戴上胶皮手套，将辣椒外皮擦掉。

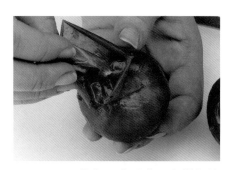

2　用叉子叉住每一个番茄，在煤气炉灶的火焰上烧灼 3 分钟，直到番茄外皮起泡（或者在开水中烫 30 秒钟，都可以）。待到番茄冷却下来之后，去掉番茄皮，将番茄切成两半再去掉籽。然后切成细末。

3　不戴手套的手不要接触到苏格兰红辣椒：用叉子叉住它们并用一把锋利的刀切开辣椒，去掉辣椒籽，将辣椒切成小粒状。

4　将墨西哥辣椒切开成两半，去掉籽之后顶刀横切成非常细的细条状。将两种辣椒与番茄和香芹末在一个碗里混合好。

5　在一个小碗里，将橄榄油和香脂醋及一点盐混合到一起。将汁液浇淋到辣椒番茄上面，搅拌好之后盖好。冷藏至少 3 天以上的时间。

这一款莎莎酱特别适合于在派对上使用——搭配脆嫩的西芹条或者清香可口的黄瓜条，或者作为特色鲜明莎莎酱，搭配刚刚剥开外壳的鲜嫩无比的生蚝一起食用。

血玛丽莎莎酱
bloody mary salsa

营养分析：

能量：0.272 千焦；蛋白质 2 克；碳水化合物 8.2 克，其中含有糖分 8.1 克；脂肪 1.1 克，其中饱和脂肪酸 0.3 克；胆固醇 1 毫克；钙 29 毫克；纤维素 2.6 克；钠 125 毫克。

[供 2 人食用]

原材料：

4 个熟透的番茄

1 瓣蒜

1 段西芹茎

2 棵春葱

45 毫升番茄汁

适量辣酱油

适量美国辣椒汁

10 毫升辣根酱

15 毫升伏特加酒

1 个柠檬，挤出柠檬汁

盐和黑胡椒粉

> **举一反三**
>
> ● 将 1~2 个去籽的新鲜红辣椒与番茄一起混合好，可以代替美国辣椒汁加入到莎莎酱中。

步骤：

1 将番茄、蒜瓣和西芹都切成两半，修剪一下春葱。

2 将番茄、蒜瓣、西芹和春葱一起放入到一个搅拌机或者食品加工机内。将蔬菜打碎成细末状，然后将打碎的细末状混合物倒入一个小餐碗里。

3 加入番茄汁搅拌好，一次加入一点的分别搅拌，然后再加入几滴辣酱油和辣椒汁调味。搅拌好之后放到一边静置 10～15 分钟。

4 将辣根酱、伏特加酒和柠檬汁搅拌进去。加入盐和黑胡椒粉调味，迅速上桌，或者覆盖好之后冷藏 1～2 个小时。

甜椒莎莎酱

柿椒莎莎酱，sweet pepper salsa

烤甜椒提升了这一款莎莎酱本身的甘美风味，要选择红色艳丽的甜椒、黄色甜椒或者橙色甜椒，因为青椒种类太多，成熟度不够并且甜度也不如彩色甜椒，因此，不宜使用。这一款莎莎酱与煮三文鱼搭配在一起会非常美味可口。

营养分析：

能量：0.334 千焦；蛋白质 1.1 克；碳水化合物 5.8 克，其中含有糖分 5.3 克；脂肪 6 克，其中饱和脂肪酸 0.9 克；胆固醇 0 毫克；钙 22 毫克；纤维素 1.8 克；钠 6 毫克。

[供 4 人食用]

原材料：

1 个红色甜椒

1 个黄色甜椒

5 毫升小茴香籽

1 个红辣椒，去籽

30 毫升切碎的新鲜香菜叶，多备出一点用于装饰

30 毫升橄榄油

15 毫升红酒醋

盐和黑胡椒粉

步骤：

1 将铁扒炉打开烧至中等温度。将甜椒摆放到铁扒炉上，铁扒 8~10 分钟，中间翻动几次，直到外皮发黑并且起泡。

2 将甜椒放入到一个碗里，盖上干净的毛巾。让甜椒自然冷却 5 分钟——甜椒中的热气会使得自身的外皮从肉质上脱离开。

3 同时，将小茴香籽放入到一个小号煎锅内。用小火加热，同时不停地搅拌，煸炒到小茴香籽开始发出噼啪声并散发出香味。将锅端离开火，将小茴香籽倒入到研钵中，用杵捣碎。

4 当甜椒冷却到可以处理的温度时，在甜椒的底部戳出一个孔洞，将汤汁挤出到一个碗里。然后将甜椒去皮，去核，去籽，放入到搅拌机或者食品加工机内，加入辣椒、香菜和刚才挤出的甜椒汁液。开动机器搅打至细末状。

5 将橄榄油、红酒醋和小茴香籽碎搅拌进去，并用盐和胡椒粉调味。甜椒莎莎酱在室温下食用，上菜时点缀上香菜叶装饰。

这是一款属于盛夏时节的莎莎酱，非常适合于在室外食用。搭配着烧烤的肉类或者鱼肉类菜肴，或者可以作为搭配土豆以及蔬菜条或者墨西哥玉米饼等一起食用时的蘸酱。

芭蕉莎莎酱

plantain salsa

营养分析：

能量：0.77 千焦；蛋白质 1.1 克；碳水化合物 29.4 克，其中含有糖分 5.7 克；脂肪 7.9 克，其中饱和脂肪酸 2.2 克；胆固醇 5 毫克；钙 10 毫克；纤维素 1.3 克；钠 19 毫克。

[供 4 人食用]

原材料：

少许黄油

4 根熟透的芭蕉（外皮变黑）。

一把新鲜香菜叶，多备一点用于装饰

30 毫升橄榄油

5 毫升辣椒面

盐和黑胡椒粉

5 加入香菜一起搅打成泥。拌入橄榄油、辣椒面并用盐以及胡椒调味。

6 制作好之后要迅速上桌，否则芭蕉莎莎酱在经过长时间变冷之后会变色，也会变得浓稠。上菜时，用撕碎的香菜叶装饰芭蕉莎莎酱。

步骤：

1 将烤箱预热到 200℃。在 4 块 15 厘米 ×20 厘米的锡纸上涂抹上黄油。在烘烤之前要确保使用的芭蕉是熟透的，这样的芭蕉质地柔软而口味甘甜。

2 将整根的芭蕉分别摆放到涂好黄油的锡纸上，将锡纸四角小心的抬起包裹住芭蕉，密封包好形成四个锡纸包。

3 放入烤箱烘烤 25 分钟，直到将芭蕉烘烤至软烂。同样，也可以将芭蕉包摆放在烧烤炉的余火上烘烤。

4 取下锡纸包，让其自然冷却，然后取出芭蕉，去掉汤汁，将芭蕉肉质放入到搅拌机或者食品加工机内。

辣椒和椰肉莎莎酱
chilli and coconut salsa

这一款酸酸甜甜的带有浓郁水果味的莎莎酱，加入了辣椒，非常适合于搭配铁扒或者烧烤的鱼类、羊肉类、猪肉类或者香肠类菜肴一起食用。搭配烤甜薯也会非常美味。

营养分析：

能量：0.435 千焦；蛋白质 1.4 克；碳水化合物 7.2 克，其中含有糖分 7.2 克；脂肪 8 克，其中饱和脂肪酸 6.7 克；胆固醇 0 毫克；钙 27 毫克；纤维素 2.5 克；钠 134 毫克。

[供 6~8 人食用]

原材料：

1 个小椰子

1 个小菠萝

2 个青辣椒

5 厘米长柠檬草

60 毫升原味酸奶

2.5 毫升盐

30 毫升新鲜香菜，切成末

香菜枝，用于装饰

步骤：

1　在椰子的斑眼处，用螺丝刀穿透成孔，将椰子汁从壳内倒出。

2　打碎椰子，撬出椰子肉，在搅拌盆内将椰子肉擦碎。

3　削除菠萝外皮，用削皮刀剜掉黑色斑眼，将菠萝肉切成细粒，连同菠萝汁一起加入到椰子肉中。

4　切开辣椒，去蒂、去籽，切成细末拌入到椰子肉中。

5　用锋利的刀将柠檬草切成细末。与剩余的所有材料一起加入到椰子肉中，搅拌均匀。用勺舀到餐盘内并用香菜枝装饰。

大厨提示

* 在购买椰子时，可以通过轻轻摇晃来检查其新鲜程度——你应该能够听到椰子汁在壳内流淌的声音。如果听不到声音，椰子内没有椰子汁就不是新鲜的椰子。

这一款别具一格、色彩斑斓的水果莎莎酱是夏季户外用餐的最佳选择。浆果莎莎酱与烧烤鱼类或者火鸡，以及烤猪后肘（腌制或者烟熏火腿）搭配到一起食用味道棒极了。

浆果莎莎酱
berry salsa

营养分析：

能量：0.393 千焦；蛋白质 2.7 克；碳水化合物 13.7 克，其中含有糖分 13.1 克；脂肪 3.5 克，其中饱和脂肪酸 0.5 克；胆固醇 0 毫克；钙 71 毫克；纤维素 4.9 克；钠 14 毫克。

[供 4 人食用]

原材料：

1 个新鲜墨西哥辣椒

半个红皮洋葱，切成细末

2 棵春葱，切碎

1 个番茄，切碎

1 个小的黄色柿椒，去籽并切成小粒

45 毫升切碎的新鲜香菜末

1.5 毫升盐

15 毫升覆盆子醋

15 毫升鲜榨橙汁

5 毫升蜂蜜

15 毫升橄榄油

175 克草莓，修剪好

175 克蓝莓或者黑莓

200 克覆盆子

步骤：

1 带上胶皮手套，将墨西哥辣椒切成细末（如果不是十分喜欢太辣的口味，可以去掉籽和白色的筋）。将切好的辣椒末放入到搅拌盆里。

2 加入红皮洋葱末、春葱碎、番茄碎、甜椒粒和香菜末，搅拌至混合均匀。

3 在一个小碗内，将盐、醋、橙汁、蜂蜜和橄榄油一起搅拌至彻底混合均匀。将搅拌好的汁液浇淋到辣椒和甜椒混合物中搅拌好。

4 将草莓切成粗粒，与蓝莓或者黑莓一起加入到混合物中。在室温下静置 3 个小时之后再食用。

橙子、番茄和细香葱莎莎酱

orange，tomato and chive salsa

鲜嫩的细香葱和甘甜的橙子在这一款非同寻常的莎莎酱中共同创作出了让人神旷心怡的风味组合。对于奶酪或者肉类沙拉来说是非常棒的搭配酱料。

营养分析：

能量：0.376 千焦；蛋白质 1.6 克；碳水化合物 8.3 克，其中含有糖分 8.2 克；脂肪 5.9克，其中饱和脂肪酸 0.8 克；胆固醇 0 毫克；钙 64 毫克；纤维素 2.4 克；钠 1.5 毫克。

3 将橙肉瓣大体切割一下，与收集好的橙汁一起加入到碗里。将番茄切割成两半，用一把茶勺将籽和中间的软肉挖出放入到橙肉碗里，用一把锋利的刀将番茄肉切成小粒也放入到碗里。

4 将细香葱理顺用手握好，用厨用剪刀将细香葱剪落到碗里。

5 将蒜瓣切割成薄片，拌入到橙肉和番茄中。倒入橄榄油，用海盐调味之后搅拌好。

[供 4 人食用]

原材料：

2 个大的、甘甜的橙子

1 个大个番茄，或者 2 个中等大小的番茄

一把细香葱　1 瓣蒜

30 毫升特级初榨橄榄油或者葡萄籽油　海盐

步骤：

1 将一个橙子的底部削平，以使得橙子可以牢稳的站立住。用一把锋利的小刀，从橙子的顶端开始朝向底部的方向将橙子外皮呈条状削除下来，除掉橙皮保留橙肉。第二个橙子也如此操作。

2 在一个碗的上方，取出橙肉瓣：沿着每一瓣橙肉两旁的筋脉切割下去，一直切割到橙子中间位置。轻轻转动小刀从另一侧的筋脉上剜取橙肉瓣。重复此切割操作动作取下所有的橙肉瓣，将最后剩下的筋脉中的橙汁挤出到碗里。

注意事项

● 最好在橙子、番茄和细香葱莎莎酱制作好之后的 2 个小时之内使用完，否则莎莎酱中就会渗出太多的汁液。

这一款非同寻常的苹果莎莎酱，利用大蒜和薄荷对水果的味道进行有益的补充。是制作贝壳类海鲜菜肴时梦寐以求的腌泡汁，同时也是淋撒到烧烤的肉类上的美味酱汁。

热情似火苹果莎莎酱
fiery citrus apple salsa

营养分析：

能量：0.1 千焦；蛋白质 1 克；碳水化合物 5.3 克，其中含有糖分 4.2 克；脂肪 0.1 克，其中饱和脂肪酸 0 克；胆固醇 0 毫克；钙 16 毫克；纤维素 1.1 克；钠 2 毫克。

[供 4 人食用]

原材料：

1 个橙子　1 个青苹果

2 个新鲜的红辣椒，从中间切开并去掉籽

1 瓣蒜　8 片新鲜的薄荷叶

1 个柠檬，挤出柠檬汁　盐和黑胡椒粉

3 将苹果去皮，切成块状，从中间位置削去果核。

步骤：

1 将橙子的底部削平，以便橙子能够牢稳地站立在菜板上。用一把锋利的小刀，从橙子的顶部到底部削去外皮。

2 用一只手在一只碗的上方拿稳橙子。朝向橙子的中心位置进行切割，将橙肉瓣的一边筋脉切断，然后轻轻转动小刀进行切割，将橙肉瓣从橙子筋脉上切割下来。用此法将所有的橙肉瓣都切割下来。将剩下的橙子筋脉中的橙汁挤出到碗里。

4 将辣椒连同橙肉瓣和橙汁一起放入搅拌机或者食品加工机里，再加入苹果块、大蒜和新鲜的薄荷叶。开动机器搅打几秒钟的时间将原材料打碎。然后在机器转动的情况下，将柠檬汁慢慢加入进去。

5 用少许盐和黑胡椒粉调味。将搅拌好的莎莎酱倒入一个碗里或者小罐内，立刻上桌。

注意事项

• 如果想要热情似火苹果莎莎酱口味的超级辣版本，不要将辣椒籽去掉。辣椒籽会让莎莎酱额外的辣，额外的热情似火。

奶油菠萝和百香果莎莎酱

creamy pineapple-passion fruit salsa）

菠萝与芳香四溢的百香果搭配在一起制作而成的这一款莎莎酱充满着水果的芬芳——尤其适合与烧烤猪排或者烤烟熏火腿一起食用。同时它也是一道超级棒的餐后甜点。

营养分析：

能量：0.326 千焦；蛋白质 2 克；碳水化合物 12.8 克，其中含有糖分 12.8 克；脂肪 2.7 克，其中饱和脂肪酸 1.3 克；胆固醇 0 毫克；钙 5.3 毫克；纤维素 1 克；钠 20 毫克。

[供 6 人食用]

原材料：

1 个小菠萝

2 个百香果

150 毫升希腊酸奶

30 毫升黑砂糖

步骤：

1 将菠萝的两端切除以便可以牢稳的站立在菜板上。使用一把大号的锋利的刀，将菠萝外皮从上端开始，往下端削掉。

2 使用一把锋利的小刀，仔细的将菠萝上的黑色斑点除掉。将去净外皮的菠萝切割成片状，并用一个小号的切割模具将中间的硬心去掉。然后将菠萝肉切割成小丁。

3 将百香果切成两半，用一把勺子挖出籽和肉放到一个碗里。

4 将切好的菠萝加入到碗里，再加入希腊酸奶一起搅拌好。盖好之后冷藏保存至需用时。

5 在上桌之前拌入黑砂糖——如果你太早加入黑砂糖，莎莎酱就会变得稀薄并且汤汁过多。

举一反三

● 要制作出富有层次感的莎莎酱，加入 45 毫升的姜末，并静置 1 个小时以上的时间。在加入黑砂糖搅拌的同时加入足量的黑胡椒粉和一点现磨的豆蔻粉。

将两种迥然不同的瓜果混合到一起会使得这一款莎莎酱充满了令人惊叹的风味和质地。杂果莎莎酱可以搭配切成薄片的巴马火腿或者烟熏三文鱼一起食用。

杂果莎莎酱
mixed melon salsa

营养分析：

能量：0.242 千焦；蛋白质 1.1 克；碳水化合物 13.5 克，其中含有糖分 13.5 克；脂肪 0.4 克，其中饱和脂肪酸 0.1 克；胆固醇 0 毫克；钙 30 毫克；纤维素 0.9 克；钠 25 毫克。

[供 10 人食用]

原材料：

1 个小的黄色肉质香瓜，例如夏朗德香瓜

1 大块西瓜

2 个橙子

步骤：

1 将瓜切成四瓣，用一把大号的勺子挖出籽，丢弃不用。用一把大号、锋利的刀将瓜皮削掉。将瓜肉切成丁。

2 将西瓜块上的籽去净，然后切掉瓜皮。将西瓜肉切成小块。

3 用削皮刀在两个橙子上削下细长状的条形橙子皮。将橙子切割成两半，将橙汁完全挤出并挤干净。

4 将两种不同颜色的水果和橙皮以及橙汁混合到一起。冷藏大约半小时之后上桌。

芒果和红洋葱莎莎酱

mango and re onion salsa

这是一款制作方法非常简单的热带风格莎莎酱，并且通过添加百香果果肉使得莎莎酱更加热情似火。芒果和红洋葱莎莎酱适合于搭配三文鱼和家禽类菜肴一起食用。

营养分析：

能量：0.175 千焦；蛋白质 1.1 克；碳水化合物 9.7 克，其中含有糖分 8.4 克；脂肪 0.2 克，其中饱和脂肪酸 0.1 克；胆固醇 0 毫克；钙 18 毫克；纤维素 1.9 克；钠 4 毫克。

3 在两半芒果果肉上刻划出深至果皮的刀痕，注意不要将果皮划透。小心的转动并按压果皮，将果肉翻转出来，削下果肉，放入到碗里。

4 将红洋葱放入到碗里。将百香果切开成两半，舀出果肉，放入到盛放芒果肉的碗里。

5 将罗勒叶撕碎和青柠檬汁及少许海盐一起加入到碗里调味。搅拌均匀之后迅速上桌食用。

[供 4 人食用]

原材料：

1 个大的成熟芒果

1 个红皮洋葱，切成细末

2 个百香果

6 片大的罗勒叶

1 个青柠檬，挤出汁液，调味用

海盐

步骤：

1 将芒果在菜板上竖起，用一把锋利的刀沿着中间果核的两侧从上到下将芒果肉切割下来，这样你就会切割出来两半差不多大小的芒果果肉。

2 用一把小刀，将芒果核上的果肉切割下来。将这些切割下来的芒果肉去皮切成小丁放入到准备将芒果与其他原材料一起搅拌成莎莎酱的碗里。

举一反三

● 将现煮的玉米棒子上的玉米粒加入到莎莎酱中也会美味可口。

安格斯特拉苦酒赋予了桃和黄瓜莎莎酱一种与众不同的令人愉悦的风味。再加上甜美口感的薄荷，其特色鲜明的风味成为鸡肉类菜肴和其他肉类菜肴最好的补充。

桃和黄瓜莎莎酱

peach and cucumber salsa

营养分析：

能量：0.205 千焦；蛋白质 1.1 克；碳水化合物 4.8 克，其中含有糖分 4.7 克；脂肪 3 克，其中饱和脂肪酸 0.4 克；胆固醇 0 毫克；钙 28 毫克；纤维素 1.4 克；钠 5 毫克。

[供 4 人食用]

原材料：

2 个桃子

1 根小黄瓜

2.5 毫升安格斯特拉苦酒

15 毫升橄榄油

10 毫升新鲜柠檬汁

30 毫升切碎的薄荷

盐和黑胡椒粉

步骤：

1 用一把锋利的小刀，沿着桃子的中间位置小心地刻划出一圈刀痕，注意只刻划开桃子的外皮即可。

2 将一大锅的水烧开。加入桃子烫煮 1 分钟。捞出桃子并放入到冷水中过凉。除去桃皮丢弃不用。将桃子切开成两半，去掉桃核。将桃肉切成小丁放入到一个碗里。

3 将黄瓜的两端去掉，纵长切开成条形，然后再切成小丁，与桃丁一起拌好。将安格斯特拉苦酒、橄榄油和柠檬汁一起搅拌均匀之后倒入到盛放桃丁混合物的碗里。

4 拌入薄荷并用盐和黑胡椒粉调味。冷藏并在 1 个小时之内食用。

举一反三

● 可以选择使用芒果来代替桃子。

大厨提示

＊桃子的柔滑质地和黄瓜的脆嫩质感在制作好莎莎酱之后很快就会消失，所以尽量在快要开始使用莎莎酱的时候才开始制作并拌和它们。

鳄梨酱

guacamole

这是一款最受欢迎的墨西哥莎莎酱之一，这一款由搅打成乳状的鳄梨、番茄、辣椒、香菜以及青柠檬制作而成的鳄梨酱，目前已经出现在全世界各地的餐桌上。购买到的成品鳄梨酱中通常都会含有蛋黄酱，但是在传统的鳄梨酱制作食谱中你不可能发现蛋黄酱这种原材料。

营养分析：

能量：0.652 千焦；蛋白质 2.1 克；碳水化合物 3.7 克，其中含有糖分 2.5 克；脂肪 14.7 克，其中饱和脂肪酸 3.1 克；胆固醇 0 毫克；钙 26 毫克；纤维素 3.5 克；钠 11 毫克。

[供 6~8 人食用]

原材料：

4 个番茄　4 个鳄梨，肉质最好是硬的

1 个青柠檬，挤出汁液

半个洋葱　2 瓣蒜

一小枝新鲜香菜，切碎　盐

墨西哥玉米薄脆饼片或者面包棒，搭配鳄梨酱一起食用

> **大厨提示**
>
> * 要制作蒜泥，将蒜瓣切碎并撒上海盐，然后用一把大刀的刀面碾压即可。

步骤：

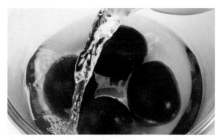

1　在每一个番茄的顶端都切割处一个十字形切口。将番茄放入到一个耐热碗里，倒入开水没过番茄。（你也可以将番茄投入到开水锅内，并将锅从火上端离开。）

2　将番茄在开水中浸泡 30 秒钟，然后用漏眼勺捞出番茄并放入到冷水中过凉，捞出番茄控净水并去掉外皮。将番茄切割成两半，去掉籽，再将番茄肉切碎放到一边备用。

3　将鳄梨切成两半，去掉鳄梨核。将鳄梨肉挖出放入到食品加工机或者搅拌器内搅打至幼滑的泥状，倒入到一个碗里，拌入青柠檬汁。

4　将洋葱切成细末，将蒜瓣碾压成蒜泥。将它们加入到鳄梨中搅拌好。再将香菜拌入。

5　将辣椒蒂和籽去掉，切成细末之后加入到鳄梨中与加入的番茄一起搅拌好。

6　尝尝鳄梨酱的口味，根据需要再加盐调味。用保鲜膜密封好冷藏 1 个小时。搭配墨西哥玉米薄脆饼片或者面包棒一起蘸食。如果密封好之后可以冷藏保存 2~3 天的时间。

> **大厨提示**
>
> * 外皮光滑质地硬实的鳄梨原产自于墨西哥，所以最好使用这一种鳄梨。如果没有这种鳄梨，也可以使用其他种类的鳄梨，但是一定要使用成熟的鳄梨。要测试鳄梨的成熟程度，可以轻轻按压鳄梨的顶端，应该能够按压下去一点。

鳄梨酱通常都是作为头盘与玉米薄脆饼片一起蘸食。而这一款块状质地的青柠鳄梨酱使得其通用性更加强大，是铁扒鱼类、家禽类或者肉类菜肴，特别是牛排类菜肴的绝佳配菜酱料。也非常适合搭配烤土豆一起食用。

青柠鳄梨酱
guacamole with lime

营养分析：

能量：0.791 千焦；蛋白质 2.4 克；碳水化合物 5.2 克，其中含有糖分 3.8 克；脂肪 17.6 克，其中饱和脂肪酸 3.6 克；胆固醇 0 毫克；钙 37 毫克；纤维素 4 克；钠 15 毫克。

[供 4 人食用]

原材料：

2 个大的成熟的鳄梨

1 个小的红皮洋葱，切成细末

1 个红辣椒或者青辣椒，去籽，切成细末

1/2～1 瓣蒜，加一点盐碾压成蒜泥

削取半个青柠檬的外层薄皮，切成细丝，挤出 1～1.5 个青柠檬的汁液

少许白糖

3 个番茄，去籽切碎

30 毫升切碎的新鲜香菜

2.5～5 毫升烘烤好之后的小茴香磨碎的粉

15 毫升橄榄油

15～30 毫升酸奶油（可选）

盐和黑胡椒粉

青柠檬角蘸上些海盐，新鲜的香菜枝，用作装饰。

步骤：

1 将 1 个鳄梨切成两半，分开并去掉果核。从两个半壳中刮出果肉，放入到一个碗里，用叉子叉碎。

2 加入洋葱、辣椒、大蒜、青柠檬皮、白糖、番茄以及香菜。再加入小茴香粉，并用盐和黑胡椒粉调味，搅拌好之后将橄榄油加入搅拌好。

3 将另外一个鳄梨切开成两半，去掉果核。将鳄梨肉切成小丁，并拌入到搅拌好的鳄梨酱中。

4 加入挤出的青柠檬汁进行调味，搅拌好之后，用保鲜膜盖好并静置 15 分钟，以利于莎莎酱的风味释放的更加彻底。如果使用酸奶油的话，此时再将酸奶油拌入。上菜时搭配蘸有海盐的青柠檬角和新鲜的香草进行装饰。

大蒜酱

大蒜蛋黄酱 garlic mayo

大蒜酱的制作是通过将蒜泥搅拌进入成品的高品质的蛋黄酱中，很容易就可以制作而成；但是，尽可能自己制作蛋黄酱——这会让你制作出的酱汁与众不同。

营养分析：

能量：1.368 千焦；蛋白质 1.5 克；碳水化合物 1.1 克，其中含有糖分 0.1 克；脂肪 235.2 克，其中饱和脂肪酸 5.3 克；胆固醇 67 毫克；钙 9 毫克；纤维素 0.3 克；钠 3 毫克。

3 当将蛋黄酱搅拌到如同黄油一般柔软的时候，停止加入油脂。用盐和胡椒粉调味，根据需要可以加入更多些的柠檬汁或者醋。

4 用刀面将蒜瓣碾碎放入到蛋黄酱中搅拌好。如果不想要太浓烈而需要柔和些的大蒜风味，可以将蒜瓣在开水中烫两遍，然后再制作成蒜泥加入到蛋黄酱中。

[供 4~6 人食用]

原材料：

2 个蛋黄　少许芥末粉

不少于 300 毫升橄榄油或者橄榄油与葡萄籽油的混合油脂

15~30 毫升柠檬汁　白酒醋或者温水

2~4 瓣蒜　盐和黑胡椒粉

2 将油脂逐渐的加入进去搅拌，刚开始时要逐滴的加入，之后可以呈细流状加入，同时要不停的搅拌。待蛋黄酱开始变稠时，用几滴柠檬汁或者醋，或者几茶勺的温水进行稀释。

步骤：

1 要确保在使用蛋黄和油脂时，都是在室温下。将蛋黄和芥末粉以及少许盐一起放入到一个碗里并搅拌好。

> **举一反三**
>
> - 要制作普罗旺斯蒜泥蛋黄酱（aioli），用少许盐将 3~5 瓣蒜碾压成泥，然后搅拌进蛋黄中。把芥末粉去掉，然后按照上述方法制作，将橄榄油全部用完。
> - 要制作香辣大蒜酱，去掉芥末粉，与大蒜一起加入 2.5 毫升的辣椒酱和 5 毫升的番茄酱。
> - 使用烘烤的大蒜制成的蒜泥或者烟熏的大蒜泥可以给大蒜酱带来不同的风味。
> - 将 15 克的杂香草（混合香草，什香草，mixed herbs）混合进去，例如他力干、香芹、细叶芹和细香葱等，先用开水焯 20~30 秒钟的时间，然后捞出控净水分并用吸油纸挤干水分，然后切成细末加入到大蒜酱中。

这一款现吃现做的蛋黄酱用柠檬和两种不同颜色的罗勒来增添风味。可以用来作为土豆块或者蔬菜沙拉的蘸酱，或者用来作为搭配沙拉和烤土豆一起食用的蘸酱。

罗勒和柠檬酱

罗勒和柠檬蛋黄酱，basil and lemon mayo

营养分析：

能量：1.377 千焦；蛋白质 1.8 克；碳水化合物 1.3 克，其中含有糖分 0.3 克；脂肪 35.3 克，其中饱和脂肪酸 4.9 克；胆固醇 67 毫克；钙 26 毫克；纤维素 0.7 克；钠 6 毫克。

[供 4~6 人食用]

原材料：

2 个蛋黄　15 毫升柠檬汁

150 毫升橄榄油　150 毫升葵花籽油

一小把绿色罗勒叶　一小把紫色罗勒叶

4 瓣蒜，碾压成蒜泥　盐和黑胡椒粉

绿色罗勒叶和紫色罗勒叶及海盐，用于装饰

3 待加入一半的油之后，剩余油的加入速度可以快一些。继续开动机器搅打，直至搅打成浓稠的乳状蛋黄酱。

4 将两种颜色的罗勒叶撕成小片，与蒜泥一起搅拌进蛋黄酱中并调味。将搅拌好的蛋黄酱盛入到一个餐碗里，盖好之后冷藏至需用时，上菜时用罗勒叶和海盐点缀。

步骤：

1 将蛋黄和柠檬汁放入到食品加工机或者搅拌机内，开动机器搅拌均匀。

2 在油壶内，将两种油混合好。在机器转动的过程中，将油按照一次加入一滴的节奏，慢慢地加入进去。

大厨提示

＊如果你只有绿色的罗勒叶，只需按照食谱添加两倍的分量即可，当然努力的去寻找紫色的罗勒是非常物有所值的，因为制作好的莎莎酱外观令人印象深刻，深紫色的叶片，芳香的风味，淡淡的黑醋栗滋味，都会给这一款莎莎酱带来浓郁的水果芳香。

蓝奶酪酱
blue cheese dip

蓝奶酪酱在几分钟之内的时间里就可以制作好，与梨或者蔬菜沙拉一起食用会非常美味可口，但是蓝奶酪酱的使用方法不仅仅局限于此，实际上，因为蓝奶酪酱的浓度足够浓稠，从而可以塑成一个小的圆形造型作为调味料，用来搭配刚刚铁扒好的牛排一起食用，还可以添加上酸奶或者牛奶使其稀薄一些用来制作成沙拉酱汁。

营养分析：

能量：1.117 千焦；蛋白质 12.1 克；碳水化合物 0.4 克，其中含有糖分 0.4 克；脂肪 24.4 克，其中饱和脂肪酸 15.4 克；胆固醇 62 毫克；钙 253 毫克；纤维素 0 克；钠 595 毫克。

[**供 4 人食用**]

原材料：

150 克蓝奶酪，例如斯提尔顿奶酪或者丹麦蓝奶酪

150 克软质奶酪

75 毫升希腊酸奶

盐和黑胡椒粉

大厨提示

* 蓝奶酪酱作为甜香风味的水果类菜肴的填馅可以说是妙不可言，只需简单地酿入到苹果或者梨中，就可以进行烘烤。

步骤：

1 将蓝奶酪在碗里捏碎。用一把木勺，将奶酪搅拌至软化。

2 加入软质奶酪继续搅打至两种奶酪混合均匀。

3 将希腊酸奶逐渐地加入进去搅拌好，加入足够的酸奶以搅拌到你所需要的浓稠度。

4 用大量的胡椒和少许盐调味。将制作好的蓝奶酪酱放入到冰箱内冷藏至需用时。

两整头蒜看起来似乎用量很多，但是经过烘烤之后的大蒜肉质变得十分柔软、芳香而甘醇。大蒜酱可以与香酥面包棒和薯片一起食用。要制作出低脂的大蒜酱，可以使用低脂的蛋黄酱和低脂的天然酸奶，或者可以试着使用低脂的软质奶酪来制作。

大蒜酱
garlic dip

营养分析：

能量：0.749 千焦；蛋白质 3.6 克；碳水化合物 4.9 克，其中含有糖分 1.1 克；脂肪 16.5 克，其中饱和脂肪酸 3.1 克；胆固醇 11 毫克；钙 38 毫克；纤维素 1.2 克；钠 139 毫克。

[供 4 人食用]

原材料：

2 整头蒜

15 毫升橄榄油

60 毫升蛋黄酱

75 毫升希腊酸奶

5 毫升带籽芥末酱

盐和黑胡椒粉

步骤：

1 将烤箱预热到 200℃。将蒜头掰开，不用剥皮，摆放到一个小烤盘里。

2 将橄榄油浇淋到蒜瓣上，并用勺子翻动蒜瓣使其均匀的沾上橄榄油。放入烤箱烘烤 20～30 分钟的时间，或者烘烤到蒜瓣变软嫩的程度。取出放置一边冷却 5 分钟。

3 去掉蒜瓣的根部并剥去蒜皮。将剥去蒜皮的蒜瓣摆放到菜板上，撒上盐。用一把叉子将蒜瓣捣碎成泥。

4 将蒜泥放入到一个小碗里，拌入蛋黄酱、酸奶和带籽芥末酱。

5 调味，将制作好的大蒜酱舀入到一个碗里，盖好之后放入冰箱内冷藏至需用时。

大厨提示

＊ 如果你想烧烤大蒜，可以使用整头的大蒜烧烤至软嫩的程度，要不时地翻动。将烧烤好的蒜头去皮制成蒜泥。

藏红花酱
saffron dip

这一款味道柔和的调料酱可以搭配新鲜的蔬菜一起食用——特别适合于搭配菜花一起食用。也是铁扒鱼类或水波蛋（荷包蛋）的最佳搭档，并且可以作为完美的酱汁伴食那些形状短小的意大利面，无论是现煮的或者冷却之后用于沙拉的这些意大利面均可以。

营养分析：

能量：0.255 千焦；蛋白质 3.4 克；碳水化合物 2.6 克，其中含有糖分 2.3 克；脂肪 4.2克，其中饱和脂肪酸 2.8 克；胆固醇 4 毫克；钙 80 毫克；纤维素 0.6 克；钠 22 毫克。

[供 4 人食用]

原材料：

15 毫升开水

一小撮藏红花丝

200 克鲜奶酪或者软质奶酪

10 根新鲜的细香葱

10 片新鲜罗勒叶

盐和黑胡椒粉

举一反三

● 不使用藏红花而是加入鲜榨柠檬汁或者青柠檬汁来代替。还可以加入一点黄姜粉让颜色更加逼真。

2 搅打鲜奶酪或者软质奶酪至细腻的程度，然后将浸泡好的藏红花汁倒入进去搅拌好。

3 用厨用剪刀将细香葱剪断之后，放入到藏红花酱中。将罗勒叶撕成小块，也搅拌进去。

步骤：

1 将开水倒入到一个小的耐热器皿中，加入藏红花丝，浸泡 3 分钟。

4 加入盐和胡椒粉调味，迅速服务上桌。

这一款从传统的千岛酱汁演变而来的千岛酱与其原本的风味迥然不同，但是却可以以相同的方式服务——可以搭配铁扒竹签大虾串蘸食，或者用来制作海鲜沙拉。

千岛酱
thousand island dip

营养分析：

能量：1.096 干焦；蛋白质 5.2 克；碳水化合物 6.2 克，其中含有糖分 6.1 克；脂肪 24.2 克，其中饱和脂肪酸 9.2 克；胆固醇 45 毫克；钙 73 毫克；纤维素 1.9 克；钠 260 毫克。

[供 4 人食用]

原材料：

4 个油浸番茄干

4 个番茄

150 克农家奶酪（软质白奶酪）

60 毫升蛋黄酱

30 毫升番茄酱

30 毫升新鲜香芹，切成末

1 个柠檬，擦取外皮，挤出柠檬汁

适量美国辣椒汁

5 毫升辣酱油或者酱油

盐和黑胡椒粉

4 将香芹末和番茄干末一起加入到碗里并搅拌好，然后加入番茄末和挖出的番茄籽一起混合好。

5 加入柠檬皮和柠檬汁以及辣椒汁搅拌均匀。再将辣酱油或者酱油加入搅拌好，用盐和胡椒粉调味。

6 将制作好的千岛酱盛入一个餐碗内，盖好，放入冰箱内冷藏大约 30 分钟，或者一直冷藏到需用时再取出。

举一反三

● 在千岛酱中加入辣椒面或者切成末的鲜辣椒搅拌好，可以制作成辣味的千岛酱。用柠檬角装饰，如果喜欢。也可以将这些柠檬角挤出柠檬汁，然后加入到千岛酱中以增加口感。

步骤：

1 在吸油纸上将油浸番茄干上的油脂控净并拭净，然后切成细末。

2 将番茄依次穿到一个金色叉子上，放到煤气火苗上烧 1~2 分钟的时间，或者直到将番茄皮烧至起皱并开裂。待番茄冷却之后，揭除番茄皮。将番茄切成两半，用一把茶勺将番茄籽挖掉。最后将番茄切成细末，放到一边备用。

3 在一个碗里，将软质奶酪搅碎，然后逐渐的将蛋黄酱和番茄酱搅拌进去，形成细腻幼滑的混合物。

洋葱瑞塔酱

red onion raita

瑞塔酱（Raita）是印度的一种传统的配菜，常用来搭配咖喱类菜肴。也可以用来搭配印度薄饼，将瑞塔酱当成美味可口的蘸酱用。

营养分析：

能量：0.133 千焦；蛋白质 2.6 克；碳水化合物 4.6 克，其中含有糖分 4 克；脂肪 0.6 克，其中饱和脂肪酸 0.2 克；胆固醇 1 毫克；钙 100 毫克；纤维素 0.9 克；钠 36 毫克。

[供 4 人食用]

原材料：

5 毫升茴香籽

1 瓣蒜

1 个青辣椒

1 个大的红皮洋葱

150 毫升原味酸奶

30 毫升新鲜香菜，切成末，预留出一点香菜叶用于装饰

2.5 毫升白糖

步骤：

1 将一个小煎锅加热，在锅内干炒茴香籽 1~2 分钟，直至煸炒出香味并且开始爆裂的程度。

2 在研钵内将茴香籽捣碎。同样你也可以将茴香籽放到菜板上，用一把厚背刀轻轻的压碎。

3 将蒜瓣切成细末。去掉辣椒籽，将辣椒切成细末。将洋葱切成细末。

4 将酸奶倒入到一个碗里，加入蒜末、辣椒末和红洋葱末，再加入茴香籽碎末和新鲜的香菜末。搅拌至所有的原材料彻底混合均匀。

5 加入白糖和盐调味。将制作好的瑞塔酱舀入到一个小碗里，冷藏至需用时。在上菜之前用香菜叶点缀。

举一反三

• 如果需要制作味道更加刺激的瑞塔酱，可以将 15 毫升的柠檬汁搅拌进去。

这一款香辣风味卡真酱淋撒到烘烤至酥脆的带皮土豆上时，效果非凡。它还有众多不同的使用方法——可以搭配汉堡、铁扒鸡肉以及制作沙拉卷，或者用来拌食罐装吞拿鱼（金枪鱼，tuna）与意大利面等菜肴。

香辣卡真酱
spicy cajun dip

营养分析：

能量：1.109 千焦；蛋白质 3.8 克；碳水化合物 12.2 克，其中含有糖分 5 克；脂肪 22.8 克，其中饱和脂肪酸 2.9 克；胆固醇 1 毫克；钙 121 毫克；纤维素 0.8 克；钠 350 毫克。

[供 4 人食用]

原材料：

120 毫升原味酸奶

1 瓣蒜，拍碎　5 毫升番茄酱

2.5 毫升青辣椒酱或者半个青辣椒，切成细末

1/5 毫升盐

制作脆皮土豆

2 个大的烤土豆　植物油，用于油炸

盐和黑胡椒粉

大厨提示

＊如果你喜欢，可以用微波炉制作土豆以节省时间。使用微波炉制作脆皮土豆的做法需要 10 分钟左右的时间。

步骤：

1 制作脆皮土豆，将烤箱预热至 180℃。烘烤土豆 45～50 分钟的时间直到软烂。将土豆切成两半，挖出土豆泥，在土豆外皮上只留下一薄层的土豆泥。

2 制作香辣卡真酱，将所有的原材料混合好冷藏备用。

3 在一个大号锅内或者炸炉内，加入 1 厘米高度的植物油。再将切成两半的土豆切开成四半，将土豆放入锅内油炸至两面都呈金黄色。捞出用吸油纸控净油，撒上盐和黑胡椒粉，搭配一碗香辣卡真酱一起食用，或者将香辣卡真酱舀到每一块香脆土豆上做成一个圆形的造型。

酸奶油酱

sour cream cooler

这一款冷的酸奶油酱与热气腾腾、香辣浓郁的墨西哥风味菜肴是完美的搭配。同样酸奶油酱也可以搭配任何一种墨西哥油炸玉米片一起作为小吃食用。

营养分析：

能量：0.853 千焦；蛋白质 4.2 克；碳水化合物 12 克，其中含有糖分 11.7 克；脂肪 15.8 克，其中饱和脂肪酸 9.6 克；胆固醇 43 毫克；钙 114 毫克；纤维素 3.2 克；钠 48 毫克。

2 将番茄切成两半，用一把茶勺将番茄籽挖出不用。将番茄肉切成小粒状。

3 将黄色柿子椒和番茄小粒与香菜末一起搅拌到酸奶油中混合好。

4 将制作好的酸奶油酱舀到一个小碗里冷藏至少 30 分钟。在上桌之前用柠檬碎皮和香菜叶装饰。

[供 2 人食用]

原材料：

1 个小的黄色柿椒

2 个小番茄

30 毫升切成末的新鲜香菜，多备一点香菜叶用于装饰

150 毫升酸奶油

柠檬碎皮，用作装饰

步骤：

1 用一把锋利的刀，将黄色柿椒纵长切开，去掉核和籽，切成小粒状。

举一反三

- 可以用鳄梨小粒或者黄瓜小粒代替黄色柿子椒或者番茄。
- 要制作出味道更酸的绿色酸奶油酱，可以使用青椒和猕猴桃代替番茄，然后用青柠檬碎皮代替柠檬碎皮。要确保将所有的原材料都切成小粒状。

这一款传统的希腊风味蘸酱是一种冷的酱汁，酱汁内混合有酸奶、黄瓜和薄荷，特别适合于在炎热的夏天食用。可以搭配烘烤好并切成条形的皮塔饼（pita bread）一起食用。

希腊酸奶黄瓜酱

tzatziki

营养分析：

能量：0.272 千焦；蛋白质 3.8 克；碳水化合物 1.9 克，其中含有糖分 1.8 克；脂肪 5.3 克，其中饱和脂肪酸 2.6 克；胆固醇 0 毫克；钙 99 毫克；纤维素 0.7 克；钠 40 毫克。

[供 4 人食用]

原材料：

1 根小黄瓜

4 根春葱

1 瓣蒜

200 毫升希腊酸奶

45 毫升新鲜薄荷，切成碎末

盐和黑胡椒粉

1 枝薄荷，用于装饰（可选）

3 将酸奶搅打均匀，然后将黄瓜、春葱和大蒜、薄荷拌入。

4 加入盐和大量的黑胡椒粉调味，然后将搅拌好的酸奶黄瓜酱盛到一个餐碗里。冷藏至需用时，在上菜之前用薄荷枝装饰。

大厨提示

* 要选择希腊酸奶用来制作这一款酱汁——因为希腊酸奶比绝大多数酸奶的脂肪含量都高，但是却具有更加美味的乳脂状的质地。

步骤：

1 将黄瓜的两端去掉，然后切割成 5 毫米大小的丁状。

2 切除春葱的根部，并将蒜瓣剥皮。然后将两者剁碎成细末。

香甜胡萝卜酱
spiced carrot dip

这是一款口感香甜的美味胡萝卜酱。可以作为小麦饼干或者香辣墨西哥玉米片的蘸酱食用。

营养分析：

能量：0.293 千焦；蛋白质 3.1 克；碳水化合物 11.1 克，其中含有糖分 9.4 克；脂肪 1.9 克，其中饱和脂肪酸 0.4 克；胆固醇 1 毫克；钙 130 毫克；纤维素 3.2 克；钠 69 毫克。

[供 4 人食用]

原材料：

3 根胡萝卜，多备出几根用于装饰

1 个洋葱，切成细末

2 个橙子，擦取橙皮并挤出橙汁

15 毫升辣咖喱酱

150 毫升原味酸奶

几片新鲜罗勒叶

15~30 毫升鲜柠檬汁

辣椒汁，适量

盐和黑胡椒粉

步骤：

1 将胡萝卜去皮，并擦碎。将洋葱、胡萝卜、橙皮和橙汁，以及咖喱酱一起放入到一个小锅里。用火烧开，盖好锅盖用小火继续熬煮 10 分钟。

2 将熬煮好的胡萝卜混合物用搅拌机搅打成细泥。冷却后备用。

3 将酸奶拌入。将罗勒叶撕成小块，将一多半放入到胡萝卜混合物中搅拌好。

4 加入柠檬汁、辣椒汁，并用盐和黑胡椒粉调味。在制作好之后的几个小时内要在常温下食用完毕（如果保存的时间过久，胡萝卜酱会澥开），用少许擦碎的胡萝卜和撕碎的罗勒叶装饰。

这一款味道浓郁、带有坚果风味的冬南瓜酱汁，用经过烘烤之后的瓜肉来增强口感。这种酱汁可以搭配烘烤至香脆的面包薄片（melba toast）或者奶酪棒一起食用。

冬南瓜和巴美仙奶酪酱

squash and parmesan dip

营养分析：

能量：0.606 千焦；蛋白质 4.7 克；碳水化合物 4.9 克，其中含有糖分 3.8 克；脂肪 12 克；其中饱和脂肪酸 7.5 克；胆固醇 31 毫克；钙 158 毫克；纤维素 2.1 克；钠 107 毫克。

[供 4 人食用]

原材料：

1 个冬南瓜

15 克黄油

4 瓣蒜，带皮

30 毫升现擦碎的巴美仙奶酪

45 ~ 75 毫升鲜奶油

盐和黑胡椒粉

步骤：

1 将烤箱预热到 200℃。

2 将冬南瓜切成两半，挖出瓜瓤和籽不用。

3 用一把小刀在瓜肉上刻划出深的十字花纹，尽量的刻划到瓜皮的深度，但是不要切透瓜皮。

4 将两半冬南瓜摆放到一个小的烤盘里，将黄油捏成颗粒状淋撒到瓜肉上面，并撒上盐和黑胡椒粉，放入烤箱内，烘烤 20 分钟。

5 将带皮蒜瓣摆放到冬南瓜周围，继续烘烤 20 分钟，直到瓜肉变得软烂。

6 将瓜肉从瓜皮内挖出放入到食品加工机内或者搅拌机内。将烘烤至软烂的蒜瓣脱皮也放入到机器中，开动机器将瓜肉搅成泥。

7 在机器搅打的过程中，加入巴美仙奶酪，但是要留出 15 毫升的奶酪备用，然后加入鲜奶油（也可以将烤好的冬南瓜放入到碗里，用土豆捣碎器捣碎，然后用木勺将奶酪和鲜奶油搅拌进去）。调味之后将冬南瓜和巴美仙奶酪酱舀到一个碗里。将预留出的奶酪撒到碗上趁热食用。

举一反三

● 可以使用南瓜或者其他种类的瓜，例如青南瓜或者新西兰南瓜等。根据南瓜的大小调整烘烤的时间。

奶油茄子酱
creamy aubergine dip

将这一款如同丝绒般质地的奶油茄子酱在烘烤至酥脆的圆形面包片上涂抹上厚厚的一层，然后在其表面点缀上用番茄干切成的细条，可以制作出引人入胜的意大利风味的脆面包片（crostini）。

营养分析：

能量：0.573 千焦；蛋白质 1.4 克；碳水化合物 3.1 克，其中含有糖分 2.5 克；脂肪 13.4 克，其中饱和脂肪酸 5.9 克；胆固醇 21 毫克；钙 42 毫克；纤维素 1.8 克；钠 9 毫克。

[供 4 人食用]

原材料：

1 个大个头的茄子　30 毫升橄榄油

1 个小洋葱，切成细末　2 瓣蒜，切成细末

60 毫升新鲜的香菜，切成末

75 毫升鲜奶油　辣椒汁，适量

1 个柠檬，榨取柠檬汁根据口味需要适量使用

盐和黑胡椒粉

步骤：

1 预热扒炉至中高温度。将茄子摆放到不粘烤盘上，摆放到扒炉上加热 20～30 分钟，不时的翻动，直至茄子外皮变黑并且起皱，用手指按压时，肉质会变得软烂。

2 将茄子从扒炉上取出，用干净毛巾盖好放置一边备用。大约需要 5 分钟才能够冷却。

3 在炒锅内将油加热，放入洋葱和大蒜末煸炒 5 分钟，直到洋葱和大蒜末变软但是不要上色。

4 将茄子外皮除掉，用一把大号叉子或者土豆捣碎器将茄子肉捣碎成茄子泥。

5 将炒好的洋葱和大蒜末放入，再加入香菜末和鲜奶油一起搅拌好。加入辣椒汁、柠檬汁以及盐和胡椒调味。

6 将调制好的奶油茄子酱盛入到一个餐碗里，趁热食用或者冷却到常温下之后食用。

大厨提示

＊茄子也可以放入到 200℃的烤箱里烘烤 20 分钟，或者一直烘烤至茄子变得软烂时取出。

这也是一款非常容易制作的酱汁，并且口味之美令人惊叹。搭配上橄榄、鹰嘴豆和皮塔饼块，可以作为炎炎夏日之中的休闲小吃品种去享用。

洋蓟和小茴香酱
artichoke and cumin dip

营养分析：

能量：0.318 千焦；蛋白质 1.6 克；碳水化合物 3.9 克，其中含有糖分 3.5 克；脂肪 6.2 克，其中饱和脂肪酸 1 克；胆固醇 0 毫克；钙 18 毫克；纤维素 3.3 克；钠 4 毫克。

[供 4 人食用]

原材料：

2 罐 400 克的洋蓟心控净水分

2 瓣蒜，剥去皮

2.5 毫升小茴香粉

橄榄油

盐和黑胡椒粉

举一反三

● 将洋蓟铁扒成熟，装入到瓶内用油浸泡，口味会非常棒，并且可以用来代替罐装的洋蓟使用。在混合铁扒好的洋蓟之前可以加入一点罗勒叶。

步骤：

1 将洋蓟心连同蒜瓣和小茴香粉一起放入到食品加工机内，加入适量橄榄油。开动机器搅打成细泥状，并用盐和胡椒粉调味。

2 将搅打好的洋蓟心泥用勺舀入到一个餐碗里，在其表面上再淋撒上一些橄榄油，搭配上热的皮塔饼块或者全麦面包吐司条和胡萝卜条，用于蘸食洋蓟和小茴香酱。

希腊鱼子酱
taramasalata

这一款美味可口的带有特殊风味的烟熏马鱼子是希腊最有名的蘸酱之一。（烟熏鳕鱼子通常会作为一种价格更低的鱼子酱的替代品）可以用在自助餐上或者搭配饮料一起食用。用热的皮塔饼条，面包棒，或者饼干等来蘸食希腊鱼子酱都会非常美味可口。

营养分析：

能量：3.185 千焦；蛋白质 33.7 克；碳水化合物 51.7 克，其中含有糖分 4.3 克；脂肪 48.1 克，其中饱和脂肪酸 6.8 克；胆固醇 380 毫克；钙 130 毫克；纤维素 1.9 克；钠 647 毫克。

[可以制作 1 碗的量]

原材料：

115 克烟熏马鱼子酱或者鳕鱼子酱

2 瓣蒜，压碎

30 毫升洋葱末

60 毫升橄榄油

4 片方面包，切去四个边

2 个柠檬，挤出柠檬汁

30 毫升牛奶或者水

黑胡椒粉

热皮塔饼，面包棒或者饼干，用来蘸酱时食用

步骤：

1 将烟熏马鱼子、蒜、洋葱、橄榄油、面包和柠檬汁一起放入搅拌机或者食品加工机内，开动机器将这些原材料一起搅打成泥状。

2 加入牛奶或者水，继续搅打几秒钟（此时的搅打会让希腊鱼子酱呈现出一种乳状的质地）。

3 将搅打好的希腊鱼子酱倒入到一个餐碗内，用保鲜膜盖好，放入到冰箱内冷藏 1~2 个小时之后再使用。在上菜之前撒上现磨的黑胡椒粉。

这一款源自于中东地区的传统菜肴，先是用熟的鹰嘴豆制作成酱状，然后添加上大蒜、柠檬汁、芝麻酱、橄榄油和小茴香一起调味。搭配烘烤至香脆的皮塔饼块或者蔬菜沙拉一起食用会非常好吃。

鹰嘴豆酱
humus

营养分析：

能量：0.594 千焦；蛋白质 7.1 克；碳水化合物 11.6 克，其中含有糖分 0.4 克；脂肪 7.9 克，其中饱和脂肪酸 1.1 克；胆固醇 0 毫克；钙 98 毫克；纤维素 3.7 克；钠 149 毫克。

[供 4~6 人食用]

原材料：

400 克罐装鹰嘴豆，控净水分

60 毫升芝麻酱　2~3 瓣蒜，切成末

1/2~1 柠檬，挤出柠檬汁　辣椒面

少许，根据口味需要不超过 1.5 毫升的小茴香粉

盐和黑胡椒粉

举一反三

● 将 2 个烘烤好的红柿椒混入到鹰嘴豆中一起搅打成泥。然后按照上述做法继续进行制作。上菜时撒上些烘烤好的松子仁和红辣椒粉进行装饰。

步骤：

1 使用土豆捣碎器或者食品加工机，将鹰嘴豆搅碎。如果你喜欢鹰嘴豆泥细腻般的口感，可以将鹰嘴豆放入食品加工机内或者搅拌机内搅打成乳状般的细泥。

2 将芝麻酱混入到鹰嘴豆泥中，然后将蒜末、柠檬汁、辣椒面、小茴香粉拌入进去，并用盐和胡椒调味。根据直接的口味需要，可以加入一点水进行稀释。趁热食用。

辣花豆酱
hot chilli bean dip

跟随自己的口味在辣花豆酱中随心所欲的添加辣椒——酸奶油可以平衡辣椒的辣度。用辣花豆酱搭配墨西哥香脆玉米片或者蔬菜沙拉一起食用。

营养分析:

能量:1.059 千焦;蛋白质 16 克;碳水化合物 32.3 克,其中含有糖分 3.4 克;脂肪 7.5 克,其中饱和脂肪酸 2.8 克;胆固醇 11 毫克;钙 98 毫克;纤维素 11.2 克;钠 22 毫克。

[供 4 人食用]

原材料:

275 克干花豆,浸泡一晚上的时间并沥干水分

1 片香叶

45 毫升海盐

15 毫升植物油

1 个洋葱,切成丝

1 瓣蒜,切成末

2~4 个青辣椒(可选)

75 毫升酸奶油,额外多准备一点用于装饰

2.5 毫升小茴香粉

适量辣椒酱

15 毫升新鲜香菜,切成碎末

步骤:

1 将浸泡好并控净水的花豆放入到一个大锅内,加入覆盖过花豆的冷水和香叶。将其烧开,盖上锅盖,然后用小火继续熬煮 30 分钟。在加热的过程中不要加盐。

2 加入海盐,继续用小火加热大约 10 分钟的时间,或者熬煮到花豆变得软烂。

3 将熬煮好的花豆捞出控净汁液,保留 120 毫升的汁液。略微冷却之后,取出香叶不用。

4 在一个厚底不粘锅内加热油。加入洋葱和大蒜,用小火煸炒 8~10 分钟。或者将其不断的翻炒,直至炒软。

5 将花豆、炒好的洋葱大蒜、辣椒,以及预留出的汁液一起放入到食品加工机或者搅拌器内。搅打成泥。

6 倒出到一个碗里,混入酸奶油、小茴香粉,以及辣椒酱搅拌好并进行调味。最后将香菜混入,并用酸奶油装饰,趁热食用。

举一反三

- 为了节省制作时间,可以使用 1000 克的罐装花豆代替干花豆。

这一款香辣金枪鱼酱的用途非常广泛，搭配面包棒一起食用时会非常美味，你也可以在此种调料酱中多加入一些油，可以制作出一款质地略微稀薄一些的酱汁，用来填馅到煮鸡蛋中或者蔬菜中。

香辣金枪鱼酱
spicy tuna dip

营养分析：

能量：0.761 千焦；蛋白质 7.7 克；碳水化合物 0.4 克，其中含有糖分 0.3 克；脂肪 16.7 克，其中饱和脂肪酸 2.8 克；胆固醇 103 毫克；钙 40 毫克；纤维素 0.7 克；钠 411 毫克。

[供 6 人食用]

原材料：

90 克罐头装金枪鱼

橄榄油

3 个煮鸡蛋

75 克去核青橄榄

50 克罐头装银鱼柳（控净汁液）

45 毫升水瓜柳（caper，又称为刺山柑花蕾），控净汁液

10 毫升法国大藏芥末

黑胡椒粉

新鲜香菜叶，用于装饰

3　留取一点橄榄油用于装饰，将其余橄榄油连同其他原材料一起加入到机器内。将所有的原材料一起搅拌成细泥状。用胡椒调味。

4　将搅拌好的香辣金枪鱼酱用勺舀到一个餐碗里，用预留出的橄榄油和香芹装饰。

大厨提示

★ 制作这种酱汁时要选用高品质的轻质橄榄油——味道浓郁的初榨橄榄油会遮盖住金枪鱼的风味。

步骤：

1　将金枪鱼从罐头中控净油并与 90 毫升橄榄油混合好。

2　将煮鸡蛋切割成两半，将蛋黄取出放入食品加工机或者搅拌机内，蛋清用于制作三明治或者留作他用。

意大利面用的酱汁
Sauce for pasta

制作方法简单，不可或缺并且经济实惠：这些酱汁可以适用于各种场合，从快捷的工作餐，到在一起分享令人印象深刻的美味佳肴。制作出一份番茄酱汁是再简单不过的事情，并且从价格、风味和食物的营养价值上看起来，比你每次所购买的成品番茄酱汁要更加合适。一旦你制作出了一份心仪的香蒜酱或者调配好了一份口味绝佳的沙拉酱汁（营养健康型），你再也不会后悔你所付出的这些努力。这其中的许多酱汁都可以在制作好之后冷冻保存较长的时间，并且在应季的时节可以大批量的使用。

制作意大利面条的面团

making pasta dough

自制的意大利面条有着非常轻柔、丝滑般的质地——与你购买到的号称是新鲜的意大利面条不可同日而语。如果你在和面时加入了鸡蛋，这是非常好的主意，和面会因此更加容易，并且刚开始的步骤与制作面包的过程没有什么不同。

营养分析：

能量：5.207 千焦；蛋白质 47 克；碳水化合物 233.1 克，其中含有糖分 4.5 克；脂肪 20.5 克，其中饱和脂肪酸 5.3 克；胆固醇 571 毫克；钙 506 毫克；纤维素 9.3 克；钠 2184 毫克。

和好的面团可以很容易的擀开制作成意大利面卷（cannelloni tubes）

[制作大约 500 克]

原材料：

300 克高筋粉或者意大利面条专用面粉

3 枚鸡蛋　5 毫升盐

步骤：

1 将面粉堆到工作台面上，在中间做出一个大且深的窝穴形。保持窝穴形内侧立面坡度略小一些，这样打入鸡蛋之后，蛋液不会流到窝穴外面来。

2 将鸡蛋打入到窝穴中，加入盐。使用一把餐刀或者一把餐叉，将鸡蛋和盐搅拌均匀，然后逐渐的将窝穴内侧的面粉慢慢拌入蛋液中。

3 一旦将蛋液和面粉搅拌到不再流淌的程度，在手指上蘸些面粉，将面粉和蛋液一起揉搓成一个具有黏性的面团。如果揉搓好的面团太硬，可以加入几滴冷水，如果面团太软，撒上些面粉继续揉好。

4 将面团按压成一个圆球形，如同揉搓面包一样的将面团揉搓好。用手掌用力的朝外揉搓，然后朝上折叠回来，将面团重叠到一起，这样面团的开口位置会朝向你的身体方向，重复此揉搓动作，直到将面团揉制成丝滑般的质地。

5 继续将面团朝身体位置折叠的更近一些，并反复揉搓开几次，直到将面团完全揉制好。将面团逆时针转动 45°，继续揉制面团、折叠、转动面团，总计需要重复操作 10 分钟。揉搓好的面团会非常细腻光滑并具有良好的弹性。

6 将揉制好的面团用保鲜膜包好，放在室温下静置松弛 15~20 分钟。切记此时不要将面团冷藏保存，否则面团就会很难被加工处理。

7 当面团揉好并经过松弛之后，就可以用来擀开制作意大利面条了——如果快速擀开的话，面团的劲力会太大，只需简单的将面团朝外擀开成大约为厚度为 3 毫米的面片，然后根据需要切割成一定的形状即可。

制作这一款美味可口的番茄酱汁使用的是现成的原材料，如果你想煞费苦心的准备一份意大利面时，这会为你节约不少的时间。在这一道菜谱中，酱汁搭配的是加有帕尔马火腿和奶酪为馅料的意大利方饺。意式番茄酱汁也可以单配意大利面条或者搭配各种鱼类菜肴，家禽类或者肉类菜肴等一起食用。

意式番茄酱汁
italian plum tomato sauce

营养分析：

能量：1.984千焦；蛋白质26.4克；碳水化合物43.2克，其中含有糖分4.8克；脂肪23.1克，其中饱和脂肪酸11.1克；胆固醇180毫克；钙369毫克；纤维素2.4克；钠880毫克。

[供 4~6 人食用]

原材料：

500 克和好的加有鸡蛋的意大利面团

60 毫升擦碎的佩科里诺奶酪，多预备出一些，配餐用

馅料用料：

175 克乳清奶酪

30 毫升擦碎的帕玛森（巴马）奶酪

115 克帕尔马火腿，切碎

150 克马苏里拉奶酪，切碎　1 个鸡蛋

15 毫升切碎的香芹叶，多预备出一点，用于装饰

番茄酱汁用料：

30 毫升橄榄油　1 个洋葱，切成细末

400 克罐头装番茄碎　15 毫升番茄酱

5~10 毫升阿里根奴（牛至）

盐和黑胡椒粉

浇淋意大利番茄酱汁和撒有香草和奶酪的肉馅意大利方饺。这一款酱汁对于加有馅料的意大利面来说是非常美妙、低调而奢华的搭配。

步骤：

1 要制作番茄酱汁，在锅内加入油烧热，加入洋葱末煸炒，直到将洋葱炒软。

2 在锅内加入番茄碎。将空罐头瓶用水涮一下，将汁水倒入锅内，再加入番茄酱、阿里根奴并用盐和黑胡椒粉调味。将锅烧开并搅拌均匀后，盖上锅盖用小火继续炖煮 30 分钟，期间要不时的搅拌几下，如果汤汁熬煮得过于浓稠，可以加入一点水。

3 将熬煮好的番茄酱汁倒入到一个碗里并再次调味。用一把叉子搅拌，加入乳清奶酪搅拌好。

4 使用面条机，将四分之一的面团擀开至 90~100 厘米的长片状。然后再切割成 45~50 厘米的条形。

5 用两把茶勺，舀取一些馅料，在其中一块条形面片上，间隔均匀的放入 10~12 堆馅料，馅料要足够滋润。在每一堆馅料的四周涂刷上一点水，然后将另外一块条形面片覆盖到馅料上。

6 从覆盖好面片的边缘位置开始，用手指沿着每一堆馅料四周按压好，将空气从缝隙中排出。

7 在按压好的面片上撒上一点面粉。用波浪形切割刀，先顺着面片两侧的长边进行切割，然后在两堆馅料中间切割，将密封好馅料的面片切割成一个个小的方块形。

8 将切割好的意大利方饺（方形饺子）摆放到撒有面粉的餐盘内，在其表

面再撒一点面粉。在制作剩余的意大利方饺时让其静置晾干一会，大约一共可以制作出 80~96 个意大利方饺。

9 将制作好的意大利方饺放入到滚开的、加有盐的开水中，将水重新烧开，并煮 4~5 分钟。捞出方饺控净水。将三分之一煮好的方饺放入到热碗里，撒入 15 毫升擦碎的佩科里诺奶酪，再浇淋上三分之一的番茄酱汁。

10 在碗里重新再覆盖上另外三分之一的意大利方饺，并撒上佩科里诺奶酪，浇淋上番茄酱汁，最后在表面撒上剩余的佩科里诺奶酪。撒上香芹碎装饰，迅速上桌。

香辣番茄酱汁
tomato and chilli sauce

这是深受人们喜爱的特制意大利面条酱汁——al arrabbiata，以香辣番茄酱汁命名，意思是辣或者过辣，用来形容来自于辣椒的辣的程度。

营养分析：

能量：1.272 千焦；蛋白质 10.5 克；碳水化合物 60.3 克，其中含有糖分 7.2 克；脂肪 1.5 克，其中饱和脂肪酸 0.2 克；胆固醇 0 毫克；钙 51 毫克；纤维素 3.4 克；钠 303 毫克。

[供 4 人食用]

原材料：

300 克直管面或者斜管面

香辣番茄酱汁用料

500 克香辣番茄酱

2 瓣蒜，拍碎

150 毫升干白葡萄酒

15 毫升番茄酱

1 个鲜红辣椒

30 毫升切成末的鲜香芹叶，多备出一点用于装饰

盐和黑胡椒粉

现擦碎的佩科里诺奶酪，配菜用

步骤：

1 将香辣番茄酱、大蒜、葡萄酒、番茄酱和整个的红辣椒一起放入到锅内烧开。盖上锅盖用慢火继续熬煮。

2 将意大利面条放入大锅中用旺火烧开的盐水中，煮 10~12 分钟，或者煮到带一点硬心，有咬劲的程度（ al dente ）。

3 将红辣椒从酱汁中取出，拌入香芹。用盐和胡椒粉调味。如果你喜欢更辣一些的口味，将取出的红辣椒切碎之后，全部或者部分放入到酱汁中搅拌好即可。

4 将煮好的意大利面条捞出控净水，放入到一个热的大碗里。将制作好的香辣番茄酱汁浇淋到意大利面条上，略微搅拌一下，趁热上桌，撒上香芹和擦碎的佩科里诺奶酪。

大厨提示

＊香辣番茄酱，字面意思是"家常酱汁"，其包含有番茄，切成粗粒状，这样酱汁中会带有块状的质地。

这是一款口味清淡典雅，可以在时尚餐厅内售卖的时髦的意大利面条类菜肴。上菜时要与意大利面分开盛放。制作非常简单快捷。

番茄和菊苣酱汁
sun-dried tomato and radicchio sauce

营养分析：

能量：1.925 千焦；蛋白质 12.7 克；碳水化合物 66.8 克，其中含有糖分 4.8 克；脂肪 17.7 克，其中饱和脂肪酸 1.9 克；胆固醇 0 毫克；钙 33 毫克；纤维素 3.2 克；钠 22 毫克。

[供 4 人食用]

原材料：

45 毫升松子仁

350 克白色和绿色意大利面条

30 毫升特级初榨橄榄油

4~6 棵春葱，斜切成薄片

制作番茄和菊苣酱汁：

15 毫升特级初榨橄榄油

30 毫升番茄酱

40 克菊苣叶，切成细丝

盐和黑胡椒粉

步骤：

1 将松子仁放入一个厚底锅内用中火加热煸炒 1~2 分钟，直到松子仁成熟并变成金黄色。倒出放到一边备用。

2 根据包装说明煮意大利面，分别用两个锅将白色和绿色的的意大利面条煮熟。

3 制作酱汁，在中号炒锅内加热油。加入番茄酱煸炒，然后加入两满勺煮意大利面的面汤。用小火熬制，将汤汁熬浓，要不时的搅拌。

4 加入菊苣丝，用小火加热并调味。捞出两种颜色的意大利面分别控净水，将两种颜色的意大利面分别放入到炒锅内。加入 15 毫升的油，用中火加热，将意大利面条搅拌均匀至油亮。

5 将白色和绿色意大利面条各自分成四份，分别盛放到四个热的碗里，然后将番茄和菊苣酱汁用勺舀到面条中心位置。在酱汁上撒些春葱和烘烤好的松子仁装饰，趁热食用。每位用餐者需要先将酱汁和意大利面条搅拌好之后再食用。

大厨提示

* 如果你感觉无法将两种颜色的意大利面条在碗内盛装的美观漂亮，你可以将番茄和菊苣酱汁与意大利面条在一个大号热的碗里先搅拌好再装盘，以方便每一位客人取食，上菜之前撒上松子仁和春葱装饰即可。

番茄和茄子酱汁

tomato and aubergine sauce

一款让人回味无穷的酱汁，适合于搭配所有种类的意大利面条。还可以与奶酪一起用意大利面片制作成千层面。

营养分析：

能量：1.159 千焦；蛋白质 8.8 克；碳水化合物 49.7 克，其中含有糖分 8.3 克；脂肪 5.5 克，其中饱和脂肪酸 0.8 克；胆固醇 0 毫克；钙 45 毫克；纤维素 4.7 克；钠 18 毫克。

[供 4~6 人食用]

原材料：

350 克短形意大利面条

制作番茄和茄子酱汁

30 毫升橄榄油

1 个小的鲜红辣椒　2 瓣蒜

2 小把鲜香芹叶，切成末，留出一点，用作装饰

450 克茄子，切成小粒　200 毫升水

1 块蔬菜高汤汤料块　1 小把鲜罗勒叶

8 个小番茄，去皮、去籽、切碎

60 毫升红葡萄酒　5 毫升白糖

少许藏红花粉　2.5 毫升红椒粉

盐和黑胡椒粉

步骤：

1 在一个大号炒锅内将油加热，加入整个的红辣椒，整瓣的蒜和一把香芹末煸炒。用木勺将蒜瓣压碎，注意不要溅出热油，将蒜瓣压碎可以让大蒜的味道更加浓郁。盖上锅盖用小火加热大约 10 分钟，期间要不时地翻炒一下。

2 取出红辣椒不用。在锅内加入茄子煸炒。加入一半用量的水。将蔬菜高汤汤料块压碎加入到锅内，搅拌使其溶化，盖上锅盖继续加热，要不时地搅拌，熬煮大约 10 分钟。

3 在锅内加入番茄碎，红葡萄酒，白糖，藏红花和红椒粉，以及剩余的香芹末和罗勒并调味。将剩余的水加入到锅内。搅拌均匀，再盖上锅盖熬煮 30~40 分钟，期间要不时地搅拌。

4 在酱汁熬煮好之前大约 10 分钟，根据意大利面条包装上的说明，将意大利面条煮至有咬劲的程度。

5 将酱汁重新调味，然后在热的碗内与控净水后的面条搅拌好。用预留出的香芹装饰。

> **举一反三**
>
> ● 在熬煮酱汁的过程中，中途可以加入一些切碎的银鱼柳（鳀鱼）或者番茄一起加热。

将番茄酱汁和白色奶油酱汁混合到一起制作而成的酱汁使得制作好的意大利肉卷更加美味可口。可以在某一个有特殊意义的场合下使用，提前将酱汁预制好；然后在使用的当天加入白色酱汁并进行烘烤。

两种用于意大利肉卷的酱汁

two sauces for cannelloni

营养分析：

能量：2.846 千焦；蛋白质 38.2 克；碳水化合物 54.5 克，其中含有糖分 12.5 克；脂肪 35.9 克，其中饱和脂肪酸 16.4 克；胆固醇 130 毫克；钙 469 毫克；纤维素 2.8 克；钠 615 毫克。

[供 6 人食用]

原材料：

15 毫升橄榄油

1 个小洋葱，切成细末

450 克牛肉末（牛肉馅）

1 瓣蒜，切成细末

5 毫升杂香草（混合香草）

120 毫升牛肉高汤

1 个鸡蛋

75 克火腿或者意式肉肠，切成细末

45 毫升细面包糠

115 克现擦碎的帕尔马奶酪（巴马奶酪，帕玛森奶酪）

18 个煮好的意大利肉卷面（空心面）

盐和黑胡椒粉

制作番茄酱汁原材料：

30 毫升橄榄油　1 个小洋葱，切成细末

半根胡萝卜，切成细末　1 根芹菜，切成细末

1 瓣蒜，压碎　400 克罐装番茄，切碎

少许新鲜罗勒

2.5 毫升干阿里根奴（牛至）

制作白色酱汁原材料：

50 克黄油

50 克通用面粉

900 毫升牛奶

现磨碎的肉豆蔻

步骤：

1　在锅内将橄榄油加热，用慢火煸炒洋葱，不时地翻炒大约 5 分钟，直到洋葱变软。

2　加入牛肉末和大蒜，煸炒大约 10 分钟，用木勺不时的将结块的牛肉末打散。

3　加入香草，并调味，然后加入一半的高汤烧开，盖上锅盖用小火熬煮 25 分钟，期间要不时地搅拌，当高汤熬浓之后要加入更多的高汤继续熬煮。最后用勺舀到一个碗里冷却备用。

4　制作番茄酱汁，在汁锅内加热橄榄油，放入蔬菜和大蒜继续用中火煸炒大约 10 分钟。加入番茄，在空罐内加入一点水摇动之后倒入到锅内，然后加入香草并进行调味。烧开之后改用小火并盖上锅盖，炖 25～30 分钟，将炖好的番茄用搅拌机或者食品加工机搅打成蓉。

5　加入鸡蛋、火腿或者肉肠、面包糠、90 毫升的珀尔梅散奶酪并调味。在烤盘内涂抹上一层番茄酱汁。

6　用一把茶勺，将制作好的肉馅装入肉卷面中，呈单层摆放到烤盘内的番茄酱汁上面。将剩余的番茄酱汁浇淋到肉卷面上。

7　将烤箱预热到 190℃。制作白色酱汁，将黄油在锅内熔化开，加入面粉煸炒 1～2 分钟，然后加入牛奶烧开，再加入肉豆蔻粒并调味。

8　将制作好的白色酱汁浇淋到烤盘内的肉卷面上，再撒上帕尔马奶酪。放入到烤箱内烘烤 40～45 分钟，取出装盘。

蔬菜酱汁

green vegetable sauce

这一款酱汁只需将几种制作成熟的新鲜蔬菜混合到一起即可，其色彩艳丽美观，充满了生机和活力。与意大利面拌和到一起，是清新、淡雅的午餐或者宵夜的最佳菜肴选择。

营养分析：

能量：2.419 千焦；蛋白质 18 克；碳水化合物 92.6 克，其中含有糖分 9.8 克；脂肪 17.7 克，其中饱和脂肪酸 5.6 克；胆固醇 16 毫克；钙 94 毫克；纤维素 7.7 克；钠 65 毫克。

[供 4 人食用]

原材料：

450 克意大利面条

制作蔬菜酱汁：

30 毫升黄油

45 毫升特级初榨橄榄油

1 棵韭葱，切成薄片

2 根胡萝卜，切成小丁

2.5 毫升白糖

1 个西葫芦，切成小丁

75 克芸豆

115 克速冻豌豆

1 小把香芹叶，切碎

2 个熟透的番茄，去皮、去籽、切碎

盐和黑胡椒粉

油炸香芹叶，装饰用

步骤：

1 在一个中号炒锅内加入黄油和橄榄油烧热，加入韭葱和胡萝卜煸炒。将白糖撒到锅内的蔬菜上并用中火不停的煸炒，大约需要煸炒 5 分钟。

2 将西葫芦、芸豆和豌豆加入到锅内煸炒并调味。盖上锅盖用小火焖煮 5~8 分钟，或者焖煮到蔬菜完全成熟，期间要不时地翻炒。

3 与此同时，按照包装上的说明煮好意大利面条。

4 将香芹和番茄加入到锅内熬煮好的蔬菜中搅拌均匀。

5 将熬煮好的蔬菜酱汁趁热与刚煮好的意大利面条搅拌到一起，用油炸香芹叶装饰。

这一款口味浓郁的野生蘑菇和大蒜风味酱汁，与意大利面条搭配会组成一道非常美味可口的主菜。在挑选野生蘑菇时，必须听从行家的购买建议或者从可靠的渠道购买。

大蒜风味野生蘑菇酱汁

wild mushroom sauce

营养分析:

能量: 2.771 千焦；蛋白质 12.7 克；碳水化合物 66 克，其中含有糖分 3.9 克；脂肪 40.5 克，其中饱和脂肪酸 21.7 克；胆固醇 85 毫克；钙 52 毫克；纤维素 3.4 克；钠 63 毫克。

[供 4 人食用]

原材料:

150 克罐装油浸野生蘑菇

30 毫升黄油

150 克新鲜野生蘑菇，个头大的，需要切成片状

5 毫升切碎的新鲜百里香

5 毫升切碎的新鲜牛膝草（马郁兰）或者阿里根奴，多预备一点用于装饰

4 瓣蒜，压碎

350 克新鲜的或者袋装的螺旋面

200 毫升鲜奶油

盐和黑胡椒粉

步骤:

1 从罐装蘑菇中沥出 15 毫升的油放入一个中号锅内。如果罐装蘑菇块太大，可以切成小片或者丁状。

2 将黄油加入到锅内的油中，用小火将油烧热。加入罐装蘑菇和新鲜蘑菇，切碎的香草和大蒜煸炒，用盐和胡椒粉调味。

3 用小火加热，同时不断的搅拌大约10 分钟，或者一直煸炒到新鲜的蘑菇成熟。

4 与此同时，根据包装说明用盐开水煮好螺旋面，或者将螺旋面煮至吃起来有咬劲的程度。

5 一旦蘑菇成熟，用大火加热，并用木勺搅拌，直到将所有的汤汁都熇干。加入淡奶油并重新烧开。根据口味需要进行调味。

6 将煮好的螺旋面捞出控净水分并摆放到一个热碗中。将蘑菇酱汁浇淋到螺旋面上并搅拌均匀。撒上新鲜香草装饰后立即上桌。

奶油培根酱汁
carbonara sauce

这一款在任何时候都非常受欢迎的酱汁，无论是与细面条或者宽面条都是绝佳的搭配。这里介绍的奶油培根酱汁中包含有大量的意大利风味培根或者培根，却没有添加太多的奶油，但是你完全可以根据自己的口味需要酌情添加。

营养分析：

能量：2.817千焦；蛋白质32.5克；碳水化合物66.4克，其中含有糖分4.1克；脂肪32.8克，其中饱和脂肪酸13.2克；胆固醇252毫克；钙246毫克；纤维素2.8克；钠1106毫克。

[供4人食用]

原材料：

350克新鲜或者成品意大利细面条

制作奶油培根酱汁：

30毫升橄榄油　1个小洋葱，切成细末
8片意大利风味培根，或者切片培根，切成1厘米的细条　4个鸡蛋　60毫升鲜奶油
60毫升现擦碎的帕玛森奶酪，多备出一点用于佐餐　盐和黑胡椒粉

步骤：

1　将油在炒锅内烧热，加入洋葱用小火煸炒大约5分钟或者将洋葱煸炒至呈透明状并变软。

2　将培根加入到煸炒洋葱的锅内，再继续煸炒10分钟，期间要不停的煸炒。

3　与此同时，根据包装说明书用盐开水煮意大利面至有咬劲的程度。

4　将鸡蛋、鲜奶油和擦碎的帕玛森奶酪一起放到一个碗内。加入足够量的黑胡椒，然后将混合好的材料一起搅拌至全部混合均匀。

5　将煮好的意大利细面条捞出控净水，放入到制作好的奶油培根酱汁中搅拌均匀。

6　将搅拌好的蛋液材料加入到锅内之后立刻关掉火源，用力搅拌均匀，使蛋液材料受热均匀并与意大利面条混合好。

7　迅速调味，并分装到四个热的碗里，撒上黑胡椒粉。立刻上桌，另配擦碎的帕玛森奶酪。

这一款奶酪风味酱汁味道非常浓郁，是土豆丸子（汤团）的理想搭配酱汁（这里制作的是小鸟其，gnocchi，又称为土豆汤团）或者单配意大利面，例如通心面等。无论采用哪种方式，在一个寒冷冬季的晚餐餐桌上，古冈佐拉奶酪酱汁都可以作为一款令人回味无穷的酱汁使用。

古冈佐拉奶酪酱汁
gorgonzola sauce

营养分析：

能量：1.825 千焦；蛋白质 18.3 克；碳水化合物 40.8 克，其中含有糖分 2.2 克；脂肪 23.4 克，其中饱和脂肪酸 14.2 克；胆固醇 105 毫克；钙 384 毫克；纤维素 2.1 克；钠 549 毫克。

[供 4 人食用]

原材料：

450 克土豆，不用去皮

1 个鸡蛋

115 克通用面粉

盐和黑胡椒粉

新鲜百里香枝叶，用作装饰

60 毫升现擦碎的珀尔梅散奶酪，配餐用

制作古冈佐拉奶酪酱汁：

115 克古冈佐拉奶酪

60 毫升鲜奶油

15 毫升新鲜百里香，切碎

步骤：

1 将土豆用盐水煮大约 20 分钟至成熟。捞出控净水，待冷却至可以用手触摸的温度时，将皮剥除。

2 将土豆放到筛网里，用木勺的背面进行挤压过筛，将土豆泥挤压到一个搅拌盆内。调味，然后加入鸡蛋搅打均匀。将面粉分次加入，每次都用木勺搅拌均匀，直到搅拌成一个光滑的面团（你可能不需要将所有的面粉都加入）。

3 将搅拌好的面团取出放入到撒有面粉的工作台面上，反复揉搓大约 3 分钟，根据需要可以加入更多的面粉，直到将面团揉搓成一个细腻而柔软的面团形，并且不再粘手的程度。

4 将揉好的面团分割成 6 块。在手上蘸上一些面粉，将分割好的面团分别揉搓成长度为 15～20 厘米的圆柱形。然后切割成长 2.5 厘米的段，用面粉滚好，然后用叉子的背面轻轻按压而过形成纹路清晰的脊线造型，称之为鸟其（gnocchi）。

5 煮鸟其，一次将 12 粒鸟其放入到滚开的盐水中煮。大约煮 2 分钟以后，鸟其会在开水中漂起，再继续煮 4～5 分钟或者更长的时间将其煮熟，捞出控干。

6 制作酱汁，将古冈佐拉奶酪、鲜奶油和百里香放入到一个大号炒锅内，用小火加热至奶酪完全融化，形成浓稠的如同奶油般的质地。

7 将煮好并控干水分的鸟其加入到锅内的酱汁中，搅拌至混合均匀。用百里香装饰并搭配上帕玛森奶酪一起食用。

举一反三

● 古冈佐拉奶酪酱汁也可以用于火锅中（fondue），搭配上各种面包丁或者各种蔬菜条一起蘸食。

奶油和珀尔梅散奶酪酱汁

cream and parmesan cheese sauce

这一款奶油味道浓郁的帕玛森奶酪酱汁与自制的菠菜和乳清奶酪意大利饺搭配在一起真正是天作之合。搭配购买的成品意大利云吞或者其他任何自制带馅料的意大利面也非常美味可口。添加的豆蔻风味也更加彰显出了奶酪本身丰厚的滋味。

营养分析：

能量：1.758 千焦；蛋白质 13.6 克；碳水化合物 30.6 克，其中含有糖分 2 克；脂肪 28 克，其中饱和脂肪酸 16.3 克；胆固醇 161 毫克；钙 226 毫克；纤维素 1.6 克；钠 490 毫克。

[供 8 人食用]

原材料：

500 克和好的意大利面条用面

现擦碎的帕玛森奶酪，装饰用

盐和黑胡椒粉

制作馅料：

45 毫升黄油

175 克菠菜叶，洗净，切成丝

200 克意大利乳清奶酪

25 克现擦碎的帕玛森奶酪

现磨碎的豆蔻（豆蔻粉）

1 个鸡蛋

制作奶油和帕玛森奶酪酱汁：

50 克黄油

120 毫升鲜奶油

50 克现擦碎的帕玛森奶酪

步骤：

2 将炒好的煸炒倒出到一个碗里，放到一边使其冷却，然后加入乳清奶酪、擦碎的珀尔梅散奶酪和豆蔻粉一起搅拌均匀，并用盐和胡椒粉调味，最后加入鸡蛋再次搅拌均匀。

3 使用面条机，将四分之一用量的意大利面条面团擀开压制成为 90~100 厘米长的条形。用一把锋利的到切割成擀开的长条切割成两条长度为 45~50 厘米的条形（如果感觉到太长不好操作，你可以在使用面条机擀开面团时直接切割出所需要的长度）。

1 制作馅料，在锅内熔化黄油，加入菠菜煸炒，用盐和胡椒粉调味，用中火煸炒 5~8 分钟，直到菠菜完全成熟。改用大火继续加热，直到将汤汁收干，菠菜煸炒至干爽的程度。

4 使用一把茶勺，沿着其中一个长条形面片的一侧，舀出 10~12 堆的馅料，其间距要均等。沿着每一堆馅料的四周，涂刷上一点水，将另一侧的面片折过来覆盖到馅料上。

5 从折叠过来的边缘位置开始，用手指沿着每一堆馅料，在其四周轻轻按压，将馅料中的空气从还没有按压好的空隙处挤压出去。在按压好的空隙处撒上一点面粉。

6 使用波浪式滚轮切割刀，先沿着长边分别进行切割，然后再依次将每一堆馅料切割好。

7 将切割好的意大利饺摆放到撒有面粉的厨巾上，在制作其余的意大利饺时，让其静置晾干一会，这样总共大约可以制作出 80~96 个意大利饺。

8 用大锅沸腾的盐水煮意大利饺，烧开之后煮 4~5 分钟。

9 与此同时，制作酱汁。将黄油、奶油和帕玛森奶酪一起在锅内用小火加热，直到黄油和帕玛森奶酪完全融化溶解。

10 继续用小火加热大约 1 分钟直到将酱汁燠浓。用盐和黑胡椒粉调味。

11 捞出煮熟的意大利饺，分别等量的盛放到 8 个热的大腕里。浇淋上酱汁并撒上珀尔梅散奶酪和黑胡椒粉。

举一反三

● 这一款酱汁也非常适合与焗意大利面类菜肴相互搭配，例如焗通心粉。在焗之前要在菜肴的表面上多撒一下珀尔梅散奶酪。

传统风味的香蒜酱
classic pesto sauce

购买成瓶的香蒜酱以备不时之需很有必要，但是无论是其带有的香蒜风味还是其本身的口味，都与自制的香蒜酱不可同日而语，况且使用食品加工机制作香蒜酱非常容易而快捷。

营养分析：

能量：2.984千焦；蛋白质24.1克；碳水化合物43.2克，其中含有糖分2.7克；脂肪50.5克，其中饱和脂肪酸11.6克；胆固醇35毫克；钙468毫克；纤维素2.1克；钠385毫克。

[供4人食用]

原材料：

50克鲜罗勒叶，多备出一点，用于装饰

2~4瓣蒜

60毫升松子仁

120毫升特级初榨橄榄油

115克现擦碎的帕玛森奶酪，多备出一点，用于装饰

25克现擦碎的佩科里诺奶酪

400克意大利面条

盐和黑胡椒粉

大厨提示

* 香蒜酱可以提前2~3天制作好。将制作好的香蒜酱倒入到一个碗里并在其表面倒入一薄层的橄榄油进行封盖。然后用保鲜膜进行密封，放入到冰箱内冷藏保存。

步骤：

1 将罗勒叶、蒜瓣和松子仁放入搅拌机或者食品加工机内。加入60毫升橄榄油。开动机器将其搅碎，关掉机器开关，揭开盖子，将飞溅到搅拌桶四周的原材料刮到桶内。

2 重新开动机器，将剩余的橄榄油呈细流状通过投料孔加入到正在搅拌的机器中。你或许需要再次的将搅拌桶四周溅出的材料重新刮下放回到桶内，要确保将所有的原材料都搅拌的均匀细腻。

3 将搅打好的香蒜酱舀到一个大碗里，用木勺将奶酪搅拌进去。尝味并根据需要用盐和黑胡椒粉重新调味。

4 根据包装说明煮意大利面条。煮好之后捞出控净水分，将面条放入到盛放香蒜酱的大腕内搅拌均匀。用鲜罗勒叶装饰。刮取几片帕玛森奶酪摆放到碗里，之后迅速上桌。

这一款味道浓郁，奶香丰厚的奶酪酱汁使用的是芳提娜奶酪，一种略带甜味和果仁口味的意大利奶酪（也可以使用塔雷吉欧奶酪代替）。与番茄和罗勒沙拉或者蔬菜沙拉相搭配也非常适合。

通心粉奶酪酱汁

deluxe cheese sauce for macaroni

营养分析：

能量：3.11 千焦；蛋白质 30.3 克；碳水化合物 52.1 克，其中含有糖分 8.9 克；脂肪 45.4克，其中饱和脂肪酸 27.8 克；胆固醇 123 毫克；钙 673 毫克；纤维素 0.4 克；钠 593 毫克。

[供 4 人食用]

原材料：

250 克短通心粉

50 克黄油

50 克通用面粉

600 毫升牛奶

100 毫升鲜奶油

100 毫升干白葡萄酒

50 克擦碎的格鲁耶尔奶酪或者爱芒特奶酪（埃曼塔尔奶酪）

50 克芳提娜奶酪，切成小粒

50 克古冈佐拉奶酪，压成碎末

75 克现磨碎的帕玛森奶酪

盐和黑胡椒粉

步骤：

1 将烤箱预热到 180℃。按照包装说明煮好意大利通心粉。

2 与此同时，将黄油在锅内用小火熔化，加入面粉煸炒 1~2 分钟。将牛奶分次加入到锅内，搅拌均匀之后再次加入，直到全部加入并搅拌均匀。再加入鲜奶油搅拌好，最后加入干白葡萄酒搅拌均匀。继续加热熬煮到酱汁变得浓稠。将锅从火上端离开。

3 加入格鲁耶尔奶酪或者爱芒特奶酪、芳提娜奶酪，古冈佐拉奶酪和三分之一的珀尔梅散奶酪。搅拌均匀并根据需要用盐和黑胡椒粉调味。

4 将煮好的通心粉控净水分，平铺到一个烤盘内。将熬煮好的酱汁浇淋到通心粉上并混合好，然后在表面撒上剩余的帕玛森奶酪，放入到烤箱内烘烤 25~30 分钟或者一直烘烤到表面呈金黄色。趁热食用。

奶油核桃香蒜酱

cream and walnut sauce

这一款核桃和奶油香蒜酱是经过简化之后的版本，在意大利利古里亚地区奶油核桃香蒜酱是搭配意大利三角形方饺（pansotti）的传统酱汁之一。这一款酱汁同样可以与加有乳清奶酪和菠菜的任何一种意大利方饺相搭配，或者代替那些味道不是很浓郁的酱汁与贝壳粉相搭配。

营养分析：

能量：2.239 千焦；蛋白质 17.3 克；碳水化合物 30.9 克，其中含有糖分 2.3 克；脂肪 39 克，其中饱和脂肪酸 16.3 克；胆固醇 157 毫克；钙 271 毫克；纤维素 1.9 克；钠 483 毫克。

[供 6 ~ 8 人食用]

原材料：

500 克和好的带香草风味意大利面条用鸡蛋面团

50 克黄油

现擦碎的帕玛森奶酪，配餐用盐和黑胡椒粉

制作馅料：

250 克乳清奶酪

115 克现擦碎的帕玛森奶酪

1 把罗勒叶，切碎　2 把香芹叶，切碎

几枝牛膝草（马郁兰）或者阿里根奴，去掉叶片，切碎

1 瓣蒜，压碎　1 个鸡蛋

制作奶油核桃酱汁：

90 克去皮的核桃仁

1 瓣蒜

60 毫升初榨橄榄油

120 毫升鲜奶油

步骤：

1　制作馅料，将乳清奶酪、珀尔梅散奶酪、罗勒、香芹、牛膝草或者阿里根奴、大蒜和鸡蛋放入到一个碗里。用盐和黑胡椒粉调味，搅拌至完全混合均匀。

2　制作酱汁，将核桃仁、大蒜和橄榄油放入到食品加工机内搅打成糊状，顺着食品加工机的投料口，加入120 毫升热水，使得糊状的酱汁变得稀薄一些。

3　将搅拌好的酱汁用勺舀到一个碗里并加入鲜奶油。搅拌均匀并调味。

4　使用面条机，将四分之一的面团擀压成 90 ~ 100 厘米 /36 ~ 40 厘米长的长条。将其用一把锋利的刀切割成两条长度为 45 ~ 50 厘米的长条形（如果太长不好操作，可以在擀压时直接按需要的长度切割好）。

5　使用一个 5 厘米的方形切割模具，从每个长条形面片上分别切割出 8 ~ 10 个方形面片。

6　用一把茶勺，将馅料分别舀到每一个切割好的方块面片上。

> **大厨提示**
>
> ★ 要制作出香草风味的面团用于擀制意大利面条，将切碎的阿里根奴、香葱和香芹与鸡蛋一起加入到面粉中混合好。注意在制作意大利三角形方饺时，不要将馅料加入的过多，否则在煮的时候容易开裂。

7　在每一个方块面片的四周位置涂刷上一点水，然后将方块面片沿着对角线并包住馅料对折过去，制作成为一个三角形的饺子造型。轻轻按压以密封好。

8　将制作好的三角形饺子摆放到撒有面粉的厨巾上，在表面撒上一点面粉放到一边晾一会，继续使用其余的面团制作三角形方饺，大约总共可以制作出 64 ~ 80 个。

9　在大锅内，用沸腾的盐水煮意大利方饺 4 ~ 5 分钟，直到煮熟。

10　同时，将核桃酱汁盛入到一个大的热碗里，加入一满勺煮通心粉的面汤，搅拌好以稀释酱汁。将黄油在一个小锅内烧热。

11　捞出意大利方饺控净水分，放入到稀释好的核桃酱汁中。将烧热的黄油浇淋到方饺上，搅拌好，然后撒上擦碎的帕玛森奶酪。你也可以将意大利方饺与融化后的黄油先搅拌到一起，分别盛放到热碗里，再浇淋上酱汁。搭配帕玛森奶酪，立刻上桌。

黄油香草酱汁
butter and herb sauce

在这一道菜谱中你可以使用一种你所喜欢的香草或者使用多种香草来制作这一款酱汁。使用最简单的方式制作好的酱汁，用来搭配意大利面，却是最美味的佳肴之一。

营养分析：

能量：2.352千焦；蛋白质12.7克；碳水化合物74.8克，其中含有糖分3.9克；脂肪25.7克，其中饱和脂肪酸15.2克；胆固醇61毫克；钙68毫克；纤维素3.9克；钠184毫克。

2 制作酱汁，将香草切碎或者根据需要切成细末状。

3 待面条快要煮好时，在一个炒锅内加热熔化黄油。将煮好的面团捞出控净水，加入到黄油锅内，同时撒上香草，用盐和黑胡椒粉调味。

4 在用中火加热的同时，搅拌面条，使其与香草和黄油均匀的拌合在一起。将制作好的面条盛放到一个热的碗里，撒上香草叶和香草花，趁热食用。搭配帕玛森奶酪一起食用。

[供 4 人食用]

原材料：

400 克鲜意大利细面或者成品意大利细面

现擦碎的帕玛森奶酪，配餐用

制作黄油和香草酱汁原材料：

2 把新鲜香草，多备出一点香草叶和香草花

用于装饰

115 克黄油　盐和黑胡椒粉

步骤：

1 根据包装说明，将意大利细面条在沸腾的淡盐水中煮至刚好成熟，有咬劲的程度。

举一反三

• 如果你喜欢在香草中加入大蒜的风味，可以在加热熔化黄油时，加入 1~2 瓣拍碎的大蒜。

这是一道，当你饥肠咕噜的下班急匆匆的赶回家，想吃点什么果腹时，却发现厨房里除了一个柠檬和几瓣蒜以外什么也没有的尴尬时刻随手就可以制作的菜肴。

营养分析：

能量：1.875 千焦；蛋白质 10.5 克；碳水化合物 64.9 克，其中含有糖分 3 克；脂肪 18.1克，其中饱和脂肪酸 2.5 克；胆固醇 829 毫克；钙 22 毫克；纤维素 2.6 克；钠 3 毫克。

用于意大利细面条的油和柠檬酱汁

lemon and oil dressing for spaghetti

[供 4 人食用]

原材料：

350 克意大利细面条

90 毫升特级初榨橄榄油

1 个柠檬，挤出柠檬汁

2 瓣蒜，切成薄片　盐和黑胡椒粉

大厨提示

* 意大利细面条是最适合制作这道菜肴的意大利面，因为橄榄油和柠檬汁可以很好的依附在细长的意大利面条上面。如果你厨房内没有意大利细面条了，也可以使用其他种类的长面条代替，如特细意大利面条、意大利扁面条或者意大利宽面条等。

步骤：

1 将锅内的淡盐水烧开，加入面条煮10～12 分钟，直到煮熟，捞出控净水，放回到锅内。

2 将橄榄油和柠檬汁浇淋到锅内煮好的面条上，撒上蒜片，用盐和胡椒粉调味。边用中火加热面条边搅拌1～2 分钟。然后分别盛放到 4 个热的碗内趁热上桌。

香辣肠酱汁

spicy sausage sauce

可以用一杯敦厚的产自西西里岛的红葡萄酒和一盘新鲜脆嫩的叶菜沙拉一起搭配这一道令人回味无穷、口感丰富的肉质酱汁和意大利面。

营养分析:

能量: 2.348 千焦; 蛋白质 19.9 克; 碳水化合物 63 克, 其中含有糖分 9.5 克; 脂肪 24.5 克, 其中饱和脂肪酸 7.4 克; 胆固醇 36 毫克; 钙 64 毫克; 纤维素 4.4 克; 钠 829 毫克。

[供 4 人食用]

原材料:

300 克短粗通心粉

盐和黑胡椒粉

制作香辣肠酱汁:

30 毫升橄榄油

1 个洋葱, 切成细末

1 根西芹, 切成细末

2 瓣蒜, 拍碎

1 个鲜辣椒, 去籽, 切成末

450 克番茄, 去皮去籽, 剁碎

30 毫升番茄酱

150 毫升红葡萄酒

5 毫升白糖

175 克意大利香辣色拉米肠, 去掉外皮

30 毫升香芹, 切碎, 用于装饰

现擦碎的帕玛森奶酪, 配菜用

步骤:

1 在砂锅内或者大锅内将油烧热, 加入洋葱、西芹、大蒜和辣椒煸炒。继续用小火加热, 不停的翻炒大约 10 分钟, 直到原材料变软。

大厨提示

* 用于这道菜肴中的色拉米肠要整根的购买, 这样你可以将色拉米肠切成大一些的丁状。

2 加入番茄、番茄酱、红葡萄酒、白糖并调味。烧开之后盖上锅盖用小火加热炖煮大约 20 分钟, 期间要不停的搅拌。如果在熬煮的过程中汤汁过于浓稠, 可以加入一点水。

3 与此同时, 在用大火烧开的一大锅盐水中, 根据包装说明的时间煮意大利面, 煮至带咬劲的程度。

4 将意大利香辣色拉米香肠切成大丁, 加入到酱汁中, 然后将酱汁重新烧开, 并根据口味进行调味。

5 捞出面条并控干水分, 放入到一个碗里, 将制作好的酱汁浇淋到碗里的面条上并搅拌好。在碗里撒上一些香芹, 食用时搭配擦碎的帕玛森奶酪一起享用。

这一道菜谱将会把你带回到大家欢聚一堂，共享一盘意大利面时的那个美好的回忆之中。肉酱与意大利细面或者扁面条之间的相互搭配是如此的完美无缺，同时与其他各种类型的意大利面也很匹配。

营养分析：

能量：2.674 千焦；蛋白质 30.9 克；碳水化合物 83.5 克，其中含有糖分 11.5 克；脂肪 21.7 克，其中饱和脂肪酸 7.1 克；胆固醇 53 毫克；钙 59 毫克；纤维素 4.2 克；钠 312 毫克。

肉酱意面

肉酱意粉，Bolognese sauce with spaghetti

[供 4 人食用]

原材料：

30 毫升橄榄油

1 个洋葱，切成细末

1 瓣蒜，拍碎

5 毫升混合香草（什香草，杂香草）

1.5 毫升辣椒粉

350~450 克牛肉馅

400 克罐装番茄碎

45 毫升番茄沙司

15 毫升番茄酱

5 毫升李派林辣椒油

5 毫升阿里根奴

450 毫升牛肉或者蔬菜高汤

45 毫升红葡萄酒

400~450 克意大利细面条

盐和黑胡椒粉

现擦碎的帕玛森奶酪，配菜用

步骤：

1 在一个中号锅内将油烧热，加入洋葱和大蒜用小火煸炒大约 5 分钟直到变软。再加入混合香草和辣椒面继续加热 2~3 分钟。加入牛肉馅煸炒大约 5 分钟，将有结块的肉馅打散。

2 将番茄碎加入进去，然后是番茄沙司、番茄酱、辣酱油、阿里根奴和足量的黑胡椒粉。再加入高汤和红葡萄酒烧开。搅拌均匀之后，盖上锅盖，用小火炖半个小时的时间。期间要不时的搅动。

3 根据包装说明所需要的时间，在锅内煮意大利面条。将煮好的意大利面捞出控净水，分装到热碗里。将炖好的酱汁调味，然后用勺舀到碗里的面条上，再撒上一点帕玛森奶酪水。配上帕玛森奶酪一起迅速上桌。

鱿鱼酱汁
squid sauce

在享用使用鱿鱼汁制作的宽面时，还有比搭配鱿鱼酱汁更合适的酱汁吗？面条鱼酱汁这两种口味能够完美的混合到一起，而且鱿鱼酱汁还可以搭配任何种类的意大利面条。

营养分析：

能量：3.122 千焦；蛋白质 40.8 克；碳水化合物 90.2 克，其中含有糖分 8.1 克；脂肪 24.6 克，其中饱和脂肪酸 3.8 克；胆固醇 380 毫克；钙 87 毫克；纤维素 5 克；钠 204 毫克。

2 在锅内加入 30 毫克香芹末，搅拌均匀，然后加入鱿鱼圈煸炒 3~4 分钟，再加入干白葡萄酒。

3 用小火烧开几秒钟的时间，然后加入番茄和辣椒。

4 用盐和黑胡椒粉调味。盖上锅盖并用小火慢炖大约 1 个小时，直到鱿鱼圈变得软烂。根据需要可以再添加上一些水。

5 根据包装上的使用说明，用大锅的盐水煮意大利面至有咬劲的程度。捞出控净水，将煮好的意大利面条倒入锅内。加入鱿鱼酱汁搅拌好。

6 撒上剩余的香芹碎后立刻上桌。

[供 4 人食用]

原材料：

450 克鱿鱼汁制成的意大利宽面条

制作鱿鱼酱汁：

105 毫升橄榄油

2 棵青葱，切成末

3 瓣蒜，拍碎

45 毫克香芹，切碎

675 克干净的鱿鱼，切成鱿鱼圈，并漂洗干净

150 毫升干白葡萄酒

400 克罐装番茄碎

2.5 毫升辣椒末或者辣椒面

盐和黑胡椒粉

步骤：

1 在锅内将橄榄油烧热并加入青葱末，煸炒至呈浅金黄色，然后加入大蒜煸炒几分钟的时间直到大蒜开始变色。

海蛤番茄酱汁是拿坡里当地的餐馆中一款非常普通而常见的酱汁，通常会搭配意大利粉丝面或者意大利细面一起食用。你可以使用新鲜的贻贝（青口贝，海虹）来代替酱汁中的海蛤。

海蛤番茄酱汁
clam and tomato sauce

营养分析：

能量：2.063 千焦；蛋白质 19.6 克；碳水化合物 77.8 克，其中含有糖分 7.7 克；脂肪 7 克，其中饱和脂肪酸 1.1 克；胆固醇 42 毫克；钙 114 毫克；纤维素 2.8 克；钠 782 毫克。

[供 4 人食用]

原材料：

350 克意大利粉丝面

制作海蛤番茄酱汁用原材料：

1 千克新鲜带壳海蛤

250 毫升干白葡萄酒

2 瓣蒜，拍碎

1 把香芹叶

30 毫升橄榄油

1 个小洋葱，切成末

8 个熟透的番茄，去皮，去籽，剁碎

1/2～1 个鲜红辣椒，去籽切成末

盐和黑胡椒粉

4 在锅内将橄榄油烧热，加入洋葱用小火煸炒大约 5 分钟，直到洋葱变软并上色。在锅内加入番茄碎、过滤后的海蛤汤汁。加入红辣椒并用盐和胡椒粉调味。将剩余的香芹叶切成细末放到一边备用。

5 烧开锅，将锅盖半盖到锅上，用小火炖煮 15～20 分钟。

6 与此同时，根据包装说明标注出的时间，煮意大利粉丝面，煮到有咬劲的程度。捞出控净水，倒入到一个热碗里。

7 将海蛤肉加入到番茄酱汁中，搅拌均匀，用小火继续加热 2～3 分钟。

8 用盐和黑胡椒粉给酱汁调味，将制作好的酱汁浇淋到碗里的粉丝面上，彻底搅拌均匀。将保留的三分之一带壳海蛤装饰到碗里并撒上香芹末。

步骤：

1 用硬毛刷在流动的自来水下仔细刷净海蛤外壳，并将放到工作台上之后不能闭合的海蛤丢弃掉不用。

2 将干白葡萄酒倒入到一个大锅内，加入大蒜和一半用量的香芹叶，再加入洗净的海蛤。盖紧锅盖用大火烧开。继续焖煮 5 分钟，不时地晃动几下锅，直到所有的海蛤全部张开口。

3 将海蛤全部倒入到摆在一个大碗上方的过滤器中控净汤汁。放到一边冷却到能够取肉的温度时，将三分之二的海蛤肉从壳内取出，将海蛤原汁倒入到大碗的汤汁中。将没有开口的海蛤丢掉不用，将剩余的三分之一没有去壳的海蛤放到一边备用，并浸泡在原汁中保温。

伏特加风味大虾酱汁
prawn and vodka sauce

大虾、伏特加和意大利面条的组合搭配在意大利已经变成现代版的经典之作。这里制作的这一款酱汁搭配的是双色意大利面条，但是与粗短型面条，例如通心粉搭配也非常美味可口。

营养分析：

能量：2.68 千焦；蛋白质 16.1 克；碳水化合物 67.4 克，其中含有糖分 5.1 克；脂肪 34.1 克，其中饱和脂肪酸 17.7 克；胆固醇 117 毫克；钙 71 毫克；纤维素 2.9 克；钠 71 毫克。

[供 4 人食用]

原材料：

350 克新鲜或者成品的细宽面

制作大虾和伏特加酱汁：

30 毫升橄榄油

1/4 个洋葱，切成细末

1 瓣蒜，拍碎

15~30 毫升番茄酱

200 毫升鲜奶油

12 个生的大虾，去壳并切成粒

30 毫升伏特加酒

盐和黑胡椒粉

步骤：

1 在锅内用橄榄油将洋葱和大蒜煸炒至变软，大约需要 5 分钟。

2 加入番茄酱继续煸炒 1~2 分钟，然后加入鲜奶油烧开，用盐和黑胡椒粉调味，用小火加热，让锅保持微开煨至汤汁变浓。将锅从火上端离开。

3 将意大利面条煮至有咬劲的程度。在快要煮好时，将大虾和伏特加酒加入到酱汁中，用中火加热翻炒 2~3 分钟，直到大虾成熟变成粉红色。

4 将煮好的意大利面条捞出控净水，放入到一个热的碗里。将制作好的酱汁拌入。分装好之后立刻服务上桌。

大厨提示

＊ 这一款酱汁趁热食用为最佳。否则的话，大虾会因为加热过度肉质变得坚韧老化。要确保意大利面条煮好的同时酱汁也恰好制作完成。

烟熏三文鱼奶油酱汁
smoked salmon and cream sauce

这一款现代搭配意大利面条的烟熏三文鱼奶油酱汁在意大利非常流行。其中三种必备的原材料混合组成了这一款色彩艳丽的酱汁，制作方法非常简洁而快速。

营养分析：

能量：2.436 千焦；蛋白质 18.5 克；碳水化合物 65.5 克，其中含有糖分 3.6 克；脂肪 29.2 克，其中饱和脂肪酸 16.8 克；胆固醇 177 毫克；钙 47 毫克；纤维素 2.6 克；钠 597 毫克。

[供 4 人食用]

原材料：

350 克通心粉

制作烟熏三文鱼奶油酱汁原材料：

115 克切片烟熏三文鱼

2~3 枝新鲜的百里香

30 毫升黄油　150 毫升鲜奶油

盐和黑胡椒粉

步骤：

1 在沸腾的淡盐水中将通心粉煮至有咬劲的程度。

2 在煮通心粉的同时，使用厨用剪刀，将烟熏三文鱼片剪成细条，宽度在 5 毫米左右，将百里香枝上的叶片也剪成细条形。

3 在一个大号锅内加热熔化黄油。拌入鲜奶油和四分之一的烟熏三文鱼及百里香叶，用胡椒粉调味。用小火加热 3~4 分钟，期间要不时地搅拌，注意不要将鲜奶油烧开。最后根据口味需要再加适量的盐。

4 将煮好的通心粉捞出控净水，拌入到三文鱼和奶油酱汁中。然后分装到 4 只热的碗里，在其表面分别撒上剩余的三文鱼和百里香叶。迅速上桌。

家禽和肉用的酱汁
Sauces for Poultry and Meat

在这一章节中的酱汁食谱中，包括基于世界各地不同风味而创作出的那些令人回味无穷的和让人耳目一新的酱汁。这些酱汁与某些特定的主要食材是最佳拍档，所以它们会与制作好之后的菜肴形成完美的搭配而成为菜肴的一部分——不管是"加入"到菜肴中还是"浇淋"到菜肴上。本章节中有许多的"大厨提示"和"举一反三"解释与你一起分享，所以你尽可以放心大胆的将各种酱汁与不同类型的肉类、家禽类或者野味类进行各种搭配。这里所列出的烹调方法包括需要长时间慢火炖煮到旺火速成的煸炒等，或者味道从清淡雅致的果香味道到浓郁敦厚的香辣风味。

煎鸡肉配柠檬酱汁
lemon sauce for chicken

肉质鲜嫩多汁的鸡肉与清香爽口的柠檬酱汁相互搭配肯定会深受人们的欢迎。带有中餐风味的这一款酱汁也特别适合于搭配清蒸的、提前用香油和雪利酒腌制好的白鱼类菜肴。

营养分析：

能量：1.18千焦；蛋白质36.9克；碳水化合物22.3克，其中含有糖分14.2克；脂肪5.2克，其中饱和脂肪酸0.9克；胆固醇105毫克；钙17毫克；纤维素0克；钠112毫克。

[供 4 人食用]

原材料：

4 块鸡脯肉，去皮　5 毫升香油

15 毫升干雪利酒　1 个蛋清，打散

30 毫升玉米淀粉

15 毫升植物油

盐和白胡椒粉

香菜叶，切碎

青葱和柠檬角，用于装饰

制作柠檬酱汁原材料：

45 毫升鲜榨柠檬汁　30 毫升浓缩青柠檬汁

45 毫升白糖

10 毫升玉米淀粉

90 毫升冷水

步骤：

1 将鸡脯肉放入一个浅盘内。将香油和干雪利酒混合到一起，并加入 2.5 毫升的盐和 1/5 毫升的白胡椒粉搅拌均匀。然后浇淋到鸡肉上，拌好，盖上保鲜膜腌制 15 分钟。

2 将蛋清和玉米淀粉混合好，倒入到鸡肉中一起搅拌均匀。在一个不粘炒锅内将油烧热，煎鸡肉大约 15 分钟，或者将鸡肉煎至成熟，直到鸡肉两面都呈金黄色。

3 与此同时，制作酱汁，将所有的原材料在一个小锅内混合好。加入 1.5 毫升的盐。用小火烧开，期间要不停的搅拌，一直加热到酱汁细滑并略微浓稠。

4 将煎好的鸡肉切成块，摆放到一个热的餐盘中。将制作好的酱汁浇淋到鸡肉上，用香菜叶、青葱和柠檬角装饰好之后上桌。

这一款漂亮美观的菜肴简单易做，在制作酱汁的同时，鸡肉保存在原汁原味的状态中。

煎鸡肉配橙子和芥末酱汁

orange and mustard sauce for chicken

营养分析：

能量：0.958千焦；蛋白质39.1克；碳水化合物11.8克，其中含有糖分9.2克；脂肪3.4克，其中饱和脂肪酸0.8克；胆固醇106毫克；钙119毫克；纤维素1.3克；钠126毫克。

[供 4 人食用]

原材料：

2 个橙子

4 块鸡脯肉，去皮

5 毫升葵花籽油

盐和黑胡椒粉

新土豆和西葫芦片，用香芹拌好，配菜用

制作橙子和芥末酱汁原材料：

10 毫升玉米淀粉

150 毫升原味酸奶

5 毫升法国大藏芥末（也称为第戎芥末，Dijon mustard）

步骤：

1 用一把锋利的刀，切除橙子的两端，然后再除掉橙子的外皮，分别取下整瓣的橙子肉，保留好滴落的橙汁。只留下橙子的筋膜部分，挤出筋脉部分中的汁液。

2 用盐和现磨的黑胡椒腌制鸡肉。在不粘锅内烧热植物油，将鸡脯肉的两面分别煎 5 分钟左右。将鸡肉从锅内取出，用锡纸包好。锡纸的折痕处朝上摆放，这样密封保存的鸡肉会继续成熟一会儿的时间。

3 制作酱汁，将玉米淀粉和橙汁一起混合均匀。加入酸奶和芥末搅拌均匀。倒入到煎鸡脯肉所使用的不粘锅内，用小火烧开，要不时的搅拌。用慢火熬煮 1 分钟，直到酱汁变得浓稠。

4 将橙子肉瓣加入到酱汁中并用慢火加热。除掉包裹鸡脯肉的锡纸，检查鸡脯肉的成熟程度，要完全成熟，将锡纸中滴落的肉汁倒入到酱汁中。将鸡脯肉斜切成块状，配酱汁以及用香芹拌均匀的新土豆和西葫芦。

墨西哥鸡肉卷饼（安其拉达）配皮肯特莎莎酱

salsa picante for chicken enchiladas

这一款"香辣"的莎莎酱实际上使用的是去籽的青辣椒制作的微辣版本，更是加入了酸奶油来降低其辣度。此款莎莎酱也可以作为鸡肉串或者猪肉串不错的配菜使用。

营养分析：

能量：2.783千焦；蛋白质39.8克；碳水化合物39.8克，其中含有糖分9.4克；脂肪38.7克；其中饱和脂肪酸20.6克；胆固醇149毫克；钙472毫克；纤维素3.7克；钠569毫克。

[供 4 人食用]

原材料：

8 张全麦墨西哥面饼（tortilla）

175 克擦碎的切达奶酪（cheddar cheese）

1 个洋葱，切成细末

350 克熟鸡肉，切成小块

300 毫升酸奶油

1 个鳄梨，切成片并用柠檬汁拌好，用于装饰

制作皮肯特莎莎酱原材料：

1~2 个青辣椒

15 毫升植物油

1 个洋葱，切成末

1 瓣蒜，拍碎　400 克罐装番茄碎

30 毫升番茄酱　盐和黑胡椒粉

步骤：

1　制作皮肯特莎莎酱，将青辣椒纵长切成两半，小心地将辣椒核和籽去掉。顶刀切成细丝。在一个炒锅内将植物油烧热，加入洋葱和蒜煸炒3~4分钟直到洋葱变软。再加入番茄碎、番茄酱和青辣椒煸炒，用小火，不盖锅盖，一直炖煮12~15分钟，期间要不时的搅拌。

2　将炖煮好的酱汁倒入到食品加工机或者搅拌机内，搅打至细腻幼滑的程度。将打好的酱汁重新倒回到锅内，用微火加热15分钟，不用盖锅盖。调味之后放到一边备用。

3　将烤箱预热到 180℃，将一个耐热浅盘涂抹上黄油。摊开一张全麦墨西哥面饼，撒上一捏奶酪和洋葱末，加上大约 40 克的鸡肉和 15 毫升的皮肯特莎莎酱。

4　在鸡肉和莎莎酱上再浇淋上 15 毫升的酸奶油，将面饼卷起来，接缝处朝下摆放到耐热浅盘内，将面饼依次全部制作完成。

5　将剩余的莎莎酱全部浇淋到面饼卷上并撒上奶酪和洋葱。放到烤箱内烘烤 25~30 分钟的时间，直到将面卷表面烤至金黄色。用切成片的鳄梨装饰好之后，配剩余的酸奶油一起上桌。

新鲜出锅的，香喷喷炸鸡配以香辣美味的番茄酱汁，再加上玉米和香葱拌米饭，令人食指大动、垂涎欲滴。这一款酱汁搭配煎猪排也会非常出色。

营养分析：

能量：3.331千焦；蛋白质33.2克；碳水化合物18.8克，其中含有糖分5.9克；脂肪65.7克，其中饱和脂肪酸12.5克；胆固醇160毫克；钙57毫克；纤维素2.2克；钠147毫克。

炸鸡块配卡真风味番茄酱汁

cajun-style tomato sauce for chicken

[供4人食用]

原材料：

1只鸡，1.6千克重，斩成八块

90克普通面粉

250毫升牛奶

植物油，用于炸鸡

盐和黑胡椒粉

青葱末，鲜香菜叶，用于装饰

制作卡真风味番茄酱汁

115克猪油或者植物油

2个洋葱，切成末

2~3根西芹，切成末

1个青椒，去籽切成末

2瓣蒜，切成末

65克普通面粉

225克番茄

250毫升番茄酱

450毫升红葡萄酒或者鸡汤

2片香叶

15毫升红糖

5毫升擦碎的橙皮

2.5毫升辣椒面

步骤：

1 制作酱汁，将猪油或植物油放到一个大锅内。加入洋葱、西芹、青椒和大蒜煸炒至变软。拌入面粉。用中小火加热，不停地翻炒15~20分钟。

2 将番茄投入到开水中烫30秒钟，然后用冷水过凉。去皮之后切碎，加入到锅内，将剩余的材料也一起加入，用盐和胡椒粉调味。烧开之后再用小火继续炖大约1个小时。

3 与此同时，准备制作鸡肉。将面粉装入到一个塑料袋内，并加入盐和胡椒粉调味。将每一块鸡肉先蘸匀牛奶，然后放入到装有面粉的塑料袋内沾均匀面粉。晃动鸡肉以去掉多余的面粉。将沾好面粉的鸡块放到一边静置20分钟，这样可以让沾好面粉的鸡块定型。

4 将锅内2.5厘米深度的植物油烧热。将鸡块加入炸，两面都要炸成金黄色，大约需要30分钟。

5 捞出控净油，将炸好的鸡块放入到酱汁中。撒上青葱和香草叶装饰，迅速上桌。

煎烤鸡块配雪利酒番茄酱汁

sherry and tomato sauce for chicken

制作这一道别具一格的菜肴，首先将鸡块煎至金黄色，然后浇淋上味道香浓、富含香草风味的雪利酒番茄酱汁，再放入到烤箱内烘烤而成。这一款酱汁也特别适合于搭配煎猪排或者羊排一起食用。

营养分析：

能量：1.402 千焦；蛋白质 20 克；碳水化合物 5.7 克，其中含有糖分 4.7 克；脂肪 24.1 克，其中饱和脂肪酸 7.7 克；胆固醇 107 毫克；钙 26 毫克；纤维素 1.5 克；钠 127 毫克。

[供 8 人食用]

原材料：

1 只鸡，大约 1.8 千克重，斩成八块

1.5 毫升切碎的新鲜百里香

40 克黄油

45 毫升植物油

3~4 瓣蒜，拍碎

2 个洋葱，切成细末

盐和黑胡椒粉

新鲜罗勒和百里香叶，装饰用

热米饭，配菜用

制作雪利酒和番茄酱汁原材料：

120 毫升干雪利酒　45 毫升番茄酱

几片新鲜罗勒叶　30 毫升白酒醋

少许白糖　5 毫升法国芥末

400 克罐装番茄碎　225 克蘑菇，切成片

步骤：

1 将烤箱预热至 180℃。用盐和黑胡椒粉以及百里香腌制鸡块。在一个大的煎锅内，烧热黄油和植物油，将鸡块煎至金黄色。

2 将煎好的鸡块从锅内取出，放入到一个耐热焗盘内保温。将洋葱和蒜放入到煎鸡块的锅中煸炒 2~3 分钟，或者将洋葱和蒜煸炒至软即可。

3 制作酱汁，将雪利酒、番茄酱、盐和胡椒粉、罗勒叶、白酒醋和白糖一起混合好。再加入芥末和番茄碎混合好。

4 将混合好的酱汁倒入到锅内烧开。转为小火加热，同时放入蘑菇并继续加热。根据口味需要，可以加入更多的白糖或者白酒醋进行调味。

5 将制作好的雪利酒番茄酱汁浇淋到焗盘内的鸡块上。放入烤箱内烘烤，烘烤时不要盖住鸡块，烘烤 45~60 分钟，或者一直烘烤到鸡块完全成熟。上菜时，将鸡块连同酱汁盛放到盘内的米饭上，用罗勒和百里香装饰。

举一反三

● 根据口味需要，可以使用野生蘑菇代替人工养殖蘑菇。

阿拉伯人将藏红花引进到了西班牙，这是一款使用了烘烤过的杏仁，加上香芹和其他几种香料研碎之后制作而成的带有摩尔风格的酱汁。在酱汁中使用了珍贵的藏红花调味。上菜时可以搭配烘烤至酥脆的面包伴食。

营养分析：

能量：2.235 千焦；蛋白质 45.8 克；碳水化合物 4.5 克，其中含有糖分 1.1 克；脂肪 33.4 克，其中饱和脂肪酸 8.2 克；胆固醇 345 毫克；钙 92 毫克；纤维素 1.1 克；钠 145 毫克。

珍珠鸡配雪利酒杏仁酱汁

sherried almond sauce for guinea fowl

[供 4 人食用]

原材料：

25 克去皮杏仁

少许藏红花

120 毫升鸡汤

1.2 ~ 1.3 千克珍珠鸡

60 毫升橄榄油

1 厚片面包，去、切除四边硬皮

2 瓣蒜，切成细末

120 毫升菲诺干雪利酒

1 片香叶，碾碎

4 枝百里香

15 毫升香芹，切成细末

少许现磨碎的豆蔻

少许丁香粉

半个柠檬，挤出柠檬汁

5 毫升红椒粉

盐和黑胡椒粉

步骤：

1 将烤箱预热至 150℃。将杏仁撒到烤盘上放入烤箱内烘烤大约 20 分钟直到变成金黄色。

2 将藏红花用手指碾碎到一个小碗里，加入 30 毫升的热鸡汤浸泡一会。

3 将珍珠鸡切割成八块，切除翅尖、脊骨、胸骨和爪尖。这样就切割出来了两条腿（分别从关节处切割下来形成两块，共四块）两个连着三分之一鸡胸肉的鸡翅膀，以及两块鸡脯肉。

4 在一个浅砂锅内加热橄榄油，将面包的两面煎至金黄色，将蒜末也快速的煸炒好，将制作好的面包和蒜末放入到搅拌机内。

5 将珍珠鸡腌好，煎至呈金黄色。在砂锅内加入剩余的高汤和雪利酒，搅拌均匀。再加入香叶和百里香。盖上锅盖后用小火炖焖大约 10 分钟。

6 在搅拌机内加入杏仁与面包和蒜末一起搅拌成碎末。加入香芹、藏红花汁液、豆蔻和丁香，搅打成泥。将搅打成泥的材料倒入到炖焖珍珠鸡的砂锅内，同时加入柠檬汁、红椒粉与酱汁一起搅拌均匀并调味。趁热上桌。

火鸡串配杏酱咖喱酱汁

curried apricot sauce for turkey kebabs

这是一道带有浓郁南非风格的制作火鸡的菜肴，配着美味可口的香浓酸甜香辣酱汁一起食用。

营养分析：

能量：1.72千焦；蛋白质60.4克；碳水化合物15.4克，其中含有糖分13克；脂肪12.5克，其中饱和脂肪酸5.5克；胆固醇142毫克；钙72毫克；纤维素1.9克；钠197毫克。

[供4人食用]

原材料：

675克火鸡胸肉

60毫升鲜奶油

制作杏酱咖喱酱汁：

15毫升油

1个洋葱，切成细末

1瓣蒜，拍碎

2片香叶

1个柠檬，取柠檬汁

30毫升咖喱粉

60毫升杏酱

60毫升苹果汁

盐

步骤：

1 在锅内将油烧热。加入洋葱、蒜和香叶，用小火煸炒至洋葱变软。再加入柠檬汁、咖喱粉、杏酱、苹果汁和盐。加热5分钟，然后让其冷却成为腌汁。

2 将火鸡胸肉切成2厘米大的丁，加入到冷却之后的腌汁中，搅拌均匀之后，腌制至少2个小时或者放入到冷藏冰箱内腌制一晚上的时间。

3 预热烧烤炉或者铁扒炉。将腌制好的火鸡肉分别穿到4根金属扦上，在穿肉的过程中让腌汁滴落到碗里。将制作好的火鸡肉串放到烧烤炉上或者铁扒炉上烧烤6~8分钟，时常的翻动一下，直至烧烤至肉串成熟。

4 在烧烤肉串的同时，将腌汁倒入到一个锅内烧开并用小火熬煮2分钟。最后加入鲜奶油搅拌好，配火鸡胸肉串一起上桌。

鸡肉串配酱油森巴酱汁

sambal kecap for chicken kebabs

香辣口味的森巴酱使得鲜嫩的鸡肉充满了别样的异国风味。制作好的鸡肉串可以使用烧烤或者铁扒的烹调方法使其成熟。

营养分析：

能量：1.109千焦；蛋白质55.2克；碳水化合物3.5克，其中含有糖分2克；脂肪3.4克，其中饱和脂肪酸1克；胆固醇158毫克；钙19毫克；纤维素0.6克；钠1204毫克。

[供4人食用]

原材料：

4块鸡脯肉，每一块大约175克重，去掉鸡皮　30毫升油炸洋葱　8根木签

制作酱油森巴酱汁：

1个鲜红辣椒，去籽切成细末

2瓣蒜，拍碎　60毫升老抽

20毫升柠檬汁或者15~20毫升罗望子汁

30毫升热水

步骤：

1 将8根木签用水浸泡至少30分钟。在使用前再取出——这样做可以防止在烧烤时焦煳。

2 制作酱油森巴酱汁，将红辣椒、蒜、老抽、柠檬汁或者罗望子汁以及热水一起搅拌好。放到一边静置30分钟。

3 将鸡肉切成2.5厘米大的丁，放入到酱油森巴酱汁中搅拌均匀。盖好之后放到一个凉爽的地方腌制一个小时。

4 将腌制好的鸡肉连同腌汁一起倒入到摆放在锅上面的滤筛中，控净酱汁。

5 在酱汁中加入30毫升的热水并烧开。用小火熬煮2分钟，然后倒入到一个碗里放到一边使其冷却。待冷却之后，将油炸洋葱放入到酱汁中浸泡。

6 将烧烤炉或者铁扒炉预热。将鸡肉穿到木签上，放到炉子上加热10分钟，要时常的翻动，直到鸡肉变成金黄色并完全成熟。将酱油森巴酱汁作为蘸酱一起上桌。

煎炸火鸡胸肉配马沙拉葡萄酒奶油酱汁

marsala cream for turkey

马沙拉葡萄酒和奶油一起制作成这一款非常浓郁而丰厚的酱汁。在酱汁中添加的柠檬汁使得其风味清新有余，与丰富饱满的滋味相得益彰。

营养分析：

能量：1.636 千焦；蛋白质 29.7 克；碳水化合物 6.8 克，其中含有糖分 1.1 克；脂肪 23.8 克，其中饱和脂肪酸 12.8 克；胆固醇 115 毫克；钙 32 毫克；纤维素 0.2 克；钠 93 毫克。

[供 6 人食用]

原材料：

6 块火鸡胸肉

45 毫升面粉

30 毫升橄榄油

25 克黄油

盐和黑胡椒粉

制作马沙拉葡萄酒奶油酱汁原材料：

175 毫升干马沙拉葡萄酒

60 毫升柠檬汁

175 毫升鲜奶油

配菜原材料：

柠檬角和香芹末，装饰用

荷兰豆和芸豆

步骤：

1 将火鸡胸肉包入两片保鲜膜中，用擀面杖反复敲打至均匀平整。将每一块火鸡胸肉分别切成两半或者切成四块，将胸肉上的筋脉切除掉。

2 将面粉撒到一个浅盘内。用盐和胡椒粉给火鸡胸肉调味，并沾均匀面粉。

大厨提示

* 要制作出不加煎炸火鸡胸肉剩余的油脂和汁液的酱汁时，可以先在一个锅内融化黄油，然后将其余材料加进去加热制作即可。

3 在煎锅内将橄榄油和黄油一起烧热。加入尽量多的火鸡胸肉，用中火将火鸡胸肉的每一个面都煎炸大约 3 分钟，直到火鸡胸肉变得香酥而成熟。

4 使用夹子或者一把勺子和餐叉，将煎炸好的火鸡胸肉取出放入到一个热的餐盘内保温。将其余的火鸡胸肉都按照此方式进行煎炸并从锅内取出。盖上锡纸，这样在制作酱汁时可以对火鸡胸肉进行保温。

5 制作酱汁，将马沙拉葡萄酒和柠檬汁一起混合好，加入到煎炸火鸡胸肉剩余的橄榄油和黄油的锅内。烧开，将锅内的汁液搅拌均匀，最后加入鲜奶油搅拌好。

6 将锅内的酱汁烧开，并继续用小火加热，同时不停的搅拌，直到将酱汁熬浓，变得细腻光滑。在使用酱汁之前，用盐和胡椒粉调味。

7 将制作好的酱汁用勺浇淋到盘内的火鸡胸肉上，用柠檬角和香芹末装饰好之后立刻趁热上桌。

带有类似于八角风味的他力干香草与鸡肉之间特别有亲和力，尤其是添加到奶油酱汁中时尤其如此。此道鸡肉菜肴搭配的是时令蔬菜和法国卡玛格地区出产的红色大米。

煎鸡脯肉配他力干（龙蒿）和香芹酱汁
tarragon and parsley sauce for chicken

营养分析：

能量：3.022 千焦；蛋白质 62.1 克；碳水化合物 2.9 克，其中含有糖分 2.5 克；脂肪 48.8 克，其中饱和脂肪酸 26.6 克；胆固醇 278 毫克；钙 66 毫克；纤维素 0.7 克；钠 171 毫克。

[供 4 人食用]

原材料：

30 毫升轻质橄榄油

4 块鸡脯肉（每一块大约 250 克重），去皮

3 棵青葱，切成末

2 瓣蒜，切成末

115 克野生蘑菇（例如鸡油菌或者牛肝菌等）

或者香菇，切成两半

150 毫升干白葡萄酒

300 毫升鲜奶油

15 克他力干香草和香芹叶，切碎

盐和黑胡椒粉

新鲜他力干和香芹枝叶，用于装饰

步骤：

1 在一个煎锅内烧热橄榄油，加入鸡块煎，先煎去掉鸡皮的那一面。煎 10 分钟左右，在煎的过程中要翻动鸡肉，直到将鸡肉的两面都煎成金黄色。

2 用小火，继续煎 10 分钟左右的鸡肉，要不时的翻动。最后将煎好的鸡肉从锅内取出，放到一边备用。

3 在煎锅内加入青葱末和蒜末用小火煸炒，直到将青葱炒软，但是不要上色。

4 改用大火加热，同时加入蘑菇翻炒 2 分钟。再将鸡肉放入到锅内，然后倒入干白葡萄酒，用小火炖煮 5～10 分钟，或者加热至葡萄酒快燉干时为好。

5 在锅内加入鲜奶油并混合均匀。继续用小火加热 10 分钟，或者加热到汁液变得浓稠。将香草加入到酱汁中搅拌好并用盐和黑胡椒粉调味。将制作好的鸡肉摆放到热的餐盘内，用勺将熬煮好的酱汁浇淋到鸡肉上。用他力干和香芹枝叶装饰。

安全提示

＊除非你是一位野生植物专家，或者你能够找到对蘑菇熟悉无比的人替你鉴别你所采摘的野生蘑菇，否则出于安全的考虑，不要在野外采摘野生蘑菇，你可以到信得过的商店去采购野生蘑菇。

鸡肉沙拉配酸奶咖喱酱汁

curried yogurt sauce for chicken salad

这一款香浓美味的酸奶酱汁是现代风味的经典之作——特别是搭配鸡肉和意大利面时。搭配火鸡肉或者煮鸡蛋时也非常美味可口。这一道沙拉用于午餐或者宵夜会令人回味无穷。

营养分析：

能量：1.816 千焦；蛋白质 32.4 克；碳水化合物 72.9 克，其中含有糖分 10 克；脂肪 3.5 克，其中饱和脂肪酸 0.7 克；胆固醇 53 毫克；钙 143 毫克；纤维素 52 克；钠 96 毫克。

2 用一大锅盐水煮通心粉，煮 8~10 分钟，直到将通心粉煮至有咬劲的程度。捞出并漂洗干净。

3 制作酱汁，将酸奶、咖喱粉、蒜、辣椒和香菜末一起在碗里搅拌均匀。拌入鸡肉条，腌制 30 分钟。

4 将通心粉放入到一个碗里，加入豆角和番茄一起搅拌均匀。将鸡肉和酱汁一起用勺舀到盘内的通心粉上。用香菜叶装饰。

[供 4 人食用]

原材料：

2 块鸡脯肉，煮熟并去皮

175 克豆角

350 克彩色通心粉

4 个熟透了的番茄，去皮、去籽，切成条

盐和黑胡椒粉

香菜叶，用于装饰

制作酸奶咖喱酱汁原材料：

150 毫升低脂原味酸奶

5 毫升淡味咖喱粉

1 瓣蒜，拍碎

1 个青辣椒，去籽，切成细末

30 毫升香草，切碎

步骤：

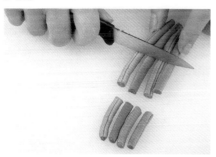

1 将鸡脯肉切成条，放到一边备用。将豆角切成 2.5 厘米长的段，用开水煮 5 分钟。捞出用冷水过晾并控净水。

举一反三

● 有各种不同口味的咖喱酱可供选择使用，均可以用来代替菜谱中的咖喱粉，制作出的酱汁也会风味各异。可以试试泰国风味的绿咖喱辣酱或者味道比较柔和的印度咖喱酱。

这是一道适合于夏季食用的美味佳肴，用于这一道菜肴中的奶油咖喱风味的考拉内逊酱汁里，用小量的杏酱使其变得略微香甜，并添加了柠檬汁使其味道更加突出。搭配新鲜脆嫩的蔬菜沙拉是简单而美味的明智之举。

鸡肉丁配考拉内逊酱汁

coronation sauce for chicken

营养分析：

能量：1.917 千焦；蛋白质 25.1 克；碳水化合物 3.3 克，其中含有糖分 2.5 克；脂肪 373 克，其中饱和脂肪酸 93 克；胆固醇 118 毫克；钙 33 毫克；纤维素 0.6 克；钠 259 毫克。

[供 8 人食用]

原材料：

半个柠檬

1 只鸡，大约 2.25 千克重

1 个洋葱，切成四瓣

1 根胡萝卜，切成四瓣

一大把香草束

8 粒黑胡椒，压碎　盐

西洋菜或者香芹，用于装饰

制作考拉内逊酱汁原材料：

1 个洋葱，切成末　15 克黄油

15 克咖喱酱　15 毫升番茄酱

120 毫升红葡萄酒　香叶

半个柠檬，挤出柠檬汁，可以多挤出一些备用

10~15 毫升杏酱　300 毫升蛋黄酱

120 毫升鲜奶油　盐和黑胡椒粉

4 制作考拉内逊酱汁，将洋葱在黄油中煸炒至软。加入咖喱酱、番茄酱、葡萄酒、香叶和柠檬汁，用小火加热熬煮 10 分钟。加入杏酱搅拌好。将制作好的酱汁过筛之后使其冷却。

5 将蛋黄酱搅打进入酱汁中。将鲜奶油打发好之后也拌入到酱汁中。加入盐和胡椒粉调味，然后将制作好的酱汁与鸡肉丁一起混合拌好。用西洋菜或者香芹点缀好之后上桌。

步骤：

1 将半个柠檬塞到鸡腹里，然后将鸡放入到一个锅里，加入蔬菜、香草束、胡椒和盐。

2 在锅内加入足量的水，淹没过鸡身的三分之二。加热烧开，撇去浮沫后，盖上锅盖，用小火加热炖一个半小时的时间，直到鸡肉成熟。从鸡的大腿处戳一个孔洞，流出的汁液呈透明状为好。

3 将炖好的鸡取出放入到大碗里，浇淋上鸡汤，静置使其冷却。待冷却后去掉鸡皮和鸡骨，将鸡肉切成丁备用。

鸡肉丁配腰果酱汁

cashew nut sauce for chicken

用于这一道鸡肉菜肴中的腰果酱汁味道香浓美味而丰富。这一款美味的酱汁同样也非常适合于搭配猪肉或者火鸡类菜肴。最好与蓬松软糯的白米饭一起食用。

营养分析：

能量：1.243 千焦；蛋白质 32 克；碳水化合物 12.5 克，其中含有糖分 9 克；脂肪 13.6 克，其中饱和脂肪酸 2.5 克；胆固醇 179 毫克；钙 51 毫克；纤维素 2.4 克；钠 131 毫克。

[供 4 人食用]

原材料：

2 个洋葱　30 毫升番茄酱

50 克腰果　7.5 毫升印度咖喱粉

5 毫升蒜末　5 毫升辣椒面

15 毫升柠檬汁　1.5 毫升黄姜粉

5 毫升盐　15 毫升低脂原味酸奶

30 毫升玉米油　15 毫升香菜末

15 毫升葡萄干　450 克鸡肉丁

175 克口蘑，切成两半

300 毫升水　香菜末，用于装饰

步骤：

1 将洋葱切成四块，放入搅拌机或者食品加工机内搅打大约 1 分钟，将洋葱搅成细末状。

2 加入番茄酱、腰果、咖喱粉、蒜、辣椒面、柠檬汁、黄姜粉、盐和酸奶。继续搅打 60 至 90 秒钟。

3 在炒锅内，将油烧热，将搅打好的混合酱汁从机器内倒入锅内，用中小火加热烧开，翻炒大约 2 分钟。根据需要可以选择小火加热。

4 在锅内加入香菜、葡萄干和鸡肉丁，继续加热翻炒 1 分钟。

5 加入切好的口蘑，再加入水烧开并转小火加热。盖上锅盖后用小火熬煮大约 10 分钟。直到鸡肉完全成熟，酱汁变得浓稠。根据需要可以熬煮的时间略微长一点。

6 用香菜末装饰好之后上桌。

橙汁、姜末、香菜粉、蒜末和黑胡椒粉等调味料一起为这一道炖鸡块菜肴组成了味道清新亮丽而美味的低脂咖喱酱汁。对于搭配火鸡或者鸭子一类的菜肴，这也是一款非常不错的酱汁。

橙汁和青椒酱汁炖鸡块

orange and pepper sauce for chicken

营养分析：

能量：1.515 千焦；蛋白质 58.4 克；碳水化合物 13.3 克，其中含有糖分 11.9 克；脂肪 8.7 克，其中饱和脂肪酸 3.1 克；胆固醇 169 毫克；钙 117 毫克；纤维素 0.3 克；钠 171 毫克。

[供 4 人食用]

原材料：

225 克低脂果味奶酪或者乳清奶酪

50 毫升低脂原味酸奶

120 毫升橙汁

7.5 毫升姜末

5 毫升蒜末

5 毫升现磨的黑胡椒粉

5 毫升盐

5 毫升香菜粉

1 只鸡，大约 675 克重，去皮并切割成八块

15 毫升油

1 片香叶

1 个洋葱，切成末

15 毫升鲜薄荷叶

1 个青辣椒，去籽切成末

步骤：

1 在一个小碗里，将奶酪、酸奶、橙汁、姜末、蒜末、胡椒、盐和香草粉混合到一起。

大厨提示

* 如果有咖喱叶，可以用来代替香叶，但是数量要使用的多一些。

2 将混合好的酱汁倒在鸡块上，翻动鸡块使其均匀的沾满酱汁，然后放到一边腌制 3~4 个小时。

3 在锅内用油加热香叶并放入洋葱煸炒至软。

4 将腌制好的鸡块连同酱汁一起倒入到锅内，用中火煸炒 3~5 分钟。再转成小火加热并盖上锅盖焖煮 7~10 分钟，直到鸡块完全成熟。如果酱汁太过于浓稠，可以在锅内加入一点水。加入薄荷和青辣椒末搅拌均匀之后上桌。

炖鸡块配传统的印度卡玛酱汁

classic korma sauce for chicken

尽管卡玛酱汁是味道浓郁的传统酱汁，但是在这一款酱汁的制作过程中使用了酸奶来替代奶油，让酱汁变得更加清淡一些。为了防止酸奶在制作酱汁的过程中形成结块，要缓慢地加入酸奶，并且要不停地搅拌，直至混合均匀。

营养分析：

能量：1.05 千焦；蛋白质 44.5 克；碳水化合物 6.8 克，其中含有糖分 6.5 克；脂肪 5.4 克，其中饱和脂肪酸 1.3 克；胆固醇 119 毫克；钙 155 毫克；纤维素 0.2 克；钠 164 毫克。

[供 4 人食用]

原材料：

675 克鸡柳，去皮

2 瓣蒜，拍碎

2.5 厘米长的姜块，切成末

15 毫升油

3 粒小豆蔻

1 个洋葱，切成细末

10 毫升茴香粉

1.5 毫升盐

300 毫升低脂原味酸奶

烘烤好的杏仁片（可选）和香草枝，装饰用

白米饭，配菜用

步骤：

1 去掉鸡柳上的多余脂肪，切成 2.5 厘米见方的块状。

2 将蒜和姜末放入食品加工机或者搅拌机内，加入 30 毫升的水，将蒜和姜末搅打成细腻的糊状。

3 在一个大号厚底锅内将油烧热，放入鸡丁煸炒 8~10 分钟，或者将鸡丁煸炒至呈均匀的褐色。将煸炒好的鸡丁用漏勺捞出，放到一边备用。

4 在锅内加入小豆蔻煸炒 2 分钟。再加入洋葱煸炒 5 分钟。

5 将搅打好的蒜和姜糊倒入到锅内，加入茴香粉和盐继续加热并持续搅动大约 5 分钟。

6 将一半的酸奶加入到锅内，一次只加入一勺的用量搅拌，并用小火继续加热，直到加入的酸奶被全部吸收之后再加入下一勺。待搅拌均匀之后将鸡丁也加入到锅内。

7 盖上锅盖，用小火继续加热 5~6 分钟，或者一直加热到鸡肉成熟。将剩余的酸奶加入到锅内，并继续用小火加热 5 分钟。如果有杏仁片，在此时加入到锅内，并撒上香菜装饰。配白米饭一起食用。

大厨提示

* 传统上，印度卡玛酱汁（korma）是一种香辣风味、口味浓郁，并带有乳脂状质地的酱汁，并不代表着是非常辣的咖喱。

在这一道水果风味的鸡肉菜肴中带着乳脂状的酱汁，酱汁中青辣椒含有的那一点香辣口感，却又被薄荷和香菜这两种风味所遮盖。味道优雅美妙并且色香味引人入胜。

鸡肉配哈拉·马沙拉酱汁

hara masala sauce for chicken

营养分析：

能量：0.627 千焦；蛋白质 16.8 克；碳水化合物 10.7 克，其中含有糖分 10.5 克；脂肪 4.8 克，其中饱和脂肪酸 1.3 克；胆固醇 41 毫克；钙 111 毫克；纤维素 1.4 克；钠 561 毫克。

[供 4 人食用]

原材料：

1 个绿皮苹果，去皮，去核并切成小丁

60 毫升新鲜香菜叶

30 毫升鲜薄荷叶

120 毫升低脂原味酸奶

45 毫升低脂奶酪或者乳清奶酪

2 个青辣椒，去籽，切成末

1 把青葱，切成末

5 毫升盐

5 毫升白糖

5 毫升蒜末

5 毫升姜末

15 毫升油

225 克鸡柳，去皮切成丁

25 克葡萄干

步骤：

1 加工苹果，将 45 毫升的香菜叶、薄荷叶、酸奶、奶酪、青辣椒、青葱、盐、白糖、蒜末和姜末一起放入食品加工机内搅打大约 1 分钟。

2 在一个煎锅内将油烧热，将搅打好的酸奶混合液体倒入锅内用小火加热大约 2 分钟。

3 接下来，将鸡丁加入锅内混合好，并继续用小火加热 12～15 分钟，或者一直加热到鸡肉完全成熟。

4 最后，在上菜之前，加入葡萄干和剩余的 15 毫升的新鲜香菜叶。轻轻的搅拌好，随即上桌。

鸭脯配石榴和核桃酱汁

pomegranate and nut sauce for duck

这一款充满着异国风味的酸甜酱汁起源于伊朗。核桃仁作为坚果，在煮熟之后略带清香鲜嫩的口感，其圆润而芳醇的风味与甘甜唯美的石榴形成了绝妙的搭配。

营养分析：

能量：4.4 千焦；蛋白质 59.6 克；碳水化合物 13.2 克，其中含有糖分 12.2 克；脂肪 88.7 克，其中饱和脂肪酸 9.3 克；胆固醇 248 毫克；钙 131 毫克；纤维素 4.2 克；钠 258 毫克。

[供 4 人食用]

原材料：

4 个鸭脯，每个大约重量为 225 克

制作石榴和核桃酱汁：

30 毫升橄榄油原材料

2 个洋葱，切成细丝

2.5 毫升黄姜粉

400 克核桃仁，略微切碎

1 升鸭汤或者鸡汤

6 个石榴

30 毫升柠檬汁

盐和黑胡椒粉

步骤：

1 制作酱汁，在煎锅内加热一半用量的橄榄油。加入洋葱丝和胡椒粉煸炒，用小火煸炒几分钟直到洋葱变软。

2 将煸炒好的洋葱丝倒入一个汤锅内，加入核桃仁和高汤，用盐和胡椒粉调味，搅拌好之后用大火烧开，然后用小火加热，不要盖锅盖，继续加热大约 20 分钟。

3 将石榴切成两半，挖出石榴籽。留出一个石榴的石榴籽备用。将其余的石榴籽放入搅拌机内，开动机器将石榴籽打碎。将打碎的石榴籽过滤，以提取石榴汁，将白糖和柠檬汁加入到石榴汁中搅拌好。

4 用一把锋利的刀，在鸭脯的皮面上剞出"井"字花刀。将剩余的橄榄油倒入到一个煎锅内加热，将切割好花刀的鸭脯，皮朝下放入到煎锅内。

5 用小火慢慢将鸭脯煎制大约 10 分钟，期间将锅内多余的油脂倒出不用。直到将鸭皮煎至深金黄色并香酥脆嫩。将鸭脯翻过来继续煎制 3～4 分钟至鸭脯成熟。取出移至到一个餐盘内备用。将石榴汁倒入到煎鸭脯的锅内烧开燶浓，然后加入核桃仁和高汤，用小火继续熬煮 15 分钟直到汤汁变得浓稠。

6 将鸭脯切成片，淋撒上酱汁，用预留好的石榴籽装饰。将剩余的酱汁与鸭脯一起上桌。

大厨提示

* 挑选石榴时，要选择那些外皮明亮，有光泽的石榴。并且只取石榴籽使用，其筋脉要丢弃不用。

这些味道肥美的鸭肉香肠——更适合于在原汁中烘烤而不要去将它们煎熟——与香辣风味的李子酱汁完美搭配在一起更加相得益彰。增加了甜薯泥作为配菜其配餐效果令人难以置信。

烘烤鸭肉香肠配香辣李子酱汁

spicy plum sauce for duck sausages

营养分析：

能量：4.428 千焦；蛋白质 21.9 克；碳水化合物 114.6 克，其中含有糖分 43.6 克；脂肪 60.3 克，其中饱和脂肪酸 22.9 克；胆固醇 85 毫克；钙 190 毫克；纤维素 11.8 克；钠 1338 毫克。

[供 4 人食用]

原材料：

8 ~ 12 根鸭肉香肠

制作甜薯泥原材料：

1.5 千克甜薯，切成块

25 克黄油

60 毫升牛奶

盐和黑胡椒粉

制作李子酱汁原材料：

30 毫升橄榄油

1 个洋葱，切成末

1 个红辣椒，去籽切成末

450 克李子，去核，切碎

30 毫升红葡萄酒醋

45 毫升蜂蜜

步骤：

1　将烤箱预热至 190℃。将鸭肉香肠单层摆放一个大的耐热焗盘内，放入烤箱内烘烤 25 ~ 30 分钟，直到将香肠烘烤至金黄色且酥脆的程度。在烘烤期间将香肠翻动几次，以便让香肠的每一个面都烘烤至金黄色并受热均匀。

2　在烘烤香肠时，将甜薯放入到一个锅内，倒入足量的水以没过甜薯。加热将锅烧开，然后用小火继续加热大约 20 分钟，或者直到将甜薯煮熟。捞出甜薯控干水分之后制成泥，将制成泥的甜薯倒回锅内，用小火加热，不停的翻炒大约 5 分钟，让甜薯中的水分得到蒸发。最后在甜薯泥中加入黄油、牛奶并调味。

3　在一个小锅内加入油烧热，放入洋葱和辣椒，用小火煸炒 5 分钟左右。然后将李子、红葡萄酒醋和蜂蜜等依次加入锅内搅拌好，用小火再继续加热大约 10 分钟。

4　将刚出炉的鸭肉香肠搭配甜薯泥和李子酱汁一起上桌。

鹿煎肉排配蔓越莓酱汁

金巴利酱汁，cranberry sauce for venison

在某一些特殊场合，鹿肉排是一种健康食品的选择，并且与蔓越莓酱汁、波特酒和姜等一起搭配食用会更加美味可口。蔓越莓酱汁同时也是烤鸭、烤猪肉、烤羊肉或者烤火鸡等烤肉类菜肴的有益补充。

营养分析：

能量：1.318 千焦；蛋白质 33.7 克；碳水化合物 17.8 克，其中含有糖分 17.8 克；脂肪 8.9 克，其中饱和脂肪酸 1.9 克；胆固醇 75 毫克；钙 16 毫克；纤维素 0.4 克；钠 106 毫克。

[供 4 人食用]

原材料：

30 毫升葵花籽油　4 块鹿肉排

2 棵青葱，切碎　盐和黑胡椒粉

鲜百里香枝，装饰用

土豆泥和西蓝花，配菜

制作蔓越莓酱汁原材料：

1 个橙子　1 个柠檬

75 克新鲜蔓越莓或者速冻蔓越莓

5 毫升姜末　1 枝鲜百里香

5 毫升法国大藏芥末

60 毫升红加仑子冻（结力）

150 毫升路比波特酒

步骤：

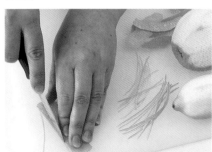

1 制作蔓越莓酱汁，用一把削皮刀将半个橙子和半个柠檬的外层皮削下来，切成细丝。

2 将橙皮丝和柠檬丝用一小锅开水烫 5 分钟，捞出过凉并控净水。

3 将橙子和柠檬分别榨汁，倒入到一个锅内。加入蔓越莓、姜末、百里香、芥末、红加仑冻和波特酒。用小火加热至红加仑冻溶化。

4 将锅烧开，要不时的搅拌，开锅之后盖上锅盖改用小火炖大约 15 分钟，或者一直加热到蔓越莓熟透。

5 在一个厚底炒锅内将油烧热，加入鹿肉排用大火煎 2~3 分钟。

6 将鹿肉排翻面再煎，同时加入青葱，继续煎 2~3 分钟，根据你所喜欢鹿肉的成熟程度，三成熟或者半熟等煎至所需要的成熟度。

7 在鹿肉快要煎好之前，将酱汁倒入到锅内，将橙皮丝和柠檬丝叶加入讲去。继续加热一会使得酱汁变得更加浓稠一些，最后取出百里香并用盐和胡椒粉调味。

8 将制作好的鹿肉排摆放到一个热的餐盘内，将酱汁用勺浇淋到鹿肉排上。用百里香枝装饰，配土豆泥和西蓝花一起上桌。

大厨提示

＊ 在煎鹿肉排时，记住越简单越好——鹿肉在达到四成熟时再继续用大火加热肉质会变得如同皮革般老且韧。你如果不喜欢煎好的鹿肉排还带有粉红色的生肉成分，待鹿肉排煎至这个程度时，可以放到一个低温烤箱中继续烘烤几分钟的时间即可。

酸甜口味的红加仑子酱汁与羊肉的味道形成了完美无缺的互补性，并且也完全适用于搭配铁扒羊排或者香烤羊排一类的菜肴。

营养分析：

能量：1.645 千焦；蛋白质 30.1 克；碳水化合物 5.3 克，其中含有糖分 4.9 克；脂肪 28.2 克，其中饱和脂肪酸 12.4 克；胆固醇 113 毫克；钙 172 毫克；纤维素 1.9 克；钠 206 毫克。

羊肉汉堡配红加仑子酱汁

redcurrant sauce for lamb burgers）

[供 4 人食用]

原材料：

500 克瘦羊肉馅　1 个洋葱，切成末

30 毫升切成细末的薄荷叶

30 毫升切成细末的香菜

115 克马祖丽娜奶酪

30 毫升橄榄油，涂刷用

盐和黑胡椒粉

制作红醋栗（红加仑子）酱汁原材料：

115 克新鲜或者冷冻的红醋栗

10 毫升蜂蜜　5 毫升香脂醋

30 毫升切成细末的薄荷叶

步骤：

1 制作酱汁，将所有的原材料放入到一个碗里，用一把叉子将它们叉碎，用盐和黑胡椒粉调味。放在室温下静置备用。

2 将羊肉馅、洋葱、薄荷和香菜用盐和黑胡椒粉混合好并调味。将调制好的羊肉馅分成八份，分别制作成为圆饼形。

3 将马祖丽娜奶酪切成四块。将切好的奶酪块分别摆放到四个羊肉圆饼上。然后再将另外四个羊肉圆饼覆盖到奶酪上。

4 将两个肉饼紧密的按压到一起，制作出 4 个圆形而扁平的羊肉汉堡。用手指将两个肉饼的接缝处捏紧并整理好，将奶酪完全的密封好。如果接缝处没有完全密封好，在随后的加热过程中奶酪就会在融化之后流淌出来。

举一反三

● 作为一种厨房内常用的酱汁，将红醋栗结力用一个小锅在小火下熔化开。加入香脂醋和薄荷搅拌好，但是不要加入蜂蜜。然后再加入一点新鲜的或者冷冻的覆盆子（如果有的话），覆盆子要略微的切碎。

5 在羊肉汉堡的表面涂上橄榄油，放到烧烤炉上烧烤大约 15 分钟，或者放到铁扒炉上扒大约 10 分钟，中间要翻转几次，直到两面都呈金黄色。配红醋栗酱汁一起食用。

番茄酱汁炖羊肉丸子

cook-in tomato sauce for meatballs

作为一款制作方法非常简单快捷的番茄酱汁，意大利番茄酱可以加入一点白糖、香叶和洋葱使其味道更加富有朝气。这款酱汁是炖鱼、家禽或者肉类理想的酱汁之首选——在经过小火慢炖之后，带些许希腊风格的肉丸子会被渲染上细腻而甘滑的番茄风味。

营养分析：

能量：3.122 千焦；蛋白质 40.8 克；碳水化合物 90.2 克，其中含有糖分 8.1 克；脂肪 24.6 克，其中饱和脂肪酸 3.8 克；胆固醇 380 毫克；钙 87 毫克；纤维素 5 克；钠 204 毫克。

[供 4 人食用]

原材料：

50 克面包糠　150 毫升牛奶

675 克羊肉馅　30 毫升洋葱末

3 瓣蒜，拍碎　10 毫升小茴香粉

30 毫升香菜末　面粉，挂糊用

橄榄油，煎丸子用　盐和黑胡椒粉

香菜叶，装饰用

制作番茄酱汁原材料：

600 毫升意大利番茄酱　5 毫升白糖

2 片香叶　1 个小洋葱，去皮

步骤：

1 将面包糠和牛奶混合到一起。加入羊肉馅、洋葱末、大蒜、小茴香粉和香菜末搅拌均匀并用盐和胡椒粉调味。

2 将搅拌好并调好味的羊肉馅料制作成为粗短的香肠形状的丸子，长度大约为 5 厘米，在面粉中滚过挂上面粉糊，放到盘内，根据需要可以短暂的冷冻一会儿，以便让羊肉丸子略微硬实一些。

3 与此同时，制作番茄酱汁，将意大利番茄酱、白糖、香叶和整个的小洋葱一起放入到一个锅内。用大火

烧开，然后转成小火并盖上锅盖。继续用小火炖 20 分钟。

4 在煎锅内烧热一点橄榄油。将香肠形状的羊肉丸子放入煎大约 8 分钟，翻面再煎，直到将两面都煎至均匀的金黄色。在煎羊肉丸子的过程中将多余的油脂撇出。

5 将制作好的番茄酱汁倒入到煎羊肉丸子的锅内，用小火炖煮大约 10 分钟。上菜时点缀上香菜。

> **举一反三**
>
> • 在希腊，制作丸子通常都会使用羊肉，但是你可以根据自己的口味需要使用火鸡肉等肉类来代替羊肉。

用鲜罗勒叶和大蒜制作而成的传统香蒜酱芳香扑鼻，搭配羊肉一起食用，其诱惑力让人无法抵挡，而在香蒜酱中加入的松子仁和帕玛森奶酪在烤羊肉的过程中又会形成一层香酥薄脆的外皮。使用简单易做的香蒜酱搭配现煮的意大利面条是一种令人拍案叫绝、回味无穷的食用方法。

香蒜酱烤羊腿
baked pesto for lamb

营养分析：

能量：4.21 千焦；蛋白质 116.2 克；碳水化合物 0.7 克，其中含有糖分 0.6 克；脂肪 60 克，其中饱和脂肪酸 18.7 克；胆固醇 383 毫克；钙 157 毫克；纤维素 0.9 克；钠 332 毫克。

[供 6 人食用]

原材料：

2.25~2.75 千克羊腿

制作香蒜酱原材料：

90 克鲜罗勒叶　4 瓣蒜，切碎

45 毫升松子仁　150 毫升橄榄油

50 克现磨碎的帕玛森奶酪　适量的盐

步骤：

1 制作香蒜酱，将罗勒叶、大蒜和松子仁一起混合好倒入食品搅拌机内，开动机器搅打成粗粒状。在机器开动的情况下，将橄榄油呈细流状均匀的加入到转动的机器中。将搅拌好的香蒜酱舀到一个碗里。加入帕玛森奶酪和盐调味。

2 将羊腿放入到一个烤盘内。用小刀的刀尖在羊肉上戳出几个小细缝。将香蒜酱用小勺舀入到这些细缝中。

3 将剩余的香蒜酱涂抹到羊腿上并覆盖上厚厚而均匀的一层。将羊腿覆盖好，在室温下静置腌制大约 2 个小时，或者放入到冰箱内冷藏腌制一晚上。

4 将烤箱预热到 180℃。将腌制好的羊腿放入烤箱内烘烤，依据每 450 克需要大约 20 分钟烘烤至三成熟，或者 450 克需要 25 分钟烘烤至半熟来计算所需要烘烤的时间。记得在烘烤的过程中要翻动羊腿。

5 将烤好的羊腿从烤箱内取出，用锡纸密封覆盖好，静置松弛大约 15 分钟，然后再切割好并上桌。

举一反三

● 羊排或者羊扒都可以用此种美味的香蒜酱进行覆盖腌制。香蒜酱叶也特别适合于用来作为烤冬南瓜或者烤土豆时的酿馅材料。

煎羊肉汉堡配红洋葱泡菜

red onion relish for lamb burgers

甘美异常的红洋葱泡菜，熟透了的小番茄和红辣椒是基于中东风格的羊肉汉堡的最佳拍档。配皮塔饼、炸薯条和一份蔬菜沙拉一起食用。

营养分析：

能量：2.151 千焦；蛋白质 27.4 克；碳水化合物 19.1 克，其中含有糖分 13.5 克；脂肪 37 克，其中饱和脂肪酸 10.7 克；胆固醇 96 毫克；钙 96 毫克；纤维素 4.5 克；钠 107 毫克。

[供 4 人食用]

原材料：

25 克小麦碎粒

500 克瘦羊肉馅

1 个红皮洋葱，切成末

2 瓣蒜，切成细末

1 个青辣椒，去籽切成细末

5 毫升烘烤好的小茴香籽

15 克鲜香菜叶，切碎

30 毫升薄荷叶，切碎

橄榄油，用于煎汉堡用

盐和黑胡椒粉

制作红洋葱泡菜原材料：

2 个红皮洋葱，切成粗细为 5 毫米的条形

75 毫升特级初榨橄榄油

2 个红柿椒，劈开，去籽

350 克樱桃番茄（圣女红果），切碎

1 个鲜红辣椒，或者青辣椒，去籽切成细末

30 毫升鲜薄荷叶，切碎

30 毫升鲜香菜，切碎

15 毫升阿里根奴，切碎

15 毫升柠檬汁

适量白糖

步骤：

1 将 150 毫升开水倒入碗里的小麦碎粒中，浸泡 15 分钟，然后用细筛过滤掉水，用干净的棉布吸干水分。

2 将小麦碎粒倒入到一个碗里，加入羊肉馅、洋葱、大蒜、辣椒、小茴香、香菜和薄荷一起用手搅拌均匀并上劲，用盐和黑胡椒调味，再次混合搅拌均匀。

3 用手掌将搅拌好的羊肉馅制作成为 8 个汉堡肉饼，放到一边备用。

4 制作泡菜，将洋葱涂刷上 15 毫升油，放到铁扒炉上铁扒大约 5 分钟，直到洋葱的每一个面都呈褐色。取下冷却，然后切成碎末。将柿椒皮朝下也放到扒炉上，铁扒至外皮焦糊。将柿椒放到一个碗里盖好静置 10 分钟。然后脱皮、去籽切成细粒。

5 将铁扒之后切好的洋葱和柿椒倒入到一个碗里混合好、加入番茄、辣椒、香草，用剩余的油拌均匀，再加入柠檬汁搅拌均匀。用盐和胡椒及白糖调味。

6 将一个厚底锅或者铁扒锅用大火烧热，在锅内倒入一点橄榄油。将制作好的羊肉汉堡放入到锅内，每一面煎 5~6 分钟，或者将汉堡煎熟。

7 在汉堡煎制的过程中，尝一下泡菜的口味并再次调味。待汉堡煎好之后配泡菜一起食用。

使用洋葱和水瓜柳一起制作而成的这一款酱汁辛辣刺激，是搭配煮羊肉的传统酱汁，但是用来搭配煮培根或者腌猪后腿也会非常美味。

营养分析：

能量：2.214 千焦；蛋白质 55.2 克；碳水化合物 8.7 克，其中含有糖分 4.6 克；脂肪 30.5 克，其中饱和脂肪酸 12.3 克；胆固醇 89 毫克；钙 106 毫克；纤维素 1.1 克；钠 2786 毫克。

培根配洋葱和水瓜柳酱汁

onion and caper sauce with bacon

[供 6 人食用]

原材料：

1.8~2 千克重的一条腌猪后腿肉（烟熏火腿）或者培根，根据需要将盐分浸泡出去

1 个洋葱，切成 4 块，插入 4 颗丁香

1 根胡萝卜，切成片

1 根西芹　1 片香叶

鲜百里香枝　30 毫升法国大藏芥末

45~60 毫升红糖

制作洋葱和水瓜柳酱汁原材料：

50 克黄油　225 克洋葱，切成末

25 克通用面粉　250 毫升牛奶

1 片香叶

30 毫升腌渍水瓜柳，用水漂洗好之后切碎

30 毫升香菜，切碎（可选）

15~30 毫升法国大藏芥末

盐和黑胡椒粉

步骤：

1 将肉放入到一个锅内，加入水没过肉块。用大火烧开之后改用小火煮 5 分钟。捞出控净水分并漂洗一下以去掉盐分，然后再放回锅内。加入重新没过肉块的水。加入洋葱、胡萝卜、西芹、香叶和百里香。用大火烧开，然后转成微火煮，按照每 450 克需要煮 25 分钟计算所需要的时间。

2 将烤箱预热至 200℃。将肉块捞出控干，保留 475 毫升用量的肉汤。将肉块摆放到一个烤盘里，切除外层皮并丢弃不用，但是在肉块上要保留一层厚度均匀的脂肪层。在脂肪层上涂抹好芥末并将红糖按压到芥末涂层上。

3 将涂抹好芥末和红糖的肉块放入到烤箱内烘烤 20~25 分钟直到油亮并呈金黄色。从烤箱内取出，用锡纸密封覆盖好，保温保存，直到需要服务时再打开。

4 在肉块快要煮好之前才开始制作酱汁。将 40 克的黄油放入到一个锅内，用小火加热煸炒洋葱，半盖锅盖，煸炒大约 20 分钟直到洋葱变软并开始发黄，但是不要变成褐色。要不

时的翻炒以防止洋葱粘连到锅底上。

5 加入面粉继续翻炒 2~3 分钟。然后将保留好的热肉汤，取 300 毫升慢慢地搅拌进入到锅内。加热至酱汁变得浓稠并细腻光滑，然后将牛奶搅拌进去。加入香叶，用小火继续熬煮 20~25 分钟，期间要不停地搅拌。

6 将剩余的肉汤再搅拌进酱汁中一些，以便让酱汁的浓度达到可以浇淋的程度，再继续熬煮 5 分钟，去掉香叶。

7 将水瓜柳碎和香菜加入到锅内搅拌好。加入 15 毫升芥末，然后尝味并调味。根据需要加入盐、胡椒粉和更多的芥末。将剩余的黄油也搅拌进去，搭配切成片的腌火腿、用一点黄油和大蒜拌好的小个新土豆，以及蚕豆一起趁热食用。

传统白色洋葱酱汁
classic white onion sauce

这是一款传统的法式白色洋葱酱汁。搭配小牛肉、鸡肉、猪肉或者羊肉一起食用可以令人心旷神怡——也适用于浇淋到荷包蛋上和铁扒类菜肴上。洋葱酱汁中洋葱可以是块状，或者呈泥蓉状均可。

营养分析：

能量：1.398千焦；蛋白质6.4克；碳水化合物18.2克，其中含有糖分11.5克；脂肪26.7克，其中饱和脂肪酸 16.6 克；胆固醇70 毫克；钙 197 毫克；纤维素 1.4 克；钠 124 毫克。

5 将淡奶油搅拌进酱汁中并重新用小火加热酱汁，用盐和胡椒粉调味。如果酱汁过于浓稠，可以加上一点高汤或者牛奶稀释一下。在上菜之前加入豆蔻粉调味。

举一反三

- 要制作韭葱酱汁，用韭葱代替洋葱，要使用韭葱白色的部分。用黄油煸炒 4~5 分钟，然后再加入面粉煸炒，在上菜之前不要加豆蔻粉，只加入 15 毫升的法国大藏芥末搅拌均匀。
- 在制作酱汁的最后时刻加入大约 30 毫升的法国大藏芥末可以制作出罗伯特酱汁（Sauce Robert）——一款传统的法国酱汁，通常搭配猪排一起食用。也非常适合于搭配火腿或者兔子类菜肴一起食用。

[供 4 人食用]

原材料：

40 克黄油　350 克洋葱，切成末

25 克通用面粉　500 毫升热牛奶

或者高汤，或者牛奶加高汤的混合体

1 片新鲜香叶　几枝香菜梗

120 毫升鲜奶油　现磨的豆蔻粉

盐和黑胡椒粉

3 将热奶、高汤，或者热奶高汤的混合体逐渐的搅拌进入锅内并烧开。加入香叶和香菜。用小火慢慢加热，同时不停的搅拌 15~20 分钟。

4 取出香叶和香菜不用，如果你喜欢细腻的酱汁，你可以将煮好的酱汁用食品加工机或者搅拌机搅打成细腻的蓉状。

大厨提示

* 制作酱汁时要按照菜谱所标示出的时间进行制作，以去除生面粉的味道。在制作美味精致的酱汁时，可以使用非常实用的散热垫，这样可以快速的降低酱汁的温度。

步骤：

1 在一个大号厚底锅内加热熔化黄油。加入洋葱用小火煸炒 10~12 分钟，直到洋葱变软并呈金黄色，但是不要炒煳成褐色。

2 加入面粉继续用小火加热煸炒，2~3 分钟。

这一款辛辣的酱汁给这一道简单的晚餐菜肴增加了口感上的冲击，增添了风味上的变化。可以搭配上特别受欢迎的土豆泥和黄油西蓝花或者卷心菜就组成了今完美无瑕、感觉非常舒适的一餐。

营养分析：

能量：2.264 千焦；蛋白质 39 克；碳水化合物 19.4 克，其中含有糖分 9 克；脂肪 32.9 克，其中饱和脂肪酸 14.1 克；胆固醇 135 毫克；钙 78 毫克；纤维素 2 克；钠 88 毫克。

猪肉配洋葱和芥末酱汁

onion and mustard
sauce for pork

[供 4 人食用]

原材料：

4 份猪排，每片 2 厘米厚

30 毫升通用面粉

45 毫升橄榄油

2 个洋葱，切成细丝

2 瓣蒜，切成细末

250 毫升干苹果酒

150 毫升蔬菜高汤、鸡高汤或者猪肉高汤

少许红糖

2 片新鲜香叶

6 枝新鲜百里香

2 条柠檬外皮

120 毫升鲜奶油

30~40 毫升颗粒芥末酱

30 毫升鲜香菜，切碎

盐和黑胡椒粉

步骤：

1 预热烤箱至 200℃。将猪排边角部分多余的脂肪切除。将盐和胡椒粉拌入面粉中，用来给猪排挂糊。在煎锅内加热 30 毫升的油，将沾好面粉的猪排，两面都煎至金黄色，然后将煎好的猪排放入到一个耐热盘内。

2 将剩余的油倒入锅内，加入洋葱，用微火煸炒洋葱至变软并且开始变黄。加入大蒜继续煸炒 2 分钟。

3 将剩余的所有面粉都加入到锅内煸炒，然后慢慢的将苹果酒和高汤搅拌进去。用盐和黑胡椒粉调味，然后再加入红糖、香叶、百里香枝和柠檬皮。将酱汁烧开，同时要不停的搅拌，最后将制作好的酱汁浇淋到盘内的猪排上。

4 将浇淋好酱汁的猪排用锡纸覆盖好，放入到烤箱内烘烤大约 20 分钟。然后降低炉温至 180℃，继续烘烤 30~40 分钟。在最后烘烤的 10 分钟内，取走锡纸。

5 用餐勺和餐叉将猪排从耐热盘内的酱汁中取出，摆放到餐盘内。用锡纸盖好保温。

6 将酱汁倒入到一个锅内。如果使用的是耐热盘，可以直接将耐热盘连同酱汁一起加热。取出香草和柠檬皮丢弃不用，然后再将酱汁烧开，并且搅拌均匀。

7 在酱汁中加入淡奶油烧开。尝味并调味，根据需要可以酌情添加红糖。最后，将芥末搅拌进去，将制作好的酱汁浇淋到摆放在餐盘内的猪排上。撒上香菜末之后趁热上桌。

煎猪腿排配苹果酒酱汁

cider sauce for pan-fried gammon

猪腿排和苹果酒是一对美味组合的最佳拍档，伴着苹果酒甘甜扑鼻的芳香风味形成了对猪腿排的有益补充。可以搭配加了一点芥末增味的土豆泥作为配菜一起食用。

营养分析：

能量：1.795 千焦；蛋白质 39.6 克；碳水化合物 1.2 克，其中含有糖分 1.2 克；脂肪 28.4 克，其中饱和脂肪酸 10.1 克；胆固醇 67 毫克；钙 24 毫克；纤维素 0 克；钠 1985 毫克。

[供 4 人食用]

原材料：

4 块猪腿排（烟熏或者腌火腿），每块大约 225 克重

150 毫升干苹果酒　45 毫升鲜奶油

30 毫升葵花籽油　黑胡椒粉

大厨提示

＊ 猪腿排（烟熏火腿或者腌火腿）通常会非常咸，所以在酱汁中不需要再加盐。在乳状的酱汁中只需加入黑胡椒粉调味并提味即可。

步骤：

1 在一个大号煎锅内加热油。用剪刀在猪腿排的外围等距的剪断外皮和脂肪层，以防止在煎的过程中猪腿排产生卷曲，影响到造型的美观。将猪腿排放入到煎锅中（你可以分批的煎猪腿排，以期能够同时制作完成）。

2 将猪腿排的每一面都煎 3~4 分钟，然后浇入苹果酒。让猪腿排在苹果酒中煮几分钟的时间，然后拌入鲜奶油并继续煮 1~2 分钟，或者直到将酱汁熬至浓稠。用黑胡椒粉调味，趁热立刻上桌。

这一道菜肴可以作为正式宴会的一部分，用来取悦你的顾客并给他们留下难忘的印象。黄油鸟其或者煎玉米饼，再加上紫甘蓝，非常适合用来做煎猪排配苹果白兰地酱的配菜。

营养分析：

能量：2.272千焦；蛋白质39.9克；碳水化合物14.8克，其中含有糖分8.8克；脂肪32.7克，其中饱和脂肪酸18.3克；胆固醇175毫克；钙60毫克；纤维素2.5克；钠173毫克。

煎猪排配苹果白兰地酱

calvados sauce for pork noisettes

[供 4 人食用]

原材料：

30 毫升通用面粉

4 块猪排，每块大约 175 克重，用棉线捆好以定型

25 克黄油

4 颗韭葱，切成片

5 毫升芥末籽，压碎

30 毫升苹果白兰地酒（Calvados）

150 毫升干白葡萄酒

2 个苹果，去皮，去核，切成片

150 毫升鲜奶油

30 毫升鲜香菜，切碎

盐和黑胡椒粉

步骤：

1 将面粉放入到一个碗里，加入所有的调味料混合好。将猪排在面粉中滚过，均匀的沾上一层面粉。

2 在一个厚底煎锅内加热熔化黄油，将猪排放入煎至两面都呈金黄色。从锅内取出放到一边备用。

3 将韭葱加入到厚底锅内的油中，煸炒大约 5 分钟。加入芥末籽。倒入苹果白兰地酒，小心地引燃。

4 待火苗熄灭后，倒入葡萄酒，放入猪排。用小火炖 10 分钟，期间要不时的翻动猪排。

5 在酱汁中加入苹果片和鲜奶油继续小火炖 5 分钟，或者直到苹果成熟。尝味之后调味，最后加入切碎的香菜搅拌均匀，趁热食用。

举一反三

● 如果需要口味清淡一些的酱汁，可以使用低脂的鲜奶油代替高脂鲜奶油使用。

大厨提示

＊Calvados 是一款出产自法国的苹果白兰地酒。要先取得完全不同的风味体验，在制作羊排时使用苏格兰威士忌也会非常美味可口。

广式古老肉

sweet and sour sauce for pork

酸甜口味的古老肉必定是中餐馆里最受欢迎的一道美味佳肴，也是西方国家最受欢迎的外卖菜肴。但是非常遗憾的是，这道菜肴被某些厨师在酱汁中使用了太多的番茄沙司导致其口味发生了变异。这里所列出的原版菜谱来自于广州—古老肉原产地。

营养分析：

能量：1.406 千焦；蛋白质 22.7 克；碳水化合物 18.6 克，其中含有糖分 12.2 克；脂肪 19.1 克，其中饱和脂肪酸 3.3 克；胆固醇 103 毫克；钙 40 毫克；纤维素 1.5 克；钠 359 毫克。

[供 4 人食用]

原材料：

350 克瘦猪肉

1.5 毫升盐

2.5 毫升四川花椒面

15 毫升料酒或者干雪利酒

115 克竹笋

30 毫升通用面粉

1 个鸡蛋，打散

植物油，用于炸油

制作酸甜酱汁原材料：

15 毫升植物油

1 瓣蒜，切碎

1 根春葱，切成葱瓣

1 个青椒，去籽切成丁

1 个鲜红辣椒，去籽切成细丝

15 毫升生抽

30 毫升红糖

30~45 毫升米醋

15 毫升番茄酱

大约 120 毫升鸡高汤或者蔬菜高汤或者水

步骤：

1 将猪肉切成一口即食大小的块状，放到一个浅盘内。加入盐、花椒面和料酒或者干雪利酒一起搅拌均匀。盖好之后在室温下腌制 15~20 分钟。如果冷藏，则需要腌制大约 30 分钟。

2 从罐装竹笋中捞出竹笋，控干水分，切成同猪肉块一样大小的块，如果竹笋是片状的，则切成两半。

3 将猪肉块沾上面粉，蘸好蛋液之后再次沾满面粉。在一个铁锅内将植物油烧热，用中温炸猪肉 3~4 分钟的时间，搅打肉块以使其分离开。捞出控净油。

4 重新加热锅内的油，将炸过一遍的肉块再次倒入到锅内炸，同时加入竹笋一起炸。大约炸 1 分钟的时间，或者将肉块炸至金黄色。捞出控净油。

5 制作酱汁，在一个干净的锅内或者煎锅内将油烧热，加入大蒜、春葱、青椒和红辣椒煸炒 30~40 秒钟，然后加入生抽、糖、米醋、番茄酱和高汤，或者水。将其烧开，要不时的搅拌，加入炸好的肉块和竹笋。煸炒并搅拌至熟透，趁热立刻食用。

这一道中式牛肉菜肴是将牛肉在香味浓郁的豆豉腌汁中，用旺火煸炒至甘美异常的黑色酱汁的爆炒类菜肴。西蓝花、玉米笋和马蹄带出了其五彩缤纷的色彩、风味和质地。这些酱汁也可以用于鸡肉或者鸭肉——试试看鸡柳或者鸭柳效果如何。

豉椒牛肉

black bean sauce for beef

营养分析：

能量：0.916 千焦；蛋白质 19.5 克；碳水化合物 8.4 克，其中含有糖分 5.8 克；脂肪 12克，其中饱和脂肪酸 3.5 克；胆固醇 33 毫克；钙 69 毫克；纤维素 4.5 克；钠 907 毫克。

[供 4 人食用]

原材料：

225 克瘦里脊肉（牛里脊）或者牛臀肉

15 毫升葵花籽油

225 克西蓝花

115 克玉米笋，斜切成两半

45~60 毫升水

2 棵葱，斜切成片（马蹄葱）

225 克罐装马蹄，切成片

制作腌汁原材料：

15 毫升豆豉

30 毫升老抽

30 毫升米醋或者苹果醋

15 毫升葵花籽油

5 毫升白糖

2 瓣蒜，拍碎

2.5 厘米长的一块姜，去皮，切成细末

3 在一个大炒锅内将油烧热，捞出牛肉片控干腌汁（腌汁保留备用），待油热之后加入肉片煸炒 3~4 分钟。将煸炒好的牛肉片倒入到一个餐盘里，放到一边备用。

4 将西蓝花切成小瓣。将西蓝花、玉米笋和水一起加入到锅内烧开。盖上锅盖之后用小火炖煮大约 5 分钟直到全部成熟。

大厨提示

* 豆豉是整粒大豆煮熟并加盐之后酿造而成的。可以在商店内购买到。

5 将葱和马蹄加入到西蓝花混合物中搅拌好，继续加热 1~2 分钟，在上菜之前，将牛肉加入到锅内，将预留好的腌汁液也倒入到锅内，用大火加热拌均匀即可。

步骤：

1 要制作腌汁和酱汁的基料，将豆豉在瓷碗内搅碎。加入剩余的原材料之后一起搅拌均匀。

2 将牛肉顶刀切成薄片，加入到腌汁中浸泡。将碗盖好，放到一边，腌制几个小时的时间。

辣味牛排铁板烧

quick chilli sauce for sizzling steak

这一道马来西亚浓郁腌汁风味的辣味牛排铁板烧也适用于使用鸡肉片或者猪肉片——搭配蘸酱一起食用会更加美味。

营养分析：

能量：0.904 千焦；蛋白质 29.8 克；碳水化合物 6.2 克，其中含有糖分 5.9 克；脂肪 8.2 克，其中饱和脂肪酸 2.6 克；胆固醇 79 毫克；钙 9 毫克；纤维素 0.1 克；钠 777 毫克。

[供 4~6 人食用]

原材料：

1 瓣蒜，拍碎

2.5 厘米长的姜，切成末

10 毫升黑胡椒粒

15 毫升白糖

30 毫升罗望子酱汁

45 毫升老抽   15 毫升蚝油

4 块臀肉牛排，每一块重 200 克

植物油，涂刷用

春葱丝和胡萝卜丝，装饰用

制作蘸酱原材料：

75 毫升牛肉汤   30 毫升番茄沙司

5 毫升辣椒酱   一个青柠，挤出汁

步骤：

1 将蒜、姜、黑胡椒粒、白糖和罗望子酱一起放入到研钵内，用研杵捣碎。加入老抽和蚝油混合好制作成为腌汁，然后用勺舀到牛排上面，将腌汁涂抹均匀并覆盖过牛排，放到一边腌制 1~8 个小时。

2 将铁板在大火上烧热。将腌汁从牛排上刮掉保留备用。在牛排上涂刷好植物油之后放到铁板上铁扒，每一面铁扒 2 分钟至三成熟，每一面铁扒 3~4 分钟至半熟，根据牛肉的厚度可以按照这样的方法来计算煎牛排的成熟度。

3 在铁板烧牛排的同时，制作蘸酱。将腌汁倒入到一个锅内，加入高汤、番茄沙司、辣椒酱和青柠汁，用小火加热烧开。

4 将制作成熟的牛排摆放到一个餐盘内，用春葱丝和胡萝卜丝装饰。立刻上桌趁热食用，蘸酱单独配上。

这样一款泰国风味咖喱酱汁比起绝大多数泰国风味咖喱都要更加香浓美味。搭配煮的香米和咸鸭蛋一起食用，就组成了一道正宗的泰国风味菜肴。

营养分析：

能量：0.95 千焦；蛋白质 21 克；碳水化合物 14.3 克，其中含有糖分 11.5 克；脂肪 9.9 克，其中饱和脂肪酸 2.6 克；胆固醇 44 毫克；钙 92 毫克；纤维素 2.5 克；钠 723 毫克。

泰国甜味咖喱牛肉

sweet curry peanut sauce with beef

[供 4~6 人食用]

原材料：

600 毫升椰奶

45 毫升红咖喱酱

45 毫升泰国鱼露

30 毫升棕榈糖

2 棵香茅草，切碎

450 克牛腿肉，切成细条

75 克花生酱

2 个红辣椒，切成片

5 片青柠叶，撕碎

盐和现磨碎的黑胡椒

2 个咸鸡蛋，配菜用

10~15 片罗勒叶，装饰用

步骤：

1 将一半用量的椰奶倒入一个厚底锅内加热，搅拌至烧开。

2 加入红咖喱酱，继续加热至香味扑鼻。再加入泰国鱼露、棕榈糖和香茅草。

3 继续加热至椰奶颜色变深。将剩余的椰奶加入锅内，搅拌好，重新烧开。

4 加入牛肉和花生酱。搅拌至酱汁与牛肉混合至充分均匀。继续加热 8~10 分钟，或者一直加热至将大部分的液体熬浓。

5 加入红辣椒和青柠叶。搅拌好之后调味，根据口味需要，可以多加入一点泰国鱼露调味。趁热上桌食用时搭配咸鸡蛋，并用罗勒叶进行装饰。

大厨提示

＊如果你没有时间自己制作红咖喱酱，也可以购买成品的泰国红咖喱酱。现在大多数超市里都会有各种口味和颜色的咖喱酱售卖。

煎牛排配洛克福奶酪和核桃黄油卷

roquefort and walnut butter for steak

一个带有香浓奶酪风味的黄油卷制作出来后放入冰箱内冷藏至凝固，用时取出切成片摆放到制作好的牛排或者猪排上。黄油卷用来搭配铁扒鱼排或者烤南瓜也非常美味可口。

营养分析：

能量：2.373 千焦；蛋白质 38 克；碳水化合物 1.2 克，其中含有糖分 1.1 克；脂肪 43.6 克，其中饱和脂肪酸 22.5 克；胆固醇 155 毫克；钙 216 毫克；纤维素 0.6 克；钠 655 毫克。

[**供 4 人食用**]

原材料：

15 毫升剪碎的细香葱

15 毫升橄榄油或者葵花籽油

4 块瘦牛排，每块大约 130 克

120 毫升白葡萄酒　30 毫升鲜奶油

盐和黑胡椒粉　细香葱，装饰用

制作洛克福奶酪和核桃黄油卷原材料：

2 棵青葱，切碎　75 克黄油，略微软化

150 克洛克福奶酪　30 毫升切至细碎的核桃仁

大厨提示

＊制作好的黄油卷也可以冷冻保存，但是未经过冷冻的黄油卷会更容易切割一些。所以只需取出够用的黄油卷即可，而无需全部取出。

步骤：

1 在锅内用三分之一的黄油煸炒青葱。将炒好的青葱倒入到一个碗里。将剩余黄油的一半加入到碗内，再加入奶酪、核桃仁、细香葱和胡椒混合好并调味。略微冷藏之后用锡纸卷起成香肠般的黄油卷，放入到冰箱内冻硬。

2 在煎锅内将剩余的黄油和橄榄油一起加热，将牛排放入煎至所需要的成熟程度。调味之后从煎锅内取出。

3 将葡萄酒倒入到煎锅内烧开，以吸收溶解煎锅内的油脂等沉淀物。烧开之后用小火熬煮一两分钟，然后将鲜奶油搅拌进锅内。用盐和胡椒粉调味，最后将制作好的酱汁浇淋到牛排上。

4 从冻硬的洛克福奶酪黄油卷上切下适当大小的一块黄油，在每一块牛排上都摆放上一块。用细香葱装饰之后服务上桌。芸豆可以作为这一道菜肴非常不错的配菜。

羊奶酪用奶油融化之后可以制作成为一款简单易做的酱汁，用于搭配煎小牛肉片。小牛肉片可以购买成品包装的，而无需将小牛肉拍打成薄的肉片状。

煎小牛肉片配烟熏奶酪酱汁

smoked cheese sauce with veal

营养分析：

能量：3.139 千焦；蛋白质 59.9 克；碳水化合物 6.3 克，其中含有糖分 2.8 克；脂肪 49.6 克，其中饱和脂肪酸 28.9 克；胆固醇 219 毫克；钙 334 毫克；纤维素 2.5 克；钠 446 毫克。

[供 4 人食用]

原材料：

25 克黄油

15 毫升特级初榨橄榄油

8 块小牛肉大片

2 瓣蒜，拍碎

250 克口蘑，切成片

150 毫升冻青豆，解冻

60 毫升白兰地酒　250 毫升鲜奶油

150 毫升烟熏羊奶酪，切成丁

黑胡椒粉　香菜枝，装饰用

2 将煎熟的小牛肉片取出放到餐盘内保温。

3 在煎锅内加入剩余的黄油。待黄油融化之后，加入大蒜和蘑菇煸炒大约 3 分钟。

4 加入青豆，倒入白兰地酒，加热至锅内的所有汁液完全融为一体。略微调味。用一把带眼勺，捞出蘑菇和青豆，放到小牛肉片上。在锅内倒入鲜奶油。

5 将切成丁的奶酪放入到锅内。用小火加热至奶酪熔化。用胡椒粉调味，将制作好的酱汁浇淋到盘内的小牛肉片和蔬菜上。用香菜装饰之后上桌。

步骤：

1 在一个大号厚度煎锅内将一半的黄油以及橄榄油一起烧热。用大量的黑胡椒腌制小牛肉片，用大火在煎锅内分批的将小牛肉片煎成褐色。然后用小火再将牛肉片的每一面都再煎 5 分钟直到成熟。煎熟的小牛肉片用手触碰按压时感觉到结实，并略带有弹性。

举一反三

● 这道菜肴也可以使用瘦猪肉排。要确保猪排煎至完全成熟，煎的时间可以略微长一些。

小牛肉配小麦啤酒酱汁

wheat beer sauce for veal

小麦啤酒来自于德国巴伐利亚、比利时和法国的北方地区，这些地方以盛产白啤酒而闻名。在酱汁中加入的略微带有一点苦味的啤酒与这道纯美甘怡的炖小牛肉中焦黄的洋葱和胡萝卜甘甜的滋味相得益彰。

营养分析：

能量：2.762 千焦；蛋白质 52.8 克；碳水化合物 27.8 克，其中含有糖分 16.6 克；脂肪 37.1 克，其中饱和脂肪酸 20.2 克；胆固醇 360 毫克；钙 140 毫克；纤维素 4.9 克；钠 399 毫克。

[供 4 人食用]

原材料：

45 毫升通用面粉

900 克小牛的肩肉或者腿肉，切成大约 5 厘米见方的块

65 克黄油　3 棵青葱，切碎　1 根西芹

鲜香菜枝　2 片鲜香叶

5 毫升白糖，多备出一小捏

200 毫升小麦啤酒　450 毫升小牛肉高汤

20～25 个腌渍洋葱或者鸡尾洋葱

450 克胡萝卜，切成厚片

2 个蛋黄　105 毫升鲜奶油

30 毫升香菜末　盐和黑胡椒粉

步骤：

1 将面粉调味，将小牛肉块蘸均匀面粉。在一个深边、带锅盖的厚底锅内烧热 25 克的黄油，加入小牛肉块快速的将其每一个面都煎封好。颜色为金黄色而不要煎成深色。用带眼勺将煎好的小牛肉块从锅内捞出，放到一边备用。

2 转用小火，在锅内再加入 15 克的黄油，加入青葱煸炒 5～6 分钟，直到青葱变软并且颜色变成黄色。

3 将小牛肉块加入到锅内。将西芹、香菜和 1 片香叶用棉线捆好，加入到锅内，同时加入一小撮白糖。改用大火加热，将啤酒倒入锅内，烧开之后再加入高汤。用盐和黑胡椒粉调味并烧开，然后盖上锅盖，改用小火焖煮 40～50 分钟，期间要搅拌几次，或者一直焖煮到小牛肉块成熟。

4 在焖煮小牛肉块的同时，在另外一个煎锅内将剩余的黄油加热熔化开，加入洋葱煸炒，用小火一直将洋葱煸炒至全部呈金黄色。用带眼勺将洋葱从锅内捞出放到一边备用。

5 在锅内加入胡萝卜，在锅内剩余的黄油中翻炒一会。加入 5 毫升的白糖，一点盐，剩余的香叶和足够没过胡萝卜的水。烧开之后煮 10～12 分钟。

6 将炒好的洋葱加入到煮胡萝卜的锅内继续加热熬煮至汤汁变得浓稠，只剩余几汤勺汤汁，洋葱和胡萝卜变得有一点焦糖色的程度。将锅端离开火并保温。将制作好的小牛肉摆放到一个碗里，丢弃西芹和香草不用。

7 将蛋黄和鲜奶油一起在一个碗里搅打至混合均匀，然后将一满勺热的，但不是沸腾的胡萝卜汤汁搅打进入蛋黄鲜奶油中。将搅打好的蛋黄鲜奶油混合液倒入到锅内用微火加热熬煮，但是不要烧开，同时不停的搅拌至变得有些浓稠的程度。

8 加入小牛肉、洋葱和胡萝卜。重新加热并调味，撒上香菜之后上桌。

鱼和海鲜用的酱汁
Sauces for fish and shellfish

鱼类和海鲜类美味可口，但是它们各自有自己十分独特的风味。这里展示的食谱是，如何将香草或者香料搭配适当的酱汁去弥补各种鱼类和海鲜类所欠缺的风味和质地。奶油酱汁中添加的香料味道，辣根酱汁中的香辣风味，生机盎然的辣椒，又或者是添加五香面带出的芳香口感，这里有太多的选择可以用来制作出能够适应各种场合所需要的富丽堂皇的主餐菜肴。

铁扒烟熏鱼肉配牛奶香菜酱汁

quick parsley sauce for smoked fish

一款新鲜的、口感极佳的、味道浓郁的牛奶香芹酱汁就是为风味独特的烟熏鳕鱼量身打造而成的酱汁。也非常适合于搭配白鱼或者鱼糕类菜肴。这里介绍的食谱制作快速简单，可以成为日常食用的美味佳肴。

营养分析：

能量：2,088千焦；蛋白质45.6克；碳水化合物11.2克，其中含有糖分6.4克；脂肪30.6克，其中饱和脂肪酸18.9克；胆固醇157毫克；钙228毫克；纤维素0.6克；钠1881毫克。

[供 4 人食用]

原材料：

4 块烟熏鳕鱼肉，每块大约 225 克重

制作香芹酱汁原材料：

75 克黄油，软化　25 克通用面粉

300 毫升牛奶　60 毫升香菜末

盐和黑胡椒粉　香芹枝叶，用于装饰

步骤：

1 将 50 克黄油涂抹到鱼肉上。将铁扒炉预热。

2 将剩余的黄油和面粉用木勺搅拌到一起形成一个光滑而浓稠的面团状。根据需要，可以将制作好的面团放到冰箱内冷冻一会，使其略微硬化一些，然后切割成小块备用。

3 用中大火铁扒鱼肉 10～15 分钟，根据铁扒的情况及时翻面。

4 在铁扒鱼肉的同时，将牛奶烧至快要沸腾。将切好的用黄油和面粉制成的小面块加入到牛奶中搅拌。继续加热搅拌，直至牛奶烧开并变得浓稠。用小火熬煮 2～3 分钟。

5 边搅拌边调味，并加入香芹末，上菜时将制作好的酱汁浇淋到铁扒好的鱼肉上，或者装入汁碗内单独配上。用香芹点缀并摆放好选择好的蔬菜作为配菜，迅速上桌。

一款制作快捷方便的味美思和奶香浓郁的山羊奶酪酱汁，加上香芹和细叶芹一起与鳕鱼排遥相呼应。铁扒圣女红果是这道菜肴的绝佳配菜。

煎鳕鱼排配味美思和
山羊奶酪酱汁

vermouth and chevre
sauce for cod

营养分析：

能量：1.506 千焦；蛋白质 31.7 克；碳水化合物 2.1 克，其中含有糖分 2 克；脂肪 20.9 克，其中饱和脂肪酸 7.7 克；胆固醇 197 毫克；钙 68 毫克；纤维素 0.7 克；钠 198 毫克。

[供 4 人食用]

原材料：

4 块鳕鱼肉，每块大约 150 克，去掉鱼皮

15 毫升橄榄油

制作味美思和山羊奶酪酱汁原材料：

15 毫升橄榄油

4 棵青葱，切成末

150 毫升干味美思酒，最好是诺瓦丽酒

300 毫升鱼汤

45 毫升鲜奶油

65 克山羊奶酪，去掉外皮，切碎

30 毫升新鲜香芹末

15 毫升细叶芹末

盐和黑胡椒粉

香芹枝叶，装饰用，铁扒圣女红果，配菜用

步骤：

1 去掉鳕鱼肉身上所有的鱼刺。用自来水将鳕鱼肉漂洗干净并用纸巾拭干。用盐和黑胡椒粉腌制。

> **大厨提示**
>
> *味美思和山羊奶酪酱汁与各种鱼类搭配都会鲜美可口，包括其他种类的白鱼或者三文鱼等。制作的时间根据鱼肉的厚度不同会略有不同。

2 将一个不粘锅加热，加入 15 毫升的橄榄油，转动锅底使橄榄油沾满锅底。加入鳕鱼肉煎，鱼肉放入到锅内之后不要动也不要翻转，大约煎 4 分钟，或者一直煎到鱼肉呈棕色为好。

3 将鱼肉翻转过来，继续煎 3 分钟，或者一直煎至鱼肉成熟。摆放到餐盘内并保温保存。

4 在锅内加入剩余的油加热，加入青葱煸炒大约 1 分钟。再加入味美思酒加热燲至剩余一半的汁液。再加入高汤加热，也是燲至剩余一半的汁液。

5 加入鲜奶油和山羊奶酪一起搅拌均匀，然后用小火加热 3 分钟。用盐和胡椒粉调味，最后加入香草搅拌好。将制作好的酱汁用勺舀到鱼肉上。用香芹点缀好，搭配铁扒圣女红果一起上菜。

煎三文鱼排配他力干和蘑菇酱汁

tarragon and mushroom sauce for salmon

他力干具有别具一格的八角风味，使其非常适合于搭配鱼类和蘑菇类菜肴，特别是添加到奶油酱汁中。而平菇会将这些美妙的风味融为一体。

营养分析：

能量：2 千焦；蛋白质 37 克；碳水化合物 4.4 克，其中含有糖分 1.5 克；脂肪 35 克，其中饱和脂肪酸 13.3 克；胆固醇 128 毫克；钙 76 毫克；纤维素 1.3 克；钠 165 毫克。

2 将剩余的一半黄油加入到锅内加热，用小火煸炒青葱至变软，但是不要煸炒到青葱上色的程度。加入蘑菇继续煸炒至汤汁沸腾。再加入高汤，用小火熬煮 2~3 分钟。

3 用 15 毫升的水将玉米淀粉和芥末一起搅拌均匀成为细腻的糊状。将玉米淀粉糊倒入到酱汁中搅拌好并烧开，持续地搅拌并加热，一直到酱汁变得浓稠。加入鲜奶油、他力干、白酒醋，并用盐和胡椒粉调味。

4 将制作好的蘑菇酱汁用勺舀到三文鱼排上，搭配新土豆和蔬菜沙拉一起食用。

[供 4 人食用]

原材料：

50 克无盐黄油

4 块三文鱼排，每块大约 175 克重

1 棵青葱，切成末

175 克野生和养殖蘑菇，例如平菇、松乳菇、牛肝菌、甘蓝菌等。修剪好洗净之后切成片状。

200 毫升鸡汤或者蔬菜汤

10 毫升玉米淀粉

2.5 毫升芥末

50 毫升鲜奶油

45 毫升鲜他力干，切碎

5 毫升白酒醋

盐和辣椒面

新土豆和一份蔬菜沙拉，配菜用

步骤：

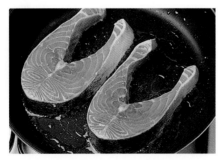

1 在一个大号不粘锅内加热熔化开一半的黄油。用盐和辣椒面腌制三文鱼排，将腌制好的三文鱼排放到锅里煎。用中火煎大约 8 分钟，翻面之后再煎（如果不粘锅不够大，你可以将三文鱼排分批煎制）。将煎好的鱼排取出放到一个餐盘内，盖好以保温。

大厨提示

∗ 新鲜的他力干在切碎之后极易变色发黑，所以只需在使用之前再对这些香草进行加工处理。

口味清淡但是风味独特的菠菜和柠檬酱汁是这一道直接用橄榄油将鳕鱼煎熟，制作方法虽然简单，口感却异常美味的鳕鱼菜肴的最佳拍档。

营养分析：

能量：1.845千焦；蛋白质43.6克；碳水化合物10.6克，其中含有糖分2.3克；脂肪22.1克，其中饱和脂肪酸3.5克；胆固醇141毫克；钙273毫克；纤维素2.9克；钠431毫克。

鳕鱼配菠菜和柠檬酱汁

spinach and lemon sauce for hake

[供 4 人食用]

原材料：

500 克菠菜，去掉粗梗

4 块鳕鱼肉排，每一块大约 200 克重

30 毫升通用面粉

75 毫升特级初榨橄榄油

175 毫升白葡萄酒

3~4 条柠檬外皮

盐和黑胡椒粉

制作鸡蛋和柠檬酱汁原材料：

2 个鸡蛋

半个柠檬，挤汁

2.5 毫升玉米淀粉

4　将菠菜叶撒到锅里，要分布在鱼肉排的四周。再继续加热 3~4 分钟以上，然后将锅端离开火，静置几分钟的时间再加入酱汁。

5　制作酱汁，将玉米淀粉用一点水和成细腻的糊状。将鸡蛋打散搅拌好，加入柠檬汁搅拌好，最后加入淀粉糊搅拌好。从煮鱼的锅内舀出一勺鱼汤慢慢倒入到鸡蛋淀粉混合液中搅拌 1 分钟的时间。再加入一勺鱼汤搅拌好，将锅内剩余的鱼汤都按照此法慢慢搅拌到一起。

6　将搅拌好的酱汁浇淋到锅内的鱼肉排和菠菜叶上，放回到火上用小火加热，同时不停地转动锅，以使得各种原材料能够混合的均匀。如果锅内的鱼肉排和锅内的汤汁感觉太干，可以加入一点热水。这样持续的加热 2~3 分钟之后趁热立刻上桌。

步骤：

1　将洗净的菠菜叶放入到一个大锅内，倒入快要没过菠菜叶的水。盖上锅盖，用中火煮 5~7 分钟，或者加热将菠菜煮熟。要时常的用木勺翻动几下。将煮熟的菠菜捞出控净水分，放到一边备用。

2　将鱼肉排沾均匀面粉，抖动几下以除掉多余的面粉。在一个大号煎锅内加热橄榄油，放入鱼肉排，将每一面煎 2~3 分钟，一直煎到鱼肉开始变成金黄色。

3　将葡萄酒倒入到煎锅内，加入柠檬皮及一点盐和胡椒粉，转动煎锅以让各种滋味混合得均匀并且能够浇淋到鱼肉上。用小火继续加热几分钟，直到葡萄酒汁熬得浓稠一些。

煮鳐鱼翅配橙肉和水瓜柳酱汁

orange and caper sauce for skate

从某种意义上说，在原本口味清淡的白鱼肉类菜肴中，增加了橙肉瓣，使得这一款酸甜可口的奶油酱汁美味异常。少许的胡椒风味以及开胃的水瓜柳都是鳐鱼翅恰到好处的经典搭配。

营养分析：

能量：1.506 千焦；蛋白质 31.7 克；碳水化合物 8.5 克，其中含有糖分 8.1 克；脂肪 17.2 克，其中饱和脂肪酸 10.6 克；胆固醇 44 毫克；钙 137 毫克；纤维素 1.5 克；钠 326 毫克。

[供 4 人食用]

原材料：

4 块鳐鱼翅，每块大约 200 克重

25 克黄油

350 毫升鱼汤

制作橙子和水瓜柳酱汁原材料：

25 克黄油

1 个洋葱，切成末

5 毫升黑胡椒粒

鱼骨及下脚料

300 毫升干白葡萄酒

2 个橙子

15 毫升水瓜柳，控干

60 毫升鲜奶油

盐和黑胡椒粉

步骤：

1 制作酱汁，在一个不粘锅内将黄油熔化开，加入洋葱煸炒。用中火煸炒大约 5 分钟，或者一直煸炒到洋葱变成浅褐色。

2 加入胡椒粒、鱼骨及下脚料，葡萄酒。用大火烧开，然后改用小火，撇净浮沫后盖上锅盖，用小火炖 30 分钟。

3 用一把锯齿刀，将橙子削皮，要确保将所有的白色皮层都削掉。从橙子筋脉上切割下橙肉瓣。

4 将鳐鱼翅放入到煎锅内，加入黄油和鱼汤，根据鱼肉的厚度，煮 10 ~ 15 分钟。

5 将葡萄酒酱汁过滤到一个干净的锅内。加入水瓜柳和橙肉瓣，连同滴落的橙汁也加入到锅内，加热烧开。然后转用小火继续加热，同时将鲜奶油搅拌进去并调味。将鳐鱼翅连同酱汁一起装盘服务，用香芹点缀。

芳香扑鼻的姜汁、柠檬汁和香葱酱汁是这些香辣美味的鱼肉饼的理想搭配酱汁。再加上辣根和香芹调味，在口味上更胜一筹。

铁扒鱼肉饼配柠檬和香葱酱汁
lemon and chive sauce for fishcakes

营养分析：

能量：1.172千焦；蛋白质22.5克；碳水化合物40.7克，其中含有糖分3.8克；脂肪2.1克，其中饱和脂肪酸0.4克；胆固醇33毫克；钙102毫克；纤维素2.1克；钠335毫克。

[供4人食用]

原材料：

350克土豆，去皮

75毫升牛奶

350克鳕鱼肉，去皮

15毫升柠檬汁

15毫升辣根酱

30毫升香菜末

适量面粉，挂糊用

115克全麦面包糠

盐和黑胡椒粉

香芹枝叶，装饰用

荷兰豆以及番茄洋葱沙拉，配菜用

制作柠檬香葱酱汁原材料

半个柠檬的柠檬外皮和柠檬汁

120毫升干白葡萄酒

2片姜

10毫升玉米淀粉

30毫升细香葱末

步骤：

1 将土豆放入到一个大锅内用开水煮15～20分钟。捞出控净水，和牛奶一起捣成泥，用盐和胡椒粉调味。

2 在食品加工机或者搅拌机内将鱼肉和柠檬汁及辣根酱一起搅成泥。再与土豆泥和香菜一起混合均匀。

3 在手上沾一些面粉，将鱼肉土豆泥制作成为8个鱼肉饼，在制作好的鱼肉饼上沾上面包糠。摆放到一个撒有面粉的盘内，用保鲜膜覆盖好，放入到冰箱内冷藏30分钟。

4 将铁扒炉预热好，把鱼肉饼的每个面在铁扒炉上铁扒8分钟左右，直到变成金黄色。

5 制作酱汁，将柠檬皮切成细丝，与柠檬汁一起放入到一个锅内，加入葡萄酒、姜片，并调味，用小火熬煮6分钟。

6 用15毫升的冷水与淀粉混合好。倒入到酱汁中搅拌均匀，烧开之后用小火继续加热2分钟。撒上细香葱之后用香芹枝叶装饰，搭配鱼肉饼，用荷兰豆和番茄洋葱沙拉做配菜。立即服务上桌。

铁扒海鲷鱼配橙味黄油酱汁

orange butter sauce for sea bream

香味浓郁的黄油酱汁，用开胃的橙汁提味，与海鲷鱼鲜嫩的白色鱼肉非常匹配，可以使用蔬菜沙拉垫底作为海鲷鱼的配菜。

营养分析：

能量：4.056 千焦；蛋白质 37.1 克；碳水化合物 4.3 克，其中含有糖分 4.3 克；脂肪 89.5 克，其中饱和脂肪酸 47.3 克；胆固醇 263 毫克；钙 166 毫克；纤维素 1.2 克；钠 768 毫克。

3 将浓缩橙汁倒入到一个耐热碗里，置于到一个热水锅上隔水用小火加热。然后将锅从火上端离开，将黄油慢慢的搅拌进浓缩橙汁中至乳化状。用盐和胡椒粉调味。

4 将剩余的橄榄油淋撒到西洋菜和蔬菜沙拉上，摆放到两个餐盘内。将铁扒好的整条鱼摆放到餐盘内的蔬菜沙拉上。将酱汁浇淋到鱼身上。服务上桌。

[供 2 人食用]

原材料：

2 条海鲷鱼，每条大约 350 克重，刮除鱼鳞，去掉内脏，清洗干净

10 毫升法国大藏芥末

5 毫升茴香籽

30 毫升橄榄油

50 克西洋菜

175 克蔬菜沙拉

制作橙味黄油酱汁原材料：

30 毫升浓缩橙汁

175 克无盐黄油

盐和辣椒面

步骤：

1 在鱼身的两个面上，各切割出四道斜纹形花刀。将芥末和茴香籽混合好，涂刷到鱼身上。

2 预热铁扒炉。在鱼身上涂刷上橄榄油，将整条鱼放置到铁扒炉上铁扒 10~12 分钟，中间将鱼翻身一次，注意不要烤焦。

大厨提示

＊你也可以选择用中火烧烤海鲷鱼。如果使用烤鱼夹烤鱼会更加容易的固定好整条鱼并轻松的进行翻转，并且不会破坏鱼肉的整条造型。

这一款芝麻酱汁对于这一道北非菜肴的味道做出了巧妙而有益的补充，与地中海烹调中的色香味引起了一切尽在不言中的共鸣。

芝麻酱汁烤鱼

tahini sauce for baked fish

营养分析：

能量：1.77 千焦；蛋白质 33.3 克；碳水化合物 1.5 克，其中含有糖分 0.5 克；脂肪 31.5 克，其中饱和脂肪酸 4.6 克；胆固醇 120 毫克；钙 349 毫克；纤维素 2.4 克；钠 112 毫克。

[供 4 人食用]

原材料：

1 条整鱼，大约 1.2 千克，除鱼鳞、内脏，
清洗干净

10 毫升香菜籽

4 瓣蒜，切成片

10 毫升辣椒酱

90 毫升橄榄油

6 粒小番茄，切成片

1 个柠檬

新鲜香草，例如香叶、百里香和迷迭香等

盐和黑胡椒粉

多预备一点香草，装饰用

制作芝麻酱汁原材料：

75 毫升芝麻酱

1 个柠檬的柠檬汁

1 瓣蒜

45 毫升香芹或者香菜细末

4 将番茄、洋葱和切成四瓣的柠檬撒到涂抹好油的盘内。将剩余的油也淋撒到盘里，再撒上盐和胡椒粉。将鱼摆放到盘里的这些材料之上。将香草摆放到鱼身的四周。

5 将鱼放到烤箱内烘烤大约 25 分钟，或者一直烘烤到鱼肉变成不透明的程度——通过将刀尖从鱼身上最厚的部位戳入进行测试，能够很容易的戳透并分离开鱼肉为成熟。

6 在烤鱼的同时制作酱汁，将芝麻酱、柠檬汁、大蒜和香芹或者香菜一起放入到一个小锅内。加入 120 毫升冷水及一点盐和黑胡椒粉。用小火加热，同时要不停的搅拌，直到搅拌均匀烧开。

7 将烤好的鱼装盘，用香草点缀，酱汁单独跟上。

步骤：

1 将烤箱预热至 200℃。在一个大号耐热浅盘的内侧涂刷上油。

2 在研钵内用杵将香菜籽研磨碎。然后加入蒜瓣研碎。加入到辣椒酱中混合好，并搅入大约 60 毫升的橄榄油，直到将所有的原材料搅拌均匀，成为糊状。

3 在鱼身的两面用锋利的刀斜切上花刀。在每个切口中都涂抹上一点糊状的辣椒酱、香菜籽和大蒜混合而成的酱料。将剩余的酱料都涂抹到鱼身的两侧上。

煎三文鱼配威士忌奶油酱汁

whisky and cream sauce for salmon

在这一道菜肴中，将苏格兰最闻名遐迩的美酒佳肴之二结合到了一起——苏格兰三文鱼和苏格兰威士忌。因为只需要花费一点点时间和精力进行制作，所以在上菜的最后时间内进行制作即可。可以无需其他配菜直接上桌。

营养分析：

能量：2.791 千焦；蛋白质 36.5 克；碳水化合物 0.8 克，其中含有糖分 0.8 克；脂肪 53 克，其中饱和脂肪酸 24.58 克；胆固醇 174 毫克；钙 61 毫克；纤维素 0 克；钠 164 毫克。

[供 4 人食用]

原材料：

4 块三文鱼肉，每一块大约 175 克重

5 毫升切碎的百里香叶

50 克黄油

制作威士忌奶油酱汁原材料：

75 毫升威士忌

150 毫升鲜奶油

半个柠檬，挤出柠檬汁（可选）

盐和黑胡椒粉

莳萝枝叶，用于装饰

举一反三

- 尽管新鲜的百里香特别适合于搭配这一款美味可口的威士忌奶油酱汁，但是你也可以用其他任何一种新鲜的香草来替代百里香。

步骤：

1 用盐和胡椒粉腌制三文鱼，并撒上百里香。用一个可以盛放开两块三文鱼肉的大号煎锅，将一半的黄油加热熔化开。

2 待将黄油加热至开始冒泡时，将两块三文鱼肉放入到煎锅内，每个面煎 2~3 分钟，直到将三文鱼肉的边缘部分煎至金黄色，并且鱼肉成熟。

3 将 30 毫升的威士忌酒倒入到煎锅内并引燃。待火苗熄灭后，仔细地将三文鱼取出放置到一个餐盘内并进行保温。加入剩余的黄油加热，重复刚才的操作步骤，将三文鱼煎熟。注意保持三文鱼的热度。

4 将鲜奶油倒入到锅内并烧开，不时的进行搅拌，将锅内的所有的汁液等熬煮成一体。用小火加热至鲜奶油变得浓稠。调味并搅入剩余的威士忌，以及如果你喜欢，可以挤出柠檬汁加入到锅内。

5 将制作好的三文鱼摆放到一个热的餐盘内，浇淋上威士忌奶油酱汁，并用莳萝装饰。新土豆和芸豆都非常适合于当做配菜来搭配三文鱼一起食用。

三文鱼特别适合与一些刺激又开胃的配菜搭配在一起。柠檬和青柠檬是其中不二的选择，但是水瓜柳和青胡椒也可以用来提升鱼肉浓厚的滋味。

煎三文鱼配青胡椒酱汁

green peppercorn sauce for salmon

营养分析：

能量：2.08 千焦；蛋白质 36.2 克；碳水化合物 2.1 克，其中含有糖分 1.8 克；脂肪 37.2 克，其中饱和脂肪酸 13.3 克；胆固醇 127 毫克；钙60 毫克；纤维素 0.2 克；钠110 毫克。

[供 4 人食用]

原材料：

4 块三文鱼肉，每块大约 175 克重

盐和黑胡椒粉

新鲜香芹，用于装饰

制作青胡椒酱汁原材料：

15 克黄油

2~3 棵青葱，切成细末

15 毫升白兰地酒（可选）

60 毫升白葡萄酒

90 毫升鱼汤或者鸡汤

120 毫升鲜奶油

30~45 毫升盐水青胡椒粒，漂洗干净

15~30 毫升植物油

步骤：

1 在一个厚底锅内加热熔化黄油。加入青葱末煸炒 1~2 分钟，直到开始变软。

2 如果使用了白兰地酒，此时加入。然后加入白葡萄酒和高汤。加热烧开并燉至汤汁剩余 3/4 的程度，加热的过程中要不时的搅拌。

大厨提示

* 可以购买到成瓶或者成罐的，腌制好的成品青胡椒粒，青胡椒粒几乎可以添加到所有的酱汁中和炖菜中。在使用之前要漂洗干净，以去掉其中的盐分。

3 改用小火继续加热，加入鲜奶油和一半用量的青胡椒粒，用勺背将青胡椒粒在锅底进行反复碾压。用小火持续加热 4~5 分钟，直到汤汁变得浓稠。

4 将制作好的酱汁过滤到一个干净的锅内。将剩余的青胡椒粒加入并搅拌好。用微火加热保持酱汁的温度，在制作三文鱼的同时要不时的对酱汁进行搅拌。

5 在一个大号厚度煎锅内用中大火将油烧热。将三文鱼用盐和胡椒粉略微调味。先将三文鱼肉的两面用高温煎一下，以封住鱼肉的汁液，然后用小火继续煎 4~6 分钟，直到鱼肉变得不透明，成熟为好。将煎好的三文鱼肉摆放到热的餐盘内并浇淋上青胡椒酱汁。用香芹装饰之后上桌。

番茄酱汁（库里）烤安康鱼

tomato coulis for marinated monkfish

这是一款口味清淡却富含番茄风味的酱汁，正宗的番茄酱汁（又称为库里）应使用熟透的意大利圣女红果制作。腌汁中的青柠檬和香草风味可以抵消番茄中过甜的口感。这一道美味可口的菜肴理应搭配一杯冰镇的白葡萄酒一起享用。

营养分析：

能量：0.824 千焦；蛋白质 24.5 克；碳水化合物 4.7 克，其中含有糖分 4.7 克；脂肪 9.2 克，其中饱和脂肪酸 1.4 克；胆固醇 21 毫克；钙 21 毫克；纤维素 1.1 克；钠 45 毫克。

[供 4 人食用]

原材料：

30 毫升橄榄油

擦碎的青柠檬外皮和 1 个青柠檬的汁液

30 毫升杂香草（混合香草），切碎

5 毫升法国大藏芥末

4 块去皮、去刺的安康鱼肉

盐和黑胡椒粉　新鲜香草枝叶，装饰用

制作番茄酱汁（库里）原材料：

4 粒圣女红果，去皮，切碎

1 瓣蒜，切碎　15 毫升橄榄油

15 毫升番茄酱　30 毫升新鲜阿里根奴

5 毫升红糖

步骤：

1 将油、青柠檬碎皮和青柠檬汁液、香草、芥末，以及盐和胡椒一起放到一个小碗里，搅拌至彻底混合均匀。

> **举一反三**
>
> ● 番茄酱汁中如果使用莳萝和柠檬代替大蒜和阿里根奴也会非常美味。在酱汁中加入一个柠檬的柠檬碎皮并用莳萝代替阿里根奴。不使用大蒜。这样制作好的番茄酱汁非常适合于搭配肉质细腻的白鱼肉类菜肴。

2 将安康鱼肉摆放到一个非金属的浅容器内，将搅拌好的青柠檬混合液倒入到鱼肉上。在腌汁中翻转几下鱼肉，使得鱼肉能够均匀地沾满腌汁。盖好之后冷藏保存 1～2 个小时。

3 将烤箱预热到 180℃。切下四块油纸，每一块的大小以能够包裹住鱼肉为宜，将腌好的鱼肉分别摆放到油纸上。

4 再用勺舀取一点腌汁浇淋到鱼肉上。将油纸宽松的盖过鱼肉并包裹好，在接口处反复折叠多次以便将鱼肉密封好。将制作好的鱼肉包摆放到烤盘内。放入到烤箱里烘烤 20～30 分钟，或者一直烘烤到鱼肉成熟，以肉质鲜嫩并且刚好能够看到鱼肉瓣开始分离开为好。

5 在烤鱼的同时，制作番茄酱汁。将所有制作番茄酱汁的原材料都放入到食品加工机或者搅拌机内，搅打成细腻的糊状，调味，然后将制作好的番茄酱汁盛放到一个餐盘内。盖好之后放入到冰箱内冷藏至需要时取出。

6 小心的揭掉包裹着烤鱼的油纸，将烤好的鱼摆放到一个热的餐盘内。在鱼肉的边上放上一点冷藏好了的番茄酱汁，并用少许新鲜的香草枝叶装饰鱼肉。将其余的番茄酱汁单独配上，迅速上桌。

> **大厨提示**
>
> ★ 如果你喜欢，番茄酱汁也可以热食，按照本食谱制作好番茄酱汁之后，在上菜之前，把番茄酱汁倒入到一个锅内用小火加热至快要沸腾时即可。

铁扒箭鱼排配番茄青柠檬酱汁

tomato-lime sauce for swordfish

这一款香辣的番茄酱汁使用鲜奶油将味道进行了调和，使其与箭鱼排形成了绝配。这里的箭鱼排也可以采用烧烤的方式制作成熟。

营养分析：

能量：2.1千焦；蛋白质42.2克；碳水化合物4.2克，其中含有糖分4克；脂肪35.3克，其中饱和脂肪酸15.2克；胆固醇142毫克；钙42毫克；纤维素1克；钠311毫克。

[供4人食用]

原材料：

4块箭鱼排，每块大约225克重

制作番茄青柠檬酱汁：

2个鲜红辣椒

4个番茄

45毫升橄榄油

1个青柠檬，擦取外层碎皮，挤出青柠檬汁

2.5毫升盐

2.5毫升黑胡椒粉

175毫升鲜奶油

香芹叶，装饰用

铁扒各种蔬菜，配菜用

步骤：

1 将鲜红辣椒放到铁扒炉上烧烤至外皮裂开。放入到一个塑料袋内密封好，静置20分钟。然后将其脱皮，去掉籽，将辣椒切成细条。

2 在番茄的顶端切割出一个十字形刻痕。放入到一个耐热碗里，在碗内倒入没过番茄的开水，将番茄烫30秒钟的时间，然后取出番茄用冷水过晾。这样番茄皮就会很容易的剥掉。

3 将去皮之后的番茄切成两半，将番茄籽挤出。用锯刀将番茄肉切割成1厘米大小的块。

4 在一个小锅内烧热15毫升的油，加入红辣椒、青柠檬碎皮和青柠檬汁烧开，加热2~3分钟的时间，然后加入番茄翻炒，熬煮大约10分钟，期间要搅拌几次，直到将番茄煮烂。

5 在箭鱼排上涂刷上一层油并用盐和胡椒粉调味。烧烤或者铁扒3~4分钟至待鱼肉成熟，期间要翻面一次。

6 在制作箭鱼排的同时，将鲜奶油加入到酱汁中，加热并热透酱汁，然后浇淋到制作好的箭鱼排上。用香芹叶装饰，搭配铁扒蔬菜一起食用。

这一道色彩鲜艳的菜肴使用了香叶和橄榄增添香味，在鲜红的番茄酱汁中使用新鲜的青辣椒进行提味。与烤鱼一起食用，令人回味无穷。

营养分析：

能量：1.598 千焦；蛋白质 30.7 克；碳水化合物 8.6 克，其中含有糖分 8.3 克；脂肪 25.2 克，其中饱和脂肪酸 3.9 克；胆固醇 56 毫克；钙 97 毫克；纤维素 2.4 克；钠 970 毫克。

烤红鲷鱼配甜味辣酱汁

sweet chilli sauce for red snapper

[供 4 人食用]

原材料：

4 条红鲷鱼，清理干净

2 个青柠檬的汁液

4 瓣蒜，拍碎

5 毫升阿里根奴

2.5 毫升盐

水瓜柳，装饰用

青柠角，配菜用（可选）

青柠皮，装饰用

制作甜味辣酱汁原材料：

120 毫升橄榄油

2 片香叶

2 瓣蒜，切成片

4 个鲜辣椒，去籽切成丝

1 个洋葱，切成丝

450 克番茄

75 克泡椒

15 毫升红糖

2.5 毫升丁香粉

2.5 毫升肉桂粉

150 克酿馅青橄榄

步骤：

1 将烤箱预热至 180℃。将红稠鱼的里外都清洗干净。用厨纸拭干。呈单层的摆放到一个大烤盘里。

2 将青柠檬汁、大蒜、阿里根奴和盐混合到一起。将其均匀地浇淋到鱼身上 放入烤箱内烘烤 30 分钟，或者烘烤到鱼肉开始分瓣，表示已经嫩熟。

3 制作酱汁。在锅内加热油，加入香叶、大蒜和辣椒煸炒 3~4 分钟，直到将辣椒炒软。

4 在锅内加入洋葱，再继续煸炒 3~4 分钟，直到洋葱变软，并且变成透明状。继续用小火煸炒，不要使洋葱上色。

5 在番茄的顶端切割出一个十字形刻痕。放入到一个耐热碗里，在碗内倒入能够没过番茄的开水，将番茄烫 30 秒钟，然后用带眼勺捞出番茄用冷水过晾。再捞出并控净水。番茄的外皮此时会裂开。

6 剥除番茄外皮，将番茄切成两半，挤出番茄籽。将番茄剁碎加入到煸炒有洋葱的锅内。继续加热熬煮 3~4 分钟，直到番茄变软。

7 将泡椒、红糖、丁香粉、肉桂粉加入到酱汁中。熬煮 10 分钟，期间要不停的搅拌。最后加入橄榄。

8 在每一条红稠鱼身上浇淋一点酱汁。用水瓜柳和青柠檬皮装饰。根据喜好，可以搭配青柠檬角用于在鱼身上挤汁，这道鱼菜非常适合于搭配米饭一起食用。

煮鱼排配番茄茴香酒酱汁

aniseed tomato sauce for fish cutlets

这道菜肴非常适合于晚宴——洁白如雪的鱼肉与鲜红欲滴的酱汁遥相呼应，弥漫在法国茴香酒的芳香氛围之中。这样的美味佳肴令人难以忘怀。

营养分析：

能量：0.766 千焦；蛋白质 28.5 克；碳水化合物 3.9 克，其中含有糖分 3.9 克；脂肪 2.5 克，其中饱和脂肪酸 0.4 克；胆固醇 69 毫克；钙 31 毫克；纤维素 1.4 克；钠 335 毫克。

［供 4 人食用］

原材料：

4 块白鱼排，每块大约为 150 克重

150 毫升鱼汤或者干白葡萄酒，用于煮鱼用

1 片香叶

几粒黑胡椒

柠檬外皮

香芹和柠檬角，装饰用

制作番茄酱汁原材料：

400 毫升罐装番茄碎

1 瓣蒜

15 毫升番茄酱

15 毫升法国茴香酒或者其他茴香风味的利口酒

15 毫升水瓜柳，控干

12～16 粒黑橄榄，去核

盐和黑胡椒粉

步骤：

1 制作酱汁。将番茄碎和蒜一起放入到一个锅内加热。将番茄酱加入搅拌均匀。

2 量出 15 毫升法国茴香酒或者其他茴香风味的利口酒倒入锅内。然后加入水瓜柳和橄榄。用盐和黑胡椒粉调味。搅拌好之后加热熬煮 5 分钟，以使其味道充分混合好。

3 将鱼排、鱼汤或者葡萄酒以及其他调料一起放入到一个锅内。盖上锅盖用小火煮 10 分钟，直到鱼肉成熟，鱼肉瓣呈分离状。

4 将鱼排摆放到一个热的餐盘内。将煮鱼的汤汁过滤到酱汁中烧开，继续加热熇浓一些。给酱汁调味之后，将酱汁浇淋到鱼排上。用香芹和柠檬角装饰之后迅速上桌。

这一款香辣番茄和芥末风味的酱汁搭配炭烧三文鱼排会非常美味可口——三文鱼可以烧烤或者铁扒。

烧烤（铁扒）三文鱼配番茄辣椒酱汁

chilli tomato sauce for salmon

营养分析：

能量：1.804 千焦；蛋白质 37.4 克；碳水化合物 21.1 克，其中含有糖分 20.5 克；脂肪 22.4 克，其中饱和脂肪酸 4.8 克；胆固醇 93 毫克；钙 70 毫克；纤维素 1.8 克；钠 558 毫克。

[供 4 人食用]

原材料：

4 块三文鱼排，每块大约 175 克重

制作香辣烧烤酱汁原材料：

10 毫升黄油

1 个红皮洋葱，切成末

1 瓣蒜，切成末

6 粒小番茄，切成丁

45 毫升炭烧番茄沙司

30 毫升红糖

30 毫升法国大藏芥末

15 毫升蜂蜜

5 毫升辣椒面

15 毫升安祖辣椒面

15 毫升柿椒粉

15 毫升辣酱油

步骤：

1　制作烧烤酱汁。在一个大号厚度锅内加热黄油，用小火翻炒洋葱末和蒜末，直至变软呈透明状。

2　加入番茄，用小火继续加热 15 分钟，期间要不时的搅拌，并将番茄完全搅碎。

3　加入番茄沙司、芥末、红糖、蜂蜜、辣椒面、柿椒粉和辣椒油等调味料。搅拌至完全混合均匀并且煮至沸腾。继续用小火熬煮 20 分钟。

4　让酱汁冷却一会，然后倒入到食品加工机或者搅拌机内搅打至细腻状。让其冷却。将冷却之后的酱汁涂刷到三文鱼排上，放入冰箱内冷藏腌制至少 2 个小时。

5　用烧烤或者铁扒的烹调方法，将三文鱼排每一面加热 2～3 分钟的时间，必要时，在加热的过程中可以继续涂刷上一些酱汁。上菜时，将剩余的酱汁淋撒到三文鱼排上。

虾仁配杏仁和番茄酱汁

almond and tomato sauce for prawns

杏仁粉给这一款香辣口味的奶油酱汁增添了令人回味的质感和令人耳目一新的坚果风味，此款可以搭配鲜嫩多汁的海鲜类菜肴。

营养分析：

能量：1.741 千焦；蛋白质 32.7 克；碳水化合物 7.1 克，其中含有糖分 6.2 克；脂肪 28.7 克，其中饱和脂肪酸 9.6 克；胆固醇 325 毫克；钙 199 毫克；纤维素 3.1 克；钠 307 毫克。

[供 6 人食用]

原材料：

900 克煮熟的，去皮大虾（虾仁）

制作杏仁和番茄酱汁原材料：

1 个干辣椒　1 个洋葱

3 瓣蒜　30 毫升植物油

8 粒小番茄（圣女红果）

5 毫升小茴香粉

120 毫升鸡汤

130 克杏仁粉

175 毫升鲜奶油

半个青柠檬

盐

鲜香菜和春葱条，装饰用

米饭和热的墨西哥面饼，配菜用

步骤：

1　将干辣椒放入到一个耐热碗里，倒入开水浸泡大约 30 分钟。捞出控净水，去掉茎，切开去掉籽，切碎之后放到一边备用。

2　将洋葱切成末，并把蒜瓣拍碎。在煎锅内将植物油烧热，加入洋葱和蒜用小火煸炒至变软。

3　在每一粒小番茄的顶端切一个十字形的切口。放入到一个耐热碗里，倒入没过番茄的开水，将番茄烫大约 30 秒钟的时间，用带眼勺捞出之后用冷水过凉，控净水。

4　将小番茄的皮和籽去掉。把番茄肉切成 1 厘米大小的丁，倒入到煸炒好洋葱的锅内，再加上切碎的辣椒和小茴香粉。继续用小火炖 10 分钟，期间要不时的搅拌。

5　将炖好的混合物倒入到食品加工机或者搅拌机内，加入鸡汤搅打成细腻的蓉状酱汁。

6　将搅打好的酱汁倒入到一个大锅内，加入杏仁粉，用小火边加热边搅拌 2~3 分钟。加入鲜奶油搅拌好。

7　将青柠檬的汁液挤出到锅内并搅拌均匀。用盐调味，然后用小火加热并保持酱汁在微开状态。

8　将虾仁加入到锅内的酱汁中，加热至虾仁热透。加入虾仁之后的酱汁不要加热太长的时间，否则虾仁会变的坚韧而不鲜嫩。将酱汁浇淋到米饭上并用香菜和春葱条装饰。另外单配热的墨西哥面饼一起食用。

> **举一反三**
>
> - 可以试着用这一款酱汁搭配其他的鱼类菜肴。例如在酱汁中加入一些虾仁并把酱汁浇淋到龙利鱼上，以制作出一道高端大气奢华的美味佳肴。

三文鱼配酸模草酱汁
sorrel sauce for salmon

口感犀利，风味仿若柠檬般的酸模草非常适合于搭配三文鱼或者虹鳟鱼一起食用。鲜嫩的酸模草风味最佳，所以在大的花盆内或者自家后院内栽种一些酸模草肯定会物有所值。

营养分析：

能量：0.615千焦；蛋白质1.5克；碳水化合物3克，其中含有糖分2.3克；脂肪14.4克，其中饱和脂肪酸9.4克；胆固醇139毫克；钙63毫克；纤维素0.9克；钠79毫克。

[**供4人食用**]

原材料：

25 克黄油

4 棵青葱，切成末

90 毫升鲜奶油

100 克鲜酸模草叶，洗净并拭干

盐和黑胡椒粉

步骤：

1 将黄油在一个厚底锅内用中火熔化开。加入青葱末煸炒2~3分钟，使其变软。

2 在锅内加入鲜奶油搅拌好。再加入酸模草叶煸炒至成熟变色。将酸模草叶连同鲜奶油混合物一起倒入食品加工机或者搅拌机内搅打成细碎状。

3 将搅打好的酱汁重新倒回到一个干净的锅内加热，用盐和胡椒粉调味。烧开。趁热食用。

举一反三

● 如果没有酸模草，也可以用切成细碎状的西洋菜代替食用。

这一款色彩艳丽的塔塔酱汁非常适合于搭配各种海鲜类菜肴，尤其是鲜贝类菜肴，浇淋在这一道黑色墨鱼汁做成的面条上看起来光彩照人。

海鲜面配绿塔塔酱汁

green tartare sauce for seafood pasta

营养分析：

能量：2.126 千焦；蛋白质 26.1 克；碳水化合物 68.5 克，其中含有糖分 3.9 克；脂肪 15.7 克，其中饱和脂肪酸 8.6 克；胆固醇 62 毫克；钙 86 毫克；纤维素 3.1 克；钠 121 毫克。

[供 4 人食用]

原材料：

350 克黑色意大利宽面条

12 粒大的鲜贝

60 毫升白葡萄酒

150 毫升鱼汤

青柠檬角和香芹叶，装饰用

制作绿塔塔酱汁原材料：

120 毫升鲜奶油

10 毫升芥末酱

2 瓣蒜，拍碎

30~45 毫升鲜榨青柠檬汁

60 毫升香芹末

30 毫升细香葱末

盐和黑胡椒粉

3 在煮意大利面的同时，将鲜贝一片两半。要保持鲜贝的完整形状。

4 将白葡萄酒和鱼汤一起倒入到一个锅内。加热至微开的程度。加入鲜贝用小火煮 3~4 分钟（不可煮太长的时间，否则鲜贝肉质会变老）。

5 将煮好的鲜贝从锅内捞出。将锅内的汤汁熬至剩余一半的用量时，将搅拌好的塔塔酱汁倒入到锅内。用小火加热酱汁。

6 将鲜贝重新倒回到锅内，与酱汁一起加热 1 分钟。将煮好的鲜贝连同酱汁一起浇淋到盘内的面条上，用青柠檬角和香芹装饰。

大厨提示

* 如果是你自己从鲜贝壳内取出鲜贝肉，记住先要将鲜贝用冷水清洗干净。
* 如果鲜贝是冷冻的，在使用之前先要解冻，因为鲜贝或许是单冻的，需要将水分控干净。

举一反三

* 这一款酱汁也可以使用等量的青口贝（贻贝）代替鲜贝使用。
* 如果不搭配意大利面条，这一款酱汁也特别适合于搭配鱼类菜肴使用，例如安康鱼，可以令人回味起仿若龙虾般的风味。

步骤：

1 制作塔塔酱汁，将鲜奶油、芥末酱、大蒜、青柠汁、香芹、细香葱和盐及胡椒粉一起放入到食品加工机内或者搅拌机内搅打至混合均匀。

2 根据包装说明，烧开一大锅盐水煮好意大利面至有咬劲的程度。捞出控净水。

蟹肉饼配传统的塔塔酱汁

classic tartare sauce for crab cakes

在享用炸鱼类菜肴时，塔塔酱汁是传统的必备之酱汁。马里兰以盛产海鲜而闻名，这一道小小的蟹肉饼就来自于久负盛名的马里兰。

营养分析：

能量：2.934 千焦；蛋白质 33.4 克；碳水化合物 1.4 克，其中含有糖分 1.3 克；脂肪 62 克，其中饱和脂肪酸 8.1 克；胆固醇 225 毫克；钙 238 毫克；纤维素 0.4 克；钠 1029 毫克。

[供 4 人食用]

原材料：

675 克鲜蟹肉

1 个鸡蛋，打散

30 毫升蛋黄酱

15 毫升辣酱油

15 毫升雪利酒

30 毫升香芹细末

15 毫升细香葱细末

45 毫升橄榄油

盐和黑胡椒粉

制作塔塔酱汁原材料：

1 个蛋黄

15 毫升白酒醋

30 毫升法国大藏芥末

250 毫升植物油

30 毫升柠檬汁

45 毫升春葱细末

30 毫升水瓜柳碎末

45 毫升酸黄瓜细末

45 毫升香芹细末

步骤：

1 将蟹肉拣选一下，去掉其中残留的硬壳或者软骨等。挑选出大块的蟹肉。

2 将打散的蛋液与蛋黄酱、辣酱油、雪利酒、香草和盐等一起混合好。将蟹肉拌入。然后分成八份，塑成椭圆形的蟹肉饼。

3 将蟹肉饼摆放到铺有油纸的烤盘内，再盖上油纸，放入到冰箱内冷冻至少一个小时。

4 制作塔塔酱汁，将蛋黄、白酒醋、法国大藏芥末和调味料一起搅拌均匀。然后将植物油成均匀的细流状滴落到液体中的同时用力搅拌。再将柠檬汁、春葱末、水瓜柳末、酸黄瓜末，以及香芹末等都搅拌进去。盖好之后冷冻保存。

5 将铁扒炉预热好。在蟹肉饼表面涂刷上橄榄油。将蟹肉饼摆放到烤盘内，放到铁扒炉上将蟹肉饼加热至金黄色，每一面大约需要铁扒 5 分钟。趁热搭配塔塔酱汁一起食用。

在酱汁中烤鱼可以保持鱼肉的鲜嫩滋润的口感。在这一道乌克兰风味食谱中，乳脂状的辣根酱汁相伴在烤鳕鱼的旁边，给其增添了别具一格的风味。

烤鳕鱼排配辣根酱汁

horseradish sauce for baked cod

营养分析：

能量：1.335千焦；蛋白质35.6克；碳水化合物10.5克，其中含有糖分5.5克；脂肪15.2克，其中饱和脂肪酸8.6克；胆固醇120毫克；钙111毫克；纤维素0.6克；钠261毫克。

[供4人食用]

原材料：

4块厚鳕鱼排

15毫升柠檬汁

25克黄油

25克通用面粉，过筛

150毫升牛奶

150毫升鱼汤

盐和黑胡椒粉

香芹叶，装饰用

土豆角和炸韭葱片，配菜用

制作辣根酱汁原材料：

30毫升番茄酱

30毫升擦碎的新鲜辣根

150毫升酸奶油

步骤：

1 将烤箱预热至180℃。将鳕鱼排呈单层状摆放到涂抹有黄油的耐热盘内。在鱼排上淋撒上柠檬汁。

2 将黄油在一个厚底锅内加热熔化。加入面粉煸炒3～4分钟，或者一直煸炒至面粉变成淡金黄色。将锅端离开火。

3 将牛奶缓慢的搅拌进锅内，再将鱼汤也搅拌进大。用盐和黑胡椒粉调味。将锅重新加热。用小火烧开，同时不停的搅拌，一直熬煮3分钟。熬煮好的酱汁应是细腻柔滑且为浓稠状。待酱汁熬煮好之后要重新尝味并调味。

4 将酱汁浇淋到鱼排上，放入烤箱内烘烤20～25分钟，烘烤时间的长短根据鱼排的厚度而定。要检查鱼排的成熟度时，可以将小刀的刀尖轻轻插入到鱼排中最厚处：成熟的鱼肉应为白色不透明状。

5 在烤鱼排的同时，制作辣根酱汁：将番茄酱和辣根与酸奶油一起在一个小锅内混合好。用小火加热至沸腾，在加热的过程中要不时的搅拌以防止粘锅，继续搅拌的同时用小火加热1分钟至汤汁变得浓稠。将制作好的辣根酱汁倒入到一个餐碗里。

6 将烤好的鳕鱼排用香芹叶装饰之后趁热上桌。配辣根酱汁、土豆角和炸韭葱片。

铁扒大虾配红椒杏仁酱汁

罗梅斯科酱汁 romesco sauce for grilled prawns

这一款酱汁来自于西班牙加泰罗尼亚地区，适合于搭配鱼类和海鲜类菜肴。其主要材料有柿椒、番茄，大蒜和烘烤好的杏仁。

营养分析：

能量：1.021 千焦；蛋白质 10.7 克；碳水化合物 4.7 克，其中含有糖分 4.2 克；脂肪 19.9 克，其中饱和脂肪酸 2.7 克；胆固醇 98 毫克；钙 62 毫克；纤维素 1.5 克；钠 102 毫克。

[供 4 人食用]

原材料：

24 个大虾

30 ~ 45 毫升橄榄油

新鲜香芹叶，装饰用

柠檬角，配菜用

制作红椒杏仁酱汁（罗梅斯科酱汁）原材料：

2 个熟透的番茄

60 毫升橄榄油

1 个洋葱，切成末

4 瓣蒜，切碎

1 罐去皮红柿椒，切碎

2.5 毫升辣椒面

75 毫升鱼汤

30 毫升雪利酒或者白葡萄酒

10 粒烫熟的杏仁

15 毫升红酒醋

盐

步骤：

1 制作酱汁，将番茄在开水中浸泡约 30 秒钟，用漏勺捞出，再用冷水过凉。待去皮之后将番茄肉切碎。

2 在锅内将 30 毫升的油烧热，加入洋葱和 3 瓣蒜的蒜末，炒软。

3 加入红柿椒、番茄、辣椒、鱼汤和雪利酒或者白葡萄酒。烧开之后转成小火，盖上锅盖之后炖 30 分钟。然后放冷。

4 与此同时，烘烤杏仁至金黄色。

5 将烘烤好的杏仁放入食品加工机或者搅拌机内搅碎。

6 加入剩余的 30 毫升油、醋和剩余的 1 瓣蒜末，搅打至混合均匀。

7 慢慢的分次将番茄和红柿椒酱汁加入到机器中继续搅打至呈细腻状。用盐调味。倒入到锅内加热保温。

8 将大虾头去掉，保留虾壳。用一把锋利的刀，从每一个虾的脊背处片开并去掉黑色的虾线。将虾漂洗干净并用厨纸拭干。预热好铁扒炉。

9 将准备好的虾用橄榄油拌好，摆放到铁扒炉上。将虾的每一个面铁扒 2 ~ 3 分钟，直到虾变成粉红色。将铁扒好的虾摆放到餐盘内并用香芹叶装饰。配上柠檬角之后趁热上桌，把酱汁盛放到一个小碗内与虾一起上桌。

举一反三

- 在加泰罗尼亚地区，红椒杏仁酱汁（罗梅斯科酱汁）在当地也可以搭配香辣肠、铁扒鱼类和家禽类菜肴一起食用。在炖鱼或者炖鸡时也可以加入一勺红椒杏仁酱汁用来提味，就如同大蒜蛋黄酱（rouille）在法式烹调中的用途相类似。

比目鱼排配罗勒风味番茄莎莎酱

tomato and basil salsa for halibut

在这一款口味清新的番茄莎莎酱中加上了墨西哥辣椒和罗勒使其口感更加丰富。与调好味之后经过铁扒或者烧烤制作成熟的比目鱼形成了完美的搭配，在装盘时，只需要用香草进行简单的装饰即可。

营养分析：

能量：1.109 千焦；蛋白质 38.1 克；碳水化合物 2 克，其中含有糖分 1.7 克；脂肪 11.7 克，其中饱和脂肪酸 1.7 克；胆固醇 61 毫克；钙 61 毫克；纤维素 0.6 克；钠 109 毫克。

[供 4 人食用]

原材料：

4 块比目鱼排，每块大约 175 克重

45 毫升橄榄油

罗勒叶，装饰用

制作莎莎酱原材料：

1 个番茄，切碎

1/4 个红皮洋葱，切成细丝

1 个小墨西哥辣椒，切碎

30 毫升香脂醋

10 片鲜罗勒叶

15 毫升橄榄油

盐和黑胡椒粉

步骤：

1 制作莎莎酱，将切碎的番茄、红皮洋葱、辣椒和香脂醋在一个碗里混合好。用一把锋利的刀将罗勒叶切成细丝。

2 将切好的罗勒叶细丝和橄榄油与番茄等一起在一个碗里搅拌均匀。用盐和胡椒粉调味。用保鲜膜将碗密封好，放到一边腌制至少 3 个小时。

3 将比目鱼排用盐和胡椒粉腌制好并涂刷上油。用中火将鳕鱼排铁扒或者烧烤成熟，大约需要 8 分钟，在鱼排上要反复的涂刷几遍油并翻面一次。装盘之后用罗勒叶装饰，配莎莎酱一起食用。

大厨提示

★ 要注意比目鱼排非常容易烹调过度，使其肉质变得干燥，从而失去鲜嫩精致的口感。

新鲜的三文鱼，用烧烤的方式制作成熟，肉质本身的味道就已经足够鲜美可口，但是如果搭配上用芒果、木瓜和辣椒制作而成的色彩缤纷、甘美异常的莎莎酱汁，会让其绝美的味道更上一层楼。

三文鱼配热带水果莎莎酱汁

tropical fruit salsa for salmon

营养分析：

能量：1.573 千焦；蛋白质 36.5 克；碳水化合物 14.4 克，其中含有糖分 14.2 克；脂肪 19.6 克，其中饱和脂肪酸 3.4 克；胆固醇 88 毫克；钙 87 毫克；纤维素 3.8 克；钠 88 毫克。

[供 4 人食用]

原材料：

4 块三文鱼排，每块大约 175 克重

半个青柠碎皮和青柠汁　盐和黑胡椒粉

制作热带水果莎莎酱汁原材料：

半个青柠檬碎皮和青柠檬汁

1 个成熟的芒果

1 个成熟的木瓜

1 个鲜红辣椒

45 毫升香菜末

盐和黑胡椒粉

4　将香菜末加入到碗里，用一把大的木勺轻轻拌和。将剩余的青柠檬皮和青柠檬汁拌入并调味。

5　将腌制好的三文鱼排放置到涂抹了油的烧烤架上，用中火烧烤 5~8 分钟，中间翻面一次。待烧烤好之后，立即搭配莎莎酱趁热食用。

大厨提示

* 如果没有鲜辣椒，也可以使用大约 2.5 毫升成瓶的辣椒酱代替。

* 你也可以用扒炉煎三文鱼排，这样的话，就只需要在步骤 1 中腌制三文鱼排时多加入 5 毫升的橄榄油即可。

步骤：

1　将三文鱼排平放到一个盘内，撒上柠檬柠碎皮和青柠檬汁。并用盐和胡椒粉腌制好。

2　去掉芒果核。将芒果肉切成小丁并放到一个碗里。将木瓜切成两半，用勺挖出籽并去掉皮。将木瓜肉切成小丁之后与芒果放到一起。

3　将辣椒纵长劈开，如果需要中等辣度的莎莎酱，可以将辣椒籽去掉，如果需要辣的莎莎酱可以保留辣椒籽。将辣椒切碎拌入到切好的水果中。

铁扒比目鱼配番茄柠檬酱汁

维珍酱汁，sauce vierge for grilled halibut

凡是大块的白鱼肉都可以用来制作这一道广受欢迎的菜肴；像大菱鲆鱼、鲽鱼以及海鲂鱼等都会特别的美味可口，但是一款滋味浓郁的酱汁给味道清淡的白鱼肉带来的是质的提升。

营养分析：

能量：1.933 千焦；蛋白质 37.4 克；碳水化合物 1.9 克，其中含有糖分 1.8 克；脂肪 33.9 克，其中饱和脂肪酸 4.9 克；胆固醇 60 毫克；钙 82 毫克；纤维素 1.1 克；钠 169 毫克。

[供 4 人食用]

原材料：

2.5 毫升小茴香籽

2.5 毫升芹菜籽

105 毫升橄榄油

5 毫升胡椒粒

海盐

5 毫升鲜百里香叶，切碎

5 毫升鲜迷迭香叶，切碎

5 毫升鲜阿里根奴或者马郁兰叶，切碎

675～800 克比目鱼中段肉块，大约 3 厘米厚，切成四块鱼排

制作番茄柠檬酱汁（维珍酱汁）原材料：

105 毫升特级初榨橄榄油，多备出一些用于烹调食用

1 个柠檬，挤出柠檬汁

1 瓣蒜，切成细末

2 个番茄，去皮、去籽切成小丁

5 毫升水瓜柳

2 条银鱼柳，切碎

5 毫升鲜细香葱段

15 毫升罗勒叶细丝

15 毫升鲜细叶芹末

3 将比目鱼排均匀的沾满橄榄油混合物，黑皮那一面朝上放置到铁扒锅或者铁扒炉上进行铁扒。在铁扒 6～8 分钟之后翻面继续加热，直到鱼肉成熟，鱼皮呈褐色。

4 将除去新鲜香草以外的所有制作酱汁的原材料混合到一起，倒入锅内用小火加热，但是不要烧开。拌入细香葱、罗勒和细叶芹。

5 将制作好的比目鱼排摆放到四个热的盘内。将酱汁淋撒到鱼排上以及四周之后立刻趁热上桌，配清炒卷心菜 起食用。

步骤：

 1 在研钵内将小茴香籽和芹菜籽以及胡椒粒一起用研杵研碎，然后与海盐一起搅拌均匀。舀到一个浅盘内与香草和橄榄油混合好。

2 将铁扒锅或者铁扒炉烧热。在铁扒锅内或者铁扒炉上涂刷一些橄榄油，以防止鱼排在加热的过程中粘连。

这是一款搭配大块的没有鱼刺的三文鱼排所使用的非常棒的酱汁。这种辣香蒜酱汁使用的是葵花籽仁和辣椒作为风味调料，而没有使用传统的罗勒叶和松子仁进行调味。

三文鱼卷配辣香蒜酱汁

spicy pesto for rolled salmon

营养分析：

能量：2.624 千焦；蛋白质 47.7 克；碳水化合物 1.6 克，其中含有糖分 0.3 克；脂肪 47.7 克，其中饱和脂肪酸 7.3 克；胆固醇 113 毫克；钙 63 毫克；纤维素 0.5 克；钠 103 毫克。

[供 4 人食用]

原材料：

4 块三文鱼排，每块大约 225 克重

30 毫升葵花籽油

1 个青柠檬，擦取碎皮并挤出青柠檬汁

盐和黑胡椒粉

制作辣香蒜酱汁原材料：

6 个中等辣度的红辣椒，去籽切碎

2 瓣蒜　30 毫升南瓜籽仁或者葵花籽仁

1 个青柠檬，擦取碎皮并挤出青柠檬汁

75 克橄榄油

大厨提示

＊ 在去掉鱼骨之后的三文鱼排上如果还残留有小的鱼刺，可以用镊子将它们拔除。

步骤：

1　将三文鱼排摆放到菜板上。用一把锋利的刀从一侧的鱼骨处，紧贴着鱼骨切割下去，将一侧的鱼骨与鱼肉切割开。另一侧也如此切割。

2　将三文鱼排的鱼皮朝下摆放到菜板上，用一只手握紧鱼皮的一端。将一把锋利的小刀插入到鱼皮与鱼肉之间，从鱼皮上面朝外片切，将整块的三文鱼排与鱼皮分离开。将剩余的几块三文鱼排也如此操作分别进行加工处理。

3　将每一块三文鱼排外侧薄的鱼肉朝内侧卷曲成圆形，分别用棉线捆缚好。摆放到一个浅碗内。

4　在去掉鱼骨并捆缚好的三文鱼排上涂刷上油。加入青柠檬汁和青柠檬碎皮搅拌好。用保鲜膜盖好放入到冰箱内腌制 2 个小时。

5　制作辣香蒜酱汁。将红辣椒、大蒜、南瓜籽仁或者葵花籽仁、青柠檬碎皮和青柠檬汁以及调味料一起放入到一个食品加工机内搅打至混合均匀。在机器转动的情况下，将橄榄油加入到搅打中的混合物中。搅打中的辣香蒜酱汁应慢慢变得浓稠并呈乳化状。将制作好的辣香蒜酱汁倒入到一个碗里。预热铁扒炉。

6　取出三文鱼卷，抖落掉青柠檬碎皮等材料，将三文鱼排摆放到铁扒炉上，每一面铁扒大约 5 分钟或者铁扒至鱼肉呈不透明状。配辣香蒜酱汁一起食用。

煎大菱鲆鱼排配牡蛎酱汁

oyster sauce for turbot fillets

这一款超豪华版的牡蛎酱汁非常适合于在某些特殊的场合使用。购买一条大菱鲆鱼并让鱼贩帮你将鱼剔骨和去皮肯定会让你更加省心和物有所值。鱼头、鱼骨以及下脚料可以用来熬煮鱼汤。龙利鱼、鲽鱼和比目鱼都可以用来代替大菱鲆鱼使用。

营养分析：

能量：3.281 千焦；蛋白质 72.9 克；碳水化合物 9.6 克，其中含有糖分 7.5 克；脂肪 44.8 克，其中饱和脂肪酸 24 克；胆固醇 132 毫克；钙 330 毫克；纤维素 1 克；钠 630 毫克。

[供 4 人食用]

原材料：

1 条大菱鲆鱼，大约 1.8 千克重，将鱼肉剔下并去掉鱼皮

盐和黑胡椒粉

制作牡蛎酱汁原材料：

12 个太平洋牡蛎　115 克黄油

2 根胡萝卜，切成丝　200 克根芹，切成丝

2 根韭葱葱白，切成丝

375 毫升香槟酒或者干白起泡葡萄酒（大约半瓶的量）

105 毫升鲜奶油

盐和黑胡椒粉

步骤：

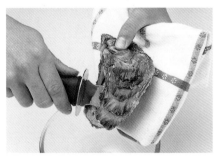

1 使用牡蛎刀，在一个碗的上方撬开牡蛎并接住滴落的汁液，然后小心地将牡蛎肉从壳内取出，去掉牡蛎壳，将牡蛎肉放到另外一个碗里，放到一边备用。

2 在锅内加热熔化 25 克的黄油，加入蔬菜煸炒至成熟，但是却没有变色的程度。加入一半用量的香槟酒，用小火加热至将香槟酒熬浓，但不要将蔬菜加热至变色。

3 将牡蛎汁液过滤到一个小锅内。加入鲜奶油和剩余的香槟酒。用中火加热将酱汁熬浓至如同鲜奶油班的浓稠度。取剩余的一半黄油切成小粒，分批的搅拌进入到酱汁中。调好味。用手持搅拌机搅打至细腻光滑如同天鹅绒般的程度。

4 重新加热酱汁至快要沸腾时。加入牡蛎肉煮 1 分钟，至嫩熟的程度。持续加热保温，但是不要烧开。

5 腌制大菱鲆鱼排。将剩余的黄油放入到一个大号煎锅内加热熔化至冒泡的程度。用中火将大菱鲆鱼排的每一个面煎 2~3 分钟直到成熟并变成金黄色。

6 将煎好的大菱鲆鱼排分割成 3 份，摆放到热盘内。将蔬菜叠放到鱼排上，然后将牡蛎肉和酱汁淋撒到鱼排的四周。

这一款味道绝佳的复合型酱汁也非常适合于搭配其他的像大菱鲆鱼、鲽鱼以及比目鱼等扁平鱼类，或者一些特殊的鱼类，像海豚鱼或者新西兰红鱼等。咖喱酱汁的口味应该非常清淡，所以要使用口味柔和一些的咖喱粉。可以搭配印度米饭和芒果酱与煎海鲂鱼排一起食用。

煎海鲂鱼排配淡味咖喱酱汁

light curry sauce for john dory fillets

营养分析：

能量：1.665 千焦；蛋白质 34.1 克；碳水化合物 6.5 克，其中含有糖分 5.8 克；脂肪 26.4 克，其中饱和脂肪酸 12.3 克；胆固醇 94 毫克；钙 42 毫克；纤维素 1.9 克；钠 170 毫克。

[供 4 人食用]

原材料：

4 块海鲂鱼排，每一块大约 175 克重，去掉鱼皮

15 毫升葵花籽油

25 克黄油

盐和黑胡椒粉

制作咖喱酱汁原材料：

30 毫升葵花籽油

1 根胡萝卜，切碎

1 个洋葱，切碎

1 根西芹，切碎

1 根韭葱葱白，切碎

2 瓣蒜，拍碎

50 克椰膏，弄成碎末

2 个番茄，去皮、去籽，切成小丁

2.5 厘米长的姜块，切成末

15 毫升番茄酱

5~10 毫升淡味咖喱粉

500 毫升鸡汤或者鱼汤

装饰原材料：

15 毫升鲜香菜叶　4 片香蕉叶（可选）

1 个小个头的芒果，去皮切成丁

步骤：

1 制作咖喱酱汁。在锅内将油烧热。加入蔬菜和大蒜，用慢火煸炒至变软但不要上色的程度。

2 加入椰膏、番茄和姜末继续煸炒 1~2 分钟。再加入番茄酱翻炒之后按照口味需要加入适量咖喱粉，高汤并调味。

3 将锅内的酱汁烧开，然后用小火继续加热，盖上锅盖之后再改用最小火炖煮大约 50 分钟。期间要搅拌几次，以防止锅煳底。然后端离开火使其冷却。

4 用食品加工机或者搅拌机将酱汁搅打成泥。然后重新加热，根据需要，如果太过于浓稠可以略加一点水。

5 用盐和黑胡椒粉腌制海鲂鱼排。在一个大号锅内将葵花籽油烧热，再加入黄油烧热。放入海鲂鱼排，每一个面煎 2~3 分钟，直到煎至浅金黄色并且鱼肉成熟为止。盛出摆放到厨纸上控净油。

6 如果你有香蕉叶，将其分别摆放到热的餐盘内，然后将鱼排摆放到香蕉叶上。将酱汁淋撒到鱼排的四周，再随意的撒上芒果丁。用香菜叶装饰好之后趁热食用。

炒三文鱼配日式照烧酱汁

teriyaki sauce for salmon

三文鱼在日式照烧酱汁中浸泡腌制之后会变得异常鲜嫩，仿佛可以在口中就能够融化了一般，而脆嫩爽口的调味料，又给三文鱼平添了出乎意料的质感。

营养分析：

能量：1.523 千焦；蛋白质 34.4 克；碳水化合物 1.9 克，其中含有糖分 1.9 克；脂肪 24.1 克，其中饱和脂肪酸 3.9 克；胆固醇 84 毫克；钙 40 毫克；纤维素 0.1 克；钠 612 毫克。

[供 4 人食用]

原材料：

675 克三文鱼肉

30 毫升葵花籽油

西洋菜，装饰用

制作照烧酱汁原材料：

5 毫升白糖

5 毫升干白葡萄酒

5 毫升日本清酒，米酒或者干雪利酒

30 毫升老抽

制作调味料原材料：

5 厘米长的鲜姜，切成末　粉红色食用色素（可选）

50 克白萝卜，擦碎

步骤：

1 制作照烧酱汁。将白糖、白葡萄酒、米酒或者日本清酒，或者干雪利酒和老抽一起搅拌至白糖溶化。

2 用鱼刀将三文鱼的鱼皮去掉。将三文鱼肉切成条形，然后放入到一个非金属的盆内。倒入照烧酱汁拌均匀，腌制 10～15 分钟。

3 制作调味料，将姜末放入到一个碗里，根据需要，加入一点粉红色色素。再拌入白萝卜。

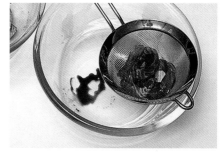

4 将腌制好的三文鱼肉用漏勺捞出并控净照烧酱汁。

5 将锅烧热，然后加入油烧热。分批次的将三文鱼肉放入到锅内翻炒 3～4 分钟，直到鱼肉成熟。倒入到餐盘内。用西洋菜装饰，并配白萝卜和姜调味料一起食用。

三文鱼是一种健壮有力的鱼类，因此非常适合与风味浓郁的酱汁一起进行烹调，就如同这里介绍的这种混合有香料、大蒜和辣椒的芳香四溢的酱汁一般。

焖煮三文鱼配椰奶酱汁

coconut sauce for salmon

营养分析：

能量：1.741 千焦；蛋白质 36.2 克；碳水化合物 5.2 克，其中含有糖分 4.8 克；脂肪 27.9 克，其中饱和脂肪酸 4.4 克；胆固醇 88 毫克；钙 75 毫克；纤维素 1.1 克；钠 132 毫克。

[供 4 人食用]

原材料：

4 块三文鱼排，每块大约 175 克重

5 毫升小茴香粉

10 毫升辣椒面

2.5 毫升黄姜粉

30 毫升白葡萄酒醋

1.5 毫升盐

制作椰味酱汁原材料：

45 毫升油　1 个洋葱，切成末

2 个鲜青辣椒，去籽切成末

2 瓣蒜，拍碎

2.5 厘米长的姜块，切成末

5 毫升小茴香粉

5 毫升香菜粉

175 毫升椰奶

鲜香菜叶，用于装饰　米饭和春葱，配菜用

步骤：

1 将三文鱼排摆放到一个玻璃浅盘内。将 5 毫升的小茴香粉和辣椒面、黄姜粉、白酒醋和盐一起在一个小碗内混合好。用混合好的调料涂抹到三文鱼排上腌制大约 15 分钟。

2 在一个大号深锅内将油烧热，煸炒洋葱、辣椒、大蒜和姜末 5～6 分钟，直到洋葱变软，然后放到一边冷却。

3 将煸炒好并冷却了一会的洋葱等混合物一起放入到一个食品加工机或者搅拌机内搅打成细腻的酱状。

4 将搅打好的洋葱酱重新倒回到锅内。加入剩余的小茴香粉、香菜粉和椰奶一起烧开，然后改用小火继续熬煮 5 分钟，期间要不停的搅拌。

5 加入三文鱼排。盖上锅盖焖煮 15 分钟，直到三文鱼成熟。将焖煮好的三文鱼取出摆放到餐盘内，用鲜香菜装饰。配米饭和春葱一起食用。

炸鱼配糖醋酱汁

sweet and sour sauce for baked fish

这一款糖醋酱汁口味淡雅中略微一点辣味，因为加入了一点红辣椒——适合于搭配整条鱼，也同样适合于搭配煎鱼排，炒虾或者烤鱼排等菜肴。

营养分析：

能量：1.172 千焦；蛋白质 32.4 克；碳水化合物 8.4 克，其中含有糖分 7.7 克；脂肪 13.3 克，其中饱和脂肪酸 1.8 克；胆固醇 56 毫克；钙 98 毫克；纤维素 1.8 克；钠 12.5 毫克。

[供 4 人食用]

原材料：

1 条整鱼，例如红鲷鱼或者鲤鱼，大约 1 千克重，清理干净

30～45 毫升玉米淀粉

油，用于炸鱼

盐和黑胡椒粉

米饭，配菜用

制作香辣酱原材料：

2 瓣蒜

2 棵柠檬草

2.5 厘米长的南姜

2.5 厘米长的姜

2 厘米黄姜或者 2.5 毫升黄姜粉

5 粒夏威夷果仁或者 10 粒杏仁

制作糖醋酱汁原材料：

15 毫升红糖

45 毫升苹果醋

大约 350 毫升水

2 片青柠檬叶，撕碎

4 棵青葱，切成四瓣

3 个番茄，去皮切成块

2 棵春葱，切成细丝

1 个鲜红辣椒，去籽切成丝

3 将搅拌好的糊状调料舀出到一个碗里。拌入红糖、苹果醋、用盐和胡椒粉调味并加入水搅拌均匀。加入青柠檬叶。放到一边备用。

步骤：

1 将鱼彻底洗净并拭干，在鱼身体的里外都撒上盐，放到一边腌制 15 分钟。

2 将蒜去皮拍碎。只取用柠檬草的白色茎秆部分切成薄片。将南姜、姜和黄姜去皮切成片。将坚果、大蒜、柠檬草、南姜、姜和黄姜一起放入到食品加工机内搅拌成细腻的浆糊状，或者使用研钵研成糊状。

4 将整条鱼粘均匀玉米淀粉，放入到热油锅内炸制 8～9 分钟或者炸至金黄色成熟。捞出在厨纸上控净油，然后摆放到餐盘内，保温。

5 将锅内的油倒出，然后将酱汁倒入到油锅内。烧开，同时不停的搅拌。用小火将酱汁燉 3～4 分钟。加入青葱和番茄之后继续燉 1 分钟，再加入春葱和辣椒。根据口味需要进行调味。

6 将制作好的酱汁浇淋到鱼身上，配米饭，立刻趁热食用。

这道菜肴带有明显的粤菜风格，味道与其色泽一样令人难以忘怀。要使用原味豆豉而不要使用豆豉酱。

豆豉炒鱿鱼

black bean sauce for stir-fried squid

营养分析：

能量：0.707 千焦；蛋白质 14.3 克；碳水化合物 4.8 克，其中含有糖分 2.9 克；脂肪 10 克，其中饱和脂肪酸 1.6 克；胆固醇 197 毫克；钙 18 毫克；纤维素 0.9 克；钠 99 毫克。

[供 4 人食用]

原材料：

350~400 克鱿鱼

1 个中等大小的绿柿椒，去籽

45~60 毫升植物油

1 瓣蒜，切成细末

2.5 毫升细姜末

15 毫升葱末

5 毫升盐

15 毫升豆豉

15 毫升米醋或者干雪利酒

几滴香油

3 将绿柿椒切成小三角块。将炒锅烧热，加入油并烧热，然后加入青绿柿椒翻炒大约 1 分钟。

4 加入蒜末、姜末、葱末、盐和鱿鱼，继续煸炒 1 分钟。加入豆豉，米酒或者干雪利酒和香油，翻炒成熟后装盘。

步骤：

1 清理鱿鱼，先在靠近眼睛的位置将鱿鱼须切割下来。去掉鱿鱼里的"刺"。将手指头蘸上一点盐，把鱿鱼上的花斑色外皮去掉。将鱿鱼清洗干净并拭干。切开鱿鱼并在内部剞出十字花刀造型，要注意不要将鱿鱼切断。

2 将鱿鱼切割成如同邮票大小的方块形。用开水炸几秒钟，捞出后控干水分。

蔬菜用的酱汁
Sauces for Vegetables

这里列出了一系列令人垂涎欲滴的酱汁食谱，可以将蔬菜的味道彰显的淋漓尽致。这其中有一些蔬菜本身的风味就已经充满了活力，许多厨师只需简单的拌入一点黄油或者淋撒上几滴橄榄油即可。但是作为一道能够让人一饱口福的菜肴，可以尝试着添加上非同寻常的酱汁来提升菜肴的品质。就如同用葡萄酒腌汁来炖煮菜肴，或者用奶油酱汁将菜肴原料进行调和。甚至可以作为配菜，与肉类或者鱼类菜肴进行完美搭配。这些让人食指大动的根菜类、叶菜类以及果菜类蔬菜，应该给予它们应得的令人高看一眼的待遇。

嫩西葫芦配柑橘风味酱汁

citrus sauce for baby courgettes

这一款令人食欲大开的酱汁，对于绿色蔬菜来说，是清新爽口而别具一格的选择。但是同样也可以搭配其他一系列的原材料，例如鱼类或者家禽类等。作为柑橘风味酱汁本身来说，可以作为烤土豆块的美味蘸酱——为什么不去试试土豆和甜薯的组合呢？

营养分析：

能量：0.125 千焦；蛋白质 1.9 克；碳水化合物 4.9 克，其中含有糖分 3.6 克；脂肪 0.4 克，其中饱和脂肪酸 0.1 克；胆固醇 0 毫克；钙 28 毫克；纤维素 1 克；钠 270 毫克。

[供 4 人食用]

原材料：

350 克嫩西葫芦

用于柑橘风味酱汁原材料：

4 棵春葱，切成薄片

2.5 厘米长鲜姜，切成末

30 毫升苹果醋

15 毫升生抽

5 毫升红糖

45 毫升蔬菜高汤

擦取半个柠檬和半个橙子的碎皮以及分别挤出它们的汁液

5 毫升玉米淀粉

步骤：

1 将淡盐水烧开，煮西葫芦 3~4 分钟，或者一直将西葫芦煮熟。捞出控净水，放回到锅内。

2 与此同时，制作酱汁。将所有的酱汁材料，除了玉米淀粉以外都放入一个小锅内，搅拌至烧开。用小火熬煮 3 分钟。

3 用 10 毫升的冷水溶解开玉米淀粉，倒入到酱汁中。重新烧开，同时要不停的搅拌，直到酱汁变得浓稠。

4 将酱汁浇淋到西葫芦上，并用小火加热，转动锅，使得酱汁能够均匀的沾到西葫芦上。装入到一个热餐盘内上桌。

举一反三

● 可以使用这一款酱汁搭配各种鲜嫩的蔬菜，例如胡萝卜、萝卜、玉米笋，以及小扁圆形西葫芦等。

这一款香芹酱汁将一道简单而普通的蔬菜瞬间戴上了亮丽的光环。要尽量使用小个头的、肉质结实并且没有疤痕的西葫芦来制作这一道菜肴，因为这道菜肴的风味是甘美、鲜嫩和清淡。如果是嫩西葫芦则不需要去皮，而成熟的西葫芦则需要去皮。

烤西葫芦配香芹酱汁

parsley sauce for baked marrow

营养分析：

能量：0.954 千焦；蛋白质 7.4 克；碳水化合物 11 克，其中含有糖分 7.5 克；脂肪 17.5 克，其中饱和脂肪酸 7.9 克；胆固醇 31 毫克；钙 159 毫克；纤维素 2.7 克；钠 55 毫克。

[供 4 人食用]

原材料：

1 个嫩西葫芦，大约 900 克

30 毫升橄榄油

15 克黄油

1 个洋葱，切成末

15 毫升普通面粉

300 毫升牛奶和淡奶油，混合到一起

30 毫升鲜香芹，切成末

盐和黑胡椒粉

步骤：

1 将烤箱预热至 180℃。将西葫芦切成块状，规格大约为 5 厘米×2.5 厘米。

2 在可以耐高温烘烤的砂锅内加热橄榄油和黄油。加入洋葱用小火翻炒至洋葱变得非常柔软。

3 加入西葫芦翻炒 1~2 分钟，然后再加入面粉，继续翻炒几分钟。

4 将奶油和淡奶油倒入到锅内，搅拌均匀至面粉全部吸收而变得细滑。

5 加入香芹并调味，搅拌均匀。

6 将砂锅盖好，放入到烤箱内烘烤 30~35 分钟。如果喜欢，在最后 5 分钟的烘烤时间时，揭掉锅盖，将西葫芦烘烤至金黄色。同样，也可以将西葫芦与浓香扑鼻，奶白色的酱汁一起炖煮之后食用。

举一反三

● 为了增加口味上的各种微妙的变化，可以使用新鲜的罗勒叶切碎，或者混合有罗勒和细叶芹或者他力干的香料组合，来代替香芹使用。

菠菜奶酪饺子配红椒酱汁

roast pepper sauce for spinach malfatti

略带烟熏味道的红柿椒和番茄酱汁给这一道菠菜和奶酪饺子增添上了最浓重的一笔色彩，在意大利语中叫这些菠菜奶酪饺子为 malfatti（马尔法蒂，差劲的意思），原因是因为它们制作好的造型大小不一，不够均匀一致。

营养分析：

能量：2.356 千焦；蛋白质 25.8 克；碳水化合物 35.2 克，其中含有糖分 15.3 克；脂肪 36.4 克，其中饱和脂肪酸 16.5 克；胆固醇 205 毫克；钙 440 毫克；纤维素 6.1 克；钠 511 毫克。

[供 4 人食用]

原材料：

500 克嫩叶菠菜

1 个洋葱，切成细末

1 瓣蒜，切成细末

15 毫升特级初榨橄榄油

350 克乳清奶酪　3 个鸡蛋，打散

50 克面包糠　50 克普通面粉

50 克现擦碎的巴美仙奶酪（帕玛森奶酪）

现磨的豆蔻粉　25 克黄油，熔化开

制作红柿椒番茄酱汁原材料：

2 个红柿椒，去籽切成 4 瓣

30 毫升特级初榨橄榄油

1 个洋葱，切成末

400 克番茄，切成末　盐和黑胡椒粉

步骤：

1　制作酱汁。将铁扒炉烧热，将柿椒外皮朝下摆放到铁扒炉烤架上烧烤至外皮起泡并变焦黑。将柿椒装入到塑料袋内密封好使其冷却一会，然后去掉柿椒外皮，将柿椒切成碎末。

2　在锅内将油烧热，用小火煸炒洋葱和柿椒大约 5 分钟。

3　加入番茄翻炒，再拌入 150 毫升水，用盐和胡椒粉调味。烧开，然后用小火炖 15 分钟。

4　将炖好的混合物放入到搅拌机或者食品加工机内搅打成泥状，然后倒入到一个锅内，放到一边备用。

5　将菠菜叶上大的根茎去掉，洗净，然后用开水焯 1 分钟。捞出，用冷水过晾，然后捞出挤净水分，切成细末。

6　将洋葱末、蒜末、橄榄油、乳清奶酪、鸡蛋和面包糠一起放到一个盆内。加入菠菜混合好。再拌入面粉和 5 毫升的盐，以及一半的巴美仙奶酪（帕玛森奶酪），用豆蔻粉和胡椒粉调味。

7　将混合物制作成为 16 个圆柱形造型，放入到冰箱内冷藏备用。

8　将一大锅水烧开。分次将冷藏好的圆柱形菠菜奶酪饺子放入到锅内煮 5 分钟，然后用鱼铲捞出，用黄油拌好。

9　上菜时，将酱汁重新加热，分装入四个餐盘内，将煮好的菠菜奶酪饺子每个餐盘内装入四个。将剩余的巴美仙奶酪撒到其表面上。趁热食用。

这一款香辣花生酱汁是基于传统的印度尼西亚搭配沙爹所使用的酱汁制作而成的，用来搭配这一道由蒸的和生的蔬菜类制成的主菜沙拉也同样美味可口。

蔬菜沙拉配花生酱汁

peanut sauce for vegetable salad

营养分析:

能量: 1.059 千焦; 蛋白质 9.6 克; 碳水化合物 28.3 克, 其中含有糖分 11.4 克; 脂肪 11.9 克, 其中饱和脂肪酸 2.6 克; 胆固醇 0 毫克; 钙 79 毫克; 纤维素 5.9 克; 钠 360 毫克。

[供 2~4 人食用]

原材料:

8 个新土豆

225 克西蓝花, 切割成小瓣

200 克芸豆

2 根胡萝卜, 用削皮刀削成长的薄片

50 克豆芽

1 个红柿椒, 去籽切成条

几枝西洋菜, 装饰用

制作花生酱汁原材料:

15 毫升葵花籽油

1 个辣椒, 去籽切成片

1 瓣蒜, 拍碎

5 毫升芫荽粉

5 毫升小茴香粉

60 毫升花生酱

75 毫升水

15 毫升老抽

1 厘米长的鲜姜块, 切成末

5 毫升红糖

15 毫升青柠汁

60 毫升椰奶

步骤:

1 先制作花生酱汁。在锅内将油烧热, 加入辣椒和大蒜, 煸炒 1 分钟, 或者一直煸炒至辣椒变软。再加入香料继续煸炒 1 分钟。

2 加入花生酱翻炒, 再加入水, 熬煮 2 分钟, 或者一直翻炒到混合均匀。

3 加入老抽、姜、红糖、青柠汁和椰奶, 然后用小火熬煮至细腻均匀状, 要不时的搅拌。熬煮好之后倒入一个碗里。

4 将一个装有淡盐水的锅烧开, 加入土豆之后重新加热烧开。改用小火煮 10~15 分钟, 直到土豆成熟。捞出, 控净水, 然后根据土豆的大小不同, 分别切成两半或者切成厚片。

5 同时, 将西蓝花和芸豆一起蒸 4~5 分钟, 或者一直将它们蒸熟, 但是

仍然是脆嫩的程度。在蒸蔬菜的最后两分钟, 将胡萝卜片放入到蒸锅中蒸 2 分钟。

6 将蒸熟的蔬菜摆放到一个餐盘内, 撒上豆芽和柿椒条。用西洋菜装饰, 配花生酱汁一起食用。

大厨提示

* 可以通过加入到酱汁中水的多少来调整花生酱汁的浓稠程度, 你还可以在制作酱汁的最后时刻多加入一点水。花生酱汁可以热食也可以冷食。

奶酪茄子卷配番茄酱汁

light tomato sauce for aubergine rolls

这一道食谱中使用的番茄酱汁口味异常清淡，与味道香浓的菜肴或者奶油类菜肴是完美的搭配。在这道食谱中，使用茄子片加上味道香浓的奶酪和米饭为馅料卷成小个头的茄子卷。

营养分析：

能量：0.975 千焦；蛋白质 8.9 克；碳水化合物 24.6 克，其中含有糖分 6.7 克；脂肪 11.8 克，其中饱和脂肪酸 5.8 克；胆固醇 125 毫克；钙 56 毫克；纤维素 3.3 克；钠 125 毫克。

[供 4 人食用]

原材料：

2 个茄子

橄榄油，或者葵花籽油，煎茄子片用

75 克乳清奶酪　75 克山羊奶酪

225 克熟的长粒米

15 毫升切碎的鲜罗勒叶

5 毫升切碎的鲜薄荷叶，备出一枝薄荷，用于装饰

盐和黑胡椒粉

制作番茄酱汁原材料：

15 毫升橄榄油　1 个红皮洋葱，切成细末

1 瓣蒜，拍碎　400 克罐装番茄碎

120 毫升蔬菜高汤或者白葡萄酒，或者高汤和白葡萄酒混合物　15 毫升切碎的鲜香芹

步骤：

1 制作番茄酱汁。在一个小锅内将油加热。加入洋葱和大蒜煸炒 3~4 分钟直到变软。再加入番茄、蔬菜高汤或者葡萄酒，以及香芹末。调好口味之后烧开，然后用小火炖 10~12 分钟，直到汤汁变得略微浓稠，期间要不时的搅拌。

2 将烤箱预热至 190℃。纵长将茄子片成长片。在一个大号煎锅内加入油并烧热，将茄子片煎至两面都呈金黄色。捞出在厨纸上控净油。将乳清奶酪、山羊奶酪、米饭、罗勒和薄荷等在一个碗内一起混合好。用盐和胡椒粉调味。

3 舀取一满勺量的奶酪和米饭馅料，放到每一片茄子片的一端并卷起茄子片成茄子卷。将卷好的茄子卷一起紧挨着，摆放到一个浅边耐热焗盘内。浇淋上番茄酱汁，放入烤箱内烘烤 10~15 分钟，直到烤透。用薄荷叶装饰，趁热上桌。

这一道简单易做的番茄酱汁可以使用库存的原材料来制作。加入番茄酱可以丰富酱汁的口感，使其成为蔬菜或者这里所列出的烤玉米饼等的理想搭配酱汁。

奶酪玉米饼配番茄酱汁

quick tomato sauce on cheese polenta

营养分析：

能量：2.059 千焦；蛋白质 20 克；碳水化合物 55.8 克，其中含有糖分 8.4 克；脂肪 20.3 克，其中饱和脂肪酸 8.8 克；胆固醇 37 毫克；钙 394 毫克；纤维素 3.6 克；钠 861 毫克。

[供 4 人食用]

原材料：

5 毫升盐

250 克熟煮玉米面

5 毫升柿椒粉

2.5 毫升豆蔻粉

75 克擦碎的古老也奶酪

制作番茄酱汁原材料：

30 毫升橄榄油

1 大个洋葱，切成细末

2 瓣蒜，拍碎

30 毫升白兰地或者半干雪利酒

2 个 400 克罐装番茄碎

60 毫升番茄酱

5 毫升白糖

盐和黑胡椒粉

步骤：

1 将一个 28 厘米 ×18 厘米的烤盘铺上保鲜膜。将 1 升水加上盐在锅内烧开。

2 呈细流状在开水中加入玉米面，同时不断的搅拌，并熬煮 5 分钟。将柿椒粉和豆蔻粉也加入进去搅拌均匀。倒出到铺好保鲜膜的烤盘内，将表面抹平，使其冷却。

3 制作番茄酱汁，在锅内将油烧热。加入洋葱、大蒜煸炒至软。加入白兰地或者雪利酒、番茄、番茄酱和白糖一起烧开。然后改用小火，在调味之后盖上锅盖，炖 20 分钟。最后再尝一下味道，放到一边备用。

4 将烤箱预热至 200℃。将冷却好的玉米饼取出摆放到菜板上，切割成 5 厘米大小的方块。将一半的方块形玉米饼摆放到涂抹有油脂的耐热焗盘内。浇淋上一半的番茄酱汁，并淋撒上一半的奶酪，然后再重复操作，盖上一层玉米饼，淋撒上番茄酱汁和奶酪。放入烤箱内烘烤 25 分钟。

玉米饼配野生菌酱汁

野生蘑菇酱汁，wild mushroom sauce for polenta

在这一款酱汁中，野生菌的风味与马斯卡彭奶酪的滋味进行了完美的融合，提升了玉米饼的口感。野生菌酱汁也可以作为一款美味的酱汁浇淋到焗土豆上。

营养分析：

能量：2千焦；蛋白质15.9克；碳水化合物47.7克，其中含有糖分7.5克；脂肪24.8克，其中饱和脂肪酸12.7克；胆固醇56毫克；钙283毫克；纤维素1.4克；钠412毫克。

[供 4~6 人食用]

原材料：

900 毫升牛奶　900 毫升水

5 毫升盐　300 克玉米面

50 克黄油　115 克戈根佐拉奶酪

鲜百里香枝叶，装饰用

野生菌酱汁　40 克干牛肝菌

150 毫升热水　25 克黄油

115 克口蘑，切碎

60 毫升干白葡萄酒

少许干的百里香

60 毫升马斯卡彭奶酪

盐和黑胡椒粉

步骤：

1 将牛奶和热水倒入到一个大号厚底锅内。加入盐并烧开。一只手使用一把长柄勺，快速的搅动液体，同时用另外一只手将玉米面淋撒到搅动中的液体里。待搅拌至呈浓稠状并细腻光滑的程度时，改用小火继续熬煮20分钟，期间要不时的搅拌。

2 将厚底锅端离开火，拌入黄油和戈根佐拉奶酪。舀入到一个浅盘内将表面抹平。

3 待玉米饼凝结成为固体状后，切割成三角块。

4 与此同时，制作酱汁。将牛肝菌用热水浸泡15分钟。捞出控净汁液，保留汁液备用。将牛肝菌切成细粒状，在细筛上铺上滤纸，将浸泡液体过滤。

5 在一个小锅内熔化一半的黄油。煸炒口蘑约5分钟，加入葡萄酒、牛肝菌和过滤后的浸泡液体，以及干的百里香。用盐和胡椒粉调味。烧开后再煮2分钟。拌入马斯卡彭奶酪，再继续煮几分钟，直到汁液减少三分之一。放到一边使其冷却。

6 烧热铁扒锅或者铁扒炉。将玉米饼铁扒至香酥脆嫩的程度。涂刷上熔化的黄油，搭配酱汁，装饰上百里香，趁热食用。

大厨提示

* 如果有新鲜的牛肝菌，可以使用这种带有坚果风味的蘑菇代替干的牛肝菌。在使用之前也无需浸泡。你需要使用大约 175 克鲜牛肝菌来代替此食谱中干的牛肝菌。牛肝菌（porcini）也可以叫作 ceps。

这一款讨人喜欢的酱汁令人心情愉悦。制作出一款深受人们喜爱的奶酪酱汁的秘诀就是不要让奶酪酱汁太过于浓稠，并且要在离开火之后再拌入奶酪，这样奶酪就会慢慢溶化在酱汁中。

焗蔬菜配莫奈酱汁

奶酪酱汁，mornay sauce for two-veg gratin

营养分析：

能量：1.406千焦；蛋白质20.9克；碳水化合物18.6克，其中含有糖分8.9克；脂肪19.8克，其中饱和脂肪酸11.1克；胆固醇139毫克；钙403毫克；纤维素4.3克；钠352毫克。

[供4~6人食用]

原材料：

1个中等大小的菜花

2个西蓝花

1个洋葱，切成丝

3个煮鸡蛋，每个切成4块

6个圣女红果，切成两半（可选）

30~45毫升干燥的面包糠

制作莫奈酱汁原材料：

40克黄油

40克普通面粉

600毫升牛奶或者牛奶与煮蔬菜水的混合液

150克擦碎的切达奶酪

现磨的豆蔻粉　盐和黑胡椒粉

步骤：

1. 修剪菜花和西蓝花，将它们切割成大小均等的小朵，如果喜欢，还可以将菜花和西蓝花中嫩的枝颈部分也切成薄片一起使用。

2. 将一大锅淡盐水烧开，加入菜花和西蓝花，以及洋葱一起煮5~7分钟，或者一直煮到菜花和西蓝花成熟。注意不要将它们煮过了。

3. 捞出菜花和西蓝花控净水分，如果想使用煮蔬菜的水制作酱汁，可以保留一部分备用。将菜花和西蓝花摆放到一个浅边耐热焗盘内，再摆放上煮鸡蛋块。

4. 制作莫奈酱汁，在一个锅内将黄油加热熔化，然后拌入面粉。用小火翻炒1分钟，要注意不要将面粉炒上色。

5. 逐渐的在锅内加入牛奶，或者牛奶以及煮蔬菜水的混合液，边加入边不停的搅拌，然后烧开，直到将汤汁搅拌到变得浓稠并呈细腻光滑状。用小火继续加热熬煮2分钟。将3/4的奶酪加入到酱汁中，并用豆蔻粉、盐和胡椒粉调味。

6. 将焗炉预热。将制作好的酱汁浇淋到菜花和西蓝花上，再撒上切成两半的圣女红果（如果使用的话），将剩余的奶酪与干燥的面包糠混合好。将奶酪和面包糠混合物撒到表面上，放入焗炉内焗到表面冒泡并呈金黄色。迅速上桌。

> **举一反三**
>
> • 这一款酱汁也可以用到意大利通心粉类菜肴中。根据包装要求将200克通心粉或者其他种类的意大利面条煮熟。捞出控干水分，然后与酱汁混合好，再摆放上煮鸡蛋块和番茄块。

酿馅茄子配罗望子酱汁

tamarind sauce for stuffed aubergines

加有罗望子制作菜肴的传统方式是使用陶罐一类的器皿来烹调，这样可以让罗望子中的果酸味道发挥到极致。这一道香辣酿馅茄子菜肴搭配的是酸味的罗望子酱汁，可以给所搭配的肉类菜肴添加上一种清爽宜人的口感。

营养分析：

能量：0.552 千焦；蛋白质 2.9 克；碳水化合物 4.7 克，其中含有糖分 3.8 克；脂肪 11.5 克，其中饱和脂肪酸 3.3 克；胆固醇 0 毫克；钙 36 毫克；纤维素 3.7 克；钠 5 毫克。

[**供 4 人食用**]

原材料：

12 个嫩茄子

制作馅料：

15 毫升植物油　1 个小个头的洋葱，切碎

10 毫升姜末　10 毫升蒜末

5 毫升香菜籽 5 毫升茴香籽

10 毫升罂粟籽 10 毫升芝麻

10 毫升椰丝 105 毫升温水

15 毫升烤熟的去皮花生

2.5~5 毫升辣椒面

5 毫升盐

制作罗望子酱汁原材料：

15 毫升植物油　6~8 片咖喱叶

1~2 个干红辣椒，切碎

2.5 毫升罗望子酱

105 毫升温水

大厨提示

* 如果没有小号的刀片和搅拌桶配件的话，一般的食品加工机对于制作这一款酱汁来说容具显得太大了，会造成浪费。有些厨师会使用咖啡研磨机来专门研磨香料，每次小量的研磨，并且在使用完之后要将机器擦拭干净。使用研钵来研磨香料是明智之举，特别是制作湿润的酱类的时候。研钵要配一个使用硬木制作的杵会事半功倍。

步骤：

1 在每一个茄子上纵长各自切割出 3 个深的切痕，但是不要将茄子切透而断开了，然后用盐水浸泡 20 分钟。

2 在一个锅内加热 15 毫升的油，将洋葱放入煸炒 3~4 分钟。加入姜末和大蒜末继续煸炒约 30 秒钟。

3 加入香菜籽和茴香籽，继续煸炒 30 秒钟，然后加入罂粟籽、芝麻和椰丝。继续煸炒大约 1 分钟。然后端离开火使其冷却。放入食品加工机内，加入 105 毫升的温水，将其搅碎成为酱状，这个调味酱是制作酿馅茄子的基础材料，应该是浓稠的，略微粗糙的酱状。

4 将花生、辣椒面和盐一起制作成香辣酱。捞出茄子拭干水分。在每一个茄子的切口中都塞入香辣酱，将剩余的香辣酱保留备用。

5 制作酱汁，将剩余的油倒入一个大锅内，用中火烧热。加入咖喱叶和辣椒煸炒，将辣椒煸炒至深褐色，然后放入茄子和使用 105 毫升温水搅拌的罗望子酱。搅拌均匀，将剩余的香辣酱也全部加入进去。

6 盖上锅盖，用小火加热焖煮 15~20 分钟，或者一直焖煮到茄子成熟。根据个人爱好，可以搭配印度薄饼和肉类菜肴，或者家禽类菜肴一起食用。

煮芦笋配鸡蛋柠檬
酱汁

egg and lemon sauce
for asparagus

在希腊、土耳其和中东地区的风味菜肴中会经常使用到鸡蛋和柠檬，这一款鸡蛋柠檬酱汁带有一种清新爽口的滋味，可以将芦笋本身的风味发挥的淋漓尽致。

营养分析：

能量：0.401 千焦；蛋白质 6.4 克；碳水化合物 9.5 克，其中含有糖分 5.8 克；脂肪 3.8 克，其中饱和脂肪酸 1 克；胆固醇 101 毫克；钙 59 毫克；纤维素 2.9 克；钠 8 毫克。

[供 4 人食用]

原材料：

675 克芦笋，去掉较老的根部，并用棉线捆缚到一起成为一捆。

制作鸡蛋柠檬酱汁原材料：

15 毫升玉米淀粉

大约 10 毫升白糖

2 个蛋黄

1 个半柠檬，挤出柠檬汁　盐

举一反三

• 这一款酱汁搭配各种鲜嫩的蔬菜会非常出色。加入鲜嫩的韭葱试口味如何，韭葱可以是熟的整棵，也可以是切成葱末。

步骤：

1 将芦笋放入到沸腾的盐水中煮 7~10 分钟。捞出控净水，摆放到一个餐盘内。保留大约 200 毫升的煮芦笋汤汁备用。

2 用一个小锅将冷却好的煮芦笋汤汁与玉米淀粉混合好。用小火加热烧开，同时要不停的搅拌，一直加热至淀粉液体变得略微浓稠些。拌入 10 毫升的白糖，然后将锅从火上端离开，放到一边使其冷却。

3 将蛋黄和柠檬汁彻底搅拌均匀，然后拌入到冷却后的酱汁中。再重新用小火加热，并要不停的搅拌，直到酱汁变得非常浓稠。注意不要过度的加热酱汁，否则会形成结块。

4 待酱汁变得浓稠时，将锅从火上端离开，继续不停的搅拌 1 分钟。根据需要可以加入盐或者白糖调味。静置一会，让酱汁变得略微凉一些。

5 将酱汁再搅拌好，然后将一小部分酱汁浇淋到摆放在盘内的芦笋上。盖好之后在上菜之前，冷却至少 2 个小时，上菜时搭配上剩余的酱汁。

大厨提示

★ 只使用鲜嫩的芦笋的尖头部分，可以作为鲜嫩清淡、典雅华丽的头盘菜肴。

芳香四溢的他力干香草和浓郁敦厚的黑醋结合到一起，给这一道炖韭葱菜肴带来的是与众不同、独具特色的风味以及水果味丰富的葡萄酒风味酱汁。这一道菜肴可以作为开胃菜肴的一部分，或者是作为烤鱼的配菜使用。

红酒酱汁炖韭葱

fruity red wine sauce for braised leeks

营养分析：

能量：0.632 千焦；蛋白质 1.1 克；碳水化合物 1.7 克，其中含有糖分 1.3 克；脂肪 13.7 克，其中饱和脂肪酸 2 克；胆固醇 0 毫克；钙 29 毫克；纤维素 1.5 克；钠 5 毫克。

[供 6 人食用]

原材料：

12 棵鲜嫩的韭葱或者 6 棵粗的韭葱

15 毫升香菜籽，压碎

5 厘米长的肉桂

120 毫升橄榄油

3 片新鲜的香叶

2 条削好的橙皮

5 枝或者 6 枝鲜的或者干的阿里根奴香草枝

5 毫升白糖

150 毫升果味红葡萄酒

10 毫升香脂醋或者雪利醋

30 毫升鲜阿里根奴或者牛膝草叶，切成碎末

盐和黑胡椒粉

3 将韭葱加入到锅内。重新加热烧开，然后改用小火，并盖上锅盖。将韭葱炖 5 分钟。然后去掉锅盖，用小火继续加热 5~8 分钟，或者一直加热到用一把锋利的小刀的刀尖测试时，能轻易的戳透韭葱的程度即可。

4 用漏勺将韭葱捞出摆放到一个餐盘内。将锅内的汁液用大火烧开，熬煮到剩余 75~90 毫升的量。加入盐和胡椒粉调味，将制作好的酱汁浇淋到餐盘内的韭葱上。放到一边使其冷却。

5 韭葱可以静置几个小时。如果你将它们冷藏了，在上菜服务之前要让韭葱恢复到室温下，并在韭葱上撒上一些切碎的香草。

大厨提示

＊制作这一道菜肴最好使用香脂醋。因为香脂醋中的糖分含量很高，并带有芳香浓郁的香气。香脂醋的颜色为深褐色并且带有厚重的，丰富的香草与波特酒的风味。虽然香脂醋的价格比较高，但是其风味足够浓郁，你只需要加入少许就足矣。

步骤：

1 如果使用鲜嫩的韭葱，只需简单的去掉根部，保留出整根的形状。将粗的韭葱切成 5~7.5 厘米长的段。

2 将香菜籽和肉桂放入一个足够平放开一层韭葱的锅内。加热 2~3 分钟，或者一直加热到香料散发出芳香的气味，然后拌入橄榄油，加入香叶和橙皮、阿里根奴、白糖、红葡萄酒和香脂醋或者雪利醋。加热烧开，然后用小火熬煮 5 分钟。

香煎土豆饼配姜味番茄酱汁和烤豆腐丁

tomato and ginger sauce for tofu rosti

在这一道食谱中，豆腐先用日本酱油、蜂蜜和油一起腌制，并加上大蒜和姜调味。这个腌汁随后会与加入的鲜番茄制作成一道浓稠的、乳脂状的美味可口的番茄酱汁，这样的制作方法会确保豆腐的滋味与酱汁保持一致。

营养分析：

能量：2.189 千焦；蛋白质 15,2 克；碳水化合物 46.1 克，其中含有糖分 12.4 克；脂肪 32.1 克，其中饱和脂肪酸 4.6 克；胆固醇 0 毫克；钙 620 毫克；纤维素 4.9 克；钠 49 毫克。

[供 4 人食用]

原材料：

425 克豆腐，切成 1 厘米的丁

4 个大土豆，总重量大约 900 克，去皮

葵花籽油，煎土豆饼用　盐和黑胡椒粉

30 毫升芝麻，烤熟

制作姜味番茄酱汁原材料：

30 毫升日本酱油或老抽

15 毫升蜂蜜

2 瓣蒜，拍碎

4 厘米长的一块鲜姜，切成末

5 毫升香油

15 毫升橄榄油

8 个番茄，切成两半，去籽，切碎

步骤：

1 制作酱汁，在一个浅盘内混合好日本酱油，或者老抽，蜂蜜、蒜、姜和香油。

2 加入豆腐，将酱汁浇淋到豆腐上，放入到冰箱内腌制至少 1 个小时。不时的在酱汁中翻动豆腐，使得豆腐经过充分的腌制。

3 要制作土豆饼，先将土豆煮 10～15 分钟，直到土豆快要成熟，然后将土豆冷却，用擦丝器擦碎。用盐和现磨的黑胡椒粉调味。

4 将烤箱预热至 200℃。使用漏勺，将豆腐从酱汁中捞出，保存酱汁到一边备用。将豆腐撒在一个烤盘内并摊开，放入到烤箱内烘烤大约 20 分钟，期间要不时的翻动豆腐，直到豆腐表面全部烘烤至金黄色并香脆。

5 将土豆分成均等的四份。取其中之一份用手塑撑一个圆饼状。将剩下的三份土豆也照此制作。

6 将煎锅加热，倒入足量能够覆盖过锅底的油。将油烧热。放入土豆饼，并用手（要小心手指不要接触到锅底以及锅内的油）或者金属铲或者平抹刀将土豆饼按压平整，塑成大约 1 厘米厚的圆形土豆饼。

7 在锅内将土豆饼的一面煎 6 分钟左右，或者一直将底面煎至呈现香脆的金黄色。小心地将土豆饼翻转过

来，再煎 6 分钟，或者也如同煎好的那一面一样煎至金黄色。

8 在煎土豆饼的同时，完成酱汁的制作。在锅内加热油，将预留好的腌汁倒入到锅内，然后加入番茄熬煮 2 分钟，期间要不断的搅拌。

9 改用小火继续加热，并盖上锅盖，炖煮 10 分钟，直到将番茄炖烂。将酱汁过筛，以制作出一个浓稠而细腻的酱汁。

10 上菜时，将煎好的四个土豆饼分别摆放到 4 个热的餐盘内。将豆腐丁撒到土豆饼上，再将制作好的番茄酱汁浇淋到豆腐丁和土豆饼上。撒上芝麻后趁热食用。

大厨提示

＊Tamari 日本酱油，是一种汁液浓稠，且滋味柔和的酱油，可以在日本料理商店或者较大的食品商店内购买到。

＊豆腐本身没有滋味，所以尽可能地腌制 2～3 个小时。

蔬菜配大蒜核桃酱汁

walnut and garlic sauce for vegetables

这一款酱汁，在整个地中海地区有几种不同的制作方法，是烤菜花或者土豆，也或者是煮鸡肉的最佳拍档。还可以作为食用面包的蘸酱。

营养分析：

能量：1.984千焦；蛋白质7.1克；碳水化合物8.1克，其中含有糖分2克；脂肪46.2克，其中饱和脂肪酸5.1克；胆固醇1毫克；钙67毫克；纤维素1.5克；钠74毫克。

[供 4 人食用]

原材料：

2 片 1 厘米厚的白面包片，切除四周硬边

60 毫升牛奶

150 克去皮核桃仁

4 瓣蒜，切成末

120 毫升橄榄油

15～30 毫升核桃油（可选）

1 个柠檬，挤出柠檬汁

盐和黑胡椒粉

核桃油或者橄榄油，用于表面淋撒

柿椒粉，用于装饰（可选）

步骤：

1 用牛奶浸泡面包片大约 5 分钟，然后与核桃仁和大蒜末一起用食品加工机或者电动搅拌器搅碎成糊状。

2 在机器继续搅打的过程中，将橄榄油逐渐的加入，直到混合物形成细腻且浓稠的酱汁。如果有核桃油的话，叶子此时加入进去搅拌好。

3 将搅打好的酱汁舀取到一个碗里，挤入柠檬汁。并用盐和胡椒粉调味，搅拌均匀。

4 将制作好的酱汁舀入到一个餐碗里，在表面淋撒上一些核桃油或者橄榄油，然后，如果使用柿椒粉的话，再淋撒上一些柿椒粉装饰。

大厨提示

＊ 一旦开瓶使用，核桃油的保质期非常短暂。按使用所需购买小瓶装的并将其保存在凉爽避光处。核桃油在制作沙拉酱汁时非常美味。

举一反三

● 要制作配意大利面条的核桃酱（salsa di noci）。将 90 克的核桃仁与 2 瓣蒜和 15 克的香芹叶一起在电动搅拌器内搅打好。再加入 1 片去掉四周硬皮，并用牛奶泡软的面包片，以及 120 毫升果味橄榄油，如同上面的制作方法一样，搅拌均匀。用盐和胡椒粉以及柠檬汁调味。如果酱汁过于浓稠，可以加入一些牛奶或者鲜奶油稀释。

在希腊，甜菜在冬季都是一种非常受人喜欢的蔬菜。甜菜可以单独作为一款沙拉食用或者是配上一层美味的大蒜酱汁，叫作 skordalia，要浇淋到表面上。

烤甜菜（红菜头）配大蒜酱汁

garlic sauce for roasted beetroot

营养分析：

能量：1.431 千焦；蛋白质 5 克；碳水化合物 25.2 克，其中含有糖分 12.5 克；脂肪 25.4 克，其中饱和脂肪酸 3.6 克；胆固醇 0 毫克；钙 61 毫克；纤维素 3.6 克；钠 242 毫克。

[供 4 人食用]

原材料：

675 克中等个头或者小个的甜菜（红菜头）

75~90 毫升特级初榨橄榄油

盐

制作大蒜酱汁原材料：

4 片面包，切去四周硬边，用水浸泡 10 分钟

2~3 瓣蒜，切成末

15 毫升白葡萄酒醋

60 毫升特级初榨橄榄油

步骤：

1 将烤箱预热至 180℃。用冷水漂洗甜菜，用毛刷掉所有的泥土，但是要小心不要戳破甜菜的外皮，否则其颜色将会流失一部分。如果甜菜上带有叶子，将叶子去掉时，在甜菜上要保留一小段茎秆。

2 在一个烤盘内铺上一大张锡纸，再摆放上甜菜。在甜菜上淋洒上一点橄榄油，并撒上一点盐，将锡纸的两个边角朝向中间折叠过来，将甜菜完全包裹过来。放入到烤箱内烘烤 1.5 小时直到甜菜变得软烂。

3 在烘烤甜菜的同时，制作大蒜酱汁。将浸泡面包所用的大部分水分都挤出去，但是面包还是非常湿润的程度。

4 将面包放入到食品加工机内或者电动搅拌器内。加入大蒜和白葡萄酒醋，以及盐调味，将混合物搅打至细腻状。将飞溅在桶边上的混合物刮取到桶内搅打均匀。

5 在机器搅拌的过程中，通过填料孔将橄榄油慢慢的添加进去。待混合物在搅打的过程中吸收完橄榄油之后会成为乳脂状，再重新调味之后，舀取到一个餐碗内，放到一边备用。

6 将烘烤好的甜菜从锡纸中取出。待冷却到可以用手拿取时，小心地将外皮去掉。切成薄薄的圆片，摆放到一个餐盘内。

7 在甜菜上淋撒上剩余的橄榄油，将大蒜酱汁浇淋到甜菜上，或者盛放到甜菜周围。根据需要可以选配新鲜烘烤好的面包。

传统沙拉酱汁和腌料汁
classic dressings and marinades

一款沙拉酱汁可以作为佐料用来拌食沙拉，而一款腌料汁有时候可以看作只是简单的调味之后的用来浸泡腌制肉类的葡萄酒。在现代烹饪中，它们被认为是能够刺激食欲和提升风味的调味料。沙拉酱汁现在也可以如同佐餐冷菜一样在热菜中使用来提升口感，包括鱼类、肉类、野味类和叶类的蔬菜。在这里介绍的绝大多数别具一格的，非常清淡的肉类食谱中，使用了香草类、各种调味品，柑橘类水果，以及各种香料等，与油脂类和醋类、葡萄酒、苹果酒、酸奶或者奶油类混合到一起之后使用。

黄瓜豆腐沙拉配香辣酸甜酱汁

hot 'n' sweet tofu for cucumber

这一款香辣、酸甜口味的沙拉酱汁用途非常广泛——用来腌制生的原材料，效果非常好，或者可以作为佐餐冷食沙拉的一款芳香四溢的沙拉酱汁，还可以搭配铁扒，以及煎等烹调方法制作而成的食物一起享用。

营养分析：

能量：0.288 千焦；蛋白质 2.7 克；碳水化合物 4.4 克，其中含有糖分 3.7 克；脂肪 4.6 克，其中饱和脂肪酸 0.6 克；胆固醇 0 毫克；钙 114 毫克；纤维素 0.7 克；钠 182 毫克。

2 将豆腐切成丁，在锅内加入少许油烧热，将豆腐表面煎至金黄色。在煎豆腐的过程中要避免将豆腐弄碎。捞出在厨纸上控净油。

3 制作沙拉酱汁，将洋葱、大蒜和辣椒酱一起放入到带螺丝口的瓶内，拧紧瓶盖，用力摇动混合好。然后再加入老抽、醋、红糖和盐调味。再次摇晃直到将所有的原材料全部混合均匀。

4 在上菜之前，用清水将黄瓜洗净。控净水并拭干。将黄瓜、豆腐和豆芽一起在一个餐碗内拌和好，浇淋上制作好的酱汁。用芹菜叶点缀，立刻上桌。

[供 4~6 人食用]

原材料：

1 根小黄瓜

115 克方块形豆腐

油，煎豆腐用

115 克豆芽

盐

芹菜叶，装饰用

制作香辣酸甜酱汁原材料：

1 个小洋葱，切成碎末　2 瓣蒜，拍碎

5~7 毫升辣椒酱　30~45 毫升老抽

15~30 毫升米醋

10 毫升红糖

步骤：

1 将黄瓜切成大小均匀的丁。摆放到一个餐盘内，撒上盐腌制出黄瓜的汁液。放到一边备用。同时准备将剩余的原材料制作成沙拉和沙拉酱汁。

覆盆子醋给这一款快速制作的酱汁带来了清新而浓烈的水果风味。是芦笋的理想搭配酱汁，搭配热气腾腾、新鲜出锅的甜菜也会让人回味无穷。

芦笋沙拉配覆盆子酱汁

raspberry dressing for asparagus

营养分析：

能量：0.468 千焦；蛋白质 6 克；碳水化合物 5.3 克，其中含有糖分 4.9 克；脂肪 7.7 克，其中饱和脂肪酸 4.3. 克；胆固醇 17 毫克；钙 66 毫克；纤维素 3.6 克；钠 6 毫克。

[供 4 人食用]

原材料：

675 克鲜嫩的芦笋尖

115 克新鲜覆盆子，用于装饰

制作奶油覆盆子沙拉酱汁原材料：

30 毫升覆盆子醋

2.5 毫升盐

5 毫升法国大藏芥末

60 毫升鲜奶油或者原味酸奶

白胡椒粉

步骤：

1 在锅内加入大约深度为 10 厘米的水并烧开。将芦笋尖老的根部切除掉。

2 将芦笋用棉线捆缚成两捆。放入到锅内的开水中，煮 3~5 分钟，或者煮至芦笋成熟。

3 从锅内捞出芦笋，用冷水过凉。然后控净水并将芦笋拭干。放入冰箱内冷藏 1 个小时。

4 制作覆盆子酱汁，将覆盆子醋和盐放入到一个碗里，用一把餐叉搅拌至盐完全溶化。再将芥末、鲜奶油或者酸奶搅入。加入胡椒调味。将冷藏好的芦笋分别摆放到四个餐盘内，在芦笋的中间位置淋撒上覆盆子酱汁。再用新鲜覆盆子装饰。

铁扒鳄梨沙拉配罗勒－香脂醋酱汁

balsamic-basil dressing for hot avocado

如果你能提前制作好罗勒油，或者能够购买到成品罗勒油的话，这道菜肴瞬间就变成了超级简单之作品。可以作为吸引客人眼球的头盘菜肴。

营养分析：

能量：0.929 千焦；蛋白质 1 克；碳水化合物 1 克，其中含有糖分 0.3 克；脂肪 23.8 克，其中饱和脂肪酸 4.1 克；胆固醇 0 毫克；钙 0 毫克；纤维素 1.7 克；钠 3 毫克。

[供 6 人食用]

原材料：

3 个熟透的鳄梨

105 毫升香脂醋

罗勒油

40 克鲜罗勒叶，去掉茎秆部分

200 毫升橄榄油

步骤：

1 制作罗勒油，将罗勒叶放入到一个碗里，浇入开水。烫 30 秒钟。捞出，用冷水过凉并控净水。将罗勒叶挤净水并用厨纸拭干，以尽可能的去掉罗勒叶上的水汽。将罗勒叶放入到食品加工机中，加入橄榄油，搅打成泥状。倒入到一个碗里，盖好保鲜膜之后冷藏一晚上。

2 在一个细筛上铺上一块纱布，摆放到一个深碗上，倒入罗勒泥。静置 1 个小时，或者将罗勒泥中的橄榄油全部滴落到深碗里。去掉罗勒泥，将罗勒油灌装到一个瓶内，放入冰箱内冷藏保存。

3 将烧烤炉点燃。将鳄梨分别切割成两半，去掉鳄梨核。在鳄梨切面处涂刷上油。将香脂醋倒入到一个小锅内用小火或者放到烧烤炉上加热。待香脂醋烧开后，再用小火加热 1 分钟，或者一直加热到香脂醋开始略微有些变得稠浓。

4 待烧烤炉的火焰逐渐熄灭后，将烧烤架摆放到炭火上继续加热。当炭火变热之后，或者炭的外侧有少许炭灰出现时，淋洒几滴水到炭火上，使得水汽迅速蒸发。

5 将炉温调低一点，将鳄梨切口朝下摆放到烧烤炉架上，铁扒 30～60 秒钟，直到鳄梨肉的切面处印上了烧烤炉架的花纹痕迹。趁热配香脂醋，并淋上罗勒油。

酸甜口味的薄荷酱汁，浇淋到略微加热之后的夏季时令蔬菜上，与这一款美味沙拉搭配相得益彰——尤其适合于在夏天晴空万里的夜晚时享用。

营养分析：

能量：0.619千焦；蛋白质7.2克；碳水化合物15.8克，其中含有糖分7克；脂肪6.7克，其中饱和脂肪酸1克；胆固醇0毫克；钙80毫克；纤维素6.2克；钠65毫克。

煮洋蓟心沙拉配酸甜莎莎酱

sweet-and-sour salsa for artichoke

[供 4 人食用]

原材料：

6 个洋蓟　1 个柠檬的汁液

30 毫升橄榄油　2 个洋葱，切碎

175 克新鲜或者速冻蚕豆

175 克新鲜或者速冻豌豆

盐和黑胡椒粉

鲜薄荷叶，用于装饰

制作酸甜酱汁原材料：

120 毫升白葡萄酒醋　15 毫升细白糖

一把薄荷叶，用手撕碎

步骤：

1　去掉洋蓟的外层老皮。将洋蓟切成四瓣，放入到一碗加有柠檬汁的水中。

2　用一个大号锅加热橄榄油，加入洋葱煸炒。直到将洋葱煸炒成金黄色。加入蚕豆继续煸炒，然后捞出洋蓟，控净水，也加入到锅内煸炒。加入大约 300 毫升的水烧开，盖上锅盖后，用小火继续焖煮 10~15 分钟。

3　加入豌豆，并用盐和胡椒粉调味，再继续焖煮 5 分钟，期间要不停的搅拌，直到所有的蔬菜全部成熟。用漏勺捞出蔬菜，放入到一个碗里，待其冷却之后，盖好，放入到冰箱内冷藏保存。

4　制作糖醋酱汁，将所有的原材料在一个锅内混合好。用小火加热 2~3 分钟，直到白糖完全溶化。再继续加热 5 分钟，期间要不停的搅拌。然后让其冷却。上菜时，将酱汁浇淋到蔬菜上，并用薄荷叶点缀即可。

红洋葱沙拉配香芹和香脂醋酱汁

parsley–balsamic dressing for red onions

这一款酱汁口味非常诱人食欲。本身就可以作为一道不错的素食沙拉享用，如果搭配铁扒肉类菜肴也会非常美味可口。你可以随心所欲的将几种不同颜色的洋葱组合到一起，从可以在西印度群岛市场上购买到的粉红色洋葱到葱头以及春葱等都可以使用。

营养分析：

能量：0.489 千焦；蛋白质 2.7 克；碳水化合物 14 克，其中含有糖分 10.1 克；脂肪 6 克，其中饱和脂肪酸 0.8 克；胆固醇 0 毫克；钙 66 毫克；纤维素 3.1 克；钠 9 毫克。

[供 4~6 人食用]

原材料：

6 棵红色春葱，剥择干净

6 棵青葱，剥择干净，纵长切开

250 克珍珠洋葱，去皮，保持个头完整

2 个粉红皮洋葱，切割成 5 毫米厚的洋葱圈

2 个红皮洋葱，切成块状

2 个小黄皮洋葱，切成块状

4 个干葱，切成两半

200 克小葱，最好是泰国小葱

制作香芹和香脂醋酱汁原材料：

45 毫升橄榄油，多备出一些，用于淋洒到菜肴表面

1 个柠檬，挤出柠檬汁

45 毫升切碎的香芹叶

30 毫升香脂醋

盐和黑胡椒粉

苦菜花（可选），装饰用

步骤：

1 点燃烧烤炉。将洋葱和青葱等各种葱在一个大号平盘内摊开。

2 将柠檬汁和橄榄油用搅拌器搅拌均匀，浇淋到盘内的各种葱上。翻动它们使得所用的从都均匀的沾满汁液，撒上盐调味。

3 待烧烤炉中的火苗逐渐熄灭时，将烧烤架摆放到炭火上继续加热。当炭火变热之后，或者炭的外侧有部分炭灰出现时，将一块铁板或者金属网放置到烧烤架上继续加热，这样会降低洋葱等从烧烤架缝隙中掉落下去的风险。将这些葱分批次的进行烧开，每一批需要 5~7 分钟。期间要翻动几次。

4 待这些葱制作好之后，将它们放置于一个平盘内并进行保温。在上菜之前，完成酱汁制作的最后一道工序，将香芹加入到制作好的这些葱类中，轻轻拌均匀。最后淋洒上香脂醋和橄榄油。

5 如果使用了苦菜花，可以用几朵苦菜花装饰。配热的皮塔饼一起食用。

从花园里采摘一些可食用的开花植物和香草植物在烹调时使用，会是一件令人非常赏心悦目的事情。东一把香草，西一把开花植物，随手采摘的它们，也是你能够制作出创造性烹调内容的一部分。并且在制作出天然去雕琢的酱汁或者腌料汁时，会产生出真正的激动人心和出乎意料的效果。

铁扒土豆沙拉配细香葱葱花酱汁

chive flower dressing for grilled potato

营养分析：

能量：0.971 千焦；蛋白质 3 克；碳水化合物 26.2 克，其中含有糖分 4 克；脂肪 13.5 克，其中饱和脂肪酸 2.1 克；胆固醇 0 毫克；钙 14 毫克；纤维素 2.2 克；钠 23 毫克。

[供 4~6 人食用]

原材料：

900 克土豆

制作细香葱葱花酱汁原材料：

15 毫升香槟酒醋

105 毫升橄榄油

45 毫升细香葱末

大约 10 朵细香葱葱花

一串 4~6 个黄色圣女红果

步骤：

1　点燃烧烤炉。将土豆放到一个盐水锅内煮 10 分钟，或者一直煮到土豆成熟。

2　制作酱汁：将醋与 75 毫升的油搅拌至混合均匀，然后将细香葱末和细香葱花拌入。将土豆捞出控净水并切成两半。

3　将烧烤炉架置于炭火上。待炭火烧热之后，或者炭的外侧有部分炭灰出现时，将土豆块用剩余的油拌好，将土豆摆放到烧烤架上。铁扒 5 分钟，然后轻轻朝下按压土豆，使得土豆切面上能够烙印上清晰的烧烤架的痕迹。

4　将土豆翻转过来，继续烧烤 3 分钟。然后取下土豆放入到一个碗里，将制作好的酱汁倒入，轻轻的混合好。可以趁热食用或者放到一边使其冷却一些至温热的时候食用，或者也可以冷食。

5　铁扒（烧烤）番茄 3 分钟，或者一直铁扒至番茄皮开始起泡的程度。将番茄搭配土豆一起食用。

茴香和橙子沙拉配香脂醋酱汁

balsamic dressing for fennel and orange

在这一款香脂醋酱汁中添加了大蒜、橙子碎皮，用来搭配雅致的茴香和辛辣的芝麻生菜一起享用。

营养分析：

能量：0.439 千焦；蛋白质 2.3 克；碳水化合物 8 克，其中含有糖分 7.7 克；脂肪 7.3 克，其中饱和脂肪酸 1 克；胆固醇 0 毫克；钙 104 毫克；纤维素 3.5 克；钠 331 毫克。

[供 4 人食用]

原材料：

2 个橙子或者血橙　1 个茴香球

115 克芝麻生菜　50 克黑橄榄

制作酱汁用料：

30 毫升特级初榨橄榄油　15 毫升香脂醋

1 小瓣蒜，拍碎　盐和黑胡椒粉

举一反三

● 如果你不喜欢大蒜的味道，在制作酱汁时，可以不使用它。

步骤：

1 使用削皮刀，从橙子上削下外层橙皮条，不要带有白色的部分，然后切成细丝。用开水烫煮几分钟的时间，捞出控净水，放到一边备用。用刀削掉橙子外皮，去掉所有白色的橙皮。切取橙肉瓣并去掉所有的籽。

2 修剪茴香球，然后纵长切割成两半，再横切成细薄片，也可以使用食品加工机的切片功能配件切割或者使用切片器进行切割。

3 将橙肉瓣和茴香片在一个餐碗内混合好，再拌入芝麻生菜。

4 制作酱汁，将橄榄油、大蒜和调味料一起混合好。浇淋到沙拉上，轻轻搅拌好，并让其腌制入味几分钟。撒上黑橄榄和橙皮细丝上桌。

柠檬、水瓜柳和橄榄酱汁

lemon, caper and olive dressing

柠檬巧妙的衬托出了蔬菜的风味，与此同时，水瓜柳又增添了些许刺激的味道。

营养分析：

能量：0.586 千焦；蛋白质 1.9 克；碳水化合物 4 克，其中含有糖分 3.6 克；脂肪 13.2 克，其中饱和脂肪酸 2 克；胆固醇 0 毫克；钙 42 毫克；纤维素 4.2 克；钠 288 毫克。

[供 4 人食用]

原材料：

1 个大个的茄子，重量大约在 675 克

60 毫升橄榄油

1 个柠檬，挤出汁液并擦取碎皮

30 毫升水瓜柳，漂洗干净　12 粒青橄榄，去皮

30 毫升切碎的香芹叶　盐和黑胡椒粉

大厨提示

★ 这一道沙拉如果提前一天制作好，其味道会更加出色。如果盖好，并一直在冰箱内保存完好，可以保存 4 天以上的时间。在上菜之前要提前从冰箱内取出，使沙拉恢复到室温。

步骤：

1 将茄子切成 2.5 厘米见方的块状。在一个大号、深边炒锅内加入橄榄油烧热，将茄子放入煎大约 10 分钟，要不时的翻动，直到将茄子块煎至金黄色，并且变得柔软。捞出，在厨纸上控净油，撒上盐入味。

2 制作酱汁，将柠檬碎皮以及柠檬汁、水瓜柳、青橄榄和香芹，盐和胡椒粉，一起混合好。将控净油的茄子块摆放到一个大的餐碗内，倒入制作好的酱汁并混合好，使得茄子块全部沾上酱汁。在室温下上桌。

青柠酱汁炒蔬菜

lime dressing for stir-fried vegetables

没有人不喜欢鲜嫩而甘美的蔬菜。而丰富多彩的酱汁与这些蔬菜一起构成了精彩绝伦的美味佳肴——只需少许的酱汁就会对菜肴的风味起到画龙点睛般的作用。

营养分析：

能量：0.481 千焦；蛋白质 5.9 克；碳水化合物 12.7 克，其中含有糖分 9.4 克；脂肪 4.9 克，其中饱和脂肪酸 0.7 克；胆固醇 0 毫克；钙 93 毫克；纤维素 4.8 克；钠 647 毫克。

[供 4 人食用]

原材料：

15 毫升花生油　1 瓣蒜，切成片

2.5 厘米长鲜姜，去皮，切成末

115 克嫩胡萝卜

115 克莲花果（扁圆瓜）

115 克玉米笋

115 克芸豆，择净

115 克甜豌豆，择净

115 克嫩芦笋，切成 7.5 厘米长的段

8 棵春葱，切成 5 厘米长的段

115 克圣女红果

制作青柠檬酱汁原材料：

2 个青柠檬，挤出青柠檬汁　15 毫升蜂蜜

15 毫升酱油　5 毫升香油

步骤：

1 在一个炒锅内将花生油烧热。加入蒜片和姜末用大火煸炒 1 分钟，直到有蒜和姜的香味散发出来。

2 加入胡萝卜、莲花果、玉米笋和芸豆继续翻炒 3~4 分钟，直到这些蔬菜开始成熟。

3 加入甜豌豆、芦笋、春葱和圣女红果再继续 1~2 分钟。用两把木勺或者使用筷子翻动锅内的蔬菜，以便让它们能够熟透。

4 要制作酱汁，先将青柠檬汁、蜂蜜、酱油和香油一起放入到一个小碗内，搅拌均匀使它们充分混合好。将制作好的酱汁倒入到锅内，翻炒均匀。

5 盖上锅盖，继续加热 2~3 分钟，直到蔬菜刚好成熟，并且还带有鲜嫩的口感。将制作好的蔬菜盛放到餐碗里，或者餐盘内，趁热食用。

大厨提示

* 煸炒的烹调方法属于旺火速成的技法，其制作出美味菜肴的关键之处在于你开始煸炒之前，要将所有要使用的原材料都要全部准备好。这些准备工作要提前做好，所有的原材料都要覆盖好并进行冷藏保存。煸炒的烹调方法是菜肴一出锅就要直接装盘的菜肴制作方式——最后几分钟加热烹调的时候要确保蔬菜的脆嫩和颜色的鲜艳。

这一道沙拉可以热食，以充分的体验到鸡肉在烧烤之后涂刷在鸡肉上的香菜、香油和芥末的美妙风味，并且最后还要搭配上与之口味相匹配的酱汁一起享用。

营养分析：

能量：2.323 千焦；蛋白质 31.3 克；碳水化合物 7.1 克，其中含有糖分 6.4 克；脂肪 44.8 克，其中饱和脂肪酸 7.5 克；胆固醇 83 毫克；钙 68 毫克；纤维素 3.4 克；钠 544 毫克。

鸡肉沙拉配香菜酱汁

coriander dressing for chicken salad

[供 6 人食用]

原材料：

4 块无骨鸡脯肉，去掉鸡皮

225 克荷兰豆

2 棵生菜球，例如罗马生菜，或者菊苣生菜

3 根胡萝卜，切成如同火柴梗般粗细的条

175 克口蘑，切成片

6 片培根，煎熟，并切碎

15 毫升鲜香菜，切碎，用于装饰

制作香菜酱汁原材料：

120 毫升柠檬汁

30 毫升带颗粒法国芥末

5 毫升香菜籽，碾碎

250 毫升橄榄油

75 毫升香油

3　将荷兰豆放入到开水中烫煮大约 2 分钟，然后捞出并用冷水过凉。

4　准备铁扒炉或者烧烤炉。将生菜撕成小块，与胡萝卜、蘑菇和培根一起混合好。将制作好的沙拉分装到六个餐碗里。

5　将鸡脯肉放入到中火加热的烧烤炉或者铁扒炉上，加热 10~15 分钟，加热期间要将腌制鸡肉的酱汁不断的涂刷到鸡肉上，并将鸡肉翻转过来一次，一直加热到鸡脯肉成熟。

6　将鸡脯肉斜切成薄片。分装到摆放好沙拉的六个餐碗里，将保存的另一半酱汁浇淋到餐碗内。迅速拌和好之后，在每一个餐碗内都撒上一点香菜末装饰。

步骤：

1　要制作香菜酱汁，先将柠檬汁和芥末以及香菜籽一起在一个碗里混合好，将橄榄油和香油搅拌进去。

2　将鸡脯肉摆放到盘内，将一半的酱汁浇淋到鸡脯肉上。翻拌均匀之后，放入到冰箱内，腌制一晚上。将剩余的一半酱汁也放入到冰箱内保存，用于搭配制作好的鸡肉和沙拉时使用。

姜和青柠檬炒大虾

ginger and lime marinade for prawns

这一款芳香四溢的腌汁保证会让你的烧烤菜肴单单是闻起来就会让人垂涎欲滴。其搭配鸡肉或者猪肉也会与同腌制大虾——或者三文鱼一样令人回味无穷。

营养分析：

能量：0.828 千焦；蛋白质 12 克；碳水化合物 24.4 克，其中含有糖分 24 克；脂肪 6 克，其中饱和脂肪酸 0.8 克；胆固醇 110 毫克；钙 74 毫克；纤维素 1.3 克；钠 113 毫克。

[供 4 人食用]

原材料：

225 克去皮的大虾（虾仁）

1/3 根黄瓜　　15 毫升葵花籽油

15 毫升香油　　175 克荷兰豆

4 棵春葱，切成片

少许鲜香菜，切成末

制作姜和青柠檬腌汁原材料：

15 毫升蜂蜜

15 毫升生抽

15 毫升干雪利酒

2 瓣蒜，拍碎

一小块姜，去皮切成末

1 个青柠檬，挤出青柠檬汁

步骤：

1　制作腌汁，将蜂蜜、酱油和雪利酒在一个碗里混合好。拌入大蒜、姜末和青柠檬汁。加入大虾，在腌汁中翻动，使得大虾沾匀腌汁。盖好之后放入到冰箱内冷藏腌制 1~2 个小时。

2　制作黄瓜。纵长将黄瓜切成两段，刮去籽，然后分别将两段黄瓜切成均匀的半月形。放到一边备用。

3　在一个大号、深边的炒锅内烧热葵花籽油和香油。捞出大虾（保留腌汁），放入到锅内，用大火翻炒大约 4 分钟，或者一直翻炒至大虾开始变成粉红色。加入荷兰豆和黄瓜继续翻炒大约 2 分钟。

4　将预留好的腌汁倒入，加热至沸腾。最后在拌入春葱之后再继续加热几秒钟，至春葱变得碧绿油亮即可，不要加热太长的时间，否则春葱会变得绵软。

5　将锅从火上端离开，再撒上香菜末。分装到四个热的餐碗里，趁热食用。

举一反三

● 这一款腌汁也非常适合于比较大的用于铁扒的鱼肉块。例如三文鱼、虹鳟鱼或者金枪鱼等。

安康鱼是一种肉质丰厚而密实的鱼类，尤其适合于烧烤。其滋味鲜嫩而清淡，可以使用胡椒和柑橘类水果制成的腌汁，对其风味进行提升。这一道菜肴可以搭配蔬菜沙拉一起食用。

柑橘胡椒腌安康鱼

peppered citrus marinade for monkfish

营养分析：

能量：0.749 千焦；蛋白质 31 克；碳水化合物 0 克，其中含有糖分 0 克；脂肪 6.3 克，其中饱和脂肪酸 1 克；胆固醇 28 毫克；钙 32 毫克；纤维素 0 克；钠 37 毫克。

[供 4 人食用]

原材料：

2 条安康鱼尾，每条重量在 350 克左右

1 个青柠檬

1 个柠檬

2 个橙子

几枝鲜百里香

30 毫升橄榄油

15 毫升胡椒碎

盐和黑胡椒粉

步骤：

1 使用一把锋利的刀，从安康鱼尾上将所有的筋膜剔除干净。从鱼身的一侧紧贴鱼骨，小心的下刀，将刀平放到鱼脊骨和鱼肉中间，将一侧的鱼肉剔取下来。

2 将鱼尾翻转过来，重复刚才的操作步骤，将另外一侧的鱼肉也剔取下来。另一条鱼尾也如此般操作，将剔取下来的四块鱼肉摆放到菜板上。

3 分别从橙子、青柠檬和柠檬上切割出 2 片薄片，并分别摆放到两块鱼肉上。最上面的两块鱼肉上要分别依次整齐的摆放好 2 片青柠檬、柠檬和橙子片。

4 放上百里香枝叶，撒上大量的盐和黑胡椒粉。从剩余的青柠檬、柠檬和橙子上擦取碎皮，也淋撒到鱼肉上。将一半的胡椒碎按压到鱼肉上。

5 将四块鱼肉每两个叠放到一起，包

好。摆放到盘内。

6 将这三种柑橘类水果的汁液挤出，用橄榄油拌和好，并用盐和胡椒粉调味。用勺将这些汁液浇淋到鱼肉上。用保鲜膜覆盖好冷藏腌制大约 1 个小时。期间要将腌制反复几次的淋撒到鱼肉上。

7 将安康鱼肉控净汁液，保留腌汁备用。将剩余的胡椒碎也撒到鱼肉上，放到用中火加热的铁扒炉上铁扒 15～20 分钟，期间要将腌制涂刷到鱼肉上。

橙子胡椒烤鲈鱼

orange-peppercorn marinade for bass

这是一款非常清淡可口的用于腌制整条鱼时使用的腌汁——这里使用的是海鲈鱼，但是也可以使用同样的方式来腌制虹鳟鱼或者海鲷鱼，也同样会非常美味。制作成熟之后的鱼，伴食着芳香浓郁、美味可口的腌汁，只需撒上几片新鲜的香草叶作为装饰即可。

营养分析：

能量：1.377 千焦；蛋白质 34 克；碳水化合物 1.2 克，其中含有糖分 0.9 克；脂肪 20.9 克，其中饱和脂肪酸 3.1 克；胆固醇 140 毫克；钙 231 毫克；纤维素 0.2 克；钠 121 毫克。

[供 4 人食用]

原材料：

1 整条中等大小的海鲈鱼，洗净

制作胡椒腌汁原材料：

1 个红皮洋葱

2 个橙子

90 毫升橄榄油

30 毫升苹果醋

30 毫升泡青胡椒粒，控净汁液

30 毫升鲜香菜末

盐和糖，调味用

大厨提示

＊如果你没有足够大的耐热餐盘来盛放整条的海鲈鱼，可以将海鲈鱼摆放到一个餐盘内腌制，然后再摆放到烤盘内烘烤。

步骤：

1 根据海鲈鱼的重量大小。使用一把锋利的刀，在鱼身的两面分别切割出 3~4 刀的切痕。

2 在一个耐热盘内铺好锡纸。将洋葱去皮切成丝，将橙子去皮切成片。将一半的洋葱和橙子铺在盘内的锡纸上，再将海鲈鱼摆放好，将剩余的洋葱和橙子覆盖到鱼身上。

3 将剩余的腌汁材料混合好，浇淋到鱼身上。提起锡纸包裹住鱼身并完全密封好，腌制 4 个小时。

4 将烤箱预热至 180℃。要确保包裹好鱼身的锡纸将腌汁完全密封在锡纸中。放入到烤箱内，按照每 450克烘烤 15 分钟的时间进行烘烤。如果重量超出，就再多烘烤 15 分钟的时间。配腌汁一起食用。

这一款腌汁充分利用了夏季众多香草的不同风味——根据你手头上现成的不同香草，可以组合成各种不同风味的腌汁，尽量使用风味清雅柔和的香草组合，而少用那些味道浓郁刺激的香草。这一款腌汁也非常适合于用来腌制小牛肉、鸡肉和猪肉或者羊肉时使用。

香草铁扒三文鱼

summer herb marinade for salmon

营养分析：

能量：1.603 千焦；蛋白质 34.6 克；碳水化合物 0.5 克，其中含有糖分 0.4 克；脂肪 27 克，其中饱和脂肪酸 4.4 克；胆固醇 84 毫克；钙 63 毫克；纤维素 0.7 克；钠 81 毫克。

[供 4 人食用]

原材料：

4 块三文鱼排或鱼柳，每块重量大约 175 克

制作香草腌汁原材料：

一大把各种新鲜的香草，例如细叶芹、百里香、香芹、鼠尾草、细香葱、迷迭香、阿里根奴（牛至）等

90 毫升橄榄油　45 毫升他力干（龙蒿）醋

1 瓣蒜，拍碎　2 棵春葱，切成末

盐和黑胡椒粉

大厨提示

＊要制作出烟熏的香草风味，可以将各种香草的茎秆在铁扒鱼排的时候投入到炭火中引燃。最好是使用百里香和迷迭香的茎秆。

步骤：

1 将各种香草枝上的粗老茎秆部分或者残破的叶片择除掉，然后细细的切碎，特别是有些坚硬的迷迭香要切成碎末状。

2 将橄榄油、他力干醋、大蒜和春葱一起在一个碗里混合好。加入切碎的各种香草末，搅拌至混合均匀。

3 将三文鱼摆放到一个盘内，并将腌汁舀到鱼身上，覆盖好之后放入到冰箱内冷藏腌制 4～6 个小时。

4 将铁扒炉烧热，将三文鱼控净汁液，放到铁扒炉上，每个面铁扒 2～3 分钟，在铁扒的过程中，要不时的将腌汁涂刷到鱼身上。

泥炉炭火烤鸡肉

tandoori-style marinade for chicken

一款风味敦厚的腌汁或者酱汁，在重现泥炉炭火风味的精髓方面对所有的厨师来说都是必须要掌握的选项。这样的一款腌汁，其适用性非常广泛——搭配鸡肉或者火鸡会非常美味，用来搭配羊肉也会美不胜收。可以用一份香辣甘美的洋葱沙拉作为这一道菜肴清新爽口的配菜。

营养分析：

能量：0.648千焦；蛋白质23克；碳水化合物6.4克，其中含有糖分6.1克；脂肪4.5克，其中饱和脂肪酸1.3克；胆固醇108毫克；钙81毫克；纤维素0.6克；钠160毫克。

[供6人食用]

原材料：

12只鸡小腿肉，去皮 印度烤饼和柠檬角，配菜用

制作泥炉炭火烤鸡肉的腌汁原材料：

3瓣蒜，拍碎

150毫升希腊风味酸奶

10毫升香菜粉

5毫升小茴香粉

5毫升黄姜粉

1.5毫升辣椒

2.5毫升什香粉

15毫升咖喱酱

1/2个柠檬，挤出柠檬汁

制作香辣洋葱沙拉原材料：

2个粉红色洋葱，先切成两半，再切成细丝

10毫升盐

4厘米长的鲜姜，切成细丝

2个新鲜的绿尖椒，去籽，切成细末

20毫升糖，最好是棕榈糖

1/2个柠檬，挤出柠檬汁

60毫升新鲜香菜末

步骤：

1 用一把锋利的刀，在每一只鸡小腿肉上进行刻划，将粘连在小腿骨上的鸡肉都切断，并将粗的关节切除。（你也可以在腌制之后再如此操作。）将加工好的鸡腿放入到一个瓷盆或者塑料盆里。

2 要制作腌汁，将大蒜、酸奶、香料、咖喱酱和柠檬汁一起装入到搅拌机或者食品加工机内快速搅打成细腻的糊状。将腌汁倒入到鸡腿里并搅拌均匀，使得鸡腿完全沾满腌汁。盖好之后放入到冰箱内冷藏一晚上的时间。

3 在上菜之前要提前两个小时制作香辣洋葱沙拉。将洋葱放入到一个碗里，撒上盐，盖好之后腌制一个小时。用漏勺捞出洋葱并用清水清洗干净，然后控净水并拭干。用刀大体切割几下，摆放到一个餐碗里。将其他原材料拌入。盖好之后放到一边静置至上菜服务时。

4 大约提前30分钟，根据口味需要，在腌汁和鸡腿中加入适量的盐，翻动鸡腿使其腌制的更加均匀透彻。

5 点燃烧烤炉。当火焰逐渐熄灭后，将一个涂抹了油脂的烧烤架摆放到烧烤炉的炭火上加热。当炭火烧至一半时，或者炭的周围被灰烬包裹住一半时，炉温恰好适合于用来烧烤鸡腿。同样，如果不使用烧烤炉而使用铁扒炉，先预热铁扒炉，然后在铁扒炉架上涂刷上油脂。

6 小心的将鸡腿从腌汁中取出。烧烤时，要用锡纸包裹好鸡腿，以防止鸡腿烤至焦煳。将鸡腿摆放到烧烤炉的一边位置上，这样鸡腿就不会通过中间最旺的炭火直接受热。可以盖上炉盖或者使用锡纸进行保护。如果使用铁扒炉，也要避免直接受热。加热5分钟之后要不停的翻动。同时要将腌汁不断的涂刷到鸡腿上，再继续加热5~7分钟，直到鸡腿变成金黄色并成熟。此时可以用刀尖刺入到鸡腿中进行查看，当鸡腿成熟时不会有血水流淌出来。

7 要趁热食用烤好的鸡腿，配香辣洋葱沙拉，热的印度烤饼和柠檬角，根据需要可以挤出柠檬汁使用。

罗勒辣椒腌海鳟鱼

basil and chilli marinade for sea trout

海鳟鱼在口味和质感上与野生三文鱼非常类似。这一款泰国风味腌汁，是一种味道非常理想的腌汁，添加了辣椒和青柠檬对腌汁的风味进行了有效的补充，并减弱了鱼肉的油腻感。

营养分析：

能量：0.657 千焦；蛋白质 23.1 克；碳水化合物 5.9 克，其中含有糖分 5.9 克；脂肪 4.7 克，其中饱和脂肪酸 0.1 克；胆固醇 0 毫克；钙 46 毫克；纤维素 0.4 克；钠 141 毫克。

[供 6 人食用]

原材料：

6 条海鳟鱼排，每一条大约 115 克，也可以使用野生的或者养殖的三文鱼

制作罗勒辣椒腌汁原材料：

2 瓣蒜，切碎

1 个鲜红辣椒，去籽，切碎

45 毫升切碎的泰国罗勒

15 毫升棕榈糖或者白糖

3 个青柠檬

400 毫升椰奶

15 毫升泰国鱼露

步骤：

1 将海鳟鱼排呈单层的摆放到一个大号浅盘里。

2 用研钵将大蒜和红辣椒研碎。然后加入 30 毫升的泰国罗勒、糖，继续研碎成糊状。

3 将一个青柠檬擦取碎皮并挤出青柠檬汁。将其混入到辣椒酱中，再加入椰奶混合好。将搅拌好的腌汁倒入到鱼排上，盖好之后放入到冰箱内腌制大约 1 个小时。将剩余的青柠檬切成块状备用。

4 点燃烧烤炉。待火焰逐渐熄灭后，将一个涂抹有油脂的烧烤架摆放到烧烤炉内的炭火上。当炭火烧至中等温度，或者炭上有一层厚的灰烬时，表示烧烤炉的温度可以烧烤鱼排了。同样，如果不使用烧烤炉而是使用的铁扒炉，也要预热铁扒炉。

5 在烧烤之前，从冰箱内取出腌制的鱼排，这样鱼排会恢复到室温。将鱼排放入到一个涂抹有油脂，带有铰链的烤鱼架上，或者也可以直接将鱼排摆放到烧烤架上，保留腌汁备用。如果是在室内烧烤，可以使用涂抹有油脂的条纹型煎锅来煎鱼排。鱼排的每一面加热 4 分钟。不要过快的翻动鱼排，因为鲜嫩的鱼肉会粘连到烤架上，要待鱼排肉质变硬之后再翻动鱼排。

6 将剩余的腌汁过滤到一个锅内，保留好过滤后网筛中的材料。将锅内的腌汁加热烧开，再继续用小火熬煮 5 分钟，然后将网筛中的材料加入到锅内，继续用小火加热 1 分钟以上的时间。加入泰国鱼露和剩余的泰国罗勒。取出烧烤好的鱼排，分别摆放到餐盘内，浇淋上熬煮好的酱汁，配青柠檬块一起食用。

鸡肉先经过腌制入味之后再烹调可以省时省力。八角的芳香气味给这一款用酱油和橄榄油制作而成的看似简单的腌汁带来了味道清晰、别具一格的风味。

酱油八角腌鸡肉

soy and star anise marinade for chicken

营养分析：

能量：0.862 千焦；蛋白质 36 克；碳水化合物 0 克，其中含有糖分 0 克；脂肪 6.9 克，其中饱和脂肪酸 1.2 克；胆固醇 105 毫克；钙 8 毫克；纤维素 0 克；钠 90 毫克。

[供 4 人食用]

原材料：

4 块去皮鸡脯肉　2 粒八角

45 毫升橄榄油　30 毫升酱油

黑胡椒粉

举一反三

● 如果你喜欢，腌好的鸡肉也可以使用烧烤的烹调方法制作成熟。当炭燃烧至包裹着一层灰烬时，将它们均匀的摊开。将鸡脯肉从腌汁中取出，每一个面烧烤 8 分钟，在烧烤的过程中，要不时的将腌汁浇淋到鸡脯肉上，直到将鸡肉彻底烧烤成熟。

步骤：

1 将鸡脯肉摆放到一个浅的、非金属的盘内，加入八角。

2 在一个小碗里，将橄榄油和酱油搅拌混合好，并用黑胡椒粉调味，以制作出腌汁的基料。

3 将腌汁浇淋到鸡肉上，并翻动鸡肉，使得鸡肉沾均匀腌汁。用保鲜膜覆盖好，放到一边腌制足够长的时间。如果你有时间可以提前准备，将鸡肉在腌汁中腌制一晚上的时间或者 6~8 小时，因为腌制的时间够长，可以改善鸡肉的风味。将覆盖好的鸡肉放入到冰箱内冷藏备用。

4 将铁扒炉预热。将鸡脯肉从腌汁中取出，摆放到铁扒炉架上进行铁扒，在加热的过程中要进行翻转，每一个面大约铁扒 8 分钟。铁扒成熟后要趁热食用。

香酥鸭

aromatic marinade for duck

这一款芳香扑鼻的腌汁通常可以作为食用鸭子和薄饼时，替代传统酸梅酱不二的选择。这款腌汁尽管会需要很长的时间去准备，但是肯定会物有所值。

营养分析：

能量：1.41 千焦；蛋白质 18.1 克；碳水化合物 27.2 克，其中含有糖分 5.1 克；脂肪 17.8 克，其中饱和脂肪酸 4.6 克；胆固醇 66 毫克；钙 59 毫克；纤维素 1.3；钠 438 毫克。

[供 6~8 人食用]

原材料：

1.75～2.25 千克北京填鸭

10 毫升盐　5-6 粒八角

15 毫升花椒　5 毫升丁香

2～3 根肉桂　3～4 棵大葱

3～4 片姜，不用去皮

75～90 毫升料酒或者干雪利酒

植物油，炸鸭子用

配菜：

20～24 个薄饼

120 毫升鸭酱或者酸梅酱

6～8 棵大葱，切成细丝

半根黄瓜，切成细丝

步骤：

1 将鸭翅切除。从鸭脊骨处将鸭子切割成两半。最好是使用砍刀进行切割，如果你不适应使用砍刀剁鸭子，你可以使用一根擀面杖，将砍刀摆放到鸭子脊骨处之后用擀面杖敲击砍刀的刀背进行切割。

2 在切割好的两半鸭子身体上用盐进行涂擦，注意要涂抹的均匀。

3 将鸭子和八角、花椒、丁香、肉桂、大葱、姜和料酒或者干雪利酒一起放入到一个餐盘内，盖好，放置到一边腌制 4~6 个小时。

4 将鸭子和腌料一起放入到蒸笼内，摆放到加有半锅开水的锅内，用大火足汽蒸 3~4 个小时（如果可以的话，可以蒸的时间更长一些）。从蒸笼内取出鸭子，冷却 5~6 个小时。鸭子必须完全冷却透，外皮干燥，否则，炸好之后的鸭子不会有香酥的口感。

5 在锅内将油加热至冒烟的程度，加入鸭子，鸭皮那一面朝下，炸 5~6 分钟，或者一直炸到鸭子香酥脆嫩的程度，在炸的过程中，只需在最后时刻翻转一次即可。

6 捞出鸭子控净油。将鸭肉从鸭骨上拆分下来，带皮摆到一起，摆放到生菜叶上。与配菜一起服务上桌：在薄饼涂抹上一点酱汁之后，摆放好一份鸭肉，再加上大葱丝和黄瓜丝。用手拿着食用即可。

制作这一道菜肴要提前做好策划；因为需要足够长的腌制时间，来开发出其适中的香辣风味。如果你喜欢更加柔和的风味。可以少加入一些洋葱。

香辣酸奶烤鸡腿

spicy yogurt marinade for chicken

营养分析：

能量：0.652 千焦；蛋白质 32.9 克；碳水化合物 2.2 克，其中含有糖分 1.5 克；脂肪 1.8 克，其中饱和脂肪酸 0.5 克；胆固醇 94 毫克；钙 44 毫克；纤维素 0.5 克；钠 98 毫克。

[供 6 人食用]

原材料：

6 根鸡腿

1 个柠檬，挤出柠檬汁

5 毫升盐

新鲜薄荷、柠檬和青柠檬，装饰用

制作酸奶腌汁原材料：

5 毫升香菜籽

10 毫升小茴香籽

6 粒丁香

2 片香叶

1 个洋葱，切成 4 块

2 瓣蒜

5 厘米鲜姜，去皮，切成末

2.5 毫升辣椒面

5 毫升黄姜粉

150 毫升原味酸奶

步骤：

1 将鸡腿上的鸡皮去掉，用一把锋利的刀在鸡腿上肉质最厚的地方切割几刀。在鸡腿上淋撒上柠檬汁和盐，涂抹均匀。

2 制作腌汁。将香菜籽、小茴香籽、丁香和香叶在锅底上摊开，用中火干煸至香叶变得脆硬。

3 让干煸好的香料冷却，然后用研钵研碎。

4 用电动搅拌器或者食品加工机将洋葱、大蒜和姜，加上香料末、辣椒面、黄姜粉和酸奶一起搅打好。从腌制的鸡腿中将柠檬汁过滤到腌汁中。

5 将鸡腿在烤盘内平铺好。将制作好的腌汁浇淋到鸡腿上，盖好之后冷藏保存并腌制 24～36 小时的时间。要经常的翻动鸡腿。

6 将烤箱预热至 200℃。将鸡腿放入到烤箱内烘烤 45 分钟，或者一直烘烤到用刀尖戳入鸡腿中之后，流出的汤汁是清澈的为止。鸡腿可以热食或者冷食，用新鲜的薄荷和柠檬或者青柠檬切片装饰。

> **举一反三**
>
> ● 这一款腌汁也非常适合于涂刷到羊肉串或者猪肉串上之后用于铁扒或者烧烤。

五香腌鹌鹑

five-spice marinade for quail

这是一款传统的中餐腌汁。尽管鹌鹑相对来说属于小型的鸟类，但是其肉质却是异常的丰厚而鲜嫩。一只鹌鹑通常足够一人食用。

营养分析：

能量：0.665 千焦；蛋白质 13.2 克；碳水化合物 5.6 克，其中含有糖分 5.6 克；脂肪 9.5 克，其中饱和脂肪酸 2.6 克；胆固醇 68 毫克；钙 7 毫克；纤维素 0.1 克；钠 404 毫克。

[供 4 人食用]

原材料：

4 只净鹌鹑

制作五香腌汁原材料：

2 粒八角

10 毫升肉桂粉

10 毫升小茴香籽

10 毫升花椒

少许丁香粉

1 个洋葱，切成细末

1 瓣蒜，拍碎

60 毫升蜂蜜

30 毫升老抽

装饰原材料：

2 棵大葱，切成葱花

1 个橘子或者蜜橘的外皮，切成细丝

小红萝卜和胡萝卜雕刻的花

香蕉叶，装盘用

步骤：

1 用厨用剪刀从两端剪开鹌鹑脊骨并去掉。

大厨提示

* 如果你喜欢，或者没有鹌鹑，你也可以使用小型的家禽类例如童子鸡等来代替鹌鹑。童子鸡需要 25～30 分钟的加热时间才可以成熟。

2 用手掌将剪去脊骨的鹌鹑按压平整，在每一侧用两根长竹扦穿好并保持平整。

3 用杵在研钵内将八角、肉桂粉、小茴香籽、花椒和丁香粉一起研碎。加入洋葱、大蒜、蜂蜜和老抽混合均匀。

4 将鹌鹑摆放到一个平盘内，涂抹上制作好的香料腌汁，并用保鲜膜覆盖好。放到一边静置腌制至少 8 个小时。

5 将腌制好的鹌鹑可以用铁扒炉铁扒或者放置到烧烤炉上烧烤，每一面加热 7～8 分钟，不时的将腌汁涂刷到鹌鹑上。

6 将制作好的鹌鹑摆放到香蕉叶上，用葱花、橘子皮丝和小红萝卜和胡萝卜雕刻的"花朵"进行装饰。趁热上桌食用。

薰衣草与肉类搭配会带来与众不同的风味，尤其是其令人陶醉的夏天般的芳香味道与烧烤羊排搭配在一起更加相得益彰。可以使用薰衣草的花朵对羊排进行装饰。

营养分析：

能量：2.365 千焦；蛋白质 31.4 克；碳水化合物 1.2 克，其中含有糖分 0.9 克；脂肪 48.3 克，其中饱和脂肪酸 21.5 克；胆固醇 135 毫克；钙 26 毫克；纤维素 0.2 克；钠 111 毫克。

香脂醋薰衣草风味腌羊排

lavender balsamic marinade for lamb

[供 4 人食用]

原材料：

4 块羊排，每一块带 3~4 根肋骨

薰衣草花朵，用于装饰

制作香脂醋腌汁原材料：

1 棵青葱，切成细末

45 毫升鲜薰衣草，切碎

15 毫升香脂醋

30 毫升橄榄油

15 毫升柠檬汁

一小把薰衣草

盐和黑胡椒粉

步骤：

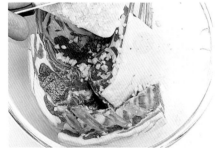

1 将羊排摆放到一个大的搅拌盆内或者一个平盘内，撒上青葱末。

2 再撒上切碎的薰衣草末。然后将薰衣草在羊排上反复涂擦，特别是有脂肪的位置，要多涂擦几遍。

3 将香脂醋、橄榄油和柠檬汁搅打混合到一起，浇淋到羊排上。用盐和黑胡椒粉调味，来回翻转几次羊排，使其均匀的沾满腌汁。

4 将几枝薰衣草摆放到用中火加热的烧烤炉的炭火上。同样的，你也可以使用铁扒炉，预先预热好铁扒炉。

5 将羊排烧烤 15~20 分钟，翻转一次，并将剩余的腌汁涂刷到羊排上，直到将羊排烧烤至外皮金黄，而内里肉质鲜嫩的程度。将烧烤好的羊排远离火源并保温。在上菜之前，用薰衣草花朵进行装饰。

红酒罗望子腌羊肉

red wine and juniper marinade for lamb

罗望子具有一股非常辛烈的风味，是制作羊肉类菜肴时使用的理想香料。同时罗望子也是制作野味类菜肴时经常使用到的传统香料，并且非常适合于用来腌制猪腿排或者烤火腿。

营养分析：

能量：1.209 千焦；蛋白质 23 克；碳水化合物 4.1 克，其中含有糖分 3.2 克；脂肪 16.5 克，其中饱和脂肪酸 6.3 克；胆固醇 86 毫克；钙 26 毫克；纤维素 1 克；钠 106 毫克。

2 将羊肉和蔬菜捞出放到一边备用。将腌汁过滤好备用。

3 将烤箱预热至 160℃。在一个锅内将油烧热，分批的将羊肉和蔬菜一起煸炒至呈浅褐色。将煸炒好的羊肉和蔬菜装入到一个砂锅内，将过滤好的腌汁与高汤一起倒入到砂锅内。盖上盖，放入到烤箱内烤 2 个小时。

4 在临近烤好之前的 20 分钟时，将黄油面糊拌入，然后再盖上盖，重新放入到烤箱内继续烘烤至成熟。在上菜之前再重新调味。

[供 4~6 人食用]

原材料：

675 克去骨羊腿肉，整理好并切成 2.5 厘米的丁。

2 根胡萝卜，切成细条

225 克小洋葱或者青葱

115 克口蘑　30 毫升色拉油

150 毫升高汤　30 毫升黄油面糊

盐和黑胡椒粉

制作红酒和罗望子腌汁原材料：

4 枝迷迭香

8 粒罗望子，压碎

8 粒黑胡椒粒，压碎

300 毫升红葡萄酒

步骤：

1 将羊肉放入到一个盆内。加入蔬菜、迷迭香、罗望子和黑胡椒粒，然后倒入红葡萄酒搅拌均匀。盖好之后，放置到一个凉爽的地方腌制 4~5 个小时，在腌制的过程中要搅拌几次。

大厨提示

* 黄油面糊是使用等量的黄油和面粉混合好之后制作而成的。用来给菜肴增稠时使用，在使用时要少量的分次加入。

要将羊腿放入到冰箱内腌制一晚上的时间，这样这一款滋味精致而美妙的白葡萄酒腌汁风味会有充分的时间渗透进入整只羊腿中。

营养分析：

能量：1.82 千焦；蛋白质 46 克；碳水化合物 0.2 克，其中含有糖分 0.2 克；脂肪 26 克，其中饱和脂肪酸 11.1 克；胆固醇 178 毫克；钙 13 毫克；纤维素 0 克；钠 103 毫克。

柠檬迷迭香烤羊腿

lemon and rosemary marinade for lamb

[供 6 人食用]

原材料：

1.3~1.6 千克羊腿肉

2 瓣蒜，切成片

15 毫升玉米淀粉

制作柠檬迷迭香腌汁原材料：

1 个柠檬，切成片　6 枝迷迭香

4 枝百里香　300 毫升干白葡萄酒

60 毫升橄榄油　盐和黑胡椒粉

步骤：

1 在羊腿表面用刀切割出一些小的切口。在每一个切口里塞入一片蒜。

2 将羊腿摆放到一个烤盘内。在羊腿表面上摆放好柠檬片和香草。

3 将干白葡萄酒、橄榄油和盐以及胡椒粉搅拌好，浇淋到羊腿上。盖好之后，放置到一个凉爽的地方腌制4~6个小时。期间要不时的翻动羊

腿，让滋味能够均匀的渗透进入到羊腿中。

4 将烤箱预热至180℃，放入腌制好的羊腿，按照每450克需要烘烤25分钟，烘烤羊腿，再额外多烘烤25分钟。在烘烤的过程中要将腌汁不断的浇淋到羊腿上。

举一反三

- 你也可以使用柠檬和迷迭香腌制鸡块，但是在烘烤的时候不要带着腌汁一起烘烤，否则鸡块会变老。腌汁可以用来制作成肉汁，搭配烤鸡块一起食用。

5 当羊腿烘烤好之后，先摆放到一个热的餐盘内静置一会。将烤盘内多余的油脂沥出。用一点冷水与玉米淀粉混合好，并拌入到烤盘内烘烤羊腿时滴落的汤汁中。用中火加热熬煮2~3分钟，并根据需要进行调味。

芝麻牛肉

Chinese sesame marinade for beef

经过烘烤之后的芝麻，会给这一款充满东方风情的腌汁带来与众不同的芳香烟熏风味。这一款腌汁搭配瘦猪肉或者羊肉以及这道食谱中所使用的牛肉都会美味可口。

营养分析：

能量：1.213 千焦；蛋白质 27.4 克；碳水化合物 5.8 克，其中含有糖分 3.2 克；脂肪 17.6 克，其中饱和脂肪酸 3.7 克；胆固醇 66 毫克；钙 65 毫克；纤维素 1.8 克；钠 252 毫克。

[供 4 人食用]

原材料：

450 克牛后腿肉

30 毫升芝麻

15 毫升香油

30 毫升色拉油

115 克小蘑菇，切成四瓣

1 个青椒，去籽切成丁

4 棵大葱，切成葱花

制作中式风味芝麻腌汁原材料：

10 毫升玉米淀粉

30 毫升米酒或者雪利酒

15 毫升柠檬汁

15 毫升酱油

几滴美国辣椒汁

2.5 厘米长的鲜姜，去皮切成末

1 瓣蒜，拍碎

步骤：

1 制作腌汁，将玉米淀粉和米醋或者雪利酒先混合好。再加入其他的腌汁材料搅拌均匀。

2 整理好牛后腿肉，切割成大约 1 厘米 ×5 厘米大小的条。拌入到腌汁中，盖好之后放置到一个凉爽的地方腌制 3~4 个小时。

3 将芝麻倒入一个大号炒锅内。用中火干煸，晃动炒锅直到将芝麻煸炒成金黄色。切记不能炒煳了。炒好之后放到一边备用。

4 在炒锅内加入油烧热。捞出牛肉并保留腌汁，将牛肉条分次加入到锅内煸炒上色。每次都用漏勺将炒好的牛肉捞出。

5 在锅内加入蘑菇和青椒并煸炒 2~3 分钟。再加入葱花煸炒一会。

6 将牛肉倒入到锅内，并倒入保留的腌汁，用中火继续煸炒 2 分钟，或者一直到牛肉均匀的挂上一层玉米淀粉糊。撒入炒好的芝麻。趁热上桌。

举一反三

• 这一款腌汁也特别适合于瘦的猪肉或者鸡脯肉使用，可以用去籽并切成丁的红辣椒来代替美国辣椒汁，与蘑菇和青椒一起煸炒，能够给这道菜肴添加上一点辣的滋味。

这一款腌汁也可以作为砂锅牛肉或者砂锅羊肉的调味汁。让肉质中富含着麦芽的芳香风味。

营养分析：

能量：1.59 千焦；蛋白质 48.4 克；碳水化合物 5.3 克，其中含有糖分 3.8 克；脂肪 15.8 克，其中饱和脂肪酸 5.2 克；胆固醇 131 毫克；钙 27 毫克；纤维素 0.3 克；钠 155 毫克。

砂锅麦香啤酒炖烤牛肉

winter-spiced ale marinade for beef

[供 6 人食用]

原材料：

1.3 千克牛后腿肉

制作麦芽啤酒腌汁原材料：

1 个洋葱，切成丝

2 根胡萝卜，切成片

2 根芹菜梗，切成片

2~3 根香草梗，切成末

鲜百里香枝叶

2 片香叶

6 粒丁香，压碎

1 根肉桂

8 粒黑胡椒

300 毫升麦芽啤酒

45 毫升色拉油

30 毫升黄油面糊

盐和黑胡椒粉

步骤：

1 将牛肉装入到铺放在一个大号的、深边碗里的塑料袋中。制作腌汁，将蔬菜、香草和香料加入到塑料袋内，然后倒入麦芽啤酒。收拢塑料袋口并扎紧或者密封好塑料袋，让牛肉在一个凉爽的地方，在腌汁中至少腌制 5~6 个小时。

2 捞出牛肉放到一边备用。将腌汁过滤到一个碗里，保留蔬菜和腌汁。

3 在一个耐热砂锅内烧热油。加入蔬菜煸炒至略微上色，然后用漏勺捞出，放到一边备用。用砂锅内剩余的油将牛肉煸炒至呈褐色状。

4 将烤箱预热至 160℃。将蔬菜再倒入到砂锅内，浇入保留好的腌汁。

5 盖上砂锅盖，放入到烤箱内炖烤 2.5 小时。在烘烤的过程中要翻动牛肉 2~3 次，以便让牛肉在腌汁中成熟的均匀透彻。

6 要上菜时，从砂锅内取出牛肉并切成片。将切好的牛肉片摆放到餐盘内，搭配好蔬菜。将砂锅内的汁液重新烧开。将黄油面糊慢慢的搅拌进入到砂锅内的汁液中，烧开之后用小火熬煮 3 分钟。尝味并调味。搭配牛肉一起食用。

甜食用的酱汁
Sauces for sweet dishes

甜品酱汁类甘美异常，深受大人们和孩童们的喜爱。风味饱满的水果类酱汁与口味清淡的乳制品类甜点是绝佳搭配；赏心悦目的黑巧克力酱汁会给单调的冰淇淋带来苦乐参半的口味变化。而柑橘类水果的外皮可以让酥脆的华夫饼变成一道风味迥异的甜食。当然还有各种美味可口的奶油类和各种酱类——可以用作顶料（浇淋用料）或者馅料使用——再加上各种蛋奶酱类（卡仕达酱）、糖浆类以及焦糖类等。几乎可以说是满足了所有人的心理诉求。

乳清奶酪蛋糕配浆果酱汁

berry sauce for baked ricotta cakes

这一款芳香扑鼻、水果味道浓郁的酱汁搭配冰淇淋、蛋奶酱、布丁以及奶酪蛋糕等会相得益彰——特别是适合那些添加了蜂蜜和香草风味之后烘烤而成的乳清奶酪蛋糕类。

营养分析：

能量：0.778 千焦；蛋白质 8.7 克；碳水化合物 18 克，其中含有糖分 18 克；脂肪 9.4 克，其中饱和脂肪酸 5.8 克；胆固醇 126 毫克；钙 27 毫克；纤维素 2.5 克；钠 35 毫克。

[供 4 人食用]

原材料：

250 克意大利乳清奶酪

2 个蛋清

大约 60 毫升蜂蜜

几滴香草香精

新鲜薄荷叶，用作装饰（可选）

制作红色浆果酱汁原材料：

450 克混合水果，新鲜或者冷冻均可，例如草莓、覆盆子、黑莓或者樱桃等

大厨提示

* 浆果酱汁可以提前一天制作好。然后冷藏至需用时。

* 冷冻水果不需要再额外加入水，因为在速冻时，浆果类中会有冰晶包裹着它们。

步骤：

1 将烤箱预热至 180℃。在四个耐热焗盅内涂抹上油。

2 将乳清奶酪放入到一个盆内，用一把木勺打散。用一把餐叉将蛋清打散，然后与蜂蜜和香草香精一起混入到奶酪中，彻底搅拌均匀至呈细腻状。

3 将搅拌好的奶酪混合物用勺舀入到预备好的四个焗盅内，将表面涂抹至平整。放入烤箱内烘烤 20 分钟，或者一直烘烤至呈金黄色。

4 与此同时，制作浆果酱汁。预留出大约 1/4 的水果用作装饰。将其余的水果放入到一个锅内，如果使用的是新鲜水果，就需要加入一点水，然后用小火加热至水果变软。在略微冷却之后，根据需要，可以将樱桃核去掉。

5 将煮软的水果挤压过筛，然后尝味，如果太酸，可以加入一些蜂蜜增加甜度。乳清奶酪蛋糕配浆果酱汁一起食用时，可以热食或者冷食。用预留出的浆果和薄荷叶装饰。

这一款使用木瓜制作而成的酱汁是略带酸甜口味类水果的最佳拍档——菠萝、红加仑、醋栗等。也非常适合于搭配铁扒鸡肉、野禽类、猪肉或者羊肉等一起享用。

焗菠萝配木瓜酱汁

papaya sauce for grilled pineapple

营养分析：

能量：0.46千焦；蛋白质0.9克；碳水化合物27.5克，其中含有糖分27.5克；脂肪0.4克，其中饱和脂肪酸0克；胆固醇0毫克；钙44毫克；纤维素3.1克；钠7毫克。

[供6人食用]

原材料：

1个熟菠萝　熔化的黄油，用来涂抹和涂刷

2块糖姜，控净汁液，切成如同火柴梗般的细丝

30毫升蔗糖　少许肉桂粉

30毫升糖姜汁　鲜薄荷叶，装饰用

制作木瓜酱汁原材料：

1个熟透的木瓜，去皮，去籽

175毫升苹果汁

举一反三

● 可以在木瓜酱汁中添加木瓜花蜜，在菠萝片上使用一半的用量，另一半的用量添加到苹果汁中。还可以使用铁扒香蕉来代替菠萝，加入一个青柠檬的碎皮和青柠檬汁来代替糖姜。

步骤：

1 将菠萝叶和茎从菠萝上切除。去掉菠萝外皮并呈螺旋状的切除掉菠萝上的黑斑眼。然后将菠萝横着切成6片圆形片，每一片大约为2.5厘米厚。

2 在一个烤盘内铺一张锡纸，将锡纸的四边处朝上翻卷，制作成为一个边缘造型。将熔化的黄油涂抹到锡纸上。预热焗炉。

3 制作木瓜酱汁，切割出几片木瓜放到一边备用。然后将剩余的木瓜用苹果汁在食品加工机或者搅拌机内搅打成泥状。用细筛过滤好之后放到一边备用。

4 将菠萝片摆放到锡纸上。涂刷上黄油，然后在表面摆放上糖姜，并撒上蔗糖和肉桂粉。淋撒上糖姜汁。放入到焗炉内焗5~7分钟，或者一直焗到菠萝片略微上色。

5 将焗好的菠萝片摆放到热的餐盘内。将锡纸内的菠萝汁液倒入木瓜酱汁中，在每一个餐盘内淋撒上少许酱汁。用预留出的木瓜片和薄荷叶装饰。

柠檬奶酪蛋糕配草莓酱汁

strawberry sauce for lemon hearts

这一款可以快速制作而成的甜味酱汁，对于柔和而清淡的心形柠檬奶酪蛋糕来说是必不可少的美味佐料。草莓酱汁对于冰淇淋或者大米布丁的诱惑力也同样不可阻挡。

营养分析：

能量：0.56 千焦；蛋白质 8.2 克；碳水化合物 10.7 克，其中含有糖分 10.7 克；脂肪 6.9 克，其中饱和脂肪酸 4.2 克；胆固醇 19 毫克；钙 88 毫克；纤维素 1.4 克；钠 64 毫克。

[供 4 人食用]

原材料：

175 克意大利乳清奶酪

150 毫升原味酸奶

15 毫升白糖

擦取半个柠檬的外皮

30 毫升柠檬汁

10 毫升鱼胶粉

2 个蛋清

油，涂抹模具用

制作草莓酱汁原材料：

225 克新鲜或者冷冻并解冻的草莓，多备出一些，用于装饰

15 毫升柠檬汁

步骤：

1 搅打乳清奶酪至非常细腻的程度。再将酸奶、白糖和柠檬碎皮拌入。在四个心形模具内涂抹上油，最好是使用杏仁油涂抹模具。

2 将柠檬汁放入到一个小碗里，撒上鱼胶粉。放到一边静置 1 分钟。将小碗放入到加有热水的锅内，隔水搅拌使其融化开。

3 将蛋清搅打至湿性发泡的程度。将融化后的鱼胶粉液体快速搅拌到乳清奶酪中，并搅拌均匀，然后与打发好的蛋清快速的叠拌好。

4 将混合好的乳清奶酪混合物用勺舀到准备好的模具内。覆盖好之后放入冰箱内冷藏几个小时的时间，直至乳清奶酪蛋糕凝固定型。

5 与此同时，制作草莓酱汁。将草莓和柠檬汁放入食品加工机或者搅拌机内，搅打至混合均匀并呈细腻的状态。

6 服务上桌时，将草莓酱汁浇淋到餐盘内。将心形柠檬奶酪蛋糕扣出到菜板上，使用甜品铲铲起并摆放到餐盘内的草莓酱汁上。用草莓装饰。

举一反三

● 可以在草莓酱汁中加入几滴君度酒或者橙味利口酒以改善口味。

蜜桃和覆盆子是传统的合作伙伴——这个美味组合对于深受人们喜欢的夏季甜品来说经久不衰。可以尝试着用这一款酱汁搭配冰镇蜜瓜片来作为炎炎夏日的开胃菜。

烤蜜桃配覆盆子酱汁

raspberry sauce for baked peaches

营养分析：

能量：1.004 千焦；蛋白质 4.4 克；碳水化合物 26.3 克，其中含有糖分 24.4 克；脂肪 13.8 克，其中饱和脂肪酸 5.6 克；胆固醇 54 毫克；钙 43 毫克；纤维素 2.4 克；钠 88 毫克。

[供 6 人食用]

原材料：

45 毫升淡味黄油，室温下

50 克白糖

1 个鸡蛋，打散

50 克杏仁粉

6 个熟透的蜜桃

制作覆盆子酱汁原材料：

175 克覆盆子

15 毫升糖粉

15 毫升水果风味白兰地（可选）

步骤：

1 将烤箱预热至 180℃。将黄油与白糖一起搅打至颜色变白、柔软并呈蓬松状。再将鸡蛋搅打进去——不要过度搅打鸡蛋，否则混合物会变成颗粒状。加入杏仁粉并搅打至混合均匀。

2 将蜜桃切割成两半并去掉桃核。用一把勺子从每一个切割好的半边蜜桃上挖出一些桃肉——留出的窝穴形，只需比原来桃核略微大出一点即可。保留好挖出的桃肉用来制作酱汁时使用。

3 将半边蜜桃摆放到一个烤盘内，用弄成皱褶的锡纸支撑住蜜桃以保持平稳。将黄油和杏仁粉混合物用勺舀到半边蜜桃中间的桃核窝穴处。

4 将半边蜜桃放入到烤箱内烘烤 30 分钟，或者一直烘烤至杏仁粉馅料涨发起来并呈金黄色，且蜜桃变得非常软烂。

5 制作覆盆子酱汁，将所有的原材料一起放入食品加工机或者搅拌机内。并加入挖出的桃肉。搅打至细腻状，然后用网筛过滤，以去掉其中的纤维和籽。

6 取出蜜桃使其冷却。在每一个餐盘内摆放 2 个半边蜜桃，用勺将酱汁浇淋到蜜桃上。迅速上桌。

水果圣代配百香果酱汁

passion fruit coulis for fruit sundae

冷冻的酸奶与奢侈的百香果酱汁组合到一起令人赏心悦目，并且这一款百香果酱汁制作起来非常简单。在使用新鲜的夏日草莓时，无需再加入太多的糖粉。

营养分析：

能量：0.573千焦；蛋白质4.8克；碳水化合物24.8克，其中含有糖分23.8克；脂肪2.8克，其中饱和脂肪酸1.8克；胆固醇3毫克；钙125毫克；纤维素1.8克；钠57毫克。

[供 4 人食用]

原材料：

175 克草莓，去掉根茎并切成两半

2 个熟透的蜜桃，去核并切碎

8 勺香草风味或者草莓风味冷冻酸奶（大约 350 克）

制作百香果酱汁原材料：

175 克草莓，去掉根茎并切成两半

1 个百香果 10 毫升糖粉（可选）

步骤：

1 要制作百香果酱汁，用食品加工机或者搅拌机将草莓搅打成细泥。舀出百香果肉加入到草莓细泥中。尝味并根据口味需要添加糖粉，以增加适当的甜度。

2 将剩余草莓的一半和一半切碎的桃肉一起分装到四个高脚圣代杯内。

3 在每一个圣代杯内加入一勺冷冻酸奶。在四周用水果进行装饰，并在每一个圣代杯内铺满一层水果，然后在水果上面再放上一勺冻酸奶。

4 将百香果酱汁浇淋到酸奶上，用预留好的草莓和桃肉装饰。立刻服务上桌。

夏日水果配榛子酱

hazelnut dip for sweet summer fruits

要制作一份色彩缤纷、简单易做的甜品，各种新鲜的水果永远都是最好的选择。这里介绍的这一道食谱制作的更加彻底，使用了美味可口的榛子酱来蘸食。可以使用各种能够直接生食的水果来制作。

营养分析：

能量：1.527千焦；蛋白质10.9克；碳水化合物32.7克，其中含有糖分31.3克；脂肪22克，其中饱和脂肪酸5克；胆固醇13毫克；钙168毫克；纤维素4.4克；钠60毫克。

[供 2 人食用]

原材料：

各种新鲜水果，例如小蜜橘、猕猴桃、葡萄、灯笼果以及整粒的草莓等

制作榛子酱原材料：

50 克软质奶酪

150 毫升榛子风味酸奶

5 毫升香草香精

5 毫升白糖

50 克榛子果仁，切碎

大厨提示

＊ 你可以使用任何一种软质奶酪来进行制作，但是推荐使用意大利乳清奶酪。

步骤：

1 根据你所使用的新鲜水果的具体情况进行准备工作：将小蜜橘去皮并掰成瓣。猕猴桃去皮切成块。葡萄清洗干净，将灯笼果如同纸张一样的薄外皮撕开并朝后翻开。

2 制作榛子酱，将软质奶酪与榛子风味酸奶、香草香精和白糖一起放入到一个碗里搅打好，再拌入 3/4 切碎的榛子果仁。

3 将榛子酱用勺舀到玻璃杯内，摆放到平盘内。或者也可以将榛子酱盛放到一个小餐盘内，将剩余的榛子撒到榛子酱上。

4 将各种准备好的水果依次摆放到盛放榛子酱的杯子里，或者盛放榛子酱碗的四周，并迅速上桌。

薄饼配柠檬和青柠檬酱汁

lemon and lime sauce for pancakes

这一款清香扑鼻、清爽宜人的柠檬和青柠檬酱汁是薄饼的完美佐酱。同时这一款酱汁也非常适合于搭配油炸水果——特别是油炸香蕉——或者搭配着蒸布丁一起食用，能够让其口味焕然一新。

营养分析:

能量: 0.757 千焦; 蛋白质 6.3 克; 碳水化合物 34.7 克, 其中含有糖分 11.7 克; 脂肪 3 克, 其中饱和脂肪酸 1.2 克; 胆固醇 52 毫克; 钙 133 毫克; 纤维素 0.7 克; 钠 51 毫克。

[供 4 人食用]

原材料:

90 克通用面粉

1 个鸡蛋

300 毫升牛奶

植物油, 炸油

薄荷叶或者柠檬草, 用作装饰

制作柠檬和青柠檬酱汁原材料:

1 个柠檬

2 个青柠檬

300 毫升水

50 克白糖

25 毫升葛根粉

步骤:

1 首先, 制作柠檬和青柠檬酱汁。用刨丝器, 从柠檬和青柠檬外皮上刨取细丝, 要特别注意不要刨取外皮中白色的部分。并挤出柠檬和青柠檬的汁液到一个碗里, 放到一边备用。

2 将柠檬和青柠檬细丝放入锅内, 加入足量能够没过这些细丝的水。然后烧开煮一下, 捞出控净水。

3 在葛根粉内加入一点白糖, 再加入足量的水, 将葛根粉搅拌成细腻的糊状。将剩余的水烧热, 但是不要烧开。在热水内拌入葛根粉糊, 然后烧开, 期间要不停的搅拌。一烧开马上端离开火。再将剩余的白糖、柠檬汁和青柠檬汁, 以及煮过的柠檬和青柠檬细丝一起拌入。注意酱汁的保温, 但是不要烧开。

4 制作薄饼, 将面粉过筛到一个盆内, 在盆内面粉的中间做出一个窝穴形。加入鸡蛋和一点牛奶, 然后将面粉与鸡蛋和牛奶逐渐的混合到一起, 并将剩余的牛奶也逐渐的加入进去, 制作成为一个细腻的面糊。

5 在煎锅内加入一点油, 舀入一薄层的面糊, 加热至面糊凝固定型。然后将薄饼翻转, 煎至呈淡金黄色。扣出到一个餐盘内, 在继续制作薄饼的时候要注意将制作好的薄饼保温。服务上桌时, 折叠好薄饼, 淋撒上柠檬和青柠檬酱汁, 并用薄荷叶或者柠檬草装饰。

这是一款甘美可口的甜味酱汁，一定会人见人爱。榛子奶油糖浆是搭配华夫饼的传统酱汁，但是也可以用来搭配冰淇淋。要确保使用黑糖，以取得风味敦厚的效果。

华夫饼配榛子奶油糖浆

butterscotch sauce for waffles

营养分析：

能量：1.695千焦；蛋白质6.6克；碳水化合物47.3克，其中含有糖分35.1克；脂肪22.3克，其中饱和脂肪酸7.6克；胆固醇32毫克；钙192毫克；纤维素1.1克；钠305毫克。

[供4~6人食用]

原材料：

一份包装用量的华夫饼

香草冰淇淋，配餐用

制作榛子奶油糖浆原材料：

75克黄油

175克黑糖

175克炼乳

50克榛子

4 将榛子撒到烤盘内，用焗炉焗至金黄色。用干净棉布包好并反复揉搓去掉外皮。

5 将榛子用刀大体切碎并拌入到酱汁中。榛子奶油糖浆要趁热浇淋到香草冰淇淋和热华夫饼上食用。

步骤：

1 在制作榛子奶油糖浆的过程中，根据华夫饼包装上的说明，在预热好的烤箱内加热华夫饼。

2 在厚底锅内加热熔化黄油和黑糖，烧开之后用小火熬煮2分钟。然后关火冷却5分钟。

3 将炼乳，加热到快要沸腾的温度，然后慢慢的搅拌进入黄油黑糖混合液中。用小火继续加热2分钟，在加热的过程中要不时的搅拌。

举一反三

● 可以使用任何一种坚果来代替榛子。你也可以用葡萄干和几滴朗姆酒来代替坚果。

法式薄饼配橙味酱汁
orange sauce for crêpes

法式薄饼是最著名的法式甜品之一，并且可以非常轻松的在家里制作完成。你可以提前将法式薄饼制作好，在上桌之前浇淋上香浓扑鼻的橙味酱汁即可。

营养分析：

能量：1.322千焦；蛋白质5.6克；碳水化合物34.2克，其中含有糖分19.6克；脂肪17.2克，其中饱和脂肪酸10.1克；胆固醇103毫克；钙100毫克；纤维素0.6克；钠152毫克。

[供6人食用]

原材料：

115 克通用面粉　1.5 毫升盐

25 克白糖　2 个鸡蛋，打散

大约 250 毫升牛奶

大约 60 毫升水

30 毫升橙花水、君度酒或者橙味利口酒

25 克无盐黄油，熔化开，多备出一些，用于煎法式薄饼

制作橙味酱汁原材料：

75 克无盐黄油

50 克白糖

1 个大个头的橙子，擦取橙皮并挤出橙汁

1 个柠檬，擦取柠檬皮并挤出柠檬汁

150 毫升鲜榨橙汁

60 毫升君度酒或者橙味利口酒，多备出一些，用于点燃（可选）

白兰地，用于点燃（可选）　橙肉瓣，装饰用

大厨提示

* 君度酒是橙味利口酒世界中的领导品牌。它是无色的，由带苦味的橙皮和甘甜的橙肉一起制作而成。

步骤：

1 将面粉过筛，与盐和白糖一起放入到一个大号的碗里。在面粉中间做出一个窝穴形，倒入鸡蛋。将鸡蛋逐渐的搅拌进入到面粉中。

2 在碗内加入牛奶、水和橙花水或者利口酒等，将面粉搅拌成为一个细腻的面糊状。过滤到一个量杯内，放到一边静置20~30分钟。

3 用中火加热一个 18~20 厘米的不粘锅。如果薄饼面糊有些过于浓稠，可以加入一点牛奶或者水稀释一下。将熔化的黄油拌入到面糊中。

4 在热锅内涂抹上一点熔化的黄油，舀入大约 30 毫升的面糊。端起不粘锅快速倾斜并旋转一周，让面糊均匀的，呈薄薄的一层覆盖住不粘锅的锅底。再加热大约 1 分钟的时间，或者加热到面糊凝固，底面呈现出金黄色。用一把金属铲子，将薄饼的边缘部分铲起，以检查一下底面上色的情况，然后小心地将薄饼铲起并翻扣在锅内，继续加热 20~30 秒钟，至薄饼完全成熟定型。将锅内的薄饼倒扣到一个餐盘内。

5 按照此种方式继续制作薄饼，并根据需要，不时的搅动薄饼面糊和在锅内涂抹上一点化的黄油。在制作好的薄饼之间可以夹入保鲜膜或者一张油纸，以防止薄饼在摞起来的时候相互粘连。（这样做的话，法式薄饼就可以提前制作好——将制作好的法式薄饼存放于一个塑料袋内并冷藏保存至需用时。）

6 制作橙味酱汁，在一个大号煎锅内，用中小火加热熔化黄油，然后加入白糖、橙皮和柠檬皮，橙汁和柠檬汁，以及多准备出的鲜榨橙汁和橙味利口酒等一起加热。

7 取出一个法式薄饼，金黄色那一面朝下，放入到酱汁锅内，轻轻转动薄饼，使其沾满酱汁。对折薄饼，然后再次对折，形成一个三角形，用铲子推到锅边。继续这样的制作方式，直到将所有的薄饼都沾满酱汁并折叠好。

8 要点燃火焰，在一个小号平底锅内各加入 30~45 毫升的橙味利口酒和白兰地酒，用中火加热，然后端离开火，用一根火柴小心的点燃锅内的液体，将其均匀地浇淋到薄饼上。在薄饼上摆放好橙肉瓣之后上桌。

脐橙配焦糖糖浆

caramel sauce for oranges

这一道极具吸引力的美味甜点在甘甜的焦糖糖浆和浓郁的脐橙之间形成了强烈的对比。可以提前制作好——试试用焦糖糖浆搭配菠萝，用来替代脐橙也是非常不错的选择。

营养分析：

能量：0.401千焦；蛋白质1.2克；碳水化合物24.2克，其中含有糖分24.2克；脂肪0.1克，其中饱和脂肪酸0克；胆固醇0毫克；钙55毫克；纤维素1.7克；钠6毫克。

[供6人食用]

原材料：

6个大个脐橙，洗净拭干

90克白糖

步骤：

1 用一把削皮刀，从两个脐橙上削下一些宽的外层橙皮，一次将两三片橙皮叠到一起成非常细的丝。

2 用一把非常锋利的刀，从每一个橙子的两端分别将橙色外皮和白色外皮一起切割下来。将切面朝下摆放到一个餐盘内，沿着橙子的外侧将橙色外皮和白色外皮呈条状，一起切割下来。将橙肉上的所有白色外皮切割干净。然后将橙肉横切成厚度大约为1厘米的圆形片。将切好的橙肉片摆放到一个餐碗内，并浇淋上所有的橙汁。

3 在一个大号碗里，盛入半碗冷水并放到一边。将白糖和45毫升的水一起放入到一个小号的，没有不沾涂层的厚底锅内，用大火烧开，搅拌锅内的水，使得白糖完全溶化。

4 继续加热，此时不宜再继续搅拌。直到糖浆变成深褐色的焦糖。将锅端离开火，将锅底浸入到盛放冷水的碗中，以阻止温度的继续升高。

5 在锅内的焦糖中加入大约30毫升的水，顺着锅边倒入，同时旋转着搅拌，制作成为焦糖糖浆。

6 加入橙皮细丝，将焦糖糖浆重新加热烧开。用小火加热，同时不时的搅拌，继续熬煮8~10分钟，或者一直加热到橙皮细丝呈现出晶莹的透明状。将锅从火上端离开。

7 将橙皮焦糖糖浆浇淋到橙肉片上，略微拌合并使其冷却，然后至少冷藏一个小时的时间再上桌。

这一款李子酱汁可以提前制作好，然后在制作蛋白霜时再重新加热。这样制作出的别具一格而又有益健康的蛋白霜布丁，制作起来的时候要比看上去的更加简单。

蛋白霜配李子酱汁

hot plum sauce for meringue islands

营养分析：

能量：0.339 千焦；蛋白质 2.2 克；碳水化合物 18.8 克，其中含有糖分 18.8 克；脂肪 0.2 克，其中饱和脂肪酸 0 克；胆固醇 0 毫克；钙 22 毫克；纤维素 1.8 克；钠 35 毫克。

[供 4 人食用]

原材料：

2 个蛋清

30 毫升浓缩苹果糖浆

现磨碎的豆蔻粉

制作李子酱汁原材料：

450 克李子　300 毫升苹果汁

步骤：

1 制作李子酱汁，将李子切割成两半，取出核并丢弃不用。将李子肉放入到一个锅内并倒入苹果汁。

2 将锅内的苹果汁烧开，然后盖上锅盖。用小火继续加热 15~20 分钟，或者一直加热到李子肉成熟。

3 在加热李子肉的同时，将蛋清打发至湿性发泡的程度。逐渐地加入糖浆并持续搅打，直到蛋清呈坚挺的硬性发泡程度。

4 使用两把勺子，将打发好的蛋白霜塑成椭圆形，放入到用小火加热的李子酱汁锅内。（如果你使用的锅不够大，可以分成两次制作。）

5 盖上锅盖并继续用小火加热 2~3 分钟，直到蛋白霜凝固定型。制作成熟之后，将蛋白霜连同李子酱汁一起装盘，撒上豆蔻粉之后立刻上桌。

大厨提示

* 浓缩苹果汁或者苹果糖浆可以从保健食品商店内购买到。也可以使用玉米糖浆代替苹果糖浆。

冰淇淋配青柠檬萨芭雍

lime sabayon for ice cream

萨芭雍是一款质地轻柔、呈现泡沫状的酱汁。这一道巧克力冰淇淋搭配芳香扑鼻的青柠檬萨芭雍一起享用时，无人可以抵挡的住其诱惑，萨芭雍也可以用来搭配香草冰淇淋或者热带水果冰淇淋。

营养分析：

能量：1.435 千焦；蛋白质 6.4 克；碳水化合物 43.5 克，其中含有糖分 42.1 克；脂肪 15.7 克，其中饱和脂肪酸 9.8 克；胆固醇 137 毫克；钙 157 毫克；纤维素 0 克；钠 84 毫克。

2 将耐热碗置于到一个盛有热水并用小火加热的锅上，隔水加热并搅打至混合液呈细腻而且浓稠状，当从碗里抬起搅拌器时，碗里的液体能够呈丝带状滴落的浓稠程度。

3 将淡奶油慢慢的搅拌进去。将耐热碗从锅上端开，盖好。

4 快速的，将巧克力冰淇淋分装到四个冷冻好的圣代玻璃杯内，或者四个餐盘内。将搅打好之后温热的萨芭雍用勺舀起并浇淋到冰淇淋上，用条形青柠檬薄外皮装饰之后立刻上桌。

[供 4 人食用]

原材料：

2 个蛋黄

65 克白糖

2 个青柠檬，擦取外皮并挤出青柠汁

60 毫升白葡萄酒或者苹果汁

45 毫升淡奶油

500 毫升巧克力冰淇淋

青柠檬薄外皮，装饰用

大厨提示

* 如果在特殊场合食用这道甜食，要将冰淇淋放置到经过冷冻的杯子中。用青柠檬块擦拭玻璃杯的边缘处，并在一碟白糖中蘸一下，让边缘处沾满一圈白糖，晾干之后再小心的加入冰淇淋球。

步骤：

1 将蛋黄和白糖放入到一个耐热碗里，搅打至充分混合均匀。再将青柠檬皮和青柠檬汁搅打进去，然后再将白葡萄酒或者苹果汁也搅打进去。

举一反三

- 你可以用其他种类的柑橘类水果来代替青柠檬制作萨芭雍。例如橙味萨芭雍，取用一个橙子的外皮和橙汁，与巧克力冰淇淋也非常搭配，像柠檬萨芭雍就能够凸显出蜜桃雪拔的风味。

- 可以用新鲜草莓搭配青柠檬萨芭雍或者使用切成片状摆放在热的华夫饼上的香蕉搭配青柠檬萨芭雍，制作出一道完全与众不同的甜点。

芳香四溢的豆蔻风味和清新爽口的青柠檬给这款浇淋到香蕉上的美味酱汁带来了别具一格的口感。

营养分析：

能量：1.452 千焦；蛋白质 4.2 克；碳水化合物 41.3 克，其中含有糖分 38.2 克；脂肪 17.6 克，其中饱和脂肪酸 7.2 克；胆固醇 27 毫克；钙 46 毫克；纤维素 2.2 克；钠 80 毫克。

煎香蕉配青柠檬和豆蔻酱汁

lime and cardamom sauce for bananas

[供 4 人食用]

原材料：

6 支小香蕉

50 克黄油

50 克杏仁片

4 粒豆蔻，碾碎

2 个青柠檬，削取外皮并挤出青柠汁

50 克黑糖

30 毫升黑朗姆酒

香草冰淇淋，装盘用

举一反三

- 如果你在制作甜品时不喜欢使用朗姆酒，可以用水果汁来代替朗姆酒。例如橙汁或者菠萝汁等水果汁。
- 将制作好的青柠檬和豆蔻酱汁浇淋到折叠好的法式薄饼上，口味也会非常棒。

步骤：

1 将香蕉剥去皮，纵长切成两半。在一个大号炒锅内加热一半用量的黄油。加入一半量的香蕉，煎至金黄色。小心的将香蕉翻转过来，将另一面也煎至金黄色。

2 待香蕉煎好之后，将其放入到一个耐热的餐盘内保温。将剩余的一半香蕉也按照此方式煎好。

3 在锅内加热剩余的一半用量的黄油，使其熔化，再加热杏仁片和豆蔻粉。翻炒，直至杏仁片变成金黄色。

4 加入青柠檬皮和青柠檬汁搅拌好，再加入黑糖。继续加热并持续搅拌，直到混合物变得细腻光滑，起泡并略微熬浓一些。再拌入朗姆酒。将制作好的酱汁浇淋到餐盘内的香蕉上，配香草冰淇淋，迅速服务上桌。

苹果海绵蛋糕配金橘酱

kumquat sauce for apple sponges

金橘饱满而强烈的风味给这一道精致典雅的苹果海绵蛋糕打上了与众不同的烙印。可以在奶油酱汁中多添加一些金橘以让其口感更加丰富，相信这是一道肯定可以讨任何人喜欢的甜点。

营养分析：

能量：1.682千焦；蛋白质3.7克；碳水化合物44.4克，其中含有糖分33.7克；脂肪24.5克；其中饱和脂肪酸15.3克；胆固醇109毫克；钙93毫克；纤维素1克；钠190毫克。

[供8人食用]

原材料：

150 克黄油，室温，多备出一些，用于涂抹模具

175 克苹果，去皮，去核，切成薄片

75 克金橘，切成薄片

150 克黄糖

2 个鸡蛋

115 克自发面粉

制作金橘酱汁原材料：

75 克金橘，切成薄片

75 克白糖

250 毫升水

150 毫升鲜奶油

5 毫升玉米淀粉，用 10 毫升的水混合好

适量柠檬汁

步骤：

1 预热蒸锅。在 8 个 150 毫升的圆形蛋糕模具或者耐热焗盅内分别涂抹上黄油，在每一个模具底部都摆放上一张圆形的油纸。

2 在一个煎锅内加热熔化 25 克的黄油。加入苹果、金橘和 25 克的黄糖，用中火加热 5~8 分钟，或者一直加热到苹果开始变软，糖开始变成焦糖。端离开火使其冷却。

3 将剩余的黄油与剩余的黄糖一起打发至颜色发白且呈蓬松状。加入鸡蛋继续打发，鸡蛋要一次一个的加入，打发均匀之后再加入。将面粉叠拌进去。

4 将苹果和金橘分装到 8 个模具中。然后再将制作好的蛋糕面糊装入。盖好之后放入到蒸锅内蒸 45 分钟。

5 制作酱汁。将金橘、白糖和水一起在锅内烧开，搅拌至白糖完全溶化。然后再用小火熬煮 5 分钟。

6 在锅内拌入鲜奶油，然后重新烧开，并搅拌均匀。将锅端离开火，将玉米淀粉慢慢地搅拌进去。然后再将锅放回火上继续加热烧开，用小火熬煮 2 分钟，期间要不时的搅拌。加入柠檬汁调味。

7 从蒸锅内取出蒸好的蛋糕，扣入餐盘内，将酱汁浇淋到蛋糕上及周围，趁热食用。

巧克力和香蕉组合成这一款诱人食欲、风味浓郁的蘸酱，这一款蘸酱可以搭配各种时令水果一起食用。要制作出奶油味道更加浓郁的蘸酱，只需在服务上桌之前搅拌进去一些经过略微打发的奶油即可。

幼滑巧克力和香蕉蘸酱

malted chocolate and banana dip

营养分析：

能量：0.602 千焦；蛋白质 2.1 克；碳水化合物 27.1 克，其中含有糖分 26.1 克；脂肪 3.7 克，其中饱和脂肪酸 2.2 克；胆固醇 1 毫克；钙 27 毫克；纤维素 2.1 克；钠 19 毫克。

[供 4 人食用]

原材料：

50 克黑巧克力

2 个大的熟透的香蕉

15 毫升麦芽膏

鲜杂果，例如草莓、黄桃和猕猴桃等，切成块或者切成片，备用

步骤：

1 将巧克力切成碎块，放入到一个小号、耐热碗里。将装有巧克力的耐热碗摆放到盛有水并用小火加热的锅上隔水加热，不时的搅拌巧克力直到完全熔化。取出耐热碗，让巧克力略微冷却。

2 将香蕉掰成块，放入食品加工机或者搅拌机内。使用脉冲键，将香蕉搅打成碎粒状。

3 在机器转动搅打香蕉的过程中，将麦芽膏加入进去，继续搅打至香蕉变成浓稠状并出现泡沫的程度。

4 将巧克力呈细流状加入到搅打中的机器里直到完全混合好。与准备好的鲜杂果一起迅速上服务桌。

圣代配墨西哥风味热巧克力酱汁

mexican hot fudge sauce for sundaes

没有人会去考虑节食，这一款异想天开的巧克力酱汁特别适合于那些想要一饱口福，沉迷于美食不能自拔的人们！在非正式场合下，巧克力酱汁与芳香四溢的甜甜圈是绝佳搭配。

营养分析：

能量：4.227 千焦；蛋白质 14.1 克；碳水化合物 139.5 克，其中含有糖分 134.2 克；脂肪 44.1 克，其中饱和脂肪酸 29.4 克；胆固醇 95 毫克；钙 340 毫克；纤维素 1.8 克；钠 266 毫克。

[供 4 人食用]

原材料：

600 毫升香草冰淇淋

600 毫升咖啡冰淇淋

2 个大个熟透的香蕉，切成片

打发好的甜奶油

烘烤好的杏仁片

制作热巧克力酱汁原材料：

60 毫升红糖

115 克玉米糖浆

45 毫升原味浓咖啡

5 毫升肉桂粉

150 克黑巧克力，切碎

75 毫升鲜奶油   45 毫升咖啡利口酒（可选）

步骤：

1 制作酱汁，将红糖、玉米糖浆、浓咖啡，以及肉桂粉一起放入到一个厚底锅内。加热至烧开，同时不停的搅拌。将火关小，继续加热搅拌，大约需要加热并搅拌 5 分钟。

2 将厚底锅从火上端离开，并混入巧克力。待巧克力完全熔化并变得细腻时，拌入鲜奶油和利口酒（如果使用的话）。让酱汁冷却至微温的状态。同样，如果提前制作好了酱汁，那么在制作圣代的时候可以用小火将酱汁加热即可。

3 使用冰淇淋勺，在每一个圣代杯内分别装入一个香草冰淇淋球和咖啡冰淇淋球。

4 将香蕉片摆放到冰淇淋上。将微温的巧克力酱浇淋到香蕉片上。

5 在每一个圣代杯内，多挤入一些打发好的甜奶油。在圣代杯内撒上烘烤好的杏仁片，立刻上桌。否则冰淇淋就会融化，酱汁就会变凉。

如果你只想大快朵颐、一饱口福而不用去考虑身体所增加热量的话，可以使用这一款如此讨人喜爱的传统酱汁——非常适合于搭配香草冰淇淋球，再配上琳琅满目的各种水果和美味可口的小甜饼或者华夫饼等一起食用。

泡芙配香浓巧克力酱

rich chocolate sauce for profiteroles

营养分析：

能量：2.498千焦；蛋白质5.6克；碳水化合物36.9克，其中含有糖分28.3克；脂肪47.4克，其中饱和脂肪酸28.8克；胆固醇161毫克；钙69毫克；纤维素1.1克；钠139毫克。

[供 6 人食用]

原材料：

65 克通用面粉

50 克黄油

150 毫升水

2 个鸡蛋，打散成蛋液

150 毫升甜奶油，打发好

制作香浓巧克力酱原材料：

150 毫升鲜奶油

50 克黄油

50 克香草糖

175 克黑巧克力

30 毫升白兰地酒

举一反三

- 白巧克力和橙味酱汁
- 40 克小粒结晶砂糖（高级品），用来代替香草糖
- 1 个橙子，擦取碎皮
- 175 克白巧克力，代替黑巧克力
- 30 毫升橙味利口酒，代替白兰地酒

步骤：

1 制作香浓巧克力酱汁。将鲜奶油、黄油和香草糖一起放入到一个耐热碗里。将耐热碗置于装有热水但没有烧开的锅上，隔水搅拌至完全融化为一体。

2 将黑巧克力切碎，加入到耐热碗中。根据需要，可以将火熄灭——或者将锅从火上端开。一直搅拌至巧克力完全融化，并与鲜奶油等融为一体为止。

3 分次拌入白兰地酒之后，让酱汁冷却到室温。

4 如果是要制作白巧克力和橙味酱汁（根据口味需要），将鲜奶油和黄油，以及白糖和橙皮一起放入到一个耐热盆内，隔水加热搅拌至黄油熔化开。再加入白巧克力，搅拌至融化，然后再拌入橙味利口酒搅拌均匀。

5 制作泡芙，将烤箱预热至 200℃。将面粉过筛到一个餐盘内。将黄油和水一起在一个锅内加热至烧开。

6 一次性的加入面粉，搅拌并让锅从火上端离开。继续搅拌至锅内的面团不再粘连到锅壁上，成为一个细腻的面团形状。不要再继续加热。让面团冷却大约 5 分钟，然后将鸡蛋逐渐的搅拌进入面团中，加入使得泡芙面团能够使用裱花袋挤出的浓稠程度鸡蛋的用量即可。将泡芙面团搅拌均匀。在烤盘内挤出小的圆形造型。

7 放入到烤箱内烘烤 15～20 分钟，或者一直烘烤至泡芙酥脆的程度。用小刀在每一个泡芙的侧面都切开一个小口，摆放到烤架上使其冷却。

8 将打发好的甜奶油装入到裱花袋内，在每一个泡芙中都挤入甜奶油。摆放到一个餐盘内，从顶端淋入一些巧克力酱。然后将剩余的巧克力酱单独配餐。

萨芭雍酱汁

sabayon sauce

这一款富含泡沫的萨芭雍酱汁通用性非常强，可以搭配口味清淡的甜味饼干一起食用或者浇淋到热的甜饼上、水果上，甚至于冰淇淋上等。切记不可以在上桌服务之前就提前制作好了萨芭雍，因为萨芭雍里的泡沫会很快的消泡。

营养分析：

能量：0.246 千焦；蛋白质 2.1 克；碳水化合物 2.4 克，其中含有糖分 2.4 克；脂肪 2.8 克，其中饱和脂肪酸 0.8 克；胆固醇 99 毫克；钙 17 毫克；纤维素 0 克；钠 18 毫克。

[供 4~6 人食用]

原材料：

2 个蛋黄

75 克白糖

150 毫升玛莎拉或者其他风味的甜味白葡萄酒

1 个柠檬，擦取碎皮，并挤出柠檬汁

甜味饼干，配餐用

大厨提示

＊一小捏葛粉，与蛋黄一起搅拌均匀，可以有效的防止制作好的萨芭雍过快的消泡。

步骤：

1 在一个大号耐热盆内，将蛋黄和白糖一起搅打至颜色发白并呈浓稠状。在这一操作步骤中，建议使用搅拌器进行手动搅打，但是你也可以使用电动搅拌器进行搅打。

2 将耐热盆置于热水锅上，不要将水烧开。用力搅打蛋黄液体的同时将玛莎拉或者其他风味的白葡萄酒以及柠檬汁一点一点的加入进去。

3 继续搅打至足够浓稠的程度，当抬起搅拌器时，蛋黄液体会呈现一个尖峰状。萨芭雍酱汁可以现做，这样的话，最后可以加入柠檬皮。将制作好的萨芭雍分装入玻璃杯内并立刻上桌。

4 要使用冷的萨芭雍酱汁，可以将盛放蛋黄液体的碗置于一盆冰水中，继续搅打至萨芭雍变凉并冷却。加入擦碎的柠檬皮搅拌均匀。盛放入小号玻璃杯内，搭配甜味饼干，立刻上桌。

这一道柔软的乳脂状奶油慕斯质地蓬松而轻柔。充满着玫瑰花水的芬芳以及用红色的无核水果制作而成的色彩艳丽的酱汁，正是炎炎夏日之中讨人喜爱的美食精品。

波伊尔奶酪慕斯配红色水果酱

red fruit sauce for boyer cream

营养分析：

能量：0.879 千焦；蛋白质 6.1 克；碳水化合物 11.2 克，其中含有糖分 11.2 克；脂肪 16 克，其中饱和脂肪酸 9.4 克；胆固醇 105 毫克；钙 75 毫克；纤维素 0.7 克；钠 155 毫克。

[供 4~6 人食用]

原材料：

225 克全脂软质奶酪

75 毫升酸奶油

2 个鸡蛋，蛋清蛋黄分离开

50 克香草糖

制作红色水果酱原材料：

115 克覆盆子　115 克草莓

适量糖粉，过筛　15 毫升玫瑰花水

切成两半的草莓，薄荷叶和粉红色小朵玫瑰花，用于装饰

> **举一反三**
>
> ● 可以使用不同的浆果和水果制作出各种口味和色彩的水果酱。可以用水果酱搭配冰淇淋、圣代或者奶酪蛋糕。

步骤：

1 在一个碗里，搅打奶酪和酸奶油，以及蛋黄至奶酪完全软化。拌入一半用量的香草糖搅拌均匀。

2 在另外一个碗里，搅打蛋清至起泡，加入剩余的白糖打发至硬性发泡的程度。将打发好的蛋清叠拌进奶酪混合物中，制作成为奶酪慕斯。放到一边使其冷却。

3 制作红色水果酱，将覆盆子和草莓用电动搅拌器搅打成泥状。用细筛将籽过滤掉，加入糖粉调整甜度。

4 在 4~6 个玻璃杯内涂抹上少许玫瑰花水，并将 3/4 的红色水果酱分装到这些杯子内。

> **大厨提示**
>
> ＊这道甜品摆放在餐盘内，用红色的草莓、含苞欲放的玫瑰和翠绿的薄荷叶装饰起来，效果非常完美。

5 在这些红色水果酱上面均等的分装好奶酪慕斯。将剩余的 1/3 红色水果酱呈细流状放入到奶酪慕斯表面，用一把小刀的刀尖将红色水果酱在奶酪慕斯中呈螺旋状刻划出美观的造型图案。

蒸核桃布丁配香浓太妃酱

sticky toffee sauce for sponge pudding

忘掉主菜吧，因为仅仅这一道香浓如蜜而又富丽堂皇的甜点就足够了！太妃酱与冰淇淋在一起也是梦幻般的搭配，也或者，可以做出颠覆性的创意构思，试试搭配苹果派或者馅饼看看效果如何。

营养分析：

能量：2.536 千焦；蛋白质 7.5 克；碳水化合物 46 克，其中含有糖分 31.6 克；脂肪 44.9 克，其中饱和脂肪酸 20.3 克；胆固醇 152 毫克；钙 122 毫克；纤维素 1.3 克；钠 279 毫克。

[供 6 人食用]

原材料：

115 克核桃仁，切碎

175 克黄油　175 克红糖

60 毫升鲜奶油　30 毫升柠檬汁

2 个鸡蛋，打散　115 克自发面粉

步骤：

1 在一个没有油的锅内干煸核桃仁。干煸至核桃仁刚开始上色时就撤离开火。然后在一个 900 毫升容量的耐热盆内涂上油。将一半的核桃仁放入到耐热盆内。

2 制作香浓太妃酱，将 50 克的黄油，加上 50 克的红糖，鲜奶油，以及 15 毫升的柠檬汁一起放入到一个小锅内，加热溶化并搅拌均匀，然后将一半倒入到耐热盆内的核桃仁中，转动耐热盆，使其覆盖过盆的底部和一部分盆边。

3 制作布丁，将剩余的黄油和红糖一起搅打至呈蓬松状，再将鸡蛋搅打进去，并打发。然后将面粉、剩余的核桃仁和柠檬汁叠拌进去，用勺舀到耐热盆内。

4 用一张油纸，在中间折叠一个折痕，然后覆盖好耐热盆，用一根棉线捆牢耐热碗上的油纸。将布丁蒸 1 1/4 小时，直到涨发起来，有弹性，中间凝固住。

5 在服务上桌之前，将剩余的太妃酱略微加热。将布丁从耐热盆内扣出到一个热的餐盘内，浇淋上热的太妃酱即可。

在制作卡仕达酱时加入了淀粉，用来防止在制作好的卡仕达酱中形成结块。这道食谱使用了足量的玉米淀粉以确保制作卡仕达酱的成功——制作出超简单的卡仕达酱，并且搭配热的布丁时肯定会大受欢迎。

用淀粉制作的卡仕达酱

real custard

营养分析：

能量：0.652 千焦；蛋白质 8 克；碳水化合物 17.9 克，其中含有糖分 11 克；脂肪 6.5 克，其中饱和脂肪酸 2.4 克；胆固醇 170 毫克；钙 147 毫克；纤维素 0 克；钠 92 毫克。

[供 4～6 人食用]

原材料：

450 毫升牛奶

几滴香草香精

2 个鸡蛋，再加上 1 个蛋黄

15～30 毫升白糖

15 毫升玉米淀粉

30 毫升水

3 将搅拌好的液体过滤到锅里，用小火加热，同时要不停的搅拌。要小心不要过度加热，否则鸡蛋会因为凝固而形成结块。

4 继续加热同时并不停的搅拌，直到将卡仕达酱熬煮到其浓稠程度能够覆盖过搅拌的木勺的背面。不要让卡仕达酱烧开，否则就会形成结块。趁热将制作好的卡仕达酱立刻上桌。

大厨提示

＊ 如果你不是马上使用卡仕达酱，那么需要用保鲜膜将卡仕达酱盖好，以防止在表面形成结皮，并盛放在耐热盆内，放置到热水锅上，隔水保温。

步骤：

1 在一个锅内加入牛奶和香草香精，烧开后立刻从火上端离开。

2 将鸡蛋和蛋黄在一个盆内与白糖一起搅打至完全混合均匀，但不要起泡沫的程度。在另外一个盆内将玉米淀粉与水混合到一起，然后倒入到鸡蛋液体中。先倒入少许热牛奶搅拌均匀，然后再将剩余的牛奶与鸡蛋液体一起搅拌均匀。

烤橙子杏仁风味酿馅鲜杏

orange-almond paste for baked apricots

利用盛产鲜杏短暂的季节优势，来制作这一道令人陶醉的橙子和杏仁风味酿馅甜点，在馅料中还添加了清新的柠檬汁和橙花水的美妙风味。

营养分析：

能量：1.159 千焦；蛋白质 5.5 克；碳水化合物 33.9 克，其中含有糖分 33.4 克；脂肪 14.3 克，其中饱和脂肪酸 3 克；胆固醇 9 毫克；钙 80 毫克；纤维素 4 克；钠 32 毫克。

[供 6 人食用]

原材料：

75 克白糖

30 毫升柠檬汁

115 克杏仁粉

50 克糖粉

少许橙花水

25 克无盐黄油，熔化开

2.5 毫升杏仁香精

900 克鲜杏

新鲜薄荷叶，装饰用

步骤：

1 将烤箱预热至 180℃。将白糖、柠檬汁和水一起放入到一个小锅内烧开，搅拌至糖完全溶化。然后用小火加热熬煮 5~10 分钟至成为稀薄的糖浆状。

大厨提示

* 要使用厚底锅来制作糖浆，并要不停的搅拌，直到糖全部熔化。在糖还没有完全熔化开之前，不要将锅烧开，否则，糖浆就会变得浑浊而有颗粒感。

2 将杏仁粉、糖粉、橙花水、黄油和杏仁香精一起放入到一个大号碗里混合成为一个细腻的面团状。

3 将鲜杏清洗干净，然后将杏从中间切开一个切口，从切口处去掉杏核。取一小块杏仁面团，揉搓成圆形，按压到杏肉中原来杏核的凹处。

4 将酿好馅料的杏摆放到一个耐热盘内，小心地将制作好的糖浆浇淋到杏上。用锡纸覆盖好，放入烤箱内烘烤 25~30 分钟。

5 上桌时，用一点糖浆搭配烤好的杏，并用鲜薄荷叶进行装饰。

铁扒水果可以作为完美一餐的最后一道美味佳肴来享用。使用香茅草（柠檬草）和香叶来增添其清香爽口的风味。而柠檬风味奶酪则是其最佳拍档——也适合于所有的新鲜水果，无论是铁扒，或者是生食均可以进行搭配。

青柠檬风味奶酪配香茅水果串

lime cheese for lemon grass skewers

营养分析：

能量：1.632千焦；蛋白质7.1克；碳水化合物51.3克，其中含有糖分51.2克；脂肪19.3克，其中饱和脂肪酸12克；胆固醇50毫克；钙102毫克；纤维素3.7克；钠219毫克。

[供 4 人食用]

原材料：

4 长根鲜香茅草梗

1 个芒果，去皮，去核，切成块

1 个木瓜，去皮，去籽，切成块

1 个杨桃，切成片

8 片鲜香叶

油，涂刷锡纸用

少许豆蔻粉

60 毫升枫叶糖浆

50 克红糖

制作青柠风味奶酪原材料：

150 克农家奶酪或者低脂软质奶酪

120 毫升鲜奶油

半个青柠檬，擦取外皮并挤出青柠檬汁

30 毫升糖粉

步骤：

1 将烧烤炉或者铁扒炉预热。用一把锋利的刀将香茅草的顶端削成尖状。去掉香茅草外层老的叶子，然后用刀背沿着香茅草梗来回刮擦，以释放出香茅草的清香风味。

2 将 4 根香茅草梗按照穿串的方法，分别串上各种水果块和两片香叶。

3 用一张锡纸铺到烤盘内，并将四周朝上卷起形成一圈边缘。在锡纸上涂刷好油，在锡纸上摆放好香茅草水果串，分别撒上一点豆蔻粉并淋撒上枫叶糖浆，然后再将红糖全部撒到水果串上。铁扒或者烧烤 5 分钟，直到水果串上的水果块的边缘位置变成浅的焦糖色。

4 与此同时，制作青柠风味奶酪。将奶酪、奶油、青柠碎皮和青柠汁，以及糖粉一起放入到一个碗里搅拌好。搭配制作好的水果串立刻上桌。

大厨提示

★ 青柠风味奶酪，可以提前制作好，然后冷藏保存。非常适合于用来作为草莓、苹果块或者香蕉块等水果的蘸酱。

奶油玫瑰花香水果酥饼

rose petal cream for fruit shortcakes

这道既美味可口又奢侈华丽的甜点，使用了玫瑰花瓣制作的奶油和鲜树莓作为馅料。让人过目难忘，这些酥饼制作简单，适合于宴会使用。富含玫瑰风味的奶油可以用来作为所有甜点的佐餐之物，无论是冰冻的甜点还是热的水果馅饼均可。

营养分析：

能量：2.289 千焦；蛋白质 4.7 克；碳水化合物 37.1 克，其中含有糖分 16 克；脂肪 43.2 克，其中饱和脂肪酸 26.8 克；胆固醇 109 毫克；钙 81 毫克；纤维素 2.7 克；钠 132 毫克。

[供 6 人食用]

原材料：

115 克无盐黄油（淡味黄油），软化

50 克白糖　半根香草豆荚，从中间劈开，保留香草籽

115 克通用面粉，多备出一些，用于撒面用

50 克粗粒面粉

制作馅料原材料：

300 毫升鲜奶油

15 毫升糖粉，多备出一些，用于撒面装饰

2.5 毫升玫瑰花水

450 克树莓

装饰用料：

12 朵小玫瑰花枝

6 小枝薄荷叶

1 个蛋清，打散

白糖，撒面装饰用

大厨提示

* 为了取得最佳效果，一旦装配好酥饼之后要尽可能快的服务上桌。否则，会因为树莓的汁液浸泡而变得绵软。

* 如果可能，可以使用米粉代替粗粒面粉，用来制作酥饼。

* 为了取得酥饼的最佳风味，一定要使用黄油而不是人造黄油。

步骤：

1 在一个盆内，将黄油、白糖和香草籽一起打发，直到黄油混合物颜色变白，并且变得蓬松。将面粉和粗粒面粉过筛到一起，然后逐渐的将干粉材料混合进入打发好的黄油中，制作成为一个面团。

2 在撒有薄薄一层面粉的工作台面上慢慢的揉制面团，至细腻状。然后将面团擀开至非常薄的大片，用一把叉子在整张面片上全部都戳眼。使用一个 7.5 厘米的花边切割模具，切割出 12 个圆形片。将其摆放到烤盘内，放入到冰箱内冷藏保存 30 分钟。

3 与此同时，制作玫瑰花奶油。将鲜奶油和糖粉一起打发至湿性发泡的程度。将玫瑰花水慢慢拌入进去。用保鲜膜盖好之后放入到冰箱内冷藏保存至需用时。

4 将烤箱预热至 180℃。将玫瑰花和薄荷叶涂上蛋清液体，然后再沾满白糖，摆放到烤架上使其干燥好。

举一反三

● 其他种类柔软的、红色的夏日应季浆果类，例如桑葚、罗甘莓、泰莓等，也都可以用来制作这道甜品。

5 将冷藏好的面片放入烤箱内烘烤 15 分钟的时间，或者一直烘烤到呈淡金黄色。用铲子铲起，移到烤架上冷却。

6 装配酥饼，用勺将玫瑰花水奶油舀到 6 个酥饼上。在奶油上摆放一层树莓，然后再摆放上剩余的酥饼。

7 在制作好的夹馅酥饼上淋撒上糖粉。用沾满白糖，仿佛冷冻过的玫瑰花和薄荷叶装饰。

果酱、蜜饯
和腌制食品
Preserves

腌制类食品制作的酱汁类，包括酸辣酱类、开胃小菜类、泡菜类、蜜饯类、咸味和甜味的结力类、果酱类、橘子酱类以及黄油类。

令人垂涎欲滴的果酱、蜜饯和腌制食品类（prefecting preserves）

现代腌制类食品的制作技术是从古代千方百计保存夏季盛产的水果为冬季而食用的方法逐渐进化发展而来的。干燥法是最早的水果保存方法，依靠夏季炎热的阳光或者通过使用火来加热，以及烟熏来保存食品。盐、醋和酒随之被用来作为防止微生物生长以及防止食品腐烂变质的媒介。再后来，糖从一开始，被从甜菜中提炼出来，就用来作为保存食品的媒介。在十八世纪时，随着时间的推移，这些食品的保存方法，逐渐的成为了烹饪中的一种"技法"。

日益流行，越来越受到欢迎

使用最简单的制作技法，将食品的味道保存的越来越贴近原味。使用醋和糖等原材料与蔬菜类、水果类和香料等混合到一起，经过一系列复杂的调和，最大限度的保持住了原材料的原汁原味。腌制的泡菜类，成品酱汁类或者番茄沙司、酸辣酱，还有传统的什锦泡菜类等都已经变成了我们日常饭桌上的调味品了。甜味或者酸味，细腻幼滑般的或者浓稠如酱的，酸辣酱或者是泡菜，以及酸辣的开胃小菜等成为了欧洲风味腌制类菜肴的代表作。它们通常会搭配冷的馅饼或者奶酪，以及铁扒的肉类，或者去搭配冷的或者热的烤肉类一起食用。

在其他不同的国家里，也大体使用相同的方法来保存住水果和蔬菜里面的新鲜风味。腌制的柠檬或者青柠檬在印度风味菜肴中可以用来丰富油脂和香料的风味，而盐渍过的柠檬或者青柠檬则在中东风味菜肴中用来给各种菜肴增添芳香的风味。在印度，所使用的酸辣酱异常香辣，而在中餐烹调中使用的酸辣酱则为酸甜复合口味。

只需简单的添加一些柑橘类水果的外皮，就可以尽可能的让水果本身的风味更加浓郁

核果类，例如李子、无花果和樱桃等，可以整个的用葡萄酒或者苹果醋进行腌制保存

果酱和蜜饯

在每一种不同的文化里都有它独具特色的甜味类腌制食品，包括有果酱类、结力类，以及蜜饯类等，其中有一些是凝固如固体状的，有一些则呈现出浓稠的液体状，但是无论是在糖浆中或者用糖来制作好的成品中都富含着水果本身的芳香风味。甘甜的、水果风味的、晶莹剔透的结力是香味扑鼻的家禽类或者野味类菜肴传统的配菜佐料。用甜醋腌制的水果成为了香辣类菜肴不可多得的能够丰富其口感的配菜。

酒类和糖结合到一起，可以用来作为非常实用的防腐剂，例如，保存在酱汁和糖浆中的整块水果可以用酒和糖来防止它们腐败变质。用糖来腌制的各种鲜花和果皮也非常受欢迎。香料一般也会用来对各种风味进行中和，使其变得更为浓郁或者更加柔和。香草也会在制作水果结力时使用到，以制作成奢华排场的甜香风味的调味品。

选择使用最优质的水果和蔬菜

只有那些高品质的水果和蔬菜可以用来进行腌制保存。各种蔬菜类和水果类应该在它们的盛产期时就进行腌制保存：发育良好并完全成熟，并且在风味最佳期。外形完整，没有擦伤和损坏，也没有过熟或者过生。某些水果中会含有非常高的果胶成分，与酸性原料及糖发生反应可以让液体原料凝固成型。这就是制作果酱、结力和橘子酱最经典的的方法。并不是所有的水果都富含果胶的成分，只有在那些还没有完全成熟的水果中含量最高，所以通常会在水果散发出最浓郁的果香风味时与其混合并使其凝固定型。

越简单越好

通常越受人欢迎的，各种复合风味的酸辣酱类，以及酱汁类等，其制作方法越简单。醋和糖一起形成了腌制食品的最佳拍档，保护着酱汁、酸辣酱、泡菜和开胃小菜这些腌制类食品可以长期存放而不变质。只要不是过早的加入了糖，对于那些咸香风味的调味品而言，要制作出风味绝佳的产品，没有什么神秘的技巧可讲。各种香料和调味料通常都会需要使用长时间的小火熬煮，为确保你制作成功，你所需要的所有盆盆罐罐以及器皿工具，加上严丝合缝的盖子，等等都必须完全干净，这样你在任何时候，都可以随时随地的享用你辛苦劳作之后的丰厚回报——那些酸酸的腌制类食品，一般可以保存一年左右的时间。

通用性

家庭制作的腌制类食品，其风味要远远优于绝大多数商业化生产的产品。它们之间真的没有什么可比性。在家庭中，制作咸香风味腌制类食品中所使用的醋、糖，以及香料等材料会更好一些。这些产品许多都可以用来给肉汁类或者酱汁类增添风味，可以用来替代腌泡汁，或者用来丰富沙拉酱汁或者蘸酱的口感。

甜味蜜饯通常包含着更多的水果成分。当糖的成分达到了一定的浓度，水果就会发生奇妙的变化，不用去担心会破坏了水果的完美形态，因为甘美的味道总是会让人情不自禁的垂涎三尺。这些甜味蜜饯水果风味是如此的浓郁，它们的用途也变得越来越广泛。与酸奶或者软质、新鲜的奶酪进行搭配，它们就变成了讨人喜爱的甜点；用一点白兰地酒、雪利酒，或者利口酒略微浸泡过的蜜饯瞬间变身为小甜饼或者其他甜品的超豪华酱汁。

实用性

可以去留意一下，但不用刻意去研究维多利亚风格的腌制类食品。一排又一排、琳琅满目的盆盆罐罐或许更适合于摆放在乡间宽敞的厨房内，用于大户人家的日常饮食和周末的舞会，但对于一般的家庭而言会显得太多了。在这几个章节中的许多食谱对于现代厨师来说实用性非常强，并且可以采用灵活的服务方式。经过精心制作的，香辣风味小菜，以及热气腾腾的鲜美酱汁在大多数家庭中都深受欢迎，所以你可以尽最大努力展示你的拿手厨艺，将它们作为礼物送给你的朋友和家人。

可以使用微波炉来加工制造小量的腌制类食品，特别是开胃小菜一类的，冰箱可以用来储藏甜味或者咸味的腌制类食品。如果很难找到一个凉爽的、避光的橱柜用来储存这些食物，可以在车库中摆放上一个干净的橱柜用来盛放它们。

多加入一些糖，和一个带有密封盖的广口瓶是想要长期储存腌制类食物的两个必须的条件

有谁能够抵抗住水果酸辣酱中丰厚的果香，以及清新爽口风味的诱惑

果酱、蜜饯和腌制食品 制作指南
a guide to preserving

果酱、蜜饯和腌制食品类集原材料原本的风味于一身，撷取并保留时令原材料在其盛产期的精华所在。不管是咸味的、甜味的、香味的，或者是辣味的，要进行加工制作都不会太过于困难——只是需要简单地做出一个所需要花费的时间方案即可。装罐，或者是装瓶，然后贴上标签，储存好，让其入味（熟化），按照食谱有模有样地制作出的这些充满灵性的腌制类食品，可以作为主菜类的调味品食用，也可以作为纯手工制作的本色礼品呈送给亲朋好友和家人享用。

制作果酱、蜜饯和腌制类食品所需要使用的原材料（Preserving Ingredients）

在制作腌制类食品时，有几种特别的原材料是必不可少的，因为它们有助于保持像果酱、结力或者开胃小菜等产品的质量稳定。四种主要的防腐材料是糖、醋、盐和酒。这四种原材料主要是在制作腌制类食品时，可以创建出一个相对封闭的微生物环境，得以延长其他原材料的保质期，让诸如霉菌和细菌之类的微生物无法生长。

糖

这是用来制作果酱、结力、橘子酱、凝乳类，以及许多果酱和蜜饯类水果时的必需品。糖的用量非常大，并且如果糖的比例低于所腌制食品总重量的60%（例如，在制作低糖果酱时），在保持腌制类食品质量方面就会受到一定的影响。这些低糖的果酱和果脯必须在几个月的时间内使用完，或者要保存在冰箱内，以防止产生霉菌。

糖在果酱、结力和橘子酱凝固方面起着非常重要的作用。为了让这些食物凝固的更好，糖应该占腌制类食品总重量的55%～70%（水果中含有高的酸性成分也会对甜味腌制类食品起到增加凝固的作用）。

白糖

使用这些经过精炼的白糖会制作出清澈甘甜并且凝固定型的腌制类食品。

蜜饯糖：这种糖颗粒较大，呈现不规则的晶体状，是用来制作果酱、结力和橘子酱比较理想的材料。大的

白色糖和金色糖是制作甜味腌制类食品、果酱和结力时，所必需的主要原材料

糖晶体可以让水分在缝隙之间渗出，会有效地防止这些食品焦煳，并会减少需要搅拌的次数（这一点对于防止将水果搅拌至碎裂非常重要）。使用蜜饯糖可以制作出最清澈透明的果酱或者蜜饯等食品。如果没有蜜饯糖可用，可以使用白砂糖来代替蜜饯糖。

带果胶的蜜饯糖：也叫果酱糖，这种糖可以用于低果胶类水果制作果脯时使用。这种糖中含有天然果胶和柠檬酸，可以用来帮助食品凝固定型。使用这种糖制作的腌制类食品，其保质期往往较短，最好不要超过六个月。

白砂糖：这是一种比细砂糖颗粒更粗大一些的糖，价格也较便宜，制作好的成品也比较清澈纯净。

方糖：由白砂糖制作而成，在比较湿润的时候用模具模压成块状，待其干燥之后，就成为了方糖，使用效果与蜜饯糖相类似。

红糖

这一类糖无论是制作甜味还是咸味腌制类食品时，给两者都会带来浑厚的风味和更深的颜色。

黄砂糖／原糖：一种淡黄色的糖，带有一股淡淡的焦糖风味。传统上，是一种含有低度糖蜜的粗糖，也可以通过在精炼的白糖中添加糖蜜制作而成。

金砂糖：有经过提炼或者没有经过提炼的金砂糖。在需要制作风味和颜色比较淡的食品时，可以代替白糖使用。

软质红糖：湿润、带有细小的颗粒和浓郁的风味，颜色有深有浅，通常使用精炼白糖加上糖糖制作而成。

黑砂糖／糖蜜：有深色和浅色之分，通常使用没有经过提炼的蔗糖制作而成。比软质红糖颜色更深，滋味更浓郁。

棕榈糖：由棕榈树的汁液制作而成，带有芳香的风味。加工成块状售卖。在使用之前要先切碎。浅色的黑砂糖可以用来代替棕榈糖使用。

粗糖：这种原糖产自于印度，具有一种特殊的味道。必须切碎之后才可以使用。将浅色黑砂糖和黄砂糖混合到一起可以用来代替粗糖。

醋

醋（vinegar）这个词语来自于法语 vin aigre，其意思是酸的葡萄酒。醋是将水果或者谷物类发酵而成的酒精暴露在空气中，细菌就会在酒精中起反应，将酒精转化为乙酸，而正是乙酸有助于防止在泡菜和腌制类食品中产生

覆盆子和白酒醋既可以用来作为腌制食品的原材料，也可以增加一股别具一格的、香浓的风味

微生物。用来制作腌制类食品的醋，乙酸成分必须不低于5%。

麦芽醋：由某一种类型的啤酒制作而成。其乙酸的含量通常不低于8%，这样可以让麦芽醋被其他液体以及水果汁和蔬菜汁等非常方便的进行稀释。在麦芽醋中通常都包含有焦糖的成分，这使得麦芽醋的颜色变成了深棕色。其浓郁的风味非常适合于制作泡菜、酸辣酱和瓶装的酱汁类等。

酸浸醋：在麦芽醋中加入各种香料制作而成的醋。

蒸馏麦芽醋：浓郁的风味与普通麦芽醋相类似，但是蒸馏麦芽醋是无色的，因此适合于制作汤汁澄清的泡菜和口味清淡的腌制类食品时使用。

酒醋：根据所使用的葡萄酒的颜色不同，酒醋有红葡萄酒醋和白葡萄酒醋之分。绝大多数酒醋都含有大约6%的醋酸成分。白葡萄酒醋味道比较柔和，非常适合制作口味清淡的腌制类食品；红葡萄酒醋相对于白葡萄酒醋，其风味会更浓郁一些，适合于制作加有香料的水果类。

覆盆子酒醋：将水果在酒醋中浸泡而得，非常适合于腌制水果类。

香脂醋：带有一股细腻的、圆润的风味，因为酸度较低，使得香脂醋不适合单独使用，但是可以用来制作味道柔和的腌制类食品的调味品，在烹调制作的最后时刻加入即可。

雪利酒醋：略微带有甜味的浓香型风味酒醋。

苹果酒醋：味道略微带有一些辛辣和水果的风味。非常适合于制作腌制水果类。

米醋：无色、清淡的米醋是使用米酒制作而成的，通常用来制作泡姜。

盐

在腌制类食品中使用盐，可以作为调味品使用，还可以作为脱水剂使用。通常用来在叫做"用盐浸出蔬菜中的水分"这样的工序中使用，例如浸出黄瓜和西葫芦中的水分，让这些蔬菜变得脆嫩并且可以防止腌制类食品中的汤汁变得稀薄，否则就会降低其一贯保持的品质。普通的餐桌上使用的食盐和烹调中使用的食盐都非常适合用来腌渍蔬菜类。但是可以使用结晶盐，也叫做粗粒盐，或者腌制盐，或者叫做岩盐来制作清爽的泡菜类，因为普通的餐桌上使用的食盐以及烹调中使用的食盐中通常都含有防结块的材料成分，会让腌制类食品的汁液变得浑浊。

酒类

烈性酒，可以使用像白兰地和朗姆酒，以及利口酒等至少含有40%酒精度（标准酒精浓度）的烈性酒。加强葡萄酒、葡萄酒、啤酒和苹果酒等酒精度非常低，单独使用会没有什么效果，应该加热后使用，或者与糖混合后再使用。

酸类

酸类原料可以帮助果酱和结力有效的凝固定型，并且可以防止其变色。

柠檬汁：增加了果胶成分，防止水果变成褐色，可以起到增强风味和颜色的作用。不管是鲜榨柠檬汁或者是瓶装柠檬汁均可以使用。

柠檬酸是以细小的白色结晶体进行售卖的，在制作腌制类食品时，可以代替柠檬汁使用。

罗望子：这是一种褐色的，具有浓郁香味的香料，可以使用其酸的风味或者其香料的风味。

各种各样的盐都可以用于腌制食物，从粗的海盐粒，以能够非常充分的提出原材料本身的风味而著称，到腌制用盐，或者叫做"清真食品盐"，以及常用的食盐

香草类和花朵类（herbs and flowers）

绝大多数腌制类食品都会添加上各种风味的香料，使用恰当的数量与选择使用哪种合适的香料同样重要。有一些腌制类食品在添加风味香料时，需要试用一下效果；而另外一些风味香料则是制作腌制类食品时，所要使用的主要原材料之一。

香草类

新鲜的或者干燥的香草是制作咸鲜类腌制食品时非常重要的风味香料，在制作甜味腌制类食品时也会偶尔使用。这些香料可以在一开始烹调时就加入，然后取出，或者切成细末，在食物快成熟时拌入使用。如果你使用干燥的香料用来代替新鲜香料，那么，可以减少三分之一到一半香草的用量。

鲜嫩的香草类

香草鲜嫩的叶片易折裂，需要小心处理，以避免碰伤。香草一旦采摘下来，应该在几天之内就使用完。将香草的整个根茎部位用棉布捆好，放入到用小火加热的腌汁中，或者在食品快要成熟时，将切碎的香草叶片拌入到腌汁使用。

罗勒（紫苏）：这种芳香风味非常浓郁的香草，叶片非常容易折裂和变色，所以直接用来腌制食品，倒不如先用醋浸泡出其风味，然后丢弃不用，而只使用罗勒风味醋。

细叶芹：在采摘之后，要立刻使用这些细小、柔软而且带有花边的叶片。它们的风味与带有一丝茴香风味的香芹很类似，适合于搭配口味柔和而清淡的蔬菜类。

薄荷：这一类芳香型的香草有很多种类，包括胡椒薄荷、绿薄荷、苹果薄荷、柠檬薄荷和菠萝薄荷等。薄荷能够给腌制类食品带来一股清新的风味，但是用量不可过多。

香芹：香芹的叶片卷曲而扁平，是制作香草束必不可少的香草。

他力干（龙蒿）：这种香草用来制作香草醋，效果非常好，但是因为经过加热之后会变黑和褪色，所有在制作热菜时，很少使用到新鲜的他力干。

味道浓郁的香草类

通常是木质类香草，叶片带有浓烈的风味，这一类香草可以在烹调的过程中添加到腌制类食品中，以萃取其风味并充满到食品中。

香叶：制作香草束所必需的原材料，这些深绿色表面光滑的叶片，在使用之前应先干燥几天的时间。香叶会对腌制类食品增加一些芳香的风味。

马郁兰和他力干（牛至）：常用于番茄的制作中，这两类香草也非常适合于制作西葫芦。马郁兰和牛至应该在加热烹调的最后时刻加入。

迷迭香：非常芳香浓郁的一种香草，无论是新鲜的还是干燥的迷迭香，使用量都不要太多。迷迭香与柑橘类水果非常搭配。

鼠尾草：一种味道强烈的香草，通常与大蒜和番茄一起搭配使用。

百里香：这是一种芳香的香草，与使用烤蔬菜和豆类制作而成的腌制类食品非常搭配。

芳香和香辛香草类

有一些香草类带有芳香的柑橘类风味，另外一些则带有八角的口感，还有几种带有柔和的、香辛的刺激风味。

香菜：这一种香草浑身的每一部分都可以使用——从美味柔和的叶片和结实细长的茎干到褐色而硬实的籽。香菜也叫中国香菜，叶片有点类似于圆片状的香芹。

香菜带有一股柔和的、香辛的滋味，给中东菜肴、

阿里根奴（牛至）带有一股让人喜爱的芳香风味，非常适合于与西葫芦一起烹调

香芹具有一股柔和的风味，通常用来搭配其他种类的香草一起混合使用

亚洲和印度酸辣酱，以及新鲜的墨西哥风味小菜类，增加了刺激性的风味。

蒔萝：这一种看起来纤弱的香草有着深绿色，呈羽毛状的叶片，并略带八角的滋味。非常适合用于味道平庸的西葫芦和黄瓜制作而成的开胃菜，以及泡菜等。

茴香：部分与蒔萝一样，来自于同一家族，有着与蒔萝相类似的风味，但是会更加浓郁一些，特别适合于制作风味醋时使用。

青柠檬叶：这一种味道刺激，芳香四溢的叶片经常用于泰国和马来西亚腌制类食品的制作中。

柠檬草：一种细长而硬的草，带有一股独具一格的柠檬香味和滋味，柠檬草通常用于泰国风味的腌制类食品中，并且应在揉搓之后使用，以释放出其独特的风味。

独活草：与芹菜叶类似，带有一股胡椒的风味，独活草非常适合于制作加工根类蔬菜，以及什锦蔬菜酸辣酱时使用。

花朵类

许多种可以食用的花朵类以及它们的叶片都可以用来给腌制类食品添加芬芳的香味和独特的风味，其中包括香草类的花朵，例如迷迭香、百里香、马郁兰、茴香和细香葱等。

琉璃苣花：这种植物带有细小而艳丽的蓝色或者紫色花朵，可以制作成为蜜饯，或者用来装饰结力。琉璃苣花的风味仿若新鲜的黄瓜般的味道，可以用来给结力添加风味。

天竺葵：可以给果酱和结力等添加上一种细腻的风味。有各种不同的芳香风味，像苹果味道、玫瑰味道，或者柠檬味道等。

薰衣草：芳香四溢的风味，薰衣草枝叶通常可以用来给糖、果酱和结力等增添风味。悬浮在结力中的薰衣草枝叶看起来也非常漂亮：先在开水中蘸一下，然后将水分抖落干净，再放入到广口瓶内，将热的结力倒入到瓶内即可。

玫瑰花：香气扑鼻的红色、粉红色或者黄色的玫瑰花瓣可以用来制作出讨人喜爱的玫瑰酱和结力。通常这些玫瑰花瓣会与水果汁、像葡萄汁等，以及加入的果胶一起混合好，这样制作好的食品能够快速凝固定型，而不会将玫瑰花瓣的香味挥发掉。要确保使用没有开败的玫瑰花朵。

罗勒鲜嫩的叶片带有一股芳香清新的胡椒风味，使其特别适合于搭配以番茄为主料的腌制类食品

制作香草束

香草束就是一束各种芳香的香草类，用一根棉线捆缚好，或者用一块棉布包好。香草束可以添加到腌汁中，并用小火加热，直到将香草的芳香风味析出到腌汁中，使得腌制类食品带有淡淡的滋味和芳香气味。使用新鲜的香草制作而成的香草束，味道会更好。

步骤：

1 用于制作结力或者酱汁类的香草束，在经过加热烹调之后需要过滤，将一枝香芹，一枝百里香和一片香叶用一段棉线捆好。将制作好的香草束悬浮在腌汁中，将棉线的一端系到锅的把手上，以方便移除。

2 用于制作酸辣酱和泡菜类的香草束，用一块大约15厘米见方的棉布，将各种香草包好捆好，这样随着锅内液体的烧开沸腾，汤汁会将棉布包中的香草味道慢慢浸出。

香料类（spices）

这些香料可以是辣的和香辣的，或者是温馨而芳香的，可以应用到所有的腌制类食品制作中，用来增添风味并起到装饰效果。香料要储存在凉爽、避光的地方：粉类香料可以保存6个月以上的时间，而整粒或者整个的香料可以保存一年以上的时间。

辣味香料类

这些香料通常用来增加腌制类食品中的热量，辣味的程度可以是微辣，中辣也或者是特辣。

卡宴辣椒粉：由干辣椒磨成粉制作而成，卡宴辣椒面非常辣，应该按需使用。

辣椒：制作腌制类食品时，可以使用鲜辣椒，用来增加热量，或者将辣椒整个的，也或者是切碎之后加入到泡菜中，装瓶后使用。

辣椒粉：这一种辣的香料是由干的辣椒磨成粉制作而成的。中等辣度的辣椒粉和辣椒调味料，是将磨成粉的辣椒和更加柔和的香料，例如小茴香、阿里根奴，以及大蒜等，混合到一起制作而成的。

山柰：姜科属香料，肉质呈浅粉色，山柰通常用于马来西亚和泰国风味腌制类食品的制作中。姜有时候可以代替山柰使用。

姜：姜在甜味和咸香味道的腌制类食品中都可以使用。姜块可以使用新鲜的、干燥的，或者是粉状的。腌姜可以添加到果酱或者橘子酱中。

带有甜味，口感柔和的红柿椒粉通常用来给酸辣酱和开胃小菜增添风味和色彩

新鲜的姜块将其柔和而清新的风味添加到了所有的腌制类食品中

芥末籽：有三种类型的芥末籽：白色、褐色和黑色；黑色为最辛辣的。在芥末籽被粉碎后或者与液体混合之后，其味道和芳香风味都会挥发掉。整粒的芥末籽通常用于制造泡菜类食品中，粉碎成面状的芥末粉则常用于制造开胃小菜类食品中。芥末的辛辣风味会随着用小火长时间加热而逐渐减弱，所以芥末粉通常会在烹调的最后时刻才加入。盐和醋也会减弱芥末籽的辛辣风味。

柿椒粉：这一种风味浓郁的红色香料是以粉状的方式进行售卖的，通常以其鲜艳的颜色和甘美的风味而著称，其风味从柔和而甘美到浓郁而芳香等，成为一系列的独特风味。

胡椒粒：在制作泡菜时，通常会使用到整粒的胡椒，这些小粒的浆果类有绿色、黑色和白色之分。绿胡椒是没有成熟的胡椒，风味比较柔和，黑胡椒最辛辣，风味也最刺激。白色的胡椒粒则带有柔和的芳香风味。

黄姜粉：尽管黄色的黄姜粉带有一股柔和的香辣口感，但是通常黄姜粉仅仅只是用来作为藏红花在制作泡菜和开胃小菜时的便宜的替代品。

种子类香料

像香菜和莳萝这样的一些植物类，可以使用叶片和种子进行栽培，而另外一些，包括葛缕子和小茴香等，只能以种子进行栽培。

葛缕子：带有较柔和的香辛风味，主要应用于众多北欧风味的腌制类食品中，尤其是德国酸卷心菜中。葛

香料的研磨

可以购买已经研磨成粉状的香料，但是绝大多数香料最好是在使用时现研磨，这是因为，香料一旦被研磨成粉状，其独特的风味和芳香的气味很快就会挥发掉。可以手工使用研杵在研钵内将香料研磨成粉状，或者使用香料碾碎磨，也可以使用咖啡研磨器等其中的一种将香料研磨成粉的目的。

缕子的籽需要长时间的浸泡或者经过加热使其变软，以便能够释放出风味。

小茴香籽：细小而呈浅褐色的小茴香籽，带有一个别具一格的柔和风味，小茴香籽通常用于印度、墨西哥、北非和中东等国家和地区的腌制类食品中。无论是整粒的小茴香籽还是粉状的小茴香籽都被广泛的使用。

香菜籽：这些纤小的圆形籽粒带有一个柔和的橙子风味。通常用来作为制作泡菜的香料使用。

莳萝籽：细小而呈椭圆形的莳萝籽与葛缕子的风味相类似。经常用于腌制黄瓜类的食品中。

芳香类香料

带有柔和的、芳香风味的香料非常适合制作水果类和甜味类的腌制食品。

多香果：其芳香的滋味和访问会让人联想到丁香、肉桂和豆蔻等，非常适合于用来制作木本类水果。

肉桂：常绿树木的树皮，有条形或者粉状。条形的肉桂尤其适合于整根的用于浅色或者透明状的腌制类食品中。

丁香：这些纤细而干燥的花蕾，有整粒的或者粉状的售卖方式，带有一个别具一格的滋味，非常适合与苹果，以及柑橘类水果进行搭配使用。

杜松子：常用来给金酒添加上一股别样特色的风味，蓝黑色的杜松子，也可以使用新鲜的，但更多的时候是使用干的杜松子。

豆蔻：豆蔻带有一股柔和的坚果风味。最好是购买整粒的豆蔻，而在使用时再将其研磨碎。肉豆蔻是橙色的，带有蕾丝外皮的豆蔻，通常会切割成片状售卖。

藏红花：由干燥的藏红花的花柱制作而成，藏红花是所有的香料中价格最为贵重的。只需要小许藏红花细丝就可以制作出金黄的色彩，以及苦中带甜的风味。

八角：这种星状的，带有茴香风味的香料非常适合于用来制作泡菜和瓶装的腌制类食品。也可以小量的用于酸辣酱中。

罗望子：产自于罗望子树上罗望子豆荚中这种深褐色的果肉，给腌制类食品和泡菜带来的是一股独特的酸性风味。

香子兰：用来给瓶装的水果增添风味，以及偶尔用来在果酱和结力中增添风味。细长，深棕色的香草豆荚（香子兰豆荚），带有一股甘甜的、柔和的芳香风味。

腌渍类香料

可以购买到各种风味的混合好的腌渍类香料。或者你也可以直接制作出专属于自己风味的腌渍类香料。最典型的腌渍类香料包括多香果、香叶、小豆蔻、香菜籽和芥末籽、肉桂、干辣椒、丁香、干姜和胡椒粒等。将5~15毫升的腌渍类香料加入到600毫升的醋中，用小火慢慢熬着5~15分钟，然后使其冷却并过滤好。又或者将腌渍类香料用一块棉布包好捆起，放入到腌汁中一起加热熬煮，最后取出即可。

整根的条形肉桂通常会用来给腌制水果所用的甘美可口的糖浆增添风味

金色的藏红花细丝常用来给食品带来淡雅的芳香风味和艳丽的色彩

香草豆荚、八角、姜粉和肉桂条等，都是制作腌制类食品所广泛使用的香料类

制作果酱、蜜饯和腌制类食品所需要使用的工具器皿类（preserving equipment）

很少有特殊的工具器皿在制作果酱、蜜饯和腌制类食品时是必需要使用的。但是有趁手的工具器皿用于果胶、蜜饯和腌制类食品的制作一定会事半功倍，并且还会有助于确保成功。你可能已经有了绝大多数基本的工具器皿，像一个厚底锅、计量秤，或者是带有刻度的量杯、木勺、一个菜板以及几把锋利的厨刀等。但是，有几种特殊的工具器皿，像盛放果汁过滤袋用来过滤果汁所需要的漏斗被实践证明是非常有必要的。下面简要的介绍一些更加实用的工具器皿，它们都可以从大型超市内或者厨房用品商店内购买到。

腌制食品使用的平底锅

一个腌制食品所需要的平底锅，或者一个大号的，厚底的锅是必需的。它的尺寸必须要足够大，可以让腌汁快速烧开而不会让浮沫溢出（大约9升容量的锅最实用），并且要足够宽大，可以让腌汁快速烧开蒸发，这样就可以尽快的达到让腌汁凝固所需要的浓稠程度，并且要选择厚底锅，以防止将腌汁烧焦煳。腌制食品的平底锅，其顶端要带有两个圆弧形的短把手或者一个手提把手。耐腐蚀性的平底锅，例如使用不锈钢材质制成的平底锅，就是制作所有腌制类食品时的最佳选择，特别是用来制作泡菜、酸辣酱和开胃小菜时是必需的，因为这些食品中含有高浓度的酸性材料。传统上，铜质的，用于制作腌制类食品的平底锅，通常其顶部会非常宽大，并朝着变窄的底部变得有些倾斜，这样设计的锅只是用来制作果酱和结力使用，而不适合于用来制作带有醋或者柠檬汁一类，或者带有酸性的或者红色的水果一类的腌制类食品。因为使用铜质锅，无论是风味还是颜色都会受到影响。搪瓷锅在制作腌制类食品时，其传导热量的速度不够快，并且容易烧焦。

自带支撑架的果汁
过滤袋在过滤结力
时会非常轻松自如

糖用温度计（高温温度计）

在加热制作腌制类食品时，需要取得精确的温度以便于它们凝结定型的完美无瑕。要挑选一个至少要达到110℃的糖用温度计，并带有一个夹子或者一个手柄，可以依附到锅沿上，这样温度计就不会滑落到正在煮沸的腌汁中。

果汁过滤袋

将用于制作结力的，经过加热制作好之后的果肉进行过滤，将果汁滤出，果汁过滤袋可以使用棉布、棉绒布或者尼龙布来制作。其细密的织布使得只有果汁汁液可以滤出，而将果肉留在过滤袋里。有一些果汁过滤袋自带支架；还有一些带有圆形的扣眼，用来将果汁过滤袋悬挂支撑起来。

纱布／棉布

通常用来制作香料和香草袋（香料包），纱布也会用来将水果籽和水果皮等包到一起，特别是在制作柑橘果酱的时候。纱布也可以用来代替果汁过滤袋使用。使用时，将纱布叠成3～4层的方块形，并用两股结实的棉线将纱布的四个角分别捆紧，并分别打好一个结，以能够挂起，用来给纱布提供支撑作用，或者系成四个圆圈，这样就可以将纱布悬挂于倒放的椅子腿上或者模具上。同样，你也可以在一个大号的过滤器里铺上纱布，然后摆放到一个盆上，用来过滤果汁。

果酱瓶和瓶子

当制作果酱时，选择适当的容器是必需的。透明玻璃瓶是比较理想的盛器，因为透明玻璃瓶耐腐蚀性，在朝瓶内灌装果酱的时候，你可以轻易的看到瓶内所滞留的空气泡，并且在装满之后，果酱瓶会显得特别漂亮美观。就像所售卖的果酱罐头或者果酱瓶一样，这些特制的果酱瓶，被设计成可以加热至非常高的温度。耐腐蚀性的密封圈也是必需的，特别是用来灌装带有酸性的果酱或者泡菜时。

要确保选择那些合适大小和形状的容器。广口瓶对于那些食谱中使用整个的或者大块果肉的水果或者蔬菜来说是必需的，但是对于绝大多数果酱来说，最好是使用几个较小的广口瓶，这比只使用了一个或者两个大的广口瓶，效果要好上很多。

储存在非常大的瓶内的果酱在打开密封之后，有可能很快的腐败变质；果酱若没有尽快的使用完，大瓶内的果酱会比盛装在小瓶内的果酱暴露在空气中的时间更长。

果酱的覆盖密封

最简单便宜的覆盖密封果酱、结力以及柑橘类果酱的方式是使用一张蜡纸片和玻璃纸进行覆盖，再用一根橡皮筋捆紧进行密封。在装满果酱之后，蜡纸片应当立刻轻轻的朝下按压到果酱瓶上；蜡纸会形成一层密封层，以阻止空气和水汽的进入。使用 450 克和 900 克的果酱瓶时，还可以覆盖上玻璃纸。但是，一定要注意，蜡纸和玻璃纸没有防酸性，所以不适合于用来对含有酸性的果酱类进行密封包装。这些果酱要灌装到带有耐酸性密封圈，或者使用塑料盖的果酱瓶内。

漏斗

使用漏斗可以让灌装果酱的工作变得更加方便和容易。一个带有粗管（直径 10~13 厘米）的果酱漏斗，适合于放置到果酱瓶或者盛器上，在灌装果酱时，会更快、更干净。

一个漏洞在灌装结力、果酱和蜜饯等食品时，会真的替你节省不少的时间

带有细管的一个普通漏斗，通常会用于将液体灌装到瓶内的泡菜或者水果中，同时也可以用来灌装酱汁和结力等细滑的液体类。要选择那些食用耐高温塑料或者不锈钢制作而成的漏斗。

液体比重计

液体比重计也叫作糖浆比重计，可以测量出糖浆的密度，有时候在灌装制作好的果酱和结力等水果时使用到。液体比重计上会标注着从 0~40 的刻度，测量出其在糖浆等液体中沉浮的位置点。糖浆中所包含的糖分越多，比重计上浮的越高。

盐度计

与液体比重计的工作原理相同，但是通常用来测量盐水中所包含盐的数量。盐度计标注着从 0~100 的刻度，其 1° S 代表着盐水中含有大约 0.26% 的盐分，当盐水饱和后，其包含着大约 26% 的盐分。

一系列的广口瓶，夹钳形、螺旋盖形或者双向螺旋盖形的广口瓶，都非常适合于用来盛放腌制类食品

各种碗

准备几个不同大小的耐腐性的碗，用于腌制、浸泡和搅拌混合各种食品是非常有必要的。

菜板

塑料菜板使用起来会比木质菜板更加卫生，因为塑料菜板更容易进行清理。但是一个木质菜板在进行灌装时，才会体现出其价值所在，木菜板在冷却果酱的时候，是一个理想的放置果酱瓶的地方；将热的玻璃瓶放置到过冷或者潮湿的地方，有时候会有碎裂的风险。

滤网和过滤器

在过滤酸性的水果或者果酱时，可以使用尼龙的、塑料的或者不锈钢的滤网和过滤器。某些金属能够影响到制作好的食品颜色，并使其带有一股金属的味道。

木勺

选择那些长柄的木勺，让你的手在熬制热果酱的时候有一个安全的距离。如果有可能，在制作甜味和咸味腌制类食品时，尽量使用不同的木勺。避免使用金属勺，因为它们会传导热量，并且会让制作好的食品变色。

漏眼勺（带眼勺）和撇末勺

这些器具对于捞取和控净固体材料并装入到广口瓶

刀刃固定和可以旋转刀刃的削皮刀，用来削去水果和蔬菜的皮都非常好用

一个去核器在加工制造木本水果时，例如苹果和梨时非常实用

内非常有效。可以使用一个细眼撇末勺，用来给果酱和结力等撇去浮沫，以保持它们的清澈程度。

长柄勺

使用一把大号的、深碗形的长柄勺将果酱舀到广口瓶内是非常方便的。有一些长柄勺带有一个尖嘴，这有利于其方便的倾倒。最好使用不锈钢材质的长柄勺。

削皮刀

有各种不同类型的削皮刀。那些可以旋转刀刃的削皮刀可以紧贴着水果或者蔬菜的外形进行削皮，并且可以将外皮削的非常薄。还有一些削皮刀在把手上带有切丝的配件。

去核器

当腌渍或者腌制整个的水果，例如梨和苹果时，可以使用去核器将水果核完整的去掉而不破坏水果的完整形状。当要去掉切成两半的水果核时，挖球器或者茶勺是可以使用的最佳工具。

樱桃去核器

使用一把刀可以精准地去掉小型水果，例如樱桃等水果的核，但是却几乎无法保持住水果的整体造型。有不同种类的樱桃去核器，用于不同大小水果的去核。使

撇末勺和漏眼勺可以非常方便的撇去用小火加热熬煮的结力表面的浮沫

用时先将水果固定好，然后用力挤压手柄，这样可以让去核器上的尖嘴穿透到水果中将果核挤出。

擦丝器

擦丝器的切割刀刃上有五个小的孔洞，这些孔洞，在将柑橘类水果牢稳的在这些孔洞上推过时，就会成细丝状的擦取下柑橘类水果的外皮，而留下那些白色的外皮。

卡内尔刀

这些带有 V 形齿痕的刀具可以从水果或者蔬菜上削下6 毫米的条形外皮，在水果和蔬菜上会留下许多细槽形，能够制作出条纹状的装饰效果。如果接着将水果切割成片状，这些水果片上会形成一圈美观而漂亮的凹形造型。蘑菇花型刀就是一把类似的工具刀，用来在蘑菇的顶端制作出花纹造型。

多功能蔬菜切割器

坚硬的水果和蔬菜类，像苹果、红菜头（甜菜）以及萝卜等，使用多功能蔬菜切割器可以轻松的将它们切割成齐整的片状或者丝状。绝大多数多功能切割器刀片都可以调整切割的厚薄程度，并且带有可调整的支撑架，可以将切割器调整到所需要的切割角度。要选择带有防护装置的切割器，这样在切割原材料时可以抓稳，因为刀片非常锋利，否则的话会容易切割到自己的手。

食物擦碎器（四面刨）

盒状的食物擦碎器通常至少会带有 3 种不同的切面，从细（用于擦碎豆蔻和柠檬皮）到粗（用于硬质水果和蔬菜类）。还会带有切片的刀刃，用于煎蔬菜类，先黄瓜等切割成片状。绝大多数擦碎器都会带有一个把手，以方便在使用时握的平稳固定。平

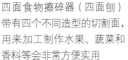

用一把卡内尔刀和一把擦丝器，成细条状的削下柑橘类水果的外皮效果会非常好

樱桃去核器可以毫不费力的去掉那些迷你型的水果的果核

板形的擦碎器占据的空间较少，并且容易清理，但是通常只有一个或者两个不同的擦碎面板。

绞肉机和辗磨器（研磨器）

不管是手动还是电动绞肉机，在加工制造数量较多的水果或者蔬菜时，都可以替你节省下来大把的时间和精力。回旋式碾磨器在制作水果黄油和非常细腻柔滑状的酱汁时非常好用，因为此种碾磨器可以直接将加工好之后的水果制作成蓉泥状，而将果皮和果核排除在外。将制作好的果蓉，在一个细网筛上过滤这些果蓉时，使用一把木勺或者一把金属长柄勺的背面进行按压，过滤时会非常有效。但是这可能要多花费你一点时间和体力。

研磨器

传统的研钵和研杵用来将少量的香料研磨成粗粒状是最方便实用的工具。要进行大量的研磨或者当你需要非常细的粉状香料时，可以使用香料研磨器或者咖啡研磨器单独进行研磨。

四面食物擦碎器（四面刨）带有四个不同造型的切割面，用来加工制作水果、蔬菜和香料等会非常方便实用

果酱、蜜饯和腌制类食品的灌装和密封（potting and covering preserves）

在你制作任何一种果酱、蜜饯和腌制类食品之前，首先要确保你有足量的广口瓶和瓶子，并且还要采用正确的消毒方式。以正确的方式制作这些食品、密封这些食品和储存这些食品有助于你能够确保制作好之后的这些食品长时间的保持原色、原汁原味和质感。

选择适当的盛器

制作好的绝大多数腌制类食品，一定要将它们灌装到适当的盛器中。使用整个或者大块的水果或者蔬菜类制作而成的泡菜类，要灌装到中号或者大号的广口瓶或者宽口的瓶子中。细腻而浓稠的酱汁类或者开胃小菜等可以存储在细口的瓶子内，但是更加浓稠的，需要用勺子舀取的果酱类，应该灌装到广口瓶内。通常来说，将腌制类食品装入到几个小的容器中会比都装入到一个大号的器皿中要更好一些。特别是那些在开封之后需要尽快食用的食品。

广口瓶和瓶子的消毒处理

在灌装之前，必须要做的事情是对广口瓶和瓶子进行杀菌消毒，以消灭这些盛器内的所有微生物。任何未经过杀菌消毒的广口瓶或者瓶子内会含有某些污染物，能够让食品变坏或者变质。杀菌消毒对于所有的盛器来说都是非常重要的步骤，除此之外，你还应该特别关注那些重复使用的广口瓶和瓶子。

先检查这些广口瓶和瓶子有没有裂纹或者破损，然后在热的、带有洗涤液的水中进行彻底的清洗，漂洗干净，再倒扣过来控干净水分。广口瓶和瓶子可以采用下述的五种不同的方法进行杀菌消毒：在低温的烤箱内进行烘烤、在开水中煮沸、在微波炉内加热、在洗碗机内高温清洗消毒，或者使用消毒片（消毒剂）。

使用烤箱烘烤的方式杀菌消毒

将盛器在铺设好油纸的烤盘内摆放好，相互之间隔开一定的间距。除掉所有盛器的盖。将它们放入到冷的烤箱内，然后将烤箱加热到110℃，烘烤30分钟。使其略微冷却后再使用（如果这些广口瓶或者瓶子不是立刻就使用，用一块干净的布覆盖好，并且在使用之前要再次加热）。

使用开水煮沸杀菌消毒法

1 将所有的盛器，开口朝上，摆放到一个汤锅内，汤锅要足够大到这些盛器能够呈一层的摆放好。

2 将足量的热水倒入到锅内并没过这些盛器（不要使直接倒入开水，因为这会让玻璃碎裂开）。然后将锅内的热水烧开，并煮10分钟。

3 让这些盛器在开水中浸泡一会至水不再沸腾，然后小心的取出并倒扣到一个干净的毛巾上控干水分。将控净水分的盛器口朝上摆放好，再晾干几分钟。

4 将瓶盖，密封圈以及瓶塞等，放入到用小火加热的开水中煮沸20秒（如果使用瓶塞）。

中号的、带有螺旋塑料盖的宽口型的广口瓶，可以用来盛装绝大多数的腌制类食品

微波炉加热杀菌消毒方式

这种方式特别适合于制作小量的腌制类食品并灌装到几个广口瓶内的时候。根据微波炉使用说明进行操作，并且只使用那些容量少于 450 克的广口瓶和个头矮小粗壮的瓶子。

1 将干净的广口瓶或者瓶子装满半瓶水，用大功率进行加热，一直到将水烧开约 1 分钟。

2 戴上耐高温手套，将广口瓶或者瓶子从微波炉内取出。轻轻晃动瓶内的开水，然后将开水倒出。将瓶口朝下摆放到一个干净的毛巾上控净水，再将瓶口朝上晾干。

洗碗机高温清洗杀菌消毒方式

对于要同时使用大量的盛器来说，使用洗碗机来进行清洗和消毒是最简单的事情。将盛器和盖子等都放入到洗碗机内，将开关置于最高温挡位，包括烘干。如果广口瓶在放入洗碗机之前，已经清洗干净，那么使用洗碗机清洗时，可以不加入清洗剂。

消毒药（消毒剂）杀菌消毒方式

这种方式不适合用于风味比较清淡的腌制类食品。因为药片会带有一股淡淡的药味。但是，此种方法适合于味道浓烈的腌制类食品，例如酸辣酱和开胃小菜等。

按照消毒药片包装说明进行操作，将药片融化之后，在消毒液中浸泡盛器。控净水分之后晾干再使用。

往瓶内进行灌装

绝大多数腌制类食品需要在制作好之后，趁热灌装到热的盛器中，特别是果酱类和含有很高果胶成分的水果类。使用果酱漏斗会让灌装工作事半功倍。用整个的水果制作的果酱类，带有柑橘类外皮的果酱，以及添加上各种原材料，像新鲜的香草等，应让其冷却 10 分钟，直到表面形成一层薄膜。然后再搅拌均匀，使各种原材料能够均匀的分散开，以防止各种材料在灌装时沉到瓶底。

有一些腌制类食品，例如往瓶内灌装含有酒的水果时，或者灌装用醋腌制的蔬菜时，可以等其冷却之后再灌装，而不需要在热的时候进行灌装。使用的这些原材料，可以是经过加热之后成熟的，或者只需简单的清洗干净，然后塞入到广口瓶内，再将冷却之后的酒类或者醋等倒入到广口瓶内即可。

广口瓶的密封

不同类型的腌制类食品需要不同的覆盖和密封方式。果酱类、蜜饯类、结力类、柑橘类果酱和水果奶酪等可以用蜡纸片进行覆盖，然后用玻璃纸包好，用橡皮筋捆紧。或者，广口瓶可以用带有螺旋形的瓶盖进行密封（使用蜡纸和玻璃纸捆绑密封的方法不适合于再使用螺旋形瓶盖密封）

瓶装的水果和腌制的蔬菜类必须用带有新的橡胶密封圈的广口瓶进行抽真空后密封或者使用卡扣式瓶盖进行密封包装。酸辣酱和泡菜应该使用防酸性瓶盖，因为醋中所含有的酸性成分会腐蚀金属性瓶盖。

使用蜡纸和玻璃纸进行覆盖包装

1 使用耐热的长柄勺或者水罐，以及一个漏斗，小心的在广口瓶内灌满果酱，几乎与瓶口齐平。只需预留出不多于 1 厘米的高度空间即可。

2 使用一块干净的、湿润的棉布，将瓶口边缘处的果酱擦拭干净，确保没有果酱的斑点残留。

3 将一片圆形的蜡纸片（带蜡的那一面朝下）覆盖到果酱的表面上，并朝下抚平，完全覆盖住热的果酱。

4 用湿润的干净棉布将一块玻璃纸擦拭湿润，也覆盖到广口瓶上，将瓶口周围也擦拭湿润，然后用一根橡皮筋将玻璃纸在瓶口处捆紧。在捆紧玻璃纸的时候，可以是在果酱刚刚装入到瓶内非常热的时候，也可以是在果酱完全冷却透之后再用玻璃纸捆紧（如果是在果酱热的时候捆紧密封的，瓶口处的玻璃纸会涨起）。等冷却透之后，玻璃纸就会收缩而下沉，产生出一个密封的环境。

使用带盖的广口瓶

有各种不同形状的带盖广口瓶可以使用——从普通的螺旋口瓶盖到卡扣式瓶盖。不同形状的广口瓶适用于盛装不同种类的腌制类食品。

螺旋口瓶盖的广口瓶：这样的广口瓶适合于绝大多数甜味的腌制类食品，但是没有添加防腐涂层的金属瓶盖应避免用于灌装含有醋成分的酸性食品，因为当金属盖接触到瓶内的酸性食品时，会因为被酸性成分所腐蚀而产生锈迹。

两个瓶盖的广口瓶：也叫带盖螺旋瓶，由一个扁平的胶皮或者塑料瓶盖密封瓶口，加上一个可以旋紧在瓶口上螺丝口的金属扣组成。

使用的时候，装满消毒好的广口瓶，将瓶口周围擦拭干净，盖上经过消毒的胶皮瓶盖，用一块布包住并扶稳瓶子将金属扣从瓶盖上方落下并朝下在瓶口处旋紧。

如果灌装好的腌制类食品需要经过热处理，就先拧松瓶盖至 1/4 转或者根据使用说明书进行操作（玻璃瓶在加热的过程中会产生热涨，如果金属扣拧的过紧，有碎裂开的可能）

夹钳式瓶盖：这一类瓶子可以用于任何一种腌制类食品的灌装，从果酱和结力到块状水果和泡菜等。使用的时候，将消毒后的胶皮圈先套到瓶盖上，然后灌装至瓶口的 1 厘米满，或者灌装到瓶身上标注的最大容量刻度处。用一块布包住瓶子并扶稳，然后将夹钳式瓶盖盖紧。当瓶内的食物冷却之后，就会形成一个真空密封的环境。

使用固体石蜡密封

各种灌装好的瓶子还可以使用石蜡进行密封，石蜡可以从五金商店内购买到。

1 将石蜡掰开成小块状，放入到一个碗里，置于到一个加有热水的锅内隔水加热融化开（如果在使用时，融化之后的石蜡温度过高，那么待其冷却之后就会从瓶口处流落到瓶壁上，从而影响到密封的效果）。

2 在灌装好热的食品的瓶盖处浇淋上一层非常薄的石蜡。使用一根牙签，将密封石蜡处所有的气泡都挑破，然后让石蜡冷却凝固。

3 单石蜡凝固之后，再浇淋上第二层石蜡，其密封层的厚度大约为 3 毫米。当石蜡凝固好之后，会变成不透明状，并会略有下沉感。要打开密封石蜡时，可以敲碎并移除密封的石蜡。然后使用保鲜膜覆盖好瓶口，并放入到冰箱内进行储藏。

普通玻璃瓶的灌装和密封

普通的玻璃瓶非常适合用来储存酱汁类和可以浇淋用的流动性开胃小菜类。这类瓶子可以用经过消毒的软木塞进行封口，然后再用石蜡密封好。

1 使用长柄勺和漏斗，灌装热的食品到消毒好的瓶内，留出瓶口 2.5 厘米的高度不灌装。用一块干净的湿布将瓶口擦拭干净。

2 将软木塞在开水中浸泡 3~4 分钟，然后将其塞入到瓶口中，尽量塞紧。可以使用一根擀面杖或者木槌轻轻敲打软木塞，直到软木塞在瓶口只留出 5 毫米的高度。让瓶子内灌装好的食品自然冷却。

3 要精心密封，尽量的将软木塞塞紧，然后将瓶口的软木塞处浸入到融化的蜡中或者用石蜡进行密封。待其凝固之后再进行第二层密封。

果酱、蜜饯和腌制类食品的展示、粘贴标签和储存（presentation，labelling and storing）

储存在夹钳式瓶盖和两个瓶盖广口瓶内的各种腌制类食品，可以作为非常新颖而美观的礼品

腌制类食品的储存

尽管这些盛放在盆盆罐罐中的腌制类食品摆放在充满明媚阳光的厨房层架上看起来引人入胜，但是所有的腌制类食品应当储存在一个凉爽、避光、干燥的地方，因为温度和光线会影响到这些食品的色彩和风味变化，缩短它们的保质期。许多泡菜类、酸辣酱和瓶装的水果类在使用之前，本身需要一定的时间进行熟化。

果酱、蜜饯和腌制类食品的包装、粘贴标签和储存几乎与制作它们同等重要。

展示

玻璃广口瓶和普通瓶子看起来非常美观，因为它们可以让你一目了然的看见瓶内所装入的内容。储存在广口瓶内的咸味腌制类食品，其实用性和观赏性兼得，而造型新颖或者带有各种美观花纹和装饰图案的广口瓶则特别适合于灌装甜味类的腌制食品。小型的广口瓶，不超过 350 克的容量，观感会非常精致漂亮，非常适合用来灌装那些开瓶之后储存时间很短暂的食品类。上釉的陶瓷罐尤其适合灌装储存酸辣酱和芥末类。

无论你多么的小心翼翼，广口瓶和普通的瓶子通常都会在你灌装好之后因为洒落而具有黏性。所以要在趁热的时候，用一块干净的湿布蘸上一点清洗剂，将瓶子外侧擦拭干净。待

灌装好的食品冷却并定型之后，广口瓶可以用一点食用酒精擦拭擦亮。

你也可以使用玻璃纸对广口瓶进行覆盖包装，或者使用新的塑料纸，或者是彩色的瓶盖来替换旧的瓶盖密封广口瓶。美观雅致的针织布，或者色彩艳丽的塑料纸，甚至牛皮纸等都可以用来代替普通的瓶盖进行别具一格的包装。将它们切割出比瓶盖至少大出 4 厘米见方的块形，用橡皮筋捆紧，再用彩带系好。

贴上标签

所有装瓶之后的腌制类食品都要标示清晰，特别是作为礼品赠送时更应如此。可以使用不干胶式的，卡片式的，木制的或者金属制成的各种标签。标签上一定要写上生产日期、产品名称以及其他所有需要注意的事项等。如果是作为礼品赠送的话，比较好的做法是填写上"品鉴日期"（保质期）。

储存时间

绝大多数腌制类食品，如果按照正确的方式进行包装和储存，可以保存一年的时间。一旦开封打开包装之后，应该在三个月之内食用完毕。有一些腌制类食品，其保质期非常短暂：

水果冻，黄油和奶酪可以在冰箱内冷藏保存 2~3 个月，并且，一旦打开包装，应在四周之内使用完毕。

含醋量和糖量非常低的开胃小菜类，以及加热时间非常短暂的食品类，可以保存到四个月以上的时间。一旦打开包装，应该储存在冰箱内，并且应在四周之内使用完毕。

含糖量很低的果酱类，以及相类似的其他特制的腌制类食品，依靠的是消毒杀菌来保持它们的产品质量。这一类食品通常会按照商业化的方法进行处理。自制版本的腌制类食品制作数量有限，为方便起见，可以直接储存在冰箱内。

JAMS, JELLIES AND MARMALADES

将水果与糖一起进行熬煮，一直达到可以凝固的程度。这些水果类依靠果胶、糖分和酸性物质等进行凝固。果胶是一种天然的、成分类似于树胶质，是制作果酱、结力和柑橘类果酱所必不可少的成分。广泛存在于水果类的核、籽、筋脉和外皮中，与糖和酸起反应，产生凝胶，用来帮助果酱、结力和柑橘类果酱的凝固。

测试果胶的含量

当水果被采摘时，以及在生长状态下时，其果胶的含量会根据水果的种类不同而各有不同。在一开始用来制作果酱时，就要测试其果胶的含量，并且根据需要酌情添加果胶。

1 要测试水果中果胶的含量，先将水果加热熬煮至熟透，然后舀取5毫升的汁液放入到一个玻璃杯内。加入15毫升的酒精并摇晃均匀。

2 经过1分钟之后，会形成凝结块：形成了一大块结力状的块，表明其果胶含量非常高；形成了两块或三块结力块，表明其果胶含量为中等水平，能够凝结成形；形成了许多小的结力块，或者没有形成结力块，表示果胶含量非常低，需要额外加入果胶以帮助其凝固。

3 如果果胶含量属于中等水平，可以在每450克的水果中加入15毫升的柠檬汁。如果果胶含量非常低，可以在每450克水果中加入75～90毫升的果胶高汤。也可以加入果胶粉或者液体果胶，或者使用果胶糖。

制作果胶高汤

要自制果胶高汤会非常容易制作，可以拌入低果胶含量的水果果酱中形成结力以增加其凝固性。要在一开始熬煮好水果之后并且没有加入糖分之前加入果胶高汤。此时可以从锅内舀取1茶勺的果汁，并测试其果胶的含量。

1 将900克苹果切碎，包括果核、果皮和籽。放入一个大号的厚底锅内，加入没过苹果的冷水。然后将其烧开，再转成小火并盖上锅盖继续熬煮40分钟，或者一直熬煮到苹果变得软烂。

2 将熬煮好的苹果连同汁液倒入一个悬挂在大碗上方的消毒结力袋内。让其过滤滴落至少2个小时的时间。

3 将过滤好的苹果汁液倒入一个干净的锅内，再继续熬煮20分钟，直到将汁液熘去1/3。

4 将制作好的果胶高汤倒入150毫升的消毒容器内，放入冰箱内可以冷藏保存一周以上的时间，如果冷冻可以保存4个月以上的时间。

5 要使用冷冻的果胶高汤，先在室温下解冻，或者在冷藏冰箱内放置一晚上的时间自然解冻，然后拌入到需要使用果胶高汤的果酱中。

测试果酱的凝固程度

有一些果酱很快的就可以凝固，所以在制作的过程中要尽早进行测试。

起皱测试法：将熬煮的果酱从火上端下来，用勺舀取一点果酱放入到一个冷的餐盘内。待其冷却一分钟的时间，然后用一根手指在餐盘内，将果酱朝前挤压，此时，手指前方的果酱会起褶皱。如果出现的褶皱隐约可见，将锅内的果酱重新放回到火上继续加热2分钟以上的时间，然后再次测试。

片状测试法：将一把勺子的背面沾满果酱，冷却几秒钟的时间，然后将勺子呈水平状握好。当晃动勺子时，果酱会呈一个整个的片状从勺背上掉落下来。

温度计测试法：搅拌几下果酱，将一个果酱温度计插入到热水中，然后再插入到果酱锅中。在果酱中转动温度计，但不要接触到锅底，果酱和柑橘类果酱在105℃时，就可以达到凝结点，结力和蜜饯类的凝结温度会略低。

制作果酱

通常使用整个的或者切碎的水果制作而成，每一种果酱应该带有其独特的风味、亮丽的色彩和凝若乳脂般的柔软质感。

夏日水果制作的果酱

使用饱满的，九成熟的水果，因为过熟的水果中含有的果胶成分略低，凝固性也略差。

[制作大约 1.6 千克]

原材料：

900 克各种水果，例如，樱桃、覆盆子、草莓、鹅莓、黑醋栗和红醋栗等

2.5 ~ 20 毫升柠檬汁

900 克白糖

步骤：

1　将每一种水果称重，然后分别加工准备好。将樱桃、鹅莓、黑醋栗和红醋栗等分别洗净并控干水分，根据需要，将覆盆子洗净，然后将草莓洗净，将所有水果的茎秆和叶片等择除，将坏的部位切除。

2　将柠檬汁倒入一个大的厚底锅内：草莓和樱桃的果胶含量较低，所以按照每 450 克水果加入 10 毫升柠檬汁；每 450 克的覆盆子加入 2.5 毫升的柠檬汁的比例加入所需要的柠檬汁，而果胶含量较高的鹅莓和醋栗等则不需要加入柠檬汁。

3　将加工准备好的鹅莓、黑醋栗和红醋栗放入锅内，加入 60 毫升的水，用小火加热熬煮 5 分钟，直到水果的外皮变软。

4　在锅内加入覆盆子、樱桃和草莓（如果只使用了这些水果，锅内则不需要添加任何水分）。继续熬煮 10 分钟的时间，直到所有的水果都成熟。

选择果酱、蜜饯或者是涂抹用果酱？

要正确的区分从商店购买的成品腌制类食品不是一件容易的事情。这里做一个简单介绍：

果酱：每 100 克的果酱中，应至少含有 30 克的水果成分和 60 克的糖。可以加入色素、防腐剂和凝胶剂。

特制果酱：在每 100 克的果酱中，必须至少包含有 45 克的整个水果的果肉成分。不添加色素、防腐剂或者增香剂。

低糖果酱：在每 100 克的果酱中至少含有 35 克的水果成分和 30 ~ 55 克的糖。

蜜饯：这意味着带有很高水果果肉含量的高品质果酱，但是要检查核实标签。通常情况下，水果果肉都会是整个的，并且被糖所包裹着，以使其质地更柔软。

涂抹用果酱：使用水果果肉和水果汁制作而成的果酱。

5 使用勺子的背面，将锅内 1/3 的水果按压至碎裂开，以释放出果胶。如果使用的草莓或者樱桃所占所有水果类中的比例较大，在此时要对果胶的含量进行测试。

6 将白糖加入锅内，使用小火加热的同时，将白糖搅拌至完全熔化，再改用大火烧开。继续用大火熬煮 10 分钟左右，直到达到了凝固的状态（105℃）。撇净漂浮在表面上的所有浮沫。

7 将锅从火上端离开，静置冷却 5 分钟。根据具体情况，再次将浮沫撇净，然后将其中大块的果肉进行均匀分配。灌装到瓶内，密封，贴上标签。

制作无籽的覆盆子果酱

有一些水果，特别是覆盆子和黑莓等水果，带有太多的籽，制作好的果酱或者蜜饯会呈现出非常多的"籽"状。如果你更喜欢质感细腻幼滑而无籽的果酱，可以在加热熬煮好之后使用尼龙或者不锈钢网筛将籽筛除。

[制作大约 750 克]

原材料：

450 克覆盆子

大约 450 克白糖

步骤：

1 使用刚成熟的和少许部分成熟的覆盆子以确保其凝固的更加完美。将覆盆子放入一个大号的厚底锅内，使用一把木勺的背面，将覆盆子大体捣碎并挤压出果汁。

2 将锅用小火烧开，然后再慢煮大约 10 分钟，期间偶尔搅拌几次，直到覆盆子变软。

3 将煮好的覆盆子倒入一个摆放在一个碗上方的尼龙或者不锈钢制成的细网筛中，使用木勺的背面反复挤压将覆盆子制成果蓉状。将网筛上的籽丢弃不用。

4 估量果蓉的重量并放入一个干净的锅内，按照每 600 毫升果蓉，加入 450 克白糖的量加入适量的白糖。使用小火加热并不时地搅拌，直到白糖全部溶化，然后改用大火迅速将果蓉熬煮到凝固的温度（105℃）。

5 使用漏眼勺，撇净表面上的浮沫，然后灌装到瓶内，密封好之后贴上标签。

制作添加果胶的樱桃果酱

含果胶成分非常低的水果类，在制作果酱时，需要额外添加果胶以使其能很好的凝固。加入商用果胶就是一种最简单的方式。制作果酱加入商用果胶只需要很短暂的熬煮时间，并且只需要添加一点，或者不需要添加水分，加入的糖的比例也会更少。

> **含有果胶成分的水果**
>
> 根据水果的品种不同、生长环境不同，以及水果的采摘时间不同，水果内所含有的果胶成分也各有不同。下述所列水果可以用来作为制作果酱时，所要达到凝固程度的基础指南。
>
> 高果胶含量的水果：苹果、黑加仑、蔓越莓、洋李子、鹅莓、西柚、柠檬、青柠檬、罗甘莓、红醋栗、柑橘等。
>
> 中度果胶含量的水果：杏（新鲜）、苹果、覆盆子、黑莓、葡萄、青梅、桑葚、桃、李子、树莓等
>
> 低度果胶含量的水果：香蕉、樱桃、接骨木果、无花果、石榴、山茶、瓜类、油桃、梨、菠萝、大黄、草莓等。

[制作大约 1.8 千克]

原材料：

1.2 千克去核樱桃

150 毫升水

45 毫升柠檬汁

1.3 千克白糖

250 毫升液体果胶

步骤：

1 将樱桃、水和柠檬汁一起放入一个大号的锅内。盖上锅盖，熬煮 15 分钟，期间要不时地搅拌，直到樱桃变熟。

2 将白糖加入锅内，用小火加热的同时进行搅拌，至白糖完全溶化。将锅再次烧开，并用大火熬煮 1 分钟。

3 将液体果胶拌入锅内，烧开之后再继续加热烧开 1 分钟。

4 将锅从火上端离开，使用漏眼勺，将表面上所有的浮沫都撇干净。将锅放到一边静置冷却 5 分钟。

5 将熬煮好的樱桃搅拌均匀，分装到玻璃瓶内并密封好。在 6 个月之内食用完毕。

制作蜜饯

与制作果酱非常类似，但是其质地更柔软一些，并包含着整个或者大块的果肉。水果先与糖混合好，有时候也可以加入一点汁液，然后静置腌制几个小时甚至几天的时间。糖分将果汁从水果中析出，使得水果变得更加坚硬，并且加热熬煮的时间也会缩短。制作蜜饯的水果应该选择刚好成熟的，大小均匀。并不是所有的水果都适合于制作蜜饯，果皮较老硬的水果，在加入了糖分腌制之后也不会变软，所以像鹅莓一类的水果不适合于制作蜜饯。

制作草莓蜜饯

草莓蜜饯需要花费几天的时间来制作，所以要确保有充足的制备时间。

[可以制作大约 1.3 千克]

原材料：

1.3 千克小光头或者中等个头的草莓，去蒂

1.3 千克白糖

步骤：

1 将去蒂后的草莓与白糖一起在一个大碗里拌和。用保鲜膜覆盖好，放入到冰箱内冷藏 24 小时。

成功制作果酱之攻略：

- 尽量使用最新鲜的水果，并避免使用熟透的水果。

- 如果你将水果清洗了，要干燥之后使用，并且要尽快使用完，因为用水洗过的水果一旦放置时间过长就会变质。

- 一开始加热水果时，要使用小火慢慢加热，以最大限度的将水果的汁液和果胶析出。要不时的搅拌水果直到完全成熟，但是不要煮过了。（水果果皮在加入糖之后会变得有韧性。）

- 在将糖加入水果中之前，先放入到烤箱内，用低温烘烤大约 10 分钟。这样做会有助于糖的溶解。

- 搅拌蜜饯，以确保加入的糖能够完全溶化，然后再将其烧开。

- 烧开之后，尽量不要过度搅拌。这样会让温度降低，并会延长达到凝固点所需要的时间。

- 如果撇沫太勤，会造成浪费。为了防止形成过多的浮沫，在加入糖时，可以同时加入少量的无盐黄油（每 450 克水果，可以加入大约 15 克的无盐黄油）。

- 刚灌装好的蜜饯不要来回移动，直到变凉并且完全凝固。

2 将草莓，以及白糖和草莓汁等一起倒入一个大号厚底锅内，用小火加热熬煮，同时要不时地搅拌，直到白糖完全溶化。烧开之后用小火继续加热熬煮 5 分钟。

3 关上火让其冷却，然后倒入一个碗里，用保鲜膜覆盖好之后再次冷藏保存 2 天。

4 将草莓混合物从冰箱内取出，倒入一个大锅内，烧开之后用小火继续熬煮 10 分钟，然后从火上端下来，放到一边静置 10 分钟。搅拌之后用勺舀到热的消过毒的广口瓶内并密封好。

添加风味的蜜饯

蜜饯比果酱更显奢华，其通常含有果脯、坚果仁和烈性酒或者利口酒等。这些额外添加的原材料应该在熬煮到凝固点之后才加入。

当要加入果脯或者坚果仁时，将它们均匀的切碎，按照每 750 克蜜饯加入大约 50 克果脯或者坚果仁的容量加入。

要选择烈性酒或者利口酒可以补充所加入的蜜饯的风味。例如，在杏蜜饯中可以加入杏白兰地酒或者杏仁利口酒，樱桃白兰地酒可以加入樱桃蜜饯中，姜汁酒可以加入瓜类蜜饯中。按照每 750 克蜜饯加入 30 毫升的容量加入。

制作结力

结力是使用经过慢火熬煮之后过滤好的水果汁液制作而成的。在过滤好的水果汁液中加入糖一起烧至凝固点。制备水果时，只需要很少的时间，将水果简单的清洗一下，并将个头大的水果切碎，但是你需要花费大量的时间在制作结力上。要制作出美观而清澈透明的结力的秘诀是，通过结力袋，一滴一滴地将果汁过滤，

花费几个小时，使其过滤滴落到果肉上。

制作结力的基本方法与制作果酱相类似，并且也需要这三种原材料——果胶、糖和酸——是结力凝固所必需的原材料。制作完美的结力，当从广口瓶内用勺舀出来时，应该能够凝固定型，并且会颤动。含果胶成分低的水果类，像草莓、樱桃和梨等水果，不适合单独用来制作结力，所以通常都会与果胶含量高的水果混合后一起使用。

因为在制作结力的时候，不使用水果果肉，因此，制作结力的产量远远不如制作果酱的时候那么大。因为这个原因，许多制作结力的食谱，演变成了尽量使用野生水果，因为是免费的，或者使用自家种植的多余的水果。

结力可以当做甜味和咸味食品的配菜食用。有一些水果制成的结力，像红醋栗、山梨和蔓越莓结力，都是热食或者冷食的烤肉或者烤野味类菜肴的传统配菜，或者直接添加到肉汁中增加独特的风味并制作出诱人食欲的晶莹剔透的光泽感。在咸味结力中通常都会含有一些香草末，有时候也

加入酒醋或者苹果醋，带出一股刺激的风味。甜味结力则可以当做涂抹果酱使用。

结力的产量

最后制作出结力的产量多少，取决于使用的水果果汁的多少，而这要根据在一年之内，水果生长时的天气情况，以及采摘时水果的成熟程度而决定。正因为如此，要称重果汁，而不是水果，并据此计算出所需要的糖的用量。一般情况下，每 600 毫升的水果果汁中可以加入 450 克的糖（如果水果中果胶的含量非常高，食谱中会告诉你，加入的糖可以略微减少一些）。大体来说，食谱中给出的 450 克的糖可以制作出大约 675～800 克的结力。

制作红醋栗（红加仑）结力

[制作大约 1.3 千克]
原材料：

1.3 千克刚成熟的红醋栗

600 毫升水

大约 900 克白糖

步骤：

1 检查红醋栗的干净程度。根据需要使用冷水漂洗干净，这样使用的实际水的重量要比食谱中的略少一些。

2 从茎枝上摘下红醋栗。首尾两端处的不用。

3 将红醋栗与水一起放入一个大号的厚底锅内，用小火加热熬煮 30 分钟，或者一直熬煮到红醋栗变得非常软烂、期间要不时的搅拌，以防止红醋栗相互粘连到一起并煳底。

4 将熬煮好的红醋栗连同汁液一起倒入悬挂在一个大号碗上方的消过毒的结力袋内，让其滴落大约 4 个小时，或者一直过滤到汁液不再滴落为止（不要按压或者挤压结力袋内的红醋栗，因为这样做会让结力变得浑浊）。

5 将过滤过的红醋栗丢弃不用（除非你想将红醋栗再熬煮一遍）。将滤好的汁液倒入一个干净的锅内，按照每 600 毫升的果汁，加入 450 克的糖（当使用果胶含量非常低的水

使用结力袋（果汁过滤袋）

结力袋，使用厚棉布、棉绒布或者细纺尼龙布制作而成，只会将水果的果汁滤出，而将果皮、果肉或者籽等留存在滤布之内。因为果肉和果汁的质感会非常沉重，所以要使用结实的布带或者布环系到结力袋的四个角上，以便可以牢稳的将结力袋悬挂到支架上，或者倒扣的椅子腿上等地方。

1 使用结力袋之前，要将结力袋放入到开水中煮烫一下以消毒。这个过程也会有助于将果汁顺利的过滤，而不会让结力袋吸收一部分。

2 如果没有结力袋，你也可以将三层或者四层消毒后的棉布叠到一起或者使用一块细亚麻布来代替结力袋使用。只需将棉布或者亚麻布铺设到一个大的尼龙或者不锈钢网筛上即可。

3 将结力袋或者铺好布的网筛稳妥的置于一个大碗的上方，用来盛放滴落的果汁。要确保在将熬煮好的水果舀入并过滤果汁之前，结力袋或者网筛放置的平稳安全（一开始过滤时不要加入的太多）。

4 让熬煮好的水果持续的过滤，然后舀入更多的水果进行过滤。以逐渐加入水果过滤的方式直到将所有的水果全部加入结力袋内或者网筛上，然后一直过滤到完全无果汁滴落的程度为止。某些水果会需要 2~3 个小时的时间滴落完成，而另外一些水果可能需要滴落 12 个小时这么久的时间。

5 在完成过滤之后，立刻彻底清洗结力袋，然后再漂洗几次，以除掉所有的清洁剂痕迹。要确保结力袋在完全干燥之后再储存好。因为结力袋可以反复使用多次，但是要确保在每次使用之前都要进行消毒处理。

果或者蔬菜制作的结力时，可以拌入一点柠檬汁或者醋用来改善凝固的程度）。这也会有助于抵消一部分结力中的甜度。

6　用小火加热，同时要不停的搅拌，直到糖完全融化，然后，改用大火烧开。

7　用大火熬煮结力大约10分钟，或者一直加热到达到凝结点的温度。你可以使用片状测试法或者起皱测试法进行测试，或者直接使用果酱温度计进行测试。结力的温度应该达到105℃。

8　将锅从火上端下，然后使用一把漏眼勺将表面的所有浮沫撇净。

9　使用吸油纸将表面残留的最后一点浮沫吸净。快速的灌装到广口瓶中，因为结力很快的就会开始凝固。

10　趁热盖好并密封好结力，然后让其完全冷却透（不要来回移动或者倾斜广口瓶，直到结力完全冷却透并完全凝结好）。在广口瓶上贴上标签，摆放到凉爽、避光的地方储存。

将水果再熬煮一次

相较于将过滤后留在结力袋内的水果果肉丢弃掉，你还可以将这些水果果肉再熬煮一次，以提取出更多的汁液和风味。只需将富含果胶的水果果肉，例如苹果、李子、红醋栗等水果果肉进行二次熬煮即可。使用这样的果汁制作而成的结力，其提炼出的风味与只熬煮一次的水果果汁制作而成的结力相比较而言略有不如。

要进行第二次熬煮水果果肉，将果肉放回到锅内并加入足量的冷水以没过果肉，只需使用不超过第一次熬煮水果时使用的一半水的水量即可。使用小火慢慢熬煮大约20分钟，然后与同第一次过滤一样进行过滤。将过滤好的果汁与第一次过滤好的果汁混合到一起使用即可。

在结力中添加风味

咸味结力通常会加入新鲜的香草，例如百里香、薄荷、鼠尾草和迷迭香等用来增强风味。自己制作结力，例如制作薄荷结力时，香草是最重要的原材料，并且水果发挥了延缓香草风味挥发的作用。另外，香草使用的量通常都较少，以赋予结力一种淡淡的优雅风味。

1　要简单的发挥出香草的风味，可以在开始熬煮水果时，将香草枝叶加入进去。木本类香草应该在过滤之前将其移除，因为其茎秆之类的在不经意间会刺破结力袋。

2　当在最后制作好的结力中加入切成细末的香草时，要想让其呈均匀的分布在结力中，会非常困难，并且如果结力温度太高的话，这些细末状的香草都会漂浮在结力的表面上。要解决这个问题，可以将香草放入到细筛中，淋撒上少许水让其湿润即可。

成功制作结力之攻略：

- 在熬煮水果之前，不需要去皮和去籽，因为其全部都会在过滤之后丢弃。但是，应该将水果上损坏的部位或者发霉的部位去掉，因为它们会破坏水果的风味。只需将沾有土的水果或者弄脏的水果进行清洗即可。

- 如果使用的是需要长时间熬煮的，诸如苹果一类的水果时，可以将这些水果切碎，以减少其熬煮所需要的时间。缩短熬煮水果的时间，也会有助于让制作好的结力带有一股非常清新的风味。

- 使用小火加热水果，以提炼出最多的果胶，并且能够避免蒸发掉太多的液体成分。当熬煮硬质水果时，需要更长的时间让水果变得软烂，此时可以在前半段熬煮时间内，盖上锅盖，以减少液体成分的流失。

- 有一些水果，例如红醋栗或者黑醋栗等可以使用烤箱烘烤来制作出风味浓郁的结力。将这些水果与75毫升的水一起放入一个耐热盘内，密封好，使用140℃的烤箱温度烘烤大约50分钟，期间要搅动几次，直到果肉变得软烂。然后使用结力袋过滤，在每600毫升过滤好的果汁内，再加入425克糖。

- 结力凝固的非常迅速，所以要立刻灌装。将不锈钢漏洞放入到烤箱内加热，或者用热水将塑料漏斗清洗干净，用来灌装果汁。如果结力在锅内就开始凝结了，略微加热使其再次变成液体状。灌装完广口瓶之后，要轻轻拍打瓶壁，以排出结力中的空气。尽管你可以在果酱中加入一点黄油，用来分解浮沫，但是在制作结力时，不可以这么做——因为这样做会让结力变得浑浊。

3 让结力静置至在其表面开始形成一薄层结皮时，然后快速的将切成细末的香草搅拌进去。直接灌装到热的，但不是烫手的消过毒的广口瓶内并密封好。冷却之后贴上标签。

4 小枝的香草和芳香的叶片，例如柠檬马鞭草或者天竺葵的叶片等，可以在结力中凝固的异常美观漂亮。将结力倒入消过毒的广口瓶内，然后待其半凝固状态时，将香草枝和叶片插入到结力中即可。

制作柑橘类果酱

这一类果酱以结力为主要材料，在结力中通常会悬浮着小块的水果果肉。柑橘类果酱（marmalade）这个名字，来源于葡萄牙文字 marmelo，是柑橘的意思，首先使用的是这一类水果制作而成的柑橘类果酱。

现代的柑橘类果酱通常会使用柑橘类的水果来制作，或者使用柑橘类水果与其他种类的水果，例如菠萝等，或者添加上一些芳香类的香料等，混合后一起制作而成。柑橘类果酱可以从浓稠而色深系列到浅色而透

明的都有。

将柑橘类水果的外皮切成细丝，再用果汁和水进行熬煮直到变得熟软，然后再与糖一起煮成果酱。柑橘类水果的外皮需要在足量的水中，用小火长时间的熬煮，使其变得柔软。酸橙；柠檬和西柚等水果外皮中白色的部分，在经过熬煮成熟之后会变成清澈透明状，但是甜橙的白色部分不会，因此其白色的部分，在将外皮切丝熬煮之前要去掉。

就如同传统的柑橘类果酱一样，也有结力柑橘类果酱。这样的果酱尤其适合于那些喜欢柑橘类果酱的风味，但是却不喜欢其中漂浮有柑橘类外皮的那些人。将切成细丝的外皮直接添加到锅里的果汁和水中景象熬煮，可以将外皮装入棉布袋内之后放入到锅内进行熬煮，以使其与果汁可以分离开。将熬煮好的汁液过滤，并继续熬煮到凝结的温度。此时制作好的结力可以不用添加任何其他材料直接灌装，或者在灌装之前拌入一点使用柑橘类外皮切成的细丝。正如同制作所有的结力一样，要准确的计量出柑橘类结力果酱的产量是非常困难的。

制作酸橙果酱

使用苦酸橙制作而成的果酱非常受欢迎。

[制作大约 2.5 千克]

原材料：

900 克酸橙

1 个柠檬

2.4 升水

1.8 千克白糖

步骤：

1 将水果洗净并拭干。如果你使用了上过蜡的酸橙和柠檬，要将蜡层去掉。

2 将橙子和柠檬切成两半，挤出汁液

和籽，然后倒入一个碗上方并铺好一块棉布的细筛中。

3 从果皮上切割出一部分白色的果皮备用，然后将外层皮切割成细丝。

4 将留出的白色外皮放入细筛中的棉布里，与籽一起包好成为一个宽松的布袋。这样水分子就会穿透布袋所形成的空间，而把果胶从白色外皮和籽中析出。

大厨提示

* 为了节省时间，可以使用食品加工机将果皮加工成丝状，而不用手工切割的方式。可以使用细丝或者粗丝的切割配件。

* 如果购买不到酸橙，可以使用广柑代替。

5　将果皮丝、果汁和棉布袋一起放入到一个大号锅内，加入水。用一把干净的尺子测量出液体在锅内的深度，并做好标记。

6　用小火将锅烧开，并继续用小火加热慢慢熬煮 1.5～2 个小时，或者一直熬煮到果皮变得非常柔软，并且锅内液体的容量减少到大约一半的深度。

7　要确认一下柑橘皮是否熬煮成熟时，可以从锅内捞出一块，让其冷却几分钟。冷却之后，可以使用食指和拇指挤压测试一下，应该感觉到外皮会非常柔软。

8　使用一把漏眼勺，将棉布袋从锅内捞出，放到一边静置一会使其冷却到可以用手操作的温度。用力将尽可能多的汁液挤回到锅内，以从籽及果核中挤出所有的果胶成分。

9　将糖加入锅内，用小火加热的同时搅拌至糖完全熔化。

10　将果酱烧开，然后用大火加热大约10 分钟直到果酱达到凝结点温度（105℃）。你可以使用片状测试法和起皱测试法对果酱凝固程度进行测试。

11　使用一把漏眼勺，将漂浮在表面的所有泡沫全部撇净，然后放到一边静置冷却至果酱表面上开始形成一层薄皮。

12　继续静置 5 分钟，然后轻轻的搅拌果酱，使得果酱皮均匀的分布在果酱内。用勺舀到热的消过毒的广口瓶内，盖好之后再密封好。

制作橙味结力果酱

　　本菜谱使用的是西班牙塞维利亚酸橙，可以制作成为纯结力果酱，或者在灌装之前，添加上一些切成细丝状的橙皮。这样看起来会非常漂亮，并且增添了一份有趣的质感造型。所有的柑橘类果酱都可以使用这一种方式进行制作，使用食谱中所列出的完全相同的原材料，但是要使用下述的制作方法进行制作。

[制作大约 2 千克]
原材料：

450 克西班牙塞维利亚酸橙

1.75 升水

1.3 千克白糖

60 毫升柠檬汁

步骤：

1　将酸橙洗净并拭干，如果表面上有涂蜡，使用一把软毛刷刷除。

2　如果你想最后在结力果酱中添加上一点橙皮细丝，可以从 2～3 个橙子上削下薄薄的一层橙子外皮并切成细丝状。将切好的细丝放入一块方形的棉布中包起成布袋并系紧。

3　将酸橙切割成两半，挤出橙汁和籽，然后将橙汁和籽倒入一个大号的锅内。

4　将橙皮切碎，包括所有的白色部分，全部放入到锅内。如果使用了橙皮，就一起将装有橙皮丝的布袋也放入到锅内，加入水，盖上锅盖，放到一边浸泡至少 4 个小时的时间，或者浸泡一晚上的时间。

5　将锅用大火烧开，然后改用小火慢慢熬煮 1.5 小时。使用一把漏眼勺，将装有橙皮丝的布袋捞出，然后小心的从布袋内取出一根橙皮丝，检查橙皮丝熬煮的成熟程度。如果不

够成熟，就再将布袋系好，重新用小火继续熬煮 15~20 分钟。然后将布袋捞出，放到一边备用。

6 在一个大号的尼龙或者不锈钢细筛上铺上双层的棉布，摆放在一个大碗的上方。在棉布上倒入开水烫一下。然后将网内的烫棉布用的开水倒掉。当然，你可以使用一个烫过的结力袋悬挂到一个大碗上方，用来代替铺有棉布的细筛使用。

7 将水果和果汁一起倒入细筛中或者结力袋内，让其过滤至少 1 个小时的时间。然后将过滤好的果汁倒入一个干净的锅内。

8 加入糖、柠檬汁和切成细丝的果皮，如果使用的话，就一起加入锅内。用小火加热的同时搅拌至糖完

全溶化，然后用大火烧开，并继续用大火加热大约 10 分钟的时间直到达到凝固点（凝固所需要的温度，105℃）。

9 将表面上的所有浮沫都撇干净。关火之后静置冷却至表面开始出现一层薄薄的结皮。再次搅拌之后，就可以灌装、盖好并密封好。

成功制作柑橘类果酱之攻略：

　　一定要将柑橘类水果清洗干净。因为绝大多数柑橘类水果外皮上都会带有一层蜡，用来帮助延长水果的保质期，因此应该在使用这些水果制作果酱之前将蜡去除。同样，你也可以购买没有涂蜡的水果，但是在使用之前也一定要清洗干净。

- 在将果皮切成细丝的时候，一定要将果皮片的比实际需要的标准略微薄一些，因为果皮在经过加热熬煮之后会有所膨胀。
- 将果皮大体的切碎会比切成细丝，要花费更长的时间才能够将其熬煮到变软的程度。要缩短烹调的时间，在加热之前可以先将果皮用水和果汁浸泡几个小时。
- 如果水果需要去皮，可以将水果放入到一碗开水中，烫几分钟的时间。这样的做法会让果皮松弛，也更容易去皮。因为果皮的风味会析出到开水中，所以可以使用食谱中等量的水来代替烫水果时所使用的水。
- 如果使用的是小个头、薄皮的水果，例如青柠檬一类的，需要将水果纵长切割成四块，然后将果肉片出，然后将外皮分别按要求切成细丝或者粗丝。如果使用的是大个头、厚皮的水果，例如西柚一类的，可以直接削去外皮，包括一些白色的外皮，然后再切成丝。将水果切割成四瓣。然后再除掉所有的白色外皮，并将果肉切碎备用。

- 要制作出一种带有碎果肉质感的果酱，可以先整个的将水果煮 2 个小时至柔软的程度，测试水果熬煮的成熟度，可以用一个竹签戳入水果中进行测试。将熬煮好之后的水果取出，切成两半，取出籽，然后再用布包好放入热水中，用大火熬煮 10 分钟，取出之后切成片，放回锅内。再拌入糖使其完全溶化，然后熬煮到凝结点的温度。
- 果皮丝要使用小火慢煮的方式进行，大火会让果皮丝质感韧硬。在加入糖之前要检查果皮丝的柔软程度，因为加入糖熬煮之后，果皮丝不会再继续变软。
- 为了方便操作，可以将盛放白色果皮和籽的棉布袋用一根长线系好，一端系到锅把手上。这样就可以方便的将棉布袋从滚开的汁液中取出。
- 如果水果中外皮中有很多白色的部分，只需取用一小部分与籽一起包入到棉布中即可。将其余的白色外皮放入到一个小锅内，加上水熬煮 10 分钟，然后将汁液过滤，可以用这一部分汁液来代替食谱中所使用的等量的水
- 要使用利口酒或者烈性酒给果酱添加上各种风味，可以在每 450 克的糖中加入 15~30 毫升的用量——在灌装之前拌入到果酱中。未加糖的苹果汁或者干苹果酒可以在使用味道浓烈的水果，例如金橘一类的水果制作果酱时，代替其一半用量的水，用来添加风味。

水果凝乳，水果涂抹酱（水果黄油）和水果奶酪类（fruit curds，butters and cheeses）

这些香浓而呈乳脂状的果酱在爱德华时代和维多利亚时代曾经是英式茶的掌上明珠。水果凝乳和水果黄油涂抹到新鲜出炉的切片面包上时美味异常，并且水果黄油，还可以用来作为制作各种蛋糕时的夹馅使用，而硬度更大一些的水果奶酪通常会切成片，以与此相同的服务方式享用。水果奶酪和水果黄油也非常适合于用来搭配烘烤至金黄色香喷喷的烤肉、烤野味或者奶酪等菜肴。

水果凝乳是使用水果汁或者水果蓉加上鸡蛋和黄油一起制作而成的。它们的质地非常柔软，保持性不能持久。水果黄油和水果奶酪是使用水果蓉与糖一起熬煮而成的，如果使用了大量的水果蓉，品质就会非常好，因为相对应的使用的水果比例就会高。水果黄油中糖的含量比较低，并且加热的时间也比较短，成品是一种柔软的、水果风味浓郁的果酱制品，其保质期也很短暂。水果奶酪质地比较坚硬，可以在模具中凝固，取出后可以食用。

制作水果凝乳

水果凝乳通常会使用柑橘类水果的果汁制作，但是另外一些酸性的水果，例如百香果也可以使用。能够制作成细腻的果蓉类的水果，例如苹果或者鹅莓等也可以使用。

果汁或者果蓉与鸡蛋、黄油和糖等一起加热，直到变得浓稠。这些原材料一定要在双层锅中加热，或者装到一个碗里，并将碗置于锅内正在加热的热水中隔水加热，以防止鸡蛋凝结成块。通常会使用整鸡蛋，但是如果果汁非常多，使用蛋黄，或者将整鸡蛋和蛋黄混合使用，制作好的成品会更加浓稠。

制作青柠檬凝乳

[制作大约 675 克]

原材料：

5 个大个头的，成熟多汁的青柠檬

115 克黄油，切成粒，室温下

350 克白糖 4 个鸡蛋，室温下

步骤：

1 擦取青柠檬外皮，要确保没有擦取到外皮中含有苦味的白色部分。然后将青柠檬切成两半，挤出青柠檬汁。

2 将青柠檬外皮放入一个大号的耐热碗里，摆放到加有热水并用小火加热的锅上，然后将青柠檬汁过滤到碗里，以去掉所有的青柠檬碎末和籽。

3 将黄油粒和糖加入到碗里。用小火加热锅内的热水，并不断地搅拌碗里的青柠檬汁和黄油等材料，直到黄油融化，青柠檬汁液开始变热但是不烫手的程度。

4 用叉子将鸡蛋打散，并用一个细筛过滤到热的青柠檬汁混合液中。

5 保持锅内的热水一直在用小火加热，持续不断地搅拌碗里的青柠檬混合液，直到形成足够覆盖到一把木勺的背面的浓稠程度。此时要停止加热，因为凝乳在冷却之后会变得浓稠。

6 将制作好的凝乳用勺舀到热的消过毒的广口瓶内，然后盖好，待冷却之后进行密封。将制作好的青柠檬凝乳存放在一个凉爽、避光的地方，最理想的是储存在冰箱内。要在两个月之内使用完毕。

制作水果黄油

比果酱更细腻也更浓稠，水果黄油与动物黄油具有的可涂抹性没有什么不同。在许多的水果黄油食谱中也会包含有小量的黄油成分。

制作杏黄油

[大约制作 1.3 千克]

原材料：

1.3 千克熟透的鲜杏

1 个大的橙子 大约 450 毫升水

大约 675 克白糖

15 克黄油（可选）

步骤:

1 将杏洗净,然后切割成两半,去掉果核,并将杏肉切碎。
   去掉杏皮,如果你使用一个细筛将杏肉制成果蓉的话,可以不用去皮。

2 将橙子擦洗干净,削下 2~3 条薄薄的长条形橙子外皮,要避免不要削下橙皮中白色的部分。挤出橙汁,将杏和橙皮以及橙汁一起放入一个大号厚底锅内。

3 加入足量的水没过锅内的杏。将水烧开,然后半盖锅盖,用小火熬煮 45 分钟。

4 削下橙子的外皮,然后将制作好的杏用食品加工机搅打成细腻的蓉状。或者使用细的尼龙或者不锈钢筛子过滤也可以。

5 称量出杏蓉的重量,并倒入一个干净的锅内,按照每 600 毫升的果蓉加入 375 克的比例加入糖。

6 用小火加热,并搅拌至糖完全溶化,然后将杏蓉烧开,用小火继续熬煮大约 20 分钟。期间要不时的进行搅拌,直到杏蓉变得浓稠并呈乳脂状。将锅从火上端离开。

7 将黄油拌入混合物中至溶化开(黄油会带来晶莹的质感)。用勺舀到热的消过毒的广口瓶内,并盖上盖。放入冰箱内储存好,在六个月之内使用完毕。

制作水果奶酪

甘美可口、质地结实的水果奶酪被称之为奶酪,是因为其质地坚硬到就如同奶制品一样,足以切成片状或者块状。水果奶酪这个名称特别适合于在制作水果奶酪时,使用模具来凝固定型的技法制作而成的水果奶酪。可以使用新鲜的水果,或者制作结力时剩余的果肉来制作水果奶酪。

制作蔓越莓和苹果奶酪

[制作大约 900 克]

原材料:

450 克新鲜的蔓越莓

225 克苹果

600 毫升水

10 毫升柠檬汁

大约 450 克白糖

步骤:

1 将蔓越莓洗净,放入一个大号厚底锅内。将苹果洗净并切成小块(不需要去皮去籽)。在锅内加入水和柠檬汁。

2 盖上锅盖将锅烧开,在蔓越莓加热的过程中不发出爆裂的声音之前,不要揭开锅盖,因为蔓越莓受热之后会从锅内蹦出,并且非常烫手。用小火熬煮 1 个小时,或者一直加热至水果变成软烂状。

3 将熬煮好的蔓越莓和苹果用细的尼龙筛或者不锈钢筛过滤到一个碗里。

4 将过滤好的果蓉称重,按照每 450 克果蓉加入 450 克糖的比例加入白糖。用小火慢慢加热果蓉和白糖,并持续的搅拌至白糖完全溶化。

5 将火开大一点,继续熬煮果蓉至其浓稠到用木勺在锅内熬煮的果蓉中划出一道线,线的纹路清晰可辨。此时大约需要长达 30 分钟的时间将果蓉熬浓至这个浓稠的程度。期间要不时的搅拌以防止果蓉在锅底烧焦。

6 将制作好的水果奶酪舀入到热的消过毒的广口瓶内并密封好。你也可以将熬煮好的混合物舀入到模具中,当冷却之后覆盖好保鲜膜。在密封好的广口瓶内,水果奶酪可以保存至少一年的时间,在模具中的水果奶酪,盖好保鲜膜之后,应放置到冰箱内保存,直到你使用时从模具内扣出,需要在制作好之后的一个月之内食用完毕。

利用剩下的果肉制作水果奶酪

在制作结力时剩余的水果果肉,用来制作水果奶酪时,效果非常好。从结力袋内取出果肉,加入足量的热水制作成为柔软的果蓉,然后用细筛过滤。将过滤好的果蓉放到一个干净的锅内,按照每 450 克果蓉加入 450 克白糖的比例加入适量的白糖,然后按照上述制作水果奶酪食谱中的制作步骤继续进行制作即可。

现代食品加工技术（modern preserving techniques）

随着厨房内新设备的不断出现，例如微波炉、压力锅和冷冻冰箱等，制作水果类制品的新的技法不断涌现。特别是随着日益增长的对健康饮食的关注也催生出现了一大批新的产品种类，例如低糖果酱一类的食品等。

使用微波炉加工水果

水果可以使用微波炉进行加工制作，但是只适合于使用专用工具的一些特定的食谱。一些常见的食谱不适合使用微波炉来进行加工制作，因为许多水果都要依靠蒸发其中的液体来达到凝结的温度或者使其变得浓稠。

要确保所有的原材料是在室温下，如果没有在室温下使用这些原材料，就会影响到加热的时间。冷冻水果和蔬菜可以用微波炉进行加工制作，但是它们也必须先进行解冻处理。

将水果和蔬菜切割成均匀的块状，这样它们在加热时，其成熟的程度就会相同，并且在加热的过程中，不停的进行搅拌会让这些原材料受热均匀并避免了局部温度过高。使用一个适当的微波炉专用碗，能够承受非常高的温度，并且要足够大到能盛放开两倍原材料体积的容量。当停止加热后，让其静置几分钟的时间，直到在盛器内不再冒泡。当从微波炉内取出碗时，戴上耐高温手套用来保护自己的手非常有必要。要小心不要把刚从微波炉内取出的碗放置在表面非常凉的地方，因为这会引起玻璃碎裂的情况发生——用一块木板保护台面和碗的效果非常不错。

使用微波炉制作柠檬凝乳

在制作这一道食谱时使用的是800瓦功率的微波炉。由于各种微波炉的功率有所不同，可以根据下述标准在使用时间上进行调整——使用900瓦的微波炉：每分钟减少10秒钟的时间；使用850瓦的微波炉：每分钟减去5秒钟的时间；使用750瓦的微波炉：每分钟加上5秒钟的时间；使用700瓦的微波炉：每分钟加上10秒钟的时间。

[大约制作 450 克]

原材料：

115 克黄油，切成粒状

3 个柠檬，擦取外层柠檬皮，并挤出柠檬汁

225 克白糖

3 个鸡蛋，再加上 1 个蛋黄

步骤：

1 将黄油、柠檬皮和柠檬汁一起放入一个微波炉专用碗里。用大功率加热 3 分钟。

2 加入白糖搅拌至几乎完全融化的程度。再放回到微波炉内，用全功率加热 2 分钟，每加热 1 分钟后，取出搅拌一次。

3 将鸡蛋和蛋黄一起搅打，然后搅拌进入到加工好的柠檬汁中，每次只加入一点，待搅拌均匀之后再次加入。

4 使用 40% 的功率，继续加热 10～12 分钟，每加热 2 分钟，从微波炉内取出搅拌一次，直到柠檬汁变得如同凝乳般浓稠。然后舀入热的经过消毒的广口瓶内，盖上盖之后密

封好。待冷却之后，放入冰箱内储存。在 2 个月内食用完毕。

用压力锅制作果酱

使用压力锅制作果酱非常简单快速。特别适合于制作柑橘类果酱，以及制作那些质地柔软或者坚硬的水果类。在使用压力锅时，一定不要在锅内装入超过其一半容量的原材料，并且一定要按照说明书进行操作。

制作橙子果酱

[大约可以制作出 2.5 千克]

原材料：

900 克酸橙

1 个大个的柠檬

1.2 升水

1.8 千克白糖

步骤：

1 将柠檬擦洗干净，然后切成两半并挤出柠檬汁。将橙子切成四瓣，取出果肉和筋膜，用一块棉布连同两半柠檬以及所有的籽等用棉线捆缚好。

2 将橙皮连同棉布袋一起放入压力锅内，加入 900 毫升的水。设定到中等压力（4.5 千克）加热 10 分钟。

3 卸掉压力，让锅内的水果冷却到可以用手拿取进行处理的温度。取出棉布袋，将袋里的汁液挤到锅内。

4 将橙皮切割成细丝，再放回锅内，加入剩余的水和果汁。加入白糖，用小火加热至白糖完全溶化。将锅烧开，用大火熬煮大约 10 分钟，一直熬煮到凝固的温度（105℃）。

5 使用漏眼勺将表面上所有的浮沫都撇干净，然后让熬煮好的果酱冷却至在表面开始形成一层薄皮时，再轻缓的搅拌，使得橙皮能够均匀的分布好，用长柄勺舀到热的经过消毒的广口瓶内，盖上盖并密封好。

使用冷冻冰箱制作果酱

这一类果酱在制作时不需要加热品脱，所以其口味清新爽口、果味浓郁，并且颜色比经过加热熬煮之后的果酱更加晶莹透亮。一旦解冻之后，不要与传统的果酱一样进行保存。在制作果酱时要加入果胶作为凝固剂。

制作冷冻草莓果酱

[大约制作 1.3 千克]

原材料：

800 克草莓

900 克白糖

30 毫升柠檬汁

120 毫升液体果胶

步骤：

1 将水果擦拭干净（水果只在需要时才清洗，并且要用厨纸拭干）。去掉草莓的蒂把，一切为四，然后与糖一起放入到一个碗里。

2 用一把叉子将草莓轻轻捣碎，其中块状的草莓要占大多数。盖好之后静置腌制 1 个小时，期间要搅拌几次。

3 加入柠檬汁和果胶，连续搅拌 4 分钟，直到全部混合均匀。将草莓果酱舀入到小的冷冻容器内，盖好之后静置大约 4 个小时。

4 将草莓果酱放入到冰箱内冷藏 24～48 小时，或者一直冷藏到果酱凝固。然后冷冻 6 个月，或者直到使用时。

5 食用时，从冷冻冰箱内取出，让其在室温下静置大约 1 个小时，或者一直等其解冻。将没有使用完的草莓果酱放入到冰箱内冷藏保存并要尽快使用完毕。

制作减少糖用量的果酱类

糖在制作甜味的水果类果酱时，是非常重要的防腐剂。它可以有效的帮助果酱防止其发酵和变质，同时还会给果酱类增加甘美的滋味和风味，并改善了果酱凝结的程度。要达到这一点，糖需要占到果酱类大约总重量的 60%。尽管可以降低果酱中含糖的用量，但是其产量会减少，并且保质期也不会太长。在绝大多数食谱中，所含有的糖的成分，最多可以减少至一半的用量。这样制作而成的果酱要储存在冰箱内，并且要在 4 个月之内食用完毕。

冷冻水果的使用

用来保存那些大量上市并且品质最好的水果时，冷冻是一种十分快捷而方便的储存方式。特别适合于那些下市非常快的水果，例如酸橙等。冷冻会破坏一部分的果胶成分，所以以为了弥补这一点，要比食谱中多使用 10% 的水果。在制作的过程中要进行果胶含量测试，以精准的核实其凝结的程度。

将制作好的水果装瓶（botted fruits）

将用糖浆熬煮好的水果装瓶保存是一种非常传统的方式。广口瓶装或者瓶装糖浆水果经过加热之后杀死了微生物。尽管可以用冷冻的方式取代装瓶这种方式，但是装瓶的水果更适合于那些例如，糖、梨、葡萄和橙子等水果；而不适合用于那些质地柔软的浆果类，例如覆盆子等。

制作瓶装的新鲜水果沙拉

[制作大约 1.8 千克]

原材料：

250 克白糖

350 毫升水

1 个柠檬 450 克苹果、梨、桃或者油桃

350 克无籽葡萄

4 个橙子

步骤：

1 将糖和水一起放入锅内。将擦取条形的柠檬外皮，主要不要带出白色的柠檬外皮部分，将柠檬外皮也放入到锅内。用小火加热，搅拌至糖完全溶化。烧开之后再继续熬煮 1 分钟。盖好之后静置一会。

2 将柠檬切成两半，挤出柠檬汁并过滤好。

3 制备水果，按照每个 450 克容量的广口瓶分装 275 克水果的量进行制作。将苹果和梨去皮、去核并切成片状，与柠檬汁轻拌到一起。将桃或者油桃去皮、切成两半后去核，然后切成片状，将葡萄切成两半，将橙子取瓣。

4 将经过高温消毒后的广口瓶用开水洗净。将各种水果紧塞入到瓶内，用木勺朝下按压好。

5 将熬煮好的糖浆用细筛过滤，并倒入一个干净的锅内，烧开以后趁热倒入瓶内的水果中，装入糖浆的高度以离瓶口的高度为 1 厘米为标准。盖好瓶子使得糖浆能够对水果进行热处理。

制作煮梨

各种水果通常会在糖浆中熬煮至成熟，然后装瓶保存。

[制作大约 1.8 千克]

原材料：

225 克白糖

1.2 升水

1 个橙子

1 根肉桂条

2 千克梨

步骤：

1 将白糖和水一起倒入一个大号宽底锅内，加入擦取的一片橙皮和肉桂条。用小火加热至白糖完全溶化，然后烧开并用小火熬煮 1 分钟。

2 将橙子挤出汁液，然后过滤。将所有的梨去皮、去核，并与柠檬汁拌到一起。

3 将梨成单层的依次摆放到锅内的糖浆中。在梨上摆放好一张油纸，以使得所有的梨都能够浸在糖浆中。用小火加热熬煮 15 分钟至梨刚好成熟并略显透明状。此时糖浆的浓度应该刚开始冒泡，这样梨能够定形。熬煮好之后，将梨趁热装瓶并使其进行热处理。

瓶装水果的热处理

有几张不同的方式对瓶装水果进行热处理。装好水果的广口瓶可以采用在开水中加热的方式，在烤箱内加热的方式，或者在压力锅中加热的方式进行热处理。待水果冷却之后，瓶内就会形成一个真空区域。

制作糖浆

将整个的和略显坚硬的水果，例如梨和李子等水果在稀糖浆中进行熬煮；将无花果、桃、油桃和杏等水果在中等浓度的糖浆中进行熬煮；而将软质水果例如草莓和覆盆子等在高浓度糖浆中进行熬煮。

要制作稀糖浆，每 600 毫升水中使用 115 克糖；要制作中等浓度的糖浆，每 600 毫升水中使用 175 克糖；要制作高浓度的糖浆，每 600 毫升水中使用 350 克糖；

将糖和水一起加入锅内，用小火加热，并搅拌至糖完全溶化。烧开之后用小火加热 1 分钟。熬煮好的糖浆可以趁热使用或者冷却之后使用。

使用特制的耐热型的广口瓶进行热处理。带有夹钳型的广口瓶，在装好水果之后要立刻进行封装，其夹钳要略微松开一些，以利于蒸汽溢出。旋转型瓶盖在进行热处理的过程中也不要拧紧，直到热处理之后再拧紧，因为拧紧瓶盖的话蒸汽无法溢出，容易引起瓶子的碎裂。经过热处理的果酱类食品可以保存 2 年以上的时间。

水浴法

水浴法适合于使用热的或者冷的糖浆灌装水果的瓶子，后者需要花费更长的时间进行加工处理。

步骤：

1 使用报纸或者棉布分别包裹好灌装了水果的容器，然后摆放到锅内的金属层架上或者摆放到铺设了厚厚一层报纸或者棉布的大号厚底锅内（因为容器直接摆放到锅底上会碎裂开）。

2 将温水沿着广口瓶倒入至瓶子的颈部位置，然后盖上锅盖。用小火将水烧开（这个过程需要 25～30 分钟），然后用小火继续加热至所需要的时间。

3 关火，将一些开水舀出。使用价值或者耐高温手套，将容器从锅内取

出，摆放到一块木板上。如果使用的是螺旋形的瓶子，要立刻拧紧。

4 将容器冷却 24 小时，然后打开螺旋瓶盖或者松开夹钳式瓶盖。扶住瓶盖的边缘位置，小心地抬起容器，此时瓶盖应能够吸附住容器的重量。瓶盖与容器连为一体，并且瓶盖上还会粘有一些瓶内的汁液，这表明容器密封良好。如果容器没有密封完好，应该将其放入到冰箱内保存，并且要尽快的使用完毕。

烤箱加热法

这种方法只适合于使用热的糖浆

水浴法的加热时间

下述时间是水果在热的糖浆中装好瓶之后煮的时候所需要的时间，如果使用的是冷的糖浆，在所需要的时间基础上再加上 5 分钟。

水果	
软质浆果类和	
红醋栗	2 分钟
黑醋栗、鹅莓、	
大黄、樱桃、杏	
和李子	10 分钟
桃和油桃	20 分钟
无花果和梨	35 分钟

灌装水果的方式，因为冷的广口瓶在热的烤箱内可能碎裂开。

步骤：

1 将烤箱温度预热至 150℃。将橡胶圈和瓶盖放入灌装好的广口瓶上，但是不要扣紧密封。摆放到铺有报纸或者棉布的烤盘内，摆放时每个广口瓶之间保持 5 厘米的间距。在烤盘内倒入高度为 1 厘米深的开水。

2 将烤盘放入烤箱中层。每500～600毫升的广口瓶需要加热 30～35 分钟，1 升的广口瓶需要加热 35～55分钟。如果超过了 4 个广口瓶，加热的时间可以略长一些。

3 从烤箱内取出烤盘饼立刻将排骨盖紧。摆放到一块木板上冷却。按照水浴法相同的方法测试广口瓶的密封程度。

压力锅加热法

如果使用卡扣式广口瓶，将卡扣松开以减少压力。按照使用说明书检查一遍压力锅。

步骤：

1 将广口瓶摆放到压力锅内的层架上，要确保广口瓶之间没有触碰到一起，也没有接触到压力锅内的任何一边。

2 在锅内加入 600 毫升开水。盖上锅盖，使用低压阀（2.25 千克），缓慢的加热。并保持 4 分钟。放到一边静置至压力下降。

3 将广口瓶移到一块木板上并密封好。冷却 12 个小时，然后按照水浴法的密封测试法进行密封测试。

泡菜（pickles）

泡菜的口味可以非常酸而刺激，或者甘美可口，也或者可以是这两者混合后的酸甜口味。它们使用的是生的或者经过略微加工之后的蔬菜或者水果，用带有香料的醋腌制而成的。泡菜可以单独食用，也可以作为奶酪或者冷切肉等的调味品。有两种不同类型的泡菜：清泡菜和甜泡菜。要制作清泡菜，例如泡洋葱，要使用盐或者盐水（卤水），将洋葱中的水分析出，在装瓶加入醋之前使其口感变得脆嫩。要制作甜泡菜，通常会先将水果或者蔬菜经过加热至成熟，然后与酸甜口味的糖浆一起装瓶制作而成。

用于制作泡菜的水果和蔬菜类应该质地坚硬并且鲜嫩。小个头的，例如小洋葱、甜菜（红菜头）、小黄瓜、李子和樱桃等，可以用整个的来制作泡菜，效果非常好。个头大一些的蔬菜例如黄瓜、西葫芦、卷心菜和菜花等应切成片状或者切碎以后制作。

绝大多数泡菜都需要在凉爽避光的地方熟化至少 3 周的时间，最好是至少 2 个月的时间，以便在食用之前其风味能够变得芳醇厚重。酸卷心菜在 2~3 个月之后就会失去其脆嫩的质地，所以应该在制作好之后两个月之内食用完。

在将水果或者蔬菜装入到广口瓶内的时候要格外小心——要装满，但是不要装入的太多太紧密，因为醋要浸泡过所有的原材料。要将广口瓶装满至瓶口处，以避免有空气漏人，因为空气会起氧化作用，引起颜色的变化和细菌的繁殖和霉变。

推荐使用大号的、宽口的广口瓶来盛放泡菜。诸如商用的螺旋形广口瓶的瓶盖内里带有喷塑涂层，也是不错的选择。醋与金属会起反应，导致对金属的腐蚀作用，并引起泡菜风味

上的变化。所以，一定要避免使用金属瓶盖用于泡菜的包装中。

制作清泡菜

在制作清泡菜时，原材料通常会先使用盐水浸泡。盐分会将蔬菜中的水分析出，使其更容易的将醋容纳进去并防止蔬菜中的水分对醋造成稀释。要使用精盐或者粗粒盐，因为加碘盐会让泡菜中带有一股碘的风味，添加有多种成分的餐桌用盐会让醋变得浑浊。常用的盐水有两种不同的类型：干盐法，盐直接淋撒到蔬菜上；以及湿盐法，盐先用水融化开。

使用干盐法制作泡柿椒

使用这种方法，盐先要涂抹到蔬菜上，或者使用更加简单的方法，将盐直接淋撒到排列好的蔬菜上，以析出蔬菜的汁液。这些析出的汁液中就含有了盐分。腌制过的蔬菜质地更硬实也更脆嫩。这种方法特别适合于水分含量非常高的蔬菜类，例如柿椒等。也适合此种方法的其他种类的蔬菜包括有黄瓜和西葫芦等。

[大约制作 1.8 千克]
原材料：

1.3 千克红柿椒和黄柿椒

60 毫升盐

750 毫升蒸馏麦芽醋

2 片新鲜香叶

2 枝百里香

5 毫升黑胡椒粒

步骤：

1 将柿椒清洗干净并用厨纸拭干。将每一个柿椒分别纵长切割成四块，

去掉籽和核，然后再将每一块柿椒切割成两半成为略宽一些的条状。如果切割好的条形显得过大，可以切成 3 条。

2 将切好的柿椒条摆放到一个大号的耐腐蚀的盆内，肉质那一面朝上摆放，在每一层上都撒上一些盐。然后用保鲜膜将碗盖好，摆放到一个凉爽的地方腌制 8 个小时，或者一晚上的时间，以析出柿椒中的水分。如果天气过于炎热，可以将柿椒放入到冰箱内冷藏保存。

3 将腌制好的柿椒倒入一个漏勺内或者一个大号的网筛内，用清水漂洗柿椒，以洗掉盐分。最简单方便的检查柿椒中的盐分是否洗掉的方式是咬一口柿椒条尝一尝：如果太咸，就继续漂洗一会。

4 将柿椒条控净水分并用厨纸拭干。这一步骤非常重要，因为多余的水分会将醋稀释。

5 将醋倒入一个锅内，加入香草和黑胡椒粒。使用小火烧开，然后用小

火继续熬煮 2 分钟。

6 与此同时，将柿椒块装入热的消过毒的广口瓶内。从醋里面取出香草，塞入柿椒瓶内。

7 将醋和黑胡椒粒一起倒入瓶内的柿椒上，将醋灌装到几乎满瓶的高度（要制作出鲜嫩爽脆的泡菜，先要将醋冷却再灌装）。

8 在工作台面上轻轻拍打广口瓶，以便排出瓶内所有滞留的空气泡，然后使用耐酸瓶盖封盖好。储存在一个凉爽、避光的地方，在食用之前存放 4 周的时间。1 年之内食用完毕。

使用湿盐法制作蔬菜泡菜 making vegetable pickle using wet brine

使用这种方法制作泡菜，先要将盐与水混合好以制作出一种盐水溶液。然后将原材料在盐水溶液中浸泡，这种盐水也称之为卤水。有时候在使用醋制作成泡菜之前要浸泡腌制几天的时间。使用湿盐法制作泡菜时可以趁热制作，但是更常见的是冷却之后再制作。对于大多数泡菜来说，会使用 10% 的盐水溶液来浸泡腌制原材料，这需要在每 600 亳升的水中，加入 50 克的盐。还有一部分的泡菜，会使用一定量的醋和糖，这样就要将盐水溶液的百分比降低至 5%。

使用湿盐法来制作泡菜，适合于使用那些质地稠密或者厚皮的原材料，例如整个的柠檬、西瓜皮和核桃等，或者需要浸泡至非常柔软的原材料。

[大约制作 1.3 千克]
原材料：
1.3 千克混合蔬菜，例如小洋葱、胡萝卜、菜花和芸豆等
175 克盐
1.75 升水
2 片香叶
0.75~1 升香料醋

步骤：

1 准备蔬菜：根据需要去皮、削皮和整理。小洋葱整个使用，胡萝卜切成厚皮，将菜花掰成小瓣，将芸豆切成 2.5 厘米长的条状。将所有切好的蔬菜一起放入一个大号的玻璃碗里。

2 将盐和水一起放入一个大号锅内，用小火将盐水加温至盐全部溶化。使其冷却，然后浇淋到玻璃盆内准备好的蔬菜上，让盐水将蔬菜完全覆盖住。

3 准备一个餐盘，直径比玻璃盆略微小一些，按压到玻璃盆内的蔬菜上，

使得所有的蔬菜都能够浸泡在盐水中。浸泡腌制 24 个小时。

4 将蔬菜倒入一个漏勺或者细筛中控干盐水，然后用冷水漂洗，以去掉多余的盐水成分。再次控净水分，并用厨纸拭干。

5 将醋和香叶放入一个锅内，用小火加热烧开。

6 与此同时，将用盐水浸渍好的蔬菜装入用高温消过毒的广口瓶内。将香叶塞入瓶内，将热醋也倒入广口瓶内，倒入几乎满到瓶口的高度。

7 轻轻拍打广口瓶，排出瓶内所有滞留的空气泡，盖上瓶盖并密封好。在食用之前，先将蔬菜储存在一个凉爽、避光的地方 4 周的时间。在 1 年之内食用完毕。

制作不使用腌汁浸泡的泡蘑菇

并不是所有的清泡菜在装瓶之前都需要用醋来腌制。蘑菇可以通过放入水中，并在水中加入一点盐，然后用小火加热使其成熟的方式将蘑菇中的水分析出。这种方法也适合于泡甜菜（红菜头）的制作之中。

[大约制作 450 克]

原材料：

1 个小洋葱

1 瓣蒜

300 毫升白酒醋

6 粒黑胡椒粒

1 枝鲜百里香

275 克小口蘑

600 毫升水

10 毫升盐

步骤：

1 将洋葱切成细丝和拍碎的蒜瓣以及白酒醋一起放入一个锅里，加入黑胡椒粒和百里香。用小火将其慢慢烧开，然后将锅盖半盖住锅。再用小火继续加热 15 分钟。关掉火之后，盖好锅盖，放到一边静置冷却。

2 与此同时，用湿润的厨纸将口蘑擦拭干净，根据需要取得蘑菇的根部。

3 将蘑菇放入锅内，加入水和盐。烧开之后用小火继续加热 1 分钟。然后关掉火源。盖上锅盖让其冷却 4 分钟，期间要搅动几次，这样蘑菇能够全部浸泡在热的汁液中。

4 将蘑菇倒出在一个漏勺中，控净水分，然后用厨纸拭干。

5 将拭干后的蘑菇装入干净的消过毒的广口瓶内，然后将锅内的醋味液体也过滤到广口瓶内，覆盖过蘑菇，装入几乎到瓶口的高度。

6 在食用之前，先密封好广口瓶并储存在一个凉爽避光的地方至少 3 周的时间。在一年之内食用完毕。

制作香料醋泡菜汁

香料醋和泡菜瓶或者包装好的混合泡菜香料等都可以非常方便的从超市中购买到。但是你可以自己制作独属于自己风味的香料醋，根据个人口味爱好和需要腌制的原材料使用不同风味的香料组合。你可以使用任何一种口味的醋，但是要确保醋中所含的醋酸的成分不低于 5%。

制作基础的香料醋泡菜汁

[制作 1.2 升]

原材料：

15 毫升多香果

15 毫升丁香

5 厘米的姜，去皮切成片

1 根肉桂条

12 粒黑胡椒粒

1.2 升醋

步骤：

1 将所有的香料都放入广口瓶内，倒入醋。盖上瓶盖浸泡 1～2 个月的时间，时常的摇晃几下。

2 经过 1～2 个月的浸泡之后，将醋过滤，倒入一个干净的广口瓶内，存放在一个凉爽避光的地方，直到使用的时候取出。

制作绿色蔬菜类泡菜

如果绿色蔬菜储存的时间超过几个月之久，尽管其风味不会改变，但是其绿色就会逐渐消失。在开水中混入 5 毫升的小苏打，然后将蔬菜烫 30 秒钟，然后过凉会有助于保持蔬菜的绿色颜色，但是这样做会流失掉一部分维生素 C 的成分。

大厨提示

* 要快速制作能够立刻使用的香料醋，将所有的原材料放入一个锅内，并用小火加热至烧开。然后继续熬煮大约 1 分钟，关火之后盖上锅盖并浸渍 1 个小时。过滤之后就可以立刻使用了。

制作甜味泡菜

这一类泡菜，将水果和某些蔬菜，例如黄瓜等使用甜味醋进行腌渍。甜味泡菜非常适合于作为冷肉类、家禽类和奶酪类等菜肴的配菜。苹果或者梨泡菜搭配香喷喷的烤火腿或者铁扒肉类，例如羊排等会非常美味。甜味泡菜都会使用蒸馏过的麦芽、葡萄酒或者苹果醋制作而成，而不要使用焦麦芽醋，因为焦麦芽醋会遮盖住泡菜的风味并影响到水果的颜色变化。

为了平衡醋的刺激风味，要加入较多用量的糖，通常每 300 毫升用量的醋中会加入 350~450 克糖。水果不像制作蔬菜类泡菜那样，不需要在腌渍之前进行腌制。需要整个腌渍的水果类，像李子和樱桃等需要在最初制备的时候就要将外皮戳出一些孔洞，以便让甜味腌汁可以从外皮中渗透进去并防止外皮起皱。另外一些水果，像浆果类在腌渍之后会变得非常软糯，因此最好是在糖浆中或者酒类中进行腌渍。

各种香料和调味品类可以给甜味泡菜增加风味。它们最好在开始加热熬煮之前就加入醋中，但是在灌装到瓶里的时候加入进去会更加诱人。使用整个的香料，像肉桂、丁香、多香果、姜、肉豆蔻和豆蔻等。粉状的香料类会让泡菜汁变得浑浊。柑橘类果皮和香草豆荚也会给泡菜增添美妙的口感和芳香的风味。香味浓郁的香草类，例如迷迭香和香叶等与甜味泡菜类也非常适合。

制作泡苹果

[大约制作 1.3 千克]

原材料：

750 克覆盆子，苹果或者白酒醋

1 根肉桂条　5 厘米鲜姜，去皮切成片

6 粒丁香　1.3 千克苹果，去皮，去核，切

成两半

800 克白糖

步骤：

1　将醋与肉桂条、姜和丁香一起放入一个不锈钢盆内烧开。然后使用小火加热熬煮大约 5 分钟。

2　加入苹果块并继续用小火熬煮 5~10 分钟直到苹果差不多完全成熟。要注意不要将苹果煮的过熟，因为苹果会在之后加入的热糖浆中继续成熟，因此在灌装时苹果应该是仍然带有坚硬的质感。

3　使用撇末勺，将苹果捞起并装入热的消过毒的广口瓶内，根据自己的口味爱好，加入丁香和肉桂条。

4　在锅内加入白糖，并用小火加热，搅拌至白糖完全熔化。

5　用大火加热烧开，并继续加热 5 分

钟，或者一直加热，熬至糖浆略微浓稠的程度。

6　用细筛过滤糖浆，然后灌入到广口瓶内的苹果中并完全覆盖过苹果。密封好，贴上标签。将灌装好的泡苹果储存在阴凉避光处，在一年之内食用完毕。

制作覆盆子醋

在制作甜味泡菜时使用水果醋是非常搭配的，并且自己制作水果醋也非常简单。

要制作出大约 750 毫升覆盆子醋，将 450 克新鲜的覆盆子放入碗里，加入 600 毫升白葡萄酒醋或者苹果醋。用一块布盖好碗之后放入一个凉爽的地方腌制 4~5 天的时间，每天都要搅拌几次。

将醋用尼龙或者不锈钢细筛过滤。然后倒入悬挂在一个大碗之上的结力袋内。让其过滤碗里。将过滤好的醋倒入消过毒的瓶内并密封好。放到一个凉爽避光的地方保存，要在一年之内使用完毕。

泡果脯

所有的果脯都可以用来制作成美味可口的泡菜。果脯经过在泡菜汁中的浸泡，变得非常柔软、饱满而多汁。杏脯、桃脯、梨脯、无花果脯、西梅脯和芒果片等都非常适合于用来制作泡菜。

使用果脯制作的泡菜不需要使用如同制作新鲜水果泡菜一般那么多的糖分，因为在制作果脯时就使用了糖。在制作泡果脯之前，可以添加一些类似于苹果汁或者水之类的给果脯补充水分。这样做会有助于防止果脯吸收过多的醋和其他风味，从而使得这些风味变得过于浓郁。

在腌制浅色的果脯，例如杏脯、梨脯或者苹果脯时，要使用浅色的糖和浅色的醋。深色的果脯，例如无花果脯和李子脯等可以使用麦芽醋或者红酒醋以及深色的糖来制作。

制作泡西梅

[大约制作 1.3 千克]

原材料：

675 克西梅

甜味泡菜醋

当选择用于制作甜味泡菜的醋时，最重要的是要考虑到醋的颜色和风味。用于绿色的水果类，例如无花果或者红色的水果类，例如李子等，要选择浅色的醋和香料或者调味料等，不会引起这些水果颜色上的变化。如果使用深色的醋，就会将水果的颜色加深。黄色的水果类，例如油桃和杏等，以及白色或者奶白色的水果类，例如梨看起来晶莹剔透，可以在带有颜色的醋，例如覆盆子醋中浸泡。

150 毫升苹果汁

750 毫升麦芽醋

削下的橙子外皮

350 克红糖

步骤：

1 将西梅放入一个耐腐蚀的锅内，倒入苹果汁并盖上锅盖。浸泡 2 个小时，或者一直浸泡到西梅将锅内的大部分苹果汁都吸收完。

2 去掉锅盖，加入醋和橙皮，然后用慢火烧开。再用小火熬煮 10～15 分钟直到西梅变得饱满而多汁。

3 从锅内捞出橙皮去掉不用。使用一把漏眼勺，从锅内的醋液中捞出西梅装入用高温消过毒的广口瓶内。

4 在锅内加入红糖，用小火加热的同时搅拌至红糖完全熔化。用大火迅速烧开，并持续加热大约 5 分钟，或者一直将锅内的液体熬至略微减少并变得浓稠一些的程度。

5 小心的将热的醋糖浆浇淋到瓶内的西梅上并密封好。在食用之前，先储存在一个凉爽、避光的地方至少 2 周的时间。在 1 年之内食用完毕。

在果酱中使用果脯

果脯在许多种果酱中都可以使用到。果脯可以快速的吸收果酱中的液体成分，所以通常酸辣椒中都会加入一些果脯用来帮助将酸辣酱变得浓稠一些。葡萄干特别适合于添加到酸辣酱中。切碎的杏脯、桃脯、枣脯和无花果脯等就如同它们本身令人喜爱的甜味一样，都可以以自己充实而饱满的质地在果酱中发挥出作用。

果脯被广泛的用于使用味道比较平淡的蔬菜类，例如南瓜、西葫芦和青番茄（未成熟的番茄）等需要经过加热烹调的开胃小菜类和咸味的腌制食品类，提供丰富的水果风味。

在选择用于制作泡菜的果脯时，要挑选那些全干燥型的果脯，而不要选择那些柔软的即食型，在日常的烹调中会经常使用到的那些果脯。当在泡菜醋中经过长时间的浸泡之后，前者会有着更好的质地。

用酒来腌渍水果（fruits preserved in alcohol）

用酒来腌渍水果，搭配着鲜奶油或者冰淇淋一起食用时，不费吹灰之力就可以制作出奢华美味的甜点。用酒腌渍的一道最著名的水果甜点是德国风味的 rumtopf，意思是 rum pot（酒渍水果）。使用夏季和初秋时节盛产的各种水果装入瓶内用酒腌渍，通常会使用朗姆酒腌渍，但不是绝对的，也会加入一点糖用来调味。传统做法，这一类的酒渍水果使用的是带有防水的密封瓶盖，并且是宽颈的广口瓶。

高度酒最适合用来腌渍水果，因为水果在其中不会产生细菌和霉斑。

清澈的利口酒，例如白兰地、橙味利口酒、樱桃白兰地和杏仁酒，或者烈性酒，例如白兰地、朗姆酒和伏特加酒等，最低含有 40% 的酒精度，均可以使用。佐餐酒和干苹果酒中的酒精含量太低，因此这些酒不适合于单独用来腌渍水果，除非广口瓶经过了热处理。在葡萄酒或者苹果酒中腌渍的水果应该储存在冰箱内，并且在制作好之后的 1 个月之内要使用完毕。

在使用酒来腌渍水果时，一般最好是与糖浆混合使用，因为酒精含量非常高的利口酒和烈性酒会让水果出现收缩的情况。大多数水果要先在糖浆中进行熬煮，以帮助水果软化并杀死无用的酶类。

在酒类中所使用的用来腌渍水果的糖浆，其种类根据水果的甜度和所含有汁液的多少而有所不同，同时还要达到理想的效果。所使用的标准糖浆应该是在每 600 毫升的酒中，需要混合 150 毫升的水和 150 克的糖。

白兰地糖浆腌渍油桃

为了取得更好的风味效果，你可以在糖浆中加入整个的香料，例如香草豆荚或者肉桂条等。

[大约制作 900 克]

原材料：

350 克白糖

150 毫升水

450 克坚硬、熟了的油桃

2 片香叶

150 毫升白兰地酒

步骤：

1 将糖与水一起放入一个大号的厚底锅内加热，搅拌至糖完全溶化开。烧开之后，用小火慢慢熬煮10分钟。

2 将油桃切成两半，去掉核（如果你喜欢，你也可以将油桃去皮）。将切好的油桃放入锅内的糖浆中。

3 用微火加热，保持糖浆在微开的状态，将油桃熬着至快要成熟时即可。在油桃快要加热好之前 1 分钟时，将香叶放入锅内。关掉火源，静置冷却 5 分钟，在冷却的这段时间内，油桃会继续成熟一点。

4 使用漏眼勺，将油桃从锅内的糖浆中捞出，装入经过高温加热消毒的广口瓶内。

5 将糖浆用大火烧开，并持续熬煮 3～4 分钟。放到一边使其冷却几分钟的时间，然后将白兰地酒拌入糖浆中（不要将白兰地酒加入沸腾的糖浆中，因为酒精会挥发掉，而且糖浆也会失去其腌渍的品质）。将糖浆浇淋到广口瓶内的油桃上，完全覆盖过油桃。轻轻拍打广口瓶壁以排出瓶内所有的空气泡，然后密封好。储存在一个凉爽、避光的地方，在 1 年之内使用完毕。

酸辣酱 (chutneys)

酸辣酱是使用的切至非常细小的原材料，加入醋、糖和香料，或者其他风味的调味料经过慢火加热，制作而成的一种浓稠状、美味的类似于果酱般的混合酱。在酸辣酱中，洋葱和苹果是最常用到的原材料，但是几乎所有的水果类和蔬菜类都可以用来制作酸辣酱。制作好之后的酸辣酱在食用之前，应该放置在一个凉爽、避光的地方熟化（发酵）至少 2 个月的时间。

制作番茄酸辣酱

[大约制作 2.25 千克]

原材料：

450 克洋葱，切碎

900 毫升麦芽醋

50 克香料，例如胡椒粒、多香果、干辣椒、干姜和芹菜籽等，可以整个使用的香料

1 千克熟透的番茄，去皮、切碎

450 克苹果，去皮、去核、切碎

350 克红糖

10 毫升盐

225 克葡萄干

步骤：

1 将洋葱和醋一起放入一个大号的平底锅内。将所使用的香料用一块棉布包好捆紧，也放入锅内。使用小火烧开，然后用慢火加热 30 分钟，直到洋葱几乎变成软烂状。

2 在锅内加入番茄和苹果，继续用慢火加热 10 分钟，直到水果变软，并且开始碎裂开。

3 在锅内加入糖和盐，继续用慢火加热的过程中，搅拌至糖完全溶化，然后加入葡萄干搅拌均匀。

4 用小火继续熬煮 1.5～2 个小时，期间要不时的搅拌，以防止粘锅。当酸辣酱变得浓稠，并且在其表面上没有液体出现时，就表示制作好了。用一把木勺在锅底划过：在酸辣酱中会留出一条清晰的划痕。

5 将锅从火上端离开，让其冷却 5 分钟。从锅内取出香料袋不用。搅拌酸辣酱使其充分混合均匀，然后用勺舀入一个热的、消过毒的广口瓶内。

6 使用木勺的柄将瓶内所有的空气泡都排出，以确保酸辣酱在瓶内变得非常密实。然后立刻进行密封并使其冷却，将制作好的番茄酸辣酱摆放在一个凉爽、避光的地方熟化至少 1 个月的时间，然后再食用。在 2 年之内使用完毕。

成功制作酸辣酱之攻略

- 使用麦芽醋以产生浓郁的风味。酒醋或者苹果醋用于制作艳丽的水果或者浅色的蔬菜类效果非常好，因为它们不会改变蔬菜的颜色。

- 选择使用哪一种糖会影响到其最后的口味：红糖会带来更加浓郁的风味和色泽；黄砂糖和金砂糖会带有一种焦糖的风味；而白糖会有助于浅色的原材料保持其颜色不变。

- 在熬煮酸辣酱的时候一定不要盖上锅盖。不盖锅盖进行熬煮，可以让锅内的液体挥发掉，并且会让酸辣酱变得浓稠。到了最后，要频繁的搅动酸辣酱，以防止产生粘连并煳锅。

- 一定要将酸辣酱储存在一个凉爽、不盖的地方：温度较高的环境会让酸辣酱发酵，而明亮的阳光会对酸辣酱的颜色产生影响。

开胃小菜（relishes）

开胃小菜类似于酸辣酱，但是烹调加热的时间较短，以制作出更加新鲜的质感。所使用的水果和蔬菜通常切割成个头更小一些的、整齐均匀的形状，酒醋或者苹果醋比麦芽醋使用的更加频繁。在开胃小菜中醋和糖所占的比例很少，所以其保质期不会很长。制作好之后的开胃小菜可以立即食用，或者冷藏保存至2~3个月的时间。

制作辣椒小菜

[大约制作 1.3 千克]

原材料：

900 克红柿椒，切成四瓣，去掉筋脉和籽

10 毫升盐

4 个鲜红辣椒，去籽

450 克红皮洋葱，切成末

400 毫升红酒醋

5 毫升芹菜籽

6 粒黑胡椒粒

200 克白糖

步骤：

1 将红柿椒切成1厘米的片状，平铺在摆放在一个大碗上面的漏勺或者网筛内，在每一层都撒上盐。让柿椒腌制30分钟，使其汁液滴落到人碗里。

2 将控净汁液的红柿椒倒入一个大号的厚底锅内，加入红辣椒、洋葱和醋。

3 将芹菜籽和黑胡椒粒用一块棉布包好捆紧，也放入锅内。用小火将锅

慢慢烧开。然后用慢火继续加热熬煮大约25分钟，或者一直熬煮到柿椒刚好软烂的程度。

4 加入糖，用慢火加热的同时搅拌至糖完全溶化。烧开之后进行用慢火熬煮15分钟，或者一直熬煮到辣椒小菜变得浓稠。

5 从锅内取出香料袋不用。将辣椒小菜用勺舀入一个热的、消过毒的广口瓶内并密封好。储存在冰箱内并在3个月之内使用完毕。

制作浓汁小菜

有一些开胃小菜带有基于面粉或者淀粉增稠的酱汁。在开胃小菜中还可以加入芥末或者黄姜粉，用来给这些小菜增加上黄色。玉米小菜、辣味小菜和什锦小菜等都可以如此。在开胃小菜中，各种蔬菜要保持自己切割之后的形状，并且要略微带一点脆嫩的质感，而不要熬煮得软烂。

制作芥末小菜

[大约制作 1.3 千克]

原材料：

900 克各种蔬菜，例如菜花、芸豆、西葫芦、胡萝卜、柿椒、和绿色番茄（未成熟的）等

225 克青葱，切成薄片

750 毫升麦芽醋

1 瓣蒜，拍碎

50 克面粉

25 克芥末粉

200 克白糖

2.5 毫升香菜粉

5 毫升盐

步骤：

1 将菜花掰成小朵，将芸豆切成长度为2.5厘米的条，将西葫芦、胡萝卜、柿椒和番茄等都切成丁。

2 将青葱放入一个大号的厚底锅内，加入600毫升的麦芽醋。不用盖上锅盖，用小火加热熬煮10分钟。加入各种蔬菜和大蒜，继续用小火加热10分钟。

3 将面粉、芥末、糖、香菜粉、盐和剩余的醋一起混合均匀，然后倒入煮蔬菜的锅内搅拌好。继续小火加热10分钟，期间要不时的搅拌。装入罐内，储存2周的时间再食用。在6个月之内使用完毕。

莎莎酱 (salsas)

这些口味清新并且美味可口的莎莎酱起源于墨西哥。使用的是新鲜的水果和蔬菜以及通常会加入的一些香料，例如辣椒和芳香类香草，例如香菜等作为风味调料。它们的风味或者是香辣似火，也或者是凉爽清新。

许多莎莎酱都是在制作好之后的当天食用。还有一些莎莎酱，在略微经过加热之后，存放在冰箱内可以保存一段时间。还有一些莎莎酱可以冷冻保存至少 2 个月以上的时间。

制作莎莎酱的调味料中包括醋和糖，但是只是作为风味调料，而不是作为主要的原材料使用。就如同开胃小菜一样，制作好之后的莎莎酱可以立即食用。

制作甜味柿椒和番茄莎莎酱

这一种口味清淡而清新爽口的莎莎酱使用的原材料与制作柿椒小菜所使用的原材料相类似，

但是由于莎莎酱加热烹调的时间极其短暂，所以其结果是完全不相同的。

[大约制作 900 克]

原材料：

450 克熟透的番茄

7.5 毫升盐

675 克红、黄和绿柿椒，切成四瓣并去掉籽

1 个洋葱 2 个大个头的青辣椒，去籽

1 瓣蒜、拍碎 45 毫升橄榄油

30 毫升红酒醋 5 毫升白糖

30 毫升新鲜香菜，切碎

步骤：

1 在每一个番茄的顶端切割一个十字形的切口，摆放到一个大号的、耐热盆里。倒入开水没过番茄，静置大约 30 秒钟。捞出番茄控净水并将番茄的皮去掉。

2 将去皮后的番茄切成四块，使用一把茶勺挖出籽（这一步骤会让制作好之后的莎莎酱更加美观精致，也会防止在莎莎酱中变得汁液太多）。

3 将番茄肉切成 5 毫米的块状，分层摆放到置于在一个大碗之上的尼龙或者不锈钢网筛中，在每一层番茄肉上，都撒上一点盐。让其控汁液大约 20 分钟。

4 与此同时，将各种柿椒和洋葱切成 5 毫米的块状，将青辣椒切成薄片，

要确保将青辣椒中的所有白色筋脉都去掉。将切好的原材料放入一个大锅内。

5 在锅中加入切碎的番茄，以及大蒜、橄榄油、醋、糖和新鲜的香菜等原材料。将锅烧开，然后用慢火熬煮 5 分钟，要不时的搅拌。

6 如果你想在制作好莎莎酱之后立刻使用，可以将莎莎酱用勺舀到一个干净的广口瓶内，朝下压紧，然后密封好。储存在冰箱内，要在 2~3 天之内使用完毕。

7 同样，可以将制作好的莎莎酱装入耐低温容器中放入冷冻冰箱内，冷冻保存 2 个月以上的时间。在食用之前，从冷冻冰箱内取出莎莎酱，放入冷藏冰箱内。让其自然解冻一个晚上的时间。

大厨提示

* 将所有的原材料，包括香菜略微加热烹调这一点非常重要，因为这会将酶杀死，否则莎莎酱会更快地变质。

* 油性物质，辣椒素，都会存在于辣椒中，可以对人体皮肤和眼睛形成强烈刺激，在处理完辣椒之后，记得一定要立刻使用肥皂和水将双手洗涤干净。同样，为了保护双手，在切割辣椒的时候可以戴上一副乳胶手套。

瓶装酱汁类（bottled sauces）

与制作莎莎酱所使用的原材料大体相同，酱汁的浓稠程度会更稀薄一些，并且会过筛成细腻的蓉状。这些使用蔬菜类制作而成的瓶装酱汁酸的含量很低，必须储存在冰箱内尽快食用，或者要经过加热处理。

制作简易版番茄沙司

[大约制作 600 毫升]

原材料：

900 克熟透的番茄

225 克青葱，去皮

2 厘米的姜，去皮

2 瓣蒜，去皮

150 毫升苹果醋

大约 40 克白糖或者红糖

5 毫升柿椒粉

5 毫升盐

步骤：

1 将番茄、青葱、姜和大蒜大体切碎。尽量切成小块，以便这些原材料可以快速烹调成熟并且能够保持清新而鲜美的风味。

2 将切碎的蔬菜放入一个大号的厚底锅内，然后使用小火慢慢烧开，不时的要搅拌几下，直到将原材料加热至汁液开始在锅内流淌。换成微火加热，盖上锅盖，继续加热大约20 分钟，要不时的搅拌。直到青葱开始变软为止。

3 将锅内的番茄混合物用勺舀到摆放在一个干净锅上面的细筛内，用勺子的背面反复挤压番茄混合物。同样，你也可以使用食物研磨器将混合物磨碎。

4 将过筛后的番茄蓉烧开，然后用慢火慢慢加热 45 分钟，或者一直到将番茄蓉熬至剩余一半的量。

5 在锅内加入醋、糖、柿椒粉和盐，搅拌至混合均匀。再继续用慢火加热 45 分钟，期间要不时的搅拌，直到熬至浓稠（制作到这一个步骤时，此时热的酱汁浓度应该比最后要制作好的番茄沙司的浓度，要略微稀薄一些，因为在冷却的过程中，酱汁还会变的更加浓稠一些）。

6 使用一个漏斗，小心的将热的酱汁倒入到用高温消过毒的瓶内，然后用软木塞密封好，并进行热处理（如果装瓶之后不打算进行热处理，可以使用螺旋形塑料瓶盖代替软木塞）。

7 将装好瓶的番茄沙司储存在一个凉爽、避光的地方，最后是储存在冰箱内。如果番茄沙司经过了热处理，可以保存 3 年以上的时间，如果只是简单的装瓶，储存在冰箱内可以保存 2 个多月的时间。

瓶装酱汁的热处理

在对瓶装酱汁进行消毒处理时，要使用那些瓶口有隆起的瓶子，以确保软木塞可以用棉线捆紧。

1 将软木塞塞入到装好瓶的瓶口处，在软木塞的顶端横切出一个浅的沟槽。剪取一根长 40 厘米长的棉线。将棉线放入软木塞顶端切割好的沟槽中，保持棉线的一端比另一端长出 20 厘米。

2 将长的棉线一端在瓶口处缠绕，然后将末尾处在瓶口前端穿过缠绕的棉线并拉紧。将两根线的末尾处朝下拽紧，在软木塞的顶端牢稳的系紧。其他的瓶子重复此操作步骤。

3 将每一个瓶子都包裹好一块布，然后摆放到垫有一摞厚层棉布的深边锅内。在锅内加入水至瓶颈处，按照每 600 毫升装有热酱汁的瓶子，需要加热 20 分钟，1 升装有热酱汁的瓶子需要加热 25 分钟，600 毫升装有冷酱汁的瓶子，也需要加热 25 分钟，以及 1 升装有冷酱汁的瓶子需要加热 30 分钟来计算所需要的时间。

水果和蔬菜干（dried fruits and vegetables）

去掉水果中的水分是最古老的保存水果的方法之一。最传统的技法依赖于所需要一定的日光照射、温度和湿度以制作出最后成品。如果食物干燥的过于快速，水分就会被封于其内部，对品质造成了破坏；如果食物干燥的时间过长，微生物就会在食物表面滋生。许多商业化生产的水果干和蔬菜干，例如杏干、无花果干和番茄干等都会含有很高的糖分和酸的成分，但是仍然会沿用几个世纪以来所使用的风干和晒干的方式进行生产。要重现这些工作条件，就需要一个恒温下通风良好的条件。在温度大体不会发生变化的条件下，可以使用一间温度非常高一些的房间或者一个橱柜，但是更加高效的方法是使用一个将温度设定的非常低的烤箱。

带有风扇的烤箱是最理想的，因为定量的空气会在烤箱内往复循环。如果使用的是一个传统烤箱，要让烤箱的门打开一道缝隙，或者在制作干燥食物的过程中频繁的打开烤箱门，以便让热蒸气能够溢出。一定要小心

烤箱的温度不能太高，否则水果或者市场会成熟而变得枯萎。根据需要，可以偶尔的关闭几次烤箱的电源，让烤箱内的温度降下来。

要挑选那些肉质结实、新鲜并成熟的水果和蔬菜用来进行干燥处理。柑橘类水果和瓜类水果包含有大量的水分，所以干燥的效果不会很好。还有浆果类，因为会褪色并且变得籽极多。为了更好的保存水果干并防止其褪色，在进行风干操作之前，需要将要制作水果干的水果在非常淡的盐水溶液中或者酸性溶液中浸泡一下。

制作干苹果圈

原材料：
15毫升盐，或者90毫升柠檬汁
1.2升水
900克肉质结实、熟透的苹果

步骤：

1 将盐、柠檬汁放入一个大碗里，倒入水。搅拌至盐完全溶化。

2 将苹果去皮去核，然后切成略厚

于5毫米的苹果圈。将切好的苹果圈立刻浸泡到大碗里的盐水中，浸泡1分钟之后再捞出。用厨纸拭干。

3 将苹果圈穿到木签上，每一片之间留出一定空隙，或者将苹果圈摆放到烤架上（不适合摆放到烤盘内，因为空气需要在苹果圈四周循环流通）。

4 如果使用的是木签，将其摆放到烤箱内，让苹果圈悬挂在烤箱内。如果使用的是烤架，只需简单的将烤架放入烤箱内即可。让烤箱门略微打开一道缝隙。

5 用110℃的温度烘烤大约5个小时，或者一直烘烤到苹果圈类似于柔软的皮革状。

6 将苹果圈从烤箱内取出并使其完全冷却。非常脆的水果和蔬菜干应该储存在密封容器内，但是类似于皮革状、柔软的水果干最好是储存在纸袋内或者是纸箱内，如果将其储存在塑料袋内会让水果干变得发霉。

大厨提示

* 苹果干可以作为一种有益健康的小吃食品并且为孩童们所喜爱。
* 干苹果圈也非常适合于切碎之后运用到甜点和烘焙食品的制作中。

制作水果和蔬菜干

制作水果和蔬菜干所需要花费的时间多少很大程度上取决于它们的尺寸大小，因此，要将它们切割成大小相同的形状。

苹果和梨：去皮去核。将苹果切割成5毫米厚的片，根据梨的大小，将梨切成两半或者四半。

杏、李子和无花果：可以整个的用来风干，但是最好是切成两半并去核。将切面朝上摆放到烤架上，这样果汁就不会流失。如果烤箱有低温开关，在开始用110℃烘烤之前，先用低温烘干1个小时，以防止水果外皮裂开。

葡萄：使用无籽葡萄。可以整个的风干：在每一粒葡萄上都分别戳出一个小孔洞，以防止外皮裂开。

洋葱和韭葱：横切成薄片，这些切片会从烤架上掉落下去，因此，先要在烤架上铺上一块棉布。

蘑菇和辣椒：用细线或者棉线将它们捆敷好，并悬挂起来，在太阳下晾干，或者悬挂到一个空气流通的房间内干燥2~3周的时间直到变干燥并起皱。悬挂在厨房内的蘑菇和辣椒看起来会非常美观漂亮。

小番茄：纵长切成两半，切面朝上摆放好。在放入到烤箱烘干之前，先要撒上一点盐。

---

7 要恢复苹果圈的活力，将其放入一个碗里，浇上开水。浸泡至少5分钟，然后倒入到一个锅内，用小火慢慢加热。

果泥干 fruit leather

这一种非比寻常的美味佳肴，是由带有一些甜味的水果果肉，先摊开成为薄薄的一层，然后经过干燥之后制作而成的。最后的果泥干成品是一种甘甜的、耐嚼的"皮革"水果干，可以当做糖果或者小吃来食用。绝大多数熟透的水果都可以用来制作果泥干，芒果、桃和杏等，特别适合于用来制作带有一种讨人喜爱的风味，诱人的橙色状的果泥干。

制作杏泥干

[大约制作 115 克]

原材料：

900 克杏

10 毫升柠檬汁

45 毫升白糖

步骤：

1 将杏放入一个碗里，浇上开水。烫大约30秒钟，然后捞出控净水，并去掉杏的外皮。将杏切成两半，去掉核。使用一把锋利的刀，将杏肉切碎。

---

2 将切碎的杏肉、柠檬汁和糖一起放入食品加工机内或者搅拌机内，搅打3分钟，或者搅打至杏肉成为了细腻的蓉状。

3 在一个大烤盘内铺好一张油纸。将果蓉倒在烤盘内铺好的油纸中间位置，然后用一把抹刀，将果蓉摊开成为5毫米的厚度，四周留出2厘米的边缘空间。轻轻拍打烤盘，以使得果蓉变得平整。

4 将烤盘放入烤箱内，将烤箱的门打开一道缝隙，然后用110℃的温度烘干8个小时，或者一直烘到果蓉变得干燥，但还是柔韧的程度。

5 让杏泥干在烤盘内冷却好，然后将油纸连同杏泥干一起卷起，放入密封容器内可以保存3个月以上的时间。

6 食用时，小心地展开杏泥干，直接在油纸上，切成方块形或者5厘米的条形，然后去掉油纸。

制作果脯（candied fruit）

糖是一种非常棒的防腐剂。果脯是一种通过将水果或者柑橘类水果的外皮在糖浆中浸泡的方式制作而成的一种腌制食品。水果或者果皮通过浸泡糖浆变成饱和状态。自然变质变成了几无可能。制作果脯的过程是通过糖浆溶液逐渐的代替水果中水分的过程来实现的。这个过程异常缓慢，并且至少需要 15 天的时间，但是这么做物有所值。因为购买果脯价格昂贵，并且在你想制作果脯或者果皮脯的时候，你只需要提前计划好，你每天只需要花费一点时间即可。

制作果脯

你可以根据自己的喜好，按照下述给出的食谱内容，配好基本的水果和糖的比例，多制作一些果脯或者少制作一些均可。一定要将不同的水果分开制作，这样每一种水果都会保存住其自然的风味。挑选那些肉质坚硬、新鲜的、表面没有斑点的水果。

原材料：
新鲜、肉质坚硬、刚采摘的水果，例如菠萝、桃、梨、苹果、李子、杏、猕猴桃或者樱桃等
白砂糖
细砂糖，撒面装饰用

步骤：

第 1 天

1. 准备水果。将菠萝削皮并去核，然后切成环形；将桃、梨和苹果分别去籽、去核、去皮切成两半或者切成厚片；李子和杏可以整个使用（用一根细签在表面戳一些眼）。或者切成两半之后去核使用；将猕猴桃去皮并切成四块，或者厚片，将

樱桃去核。

2. 将水果称重，然后放入锅内，倒入刚好能没过水果的水。烧开之后用小火加热至水果成熟。不要加热过度，因为会失去水果本身的风味和造型，也不要加热过轻，因为水果在制作成为果脯之后会变的过硬。

3. 使用一把漏眼勺，将煮熟的水果捞到一个大号的浅边碗里，避免将水果堆放的过高。将煮水果的汁液保留备用。

4. 按照每 450 克生的水果，使用 300 毫升煮水果的汁液和 175 克白糖的标准加入白糖。将加有白糖的汁液用小火加热，同时不停的搅拌至白糖完全融化，将汁液烧开。

5. 将烧开的糖浆浇淋到水果上，要确保将全部的水果都浸泡在糖浆中。盖好之后，静置腌制 24 小时。

第 2 天

1. 将糖浆控出，倒回到锅内，要小心不要弄坏了水果，再把水果放回到碗里。

2. 在糖浆中加入 50 克的白砂糖，用小火加热，搅拌至白砂糖完全溶化，然后将糖浆烧开。

3. 将热的糖浆浇淋到水果上。并让其冷却，然后盖好并静置腌制 24 小时。

第 3~7 天

每天都重复第二天的工作，一直到第五天。糖浆的浓度会变得更大。

第 8~9 天

1. 将糖浆从水果内控出到一个大号的宽边锅内，加入 90 克的糖。用小火加热，并继续搅拌，直到白糖完全融化。

2. 将水果小心地加入糖浆中，并继续加热大约 3 分钟。把糖浆和水果倒回到碗里，待冷却之后盖好，静置腌制 48 小时。

第 10~13 天

每天都重复第 8~9 天的工作，让水果浸泡 4 天，效果比浸泡 2 天要好的多。

第 14~15 天

1. 捞出水果，将糖浆放到一边。将烤架置于一个烤盘上，将水果在烤架上小心的摊开，每一块水果之间都要留出一定的空隙。

2. 切割出一张比烤盘略微大出一点的油纸或者锡纸。使用一根细签子，在纸上间距均等的戳出大约 12 个孔洞。

大厨提示

* 最后第 10~13 天用糖浆浸泡水果的步骤，可以再延长 6 天，如果喜欢，可以延长至 10 天。水果在糖浆中浸泡的时间越长，果脯的甘美甜味和其风味就会变得越厚重。

3 用这张油纸或者锡纸覆盖好水果，一定要小心不要接触到拭干。这张油纸或者锡纸只是起到一根遮挡灰尘的作用，空气还会在水果之间循环。

4 将水果放置到一个温暖的地方，例如充满阳光的阳台上，或者空气流通的橱柜里，放置 2 天的时间，期间将每一块水果都翻动一次，直到水果变得完全干燥。

5 在水果上撒上一点细砂糖，然后储存到一个密闭容器内，单层摆放好，每一层之间摆放一张油纸。在 1 年之内食用完毕。

制作蜜饯果皮

柑橘类水果的果皮含有的水分比其他水果要少的多，因此用糖熬煮时更简单，也更节省时间。

原材料：
5 个小个的橙子，6 个柠檬，7 个青柠檬，或者任意组合的水果
白砂糖细砂糖，撒面装饰用

大厨提示

＊制作好的果脯非常美丽漂亮，保留着水果原本的艳丽色彩。可以作为宴会餐后的奢华糖果食用，特别是在圣诞节期间。

步骤：

1 将水果擦洗干净。将果皮切成四半将外皮上的白色筋脉刮取干净。放入到一个锅内，用冷水没过，用小火熬煮 1.25～1.5 小时。捞出控净水，保留 300 毫升熬煮水果的液体备用。

2 将保留好的液体倒入到锅内，并加入 200 克糖。用小火加热，搅拌至糖完全溶化，溶化后将锅烧开。加入果皮之后用小火加热 1 分钟。然后使其冷却，倒入一个碗里，盖好静置 48 小时。

3 取出果皮，将糖浆再倒回锅内。加入 150 克糖并用小火加热，搅拌至糖溶化。加入果皮，烧开之后用小火加热至果皮变成透明状。冷却之后倒入一个碗里，盖好，静置腌制 2 周的时间。

4 捞出果皮，然后晾干，撒上细砂糖之后，储存方法与储存果脯相同。

制作糖渍水果 making glace fruit

糖渍，或者琉璃，使用果脯制作而成，在高浓度的糖浆浸泡之后，以制作出一种晶莹剔透的糖浆外层。

原材料：
果脯
400 克白糖
120 毫升水

步骤：

1 要确保果脯是干燥的状态并将果脯上所有的糖豆抖落干净。将白糖和水一起放入一个锅内并用小火加热，搅拌至糖完全溶化。烧开之后用小火加热 2 分钟的时间。

2 将 1/3 的糖浆倒入一个小碗里。在另外一个碗里倒入开水。使用一个漏眼勺或者一把叉子，将果脯先在开水中浸泡 15 秒钟的时间，然后捞出将水控净，并在糖浆中浸泡 15 秒钟。捞出摆放到一个烤架上。

3 将剩余的果脯都按照此法操作完毕，根据需要，在碗内补充上新的糖浆（将碗里的糖浆先烧开，然后再加入新的糖浆）。

4 将粘有糖浆的果脯摆放到置于烤盘内的烤架上，放到一个温暖的地方晾干 2～3 天，时常的翻动一下果脯。储存方法与果脯相同。

腌制酱汁和芥末酱汁
Preserved sauces and mustards

也称之为"储存酱汁"，这些可以长期保持的酱汁类可以看作是调味品而不是用来浇淋的酱汁，通常为香辣浓郁的口感，这些酱汁可以作为家禽类、肉类或者野味类菜肴的佐餐酱料，并且还可以用来调配各种肉汁，还可以给其他酱汁增加晶莹的质感。还可以搅打进沙拉汁中或者腌泡汁中，或者用来调配其他酱汁使用，特别是在调配香辣口味的、酸甜口味的和焦糖口味的酱汁时均可以使用。芥末酱汁特别适合于水煮的香肠和肉类，以及烟熏鱼类等菜肴。

雪利酒风味李子酱汁
sherried plum sauce

在这一道食谱中，李子是带着皮进行烹调的，然后经过过滤制作成为一款非常细腻的酱汁。经过快速烹调的李子、紫色李子或者西洋李子——小圆球形的，多肉的，黑色外皮的浆果类水果——可以保存最佳风味，并且有助于中和酱汁中的甜味。与烤鸭或者烤鹅是绝佳搭配。

营养分析：

能量：4.169 千焦；蛋白质 4.2 克；碳水化合物 225 克，其中含有糖分 224.2. 克；脂肪 0.5 克，其中饱和脂肪酸 0 克；胆固醇 0 毫克；钙 161 毫克；纤维素 7.4 克；钠 1014 毫克。

[大约制作 400 毫升]

原材料：

450 克黑色李子或者紫色李子

120 毫升干雪利酒，多预备一些

30 毫升雪利醋

175 克红糖

1 瓣蒜，拍碎

1.5 毫升盐

1.5 厘米姜块，切成细末

3~4 滴辣椒仔汁（美国辣椒汁）

步骤：

1 将李子分别切成两半，然后扭转两半李子肉，将核取出。

2 将李子肉大体切碎，放入一个大号的、厚底锅内。如果你使用的是紫色李子或者西洋李子，你会发现将它们切碎更加简单，去掉核不用。拌入雪利酒和雪利醋。

3 用小火将锅烧开，然后盖上锅盖，继续用小火加热大约 10 分钟，或者一直加热到李子变成非常柔软的程度。将李子用研磨器磨碎，或者用细筛过滤掉外皮。

4 将制作好的李子肉放回到锅内，加入糖、大蒜、盐和姜末。搅拌至糖完全溶化，然后加热烧开，并继续用小火在不盖锅盖的情况下加热大约 15 分钟，直到李子蓉变得浓稠。

5 将锅从火上端离开，拌入辣椒仔汁。用勺将制作好的酱汁舀到用高温消过毒的广口瓶内。在每一瓶李子酱的表面，加入 5~10 毫升成熟的雪利酒，然后盖上盖并密封好。酱汁储存在冰箱内可以保存几周的时间，或者经过热处理之后，可以保存 6 个月的时间。一旦打开瓶盖，要储存在冰箱内并且要在 3 周之内使用完毕。

这一款酱汁被认为是以后来成为德国汉诺威统治者的坎伯兰公爵，在德国一次使用水果酱汁搭配肉类和野味类菜肴的宴会上使用之后而命名的。这一款酱汁非常适合于搭配冷切的肉类、肝酱类和肉批类，以及搭配圣诞或者感恩节的烤火鸡。

坎伯兰酱汁
cumberland sauce

营养分析：

能量：6.199 千焦；蛋白质 3 克；碳水化合物 346.9 克，其中含有糖分 328.5 克；脂肪 0.1 克，其中饱和脂肪酸 0 克；胆固醇 0 毫克；钙 63 毫克；纤维素 0 克；钠 147 毫克。

[大约制作 750 毫升]

原材料：

4 个橙子

2 个柠檬

450 克红醋栗或者山梨结力

150 毫升波特酒

20 毫升玉米淀粉

少许姜粉

步骤：

1 将橙子和柠檬擦拭干净，然后分别削下薄薄的外层皮，去掉所有的白色部分。

2 将橙子和柠檬外皮切成非常细的，如同火柴梗般粗细的条状。将这些条状的橙皮和柠檬皮放入一个厚底锅内，用冷水没过，并将水烧开。

3 用慢火熬煮 2 分钟，然后捞出控干，再用冷水没过，并再熬煮大约 3 分钟。捞出控干，把水果皮放入锅内。

4 分别挤出橙汁和柠檬汁，然后与红醋栗结力或者山梨结力一起放入锅内，留出 30 毫升的波特酒，将其余的波特酒全部倒入锅内。

5 将锅用小火慢慢烧开，同时搅拌至结力溶化。继续用小火加热 10 分钟，直到汤汁变得略微浓稠。用预留出的波特酒将玉米淀粉和姜粉混合到一起，拌入锅内的酱汁中。继续用小火加热，同时不停的搅拌，直到酱汁变得浓稠并煮沸。继续用小火加热熬煮 2 分钟。

6 待酱汁冷却 5 分钟之后，再大体的搅拌几下。灌装到热的消过毒的宽颈瓶内或者广口瓶内，盖上盖之后密封好。酱汁在冰箱内可以保存几周的时间，或者，如果经过热处理之后，可以保存 6 个月的时间。一旦打开瓶子，就要冷藏保存在冰箱内，并且要在 3 周之内使用完毕。

薄荷酱汁

mint sauce

清新、略酸、苦涩风味的薄荷酱汁使其能够完美的衬托出丰厚而香浓的羊肉风味。薄荷酱汁的制作方法非常简单，并且比购买的各种成品薄荷酱味道更好。

营养分析：

能量：0.673 千焦；蛋白质 3.9 克；碳水化合物 36.6 克，其中含有糖分 31.4克；脂肪 0.7克，其中饱和脂肪酸 0 克；胆固醇 0 毫克；钙 226 毫克；纤维素 0 克；钠 17 毫克。

[大约制作 250 毫升]

原材料：

1 大把薄荷叶

105 毫升开水

150 毫升酒醋

30 毫升白糖

步骤：

1 使用一把锋利的刀，将薄荷叶切割的非常细碎，放入一个 600 毫升的罐内，浇淋上开水后浸泡大约 10 分钟。

2 当浸泡薄荷的水变凉但还是暖的时候，拌入酒醋和糖。继续搅拌（不要将薄荷捣碎），直到糖完全溶化。

3 将薄荷酱汁倒入一个消过毒的瓶内或者广口瓶内，密封好之后放入冰箱内冷藏保存。

大厨提示

＊要快速的制作印度瑞塔酱（酸奶酱）用来搭配薄脆饼，只需简单的将一点薄荷酱汁与一小碗的原味酸奶混合好即可。食用时，将瑞塔酱和一碗香浓的芒果酸辣酱搭配到一起。

传统的辣根酱汁

traditional horseradish sauce

火辣的、胡椒味道浓郁的辣根酱汁毫无疑问的是搭配烤牛肉的不二选择，并且搭配烟熏三文鱼时也一样会美味可口。

营养分析：

能量：3.239 千焦；蛋白质 2.8 克；碳水化合物 9.9 克，其中含有糖分 9.8 克；脂肪 80.7克，其中饱和脂肪酸 50.1 克；胆固醇 206 毫克；钙 98 毫克；纤维素 1.1 克；钠 40 毫克。

[大约制作 200 毫升]

原材料：

45 毫升现擦碎的辣根碎末

15 毫升白酒醋

5 毫升白糖

少许盐

150 毫升鲜奶油，配菜用

步骤：

1 将擦成碎末的辣根放入一个碗里，加热白酒醋、白糖和少许盐。

2 将这些原材料搅拌均匀混合到一起。

3 将搅拌好的混合物装入一个消过毒的广口瓶内。放入冰箱内可以冷藏保存 6 个月以上的时间。

4 在使用之前的几个小时，将鲜奶油搅拌进入所需要使用的辣根酱汁中，使其滋味充分混合好。

大厨提示

＊为了抵消辣根中强烈的刺激气味，可以将去皮和切开的辣根浸泡在水里。可以使用食品加工机来完成切碎和加工成碎末这些工作，在打开食品加工机盖子的时候，将你的头移远一些。

番茄沙司

tomato ketchup

甜美、刺激、香浓的番茄沙司搭配烧烤或者铁扒汉堡类和香肠类菜肴时相得益彰。

营养分析：

能量：2.272 千焦；蛋白质 18.1 克；碳水化合物 108.5 克，其中含有糖分 107.2 克；脂肪 7.5 克，其中饱和脂肪酸 2.3 克；胆固醇 0 毫克；钙 313 毫克；纤维素 26.6 克；钠 6281 毫克。

[大约制作 1.3 千克]

原材料：

2.25 千克熟透了的番茄

1 个洋葱

6 粒丁香

4 粒多香果

6 粒黑胡椒粒

1 枝新鲜的迷迭香

25 克新鲜的姜，切成片

1 个芹菜心

30 毫升红糖

65 毫升覆盆子醋

3 瓣蒜，去皮　15 毫升盐

步骤：

1 仔细的将熟透了的番茄去皮去籽，切碎之后放入一个大号的锅里。将洋葱去皮，保持根和头部完整，将丁香插到洋葱上。

2 将洋葱与多香果、黑胡椒粒、迷迭香和姜一起用双层的棉布包好、捆紧，也放入锅里。将芹菜心，连同叶子一起切成末，与糖、覆盆子醋、大蒜和盐等一起放入锅内。

3 将锅用大火烧开，不时的搅拌一下。烧开之后改用小火熬煮 1.5～2 个小时，期间要不时的搅拌，直到将锅内的原材料熔至减少到一半的程度。用食品加工机将番茄混合物搅打成泥状，然后倒回到锅内，烧开之后再继续用小火熬煮 15 分钟。趁热装入到一个干净的、消过毒的广口瓶内，储存在冰箱内，其保质期不超过 2 周（2 周内使用完毕）。

就如同能够给烧烤的汉堡以及其他烧烤的食物锦上添花一样，这一款烧烤酱汁也非常适合于搭配所有的铁扒肉类食物，以及所有的咸味馅饼类菜肴。

烧烤酱汁

barbecue sauce

营养分析：

能量：2.348千焦；蛋白质5.8克；碳水化合物84.3克，其中含有糖分82.4克；脂肪34.7克，其中饱和脂肪酸3.7克；胆固醇0毫克；钙126毫克；纤维素8.9克；钠396毫克。

[大约制作 900 毫升]

原材料：

30 毫升橄榄油

1 个洋葱，切成末

1 瓣蒜，拍碎

1 个鲜红辣椒，去籽、切成片

2 根芹菜，切成片

1 根胡萝卜，切成片

1 个苹果，切成四瓣，去籽、去皮后切碎

450 克熟透的番茄，切成四瓣

2.5 毫升姜粉

150 毫升麦芽醋

1 片香叶

4 粒丁香

4 粒黑胡椒粒

50 克红糖

10 毫升英式芥末

2.5 毫升盐

步骤：

1 在一个大号的厚底锅内，加热橄榄油。加入洋葱煸炒，之后用小火继续煸炒 5 分钟的时间。

2 加入大蒜、辣椒、芹菜和胡萝卜进行煸炒 5 分钟，直到将洋葱煸炒至开始上色为止。

3 在锅内加入苹果、番茄、姜粉和麦芽醋搅拌至混合均匀。

4 将香叶、丁香和黑胡椒粒用一块棉布包好并用一根细棉线捆紧。放入锅内，烧开。改用小火，盖上锅盖之后继续熬煮大约 45 分钟，期间要不时的搅拌。

5 在锅内加入糖、芥末和盐，并搅拌至糖完全溶化。继续用小火熬煮 5 分钟。然后关掉火使其冷却 10 分钟，去掉香料包。

6 将熬煮好的混合物过筛，并倒入一个干净的锅内。用小火加热 10 分钟，或者直到其变得浓稠。根据自己喜好调整口味。

7 将制作好的烧烤酱汁倒入一个用高温消过毒的瓶内或者广口瓶内，然后密封好。热处理之后使其冷却，如果使用的是软木塞瓶子，将软木塞用蜡密封。储存在一个凉爽、避光的地方，保质期为 1 年。一旦开瓶，要储存在冰箱内，并要在 2 个月之内使用完毕。

烤红椒风味辣番茄沙司

roasted red pepper and chilli ketchup

烤红椒给这一款番茄沙司带来了一股浓郁丰厚、烟熏味十足的风味。你可以根据自己的喜好，少加或者多加入辣椒。一旦打开瓶盖之后，要储存在冰箱内，并且要在 3 个月之内使用完毕。

营养分析：

能量：2.314 千焦；蛋白质 12.8 克；碳水化合物 123.2 克，其中含有糖分 120.5 克；脂肪 4.1 克，其中饱和脂肪酸 0.9 克；胆固醇 0 毫克；钙 155 毫克；纤维素 18.6 克；钠 1045 毫克。

【 大约制作 600 毫升 】

原材料：

900 克红柿椒

225 克青葱

1 个酸苹果，切成四瓣、去籽并切碎

4 个鲜红辣椒，去籽并切碎

各 1 大枝百里香和香芹

1 片香叶

5 毫升香菜籽

5 毫升黑胡椒粒

600 毫升水

350 毫升红酒醋

50 克白糖

5 毫升盐

7.5 毫升葛根粉

步骤：

1 将焗炉预热。将柿椒放到一个烤盘内，放入焗炉内焗 10～12 分钟，要不时的翻动，直到外皮变得焦黑。将柿椒放入一个塑料袋内，静置 5 分钟。

2 当柿椒冷却到可以用手来处理的温度时，将皮剥掉，然后切成四半，并去掉籽。将柿椒肉大体切碎，放入到一个大号的锅内。

3 将青葱放入一个碗里，倒入开水浸泡 3 分钟。然后捞出控净水，再用冷水漂洗干净。切成末之后，连同苹果和红辣椒一起也加入锅内。

4 将百里香、香芹、香叶、香菜籽和黑胡椒粒一起用一块棉布包好并捆紧。

5 将香料包和水一起加入锅内并烧开。然后改用小火，盖上锅盖之后继续加热 30 分钟。然后冷却 15 分钟，取出香料包不用。

6 用食品加工机将锅内熬煮好的混合物搅打成泥，然后过筛，再倒入一个干净的锅内。预留出 15 毫升的红酒醋，将其余的红酒醋和糖、盐一起加入锅内。

7 将锅烧开，搅拌至糖完全溶化，然后继续用小火熬煮 45 分钟，或者一直熬煮到酱汁明显减少的程度。用预留好的红酒醋将葛根粉混合好，搅拌进入锅内的酱汁中，然后继续用小火加热 2～3 分钟，或者一直加热到酱汁变得略微浓稠。

8 将制作好的酱汁倒入一个用高温消过毒的瓶内，然后密封好，经过热处理之后储存在一个凉爽、避光的地方。在 18 个月之内使用完毕。

这一款香辛味道的调味料之中添加有香草和香料的风味，因此要少量的使用，搭配肉类和奶酪类菜肴。使用时，只需简单的用一点水混合均匀即可。

芳香芥末粉
aromatic mustard powder

营养分析：

能量：2.176 千焦；蛋白质 33.2 克；碳水化合物 23.8 克，其中含有糖分 0 克；脂肪 51.9 克，其中饱和脂肪酸 1.7 克；胆固醇 5 毫克；钙 381 毫克；纤维素 0 克；钠 5901 毫克。

[大约制作 200 克]

原材料：

115 克芥末粉

25 毫升细海盐

5 毫升干燥的百里香

5 毫升干燥的他力干（龙蒿）

5 毫升干燥的混合香料（苹果馅饼用香料）

2.5 毫升黑胡椒粉

2.5 毫升大蒜粉（可选）

步骤：

1 将芥末粉和盐放入一个小碗里，混合均匀。

2 加入干燥的百里香、他力干和混合香料，以及黑胡椒粉和大蒜粉（如果使用的话，就加入），彻底混合均匀。

3 将混合好之后的芥末粉混合料用勺舀到一个小的、干净的且干燥的广口瓶内，然后密封好。储存在一个凉爽、避光的地方，在 6 个月之内使用完毕（尽管芥末粉的风味不会挥发掉，但是其中加入的香草和香料的风味会随着时间的推移而流失，最后导致芥末粉的风味也不再那么诱人而强烈）。

4 食用时，提前十分钟，用等量的冷水与芥末粉混合到一起，搅拌均匀即可。

大厨提示

* 芥末最好是现吃现做，这样在需要时，制作少量的芥末粉混合好即可。

* 当搭配香喷喷的肉类时，为了突出芥末的风味，可以使用大约 1/3 用量的苹果醋或者他力干醋和 2/3 的水混合到一起。当然也可以使用雪利醋、白醋或者红酒醋，以及波特酒醋等。最后两种醋，会让制作好的芥末颜色变深一些。

* 芥末粉加入到酱汁中以及沙拉汁中也非常美味，能够带来一种与众不同的风味。

香草芥末酱

moutarde aux fines herbes

这一款经典的、芳香四溢的芥末酱既可以用来作为一种美味可口的调味料使用，也可以用来作为一种酱汁，在食用之前，浇淋到肉类菜肴上，例如鸡肉类和猪肉类菜肴，或者油性的鱼类，例如马鲛鱼等。

营养分析：

能量：2.314 千焦；蛋白质 23.4 克；碳水化合物 69.1 克，其中含有糖分 53.4 克；脂肪 34.5 克，其中饱和脂肪酸 1.1 克；胆固醇 3 毫克；钙 374 毫克；纤维素 2.5 克；钠 23 毫克。

[大约制作 300 毫升]

原材料：

75 克芥末籽　50 克红糖

5 毫升盐　5 毫升胡椒粒

2.5 毫升黄姜粉　200 毫升蒸馏麦芽醋

60 毫升新鲜的香草，例如香芹、鼠尾草、百里香和迷迭香等，切碎

大厨提示

* 将一勺用量的这种芥末与奶油酱汁，以及沙拉酱汁等混合，可以提升这些酱汁的风味。

步骤：

1　将芥末籽、糖、盐、胡椒粒和黄姜粉一起放入一个食品加工机，或者搅拌机内，搅打 1 分钟，或者一直搅打至胡椒粒成为碎末状即可。

2　逐渐的加入醋，一次加入 15 毫升的用量，搅拌均匀之后再继续加入，直到形成一个糊状的酱汁。

3　将切成碎末的香草加入进去混合均匀，然后静置 10～15 分钟直到芥末变得略微浓稠一些。

4　将芥末酱舀到一个 300 毫升容量消过毒的广口瓶内。用一块油纸封住芥末的表面，然后用螺旋瓶盖或者软木塞密封好，并贴上标签。储存在一个凉爽、避光的地方。

蜂蜜芥末酱

honey mustard

自制的经过熟化之后美味可口的芥末酱可以制作成香浓的调味品。这一款蜂蜜芥末酱滋味浓郁，非常适合于搭配肉类和奶酪类菜肴，也可以拌入酱汁中或者沙拉汁中，带出一种特殊的、辛辣的回味。

营养分析：

能量：5.341 千焦；蛋白质 65.4 克；碳水化合物 115.3 克，其中含有糖分 68.8 克；脂肪 101.5 克，其中饱和脂肪酸 3.4 克；胆固醇 9 毫克；钙 747 毫克；纤维素 0 克；钠 21 毫克。

[大约制作 500 克]

原材料：

225 克芥末籽　15 毫升肉桂粉

2.5 毫升姜粉　300 毫升白葡萄酒醋

90 毫升蜂蜜

大厨提示

* 要确保在这一款食谱的制作中使用的是纯正蜂蜜。结晶蜂蜜的黏稠度不够，不适合在本食谱中使用。

步骤：

1　将芥末籽放入一个碗里，加入香料并倒入醋。搅拌至混合均匀，然后让其浸泡一晚上的时间。

2　第二天，将浸泡好的原材料放入一个研钵中，用杵捣碎，将蜂蜜逐渐的加入进去。

3　继续研磨并混合，直到芥末成为一团面糊状。如果芥末糊太硬，可以额外加入一点醋，以达到所需要的浓稠程度。

4　将芥末糊分装到四个消过毒的广口瓶内，密封好之后贴上标签，然后储存在冰箱内，在 4 周之内使用完毕。

大厨提示

* 这一款味道甜美、香辛味道十足的芥末酱非常适合于在奶酪馅饼或者乳蛋饼中增添一种额外的风味。使用时在馅饼的底部，在填入馅料之前，先涂抹上薄薄的一层芥末酱，然后按照食谱的操作要求进行烘烤。芥末酱是奶酪类菜肴极好的补充，让人更加垂涎欲滴。

他力干和香槟醋风味芥末酱

tarragon and champagne mustard

这一款口感柔和的芥末酱与冷的鸡肉类菜肴、鱼类菜肴和贝壳类海鲜搭配效果非常棒。

营养分析：

能量：5.881 千焦；蛋白质 42.5 克；碳水化合物 150.2 克，其中含有糖分 120.2 克；脂肪 98.4 克，其中饱和脂肪酸 6.9 克；胆固醇 6 毫克；钙 539 毫克；纤维素 0 克；钠 14 毫克。

[大约制作 250 克]

原材料：

30 毫升芥末籽

75 毫升香槟醋

115 克芥末粉

115 克红糖

2.5 毫升盐

50 毫升初榨橄榄油

60 毫升新鲜的他力干，切碎

大厨提示

＊香槟醋的风味让人喜爱的味道，但是有时候很难购买到，可以到专门的熟食店或者食品店里转转看，或者大型的超市里，在美食区域内偶尔能够发现。

步骤：

1 将芥末籽和醋放入一个碗里，浸泡一晚上的时间。

2 第二天将芥末籽和醋一起倒入食品加工机内，再加入芥末粉、糖和盐。

3 搅打至芥末籽成细腻状，然后慢慢的将橄榄油在食品加工机继续搅打的情况下加入加工机内。

4 将搅打好的芥末酱倒入一个碗里，拌入他力干，然后舀入一个消过毒的广口瓶内，密封好并存储在一个凉爽、避光的地方。

辣根芥末酱

horseradish mustard

这一款扑鼻而来的芥末酱带有一股美妙的奶油状辛辣滋味，是作为冷肉类、烟熏鱼类或者奶酪类菜肴调味品的不二选择。也可以作为制作烤牛肉三明治时，美味的涂抹用酱。

营养分析：

能量：5.977 千焦；蛋白质 41.8 克；碳水化合物 154.5 克，其中含有糖分 124.7 克；脂肪 98.6 克，其中饱和脂肪酸 7.1 克；胆固醇 10 毫克；钙 536 毫克；纤维素 0.8 克；钠 287 毫克。

[大约制作 400 克]

原材料：

25 毫升芥末籽

250 毫升开水

115 克芥末粉

115 克白糖

120 毫升白葡萄酒醋或者苹果醋

50 毫升橄榄油

5 毫升柠檬汁

30 毫升辣根酱

步骤：

1 将芥末籽放入一个碗里，然后倒入开水。放到一边浸泡至少 1 个小时。

2 捞出芥末籽并控净水，然后将芥末籽放入食品加工机内。

3 在加工机内加入芥末粉、糖、白葡萄酒醋或者苹果醋、橄榄油、柠檬汁和辣根酱。

4 将原材料搅打成细腻的糊状，然后舀到一个消过毒的广口瓶内。放入冰箱内存放好，在 3 个月内使用完毕。

罗望子芥末酱

spiced tamarind mustard

罗望子带有一种独具特色的酸甜风味，深棕的颜色和黏稠的质地。与香料和芥末籽研磨而成的粉混合之后，可以制作成为一款美味可口的调味料。

营养分析：

能量：1.573 千焦；蛋白质 22.3 克；碳水化合物 24.2 克，其中含有糖分 8.7 克；脂肪 34.1 克，其中饱和脂肪酸 1.1 克；胆固醇 3 毫克；钙 295 毫克；纤维素 1.3 克；钠 74 毫克。

[大约制作 200 克]

原材料：

115 克罗望子调料块

150 毫升热水

50 克黄色芥末籽

25 毫升黑色或者褐色芥末籽

10 毫升蜂蜜

少许小豆蔻粉

少许盐

大厨提示

* 芥末酱需要在 3~4 天的时间内制作好。可以存放在一个阴凉的地方，在 4 个月之内使用完毕。

步骤：

1 将罗望子放入一个小碗里，倒入热水。浸泡 30 分钟。用一把叉子搅拌成糊状，然后用一个细筛过滤到一个碗里。

2 用香料研磨器或者咖啡研磨器将芥末籽磨碎，与其他原材料一起加入到罗望子中搅拌好。舀入消过毒的广口瓶内，盖上盖之后密封保存。

这一款香浓风味的芥末酱特别适合于搭配丰盛的红肉类菜肴，例如香肠和牛排类等，尤其是采用烧烤这种烹调方法制作这些菜肴时。

丁香风味芥末酱
clove-spiced mustard

营养分析：

能量：2.243 千焦；蛋白质 21.9 克；碳水化合物 67.8 克，其中含有糖分 52.3 克；脂肪 33.8 克，其中饱和脂肪酸 1.1 克；胆固醇 3 毫克；钙 275 毫克；纤维素 0 克；钠 1972 毫克。

[大约制作 300 毫升]

原材料：

75 克白芥末籽

50 克红糖

5 毫升盐

5 毫升黑胡椒粒

5 毫升丁香

5 毫升黄姜粉

200 毫升蒸馏麦芽醋

大厨提示

＊丁香给这一款芥末酱带来了一种令人愉快的、温和的滋味。要确保在制作这一款芥末酱时，使用的是整粒的丁香——丁香粉的滋味过于清淡。

步骤：

1 将所有的原材料，除了麦芽醋以外都放入食品加工机或者搅拌机内。在搅打的过程中，逐渐的将麦芽醋加进去，每次加入 15 毫升的用量，每次加入之后要搅打均匀才可以再次加入。继续搅打至芥末籽形成相当浓稠的、带有粗颗粒的糊状。

2 静置 10～15 分钟的时间，以使得芥末酱变得略微浓稠一些。用勺舀入一个 300 毫升容量，消过毒的广口瓶内，用一张圆形的油纸片，覆盖到芥末酱的表面上然后用螺旋瓶盖或者软木塞盖好。并贴上标签。

酸辣酱和开胃小菜
chutneys and relishes

酸辣酱和开胃小菜制作起来不费吹灰之力，它们是
"感觉良好型"烹饪课程中的传统调味品。如果你
自己种植了蔬菜，或者只是在一个花盆里种植了几
株番茄，在一段时间之内或者某个时刻，或许你盛
产的果实会非常丰富。另外你去农贸市场或者市场
里去淘来的品质最佳、最新鲜的产品时，许多原材
料都可以混合成为美味的酸辣酱和开胃小菜，这些
大量制作好的调味品，可以储存起来，在以后悠闲
的时光里可以慢慢享用。有一些酸辣酱和开胃小菜
在制作好之后要立刻食用，可以用作三明治的馅料，
用作蘸酱或者作为沙拉酱汁使用。

绿番茄酸辣酱

green tomato chutney

这是一款传统的酸辣酱，使用的是夏季出产的最后一茬，看起来好像无法成熟的青番茄。苹果和洋葱构成了这一款酸辣酱的基础风味，然后再加入香料将口味进行了提升。

营养分析：

能量：10.04 千焦；蛋白质 21.6 克；碳水化合物 601.6 克，其中含有糖分 591.3 克；脂肪 6.8 克，其中饱和脂肪酸 1.8 克；胆固醇 0 毫克；钙 496 毫克；纤维素 31.5 克；钠 2177 毫克。

[**大约制作 2.5 千克**]

原材料：

1.8 千克青番茄（未成熟的番茄），切碎

450 克苹果，去皮、去核后切碎

450 克洋葱，切碎

2 瓣蒜，拍碎

15 毫升盐

45 毫升腌渍用香料

600 毫升苹果醋

450 克白糖

大厨提示

* 在使用之前，将制作好的酸辣酱先熟化至少一个月的时间。

步骤：

1 将番茄、苹果、洋葱和大蒜放入一个大号锅内，加入盐。

2 将腌渍用香料用一块棉布包好并捆紧，放入锅内。

3 在锅内加入一半用量的醋，将锅烧开。然后用小火慢慢熬煮 1 个小时，或者一直熬煮到酸辣酱熔至非常浓稠的程度，期间要不时的搅拌。

4 将糖和剩余的醋一切放入一个锅内，然后用小火加热，直到糖完全溶化。将溶化后的糖醋液体倒入酸辣酱的锅内。再继续用小火熬煮 1.5 小时直到酸辣酱变得浓稠。要不时的搅拌。

5 从酸辣酱中取出香料袋，然后将热的酸辣酱舀入一个热的消过毒的广口瓶内。立即盖上盖并密封好。

大厨提示

* 为避免溢出和加快灌装的速度，可以使用宽颈的果酱漏斗来将酸辣酱装入广口瓶内。灌装完成后，立刻擦拭广口瓶，在冷却之后贴上标签。

* 使用长柄的茶匙来朝下按压和反复的朝下戳酸辣酱，以排除所有滞留在瓶内的空气泡。

* 在进行密封之前，先将一张圆形的油纸片按压到酸辣酱的表面上。

这一款香浓而色深，酸甜口味的酸辣酱搭配奶酪盘和饼干或者面包，也或者是冷的烤肉类，例如烤火腿、烤火鸡、烤牛舌或者烤羊肉等都非常美味可口。

传统的番茄酸辣酱
classic tomato chutney

营养分析：

能量：7.254 千焦；蛋白质 14.9 克；碳水化合物 436.7 克，其中含有糖分 431.6 克；脂肪 4.1 克，其中饱和脂肪酸 0.9 克；胆固醇 0 毫克；钙 342 毫克；纤维素 16.6 克；钠 236 毫克。

[**大约制作 1.8 千克**]

原材料：

900 克番茄，去皮

225 克葡萄干

225 克洋葱，切碎

225 克白糖

600 毫升麦芽醋

举一反三

● 可以用干枣代替葡萄干，也可以使用红葡萄酒醋或者雪利醋来代替麦芽醋。将枣去核切碎，或者直接购买去核蜜枣，这一类枣会被制作成块状的，可以直接切成细粒使用。

步骤：

1 将番茄切碎，放入一个锅内。加入葡萄干、洋葱和白糖。

2 将醋倒入锅内，然后将锅烧开。用小火继续加热熬煮 2 个小时，期间不要盖锅盖，直到锅内的原材料变得软烂而浓稠。

3 将熬煮好的酸辣酱装入一个热的消过毒的广口瓶内。表面覆盖好一张圆形的油纸片，然后盖上瓶盖。储存在一个凉爽、避光的地方，并让其熟化 1 个月。酸辣酱在密封情况下可以保存 1 年以上的时间。一旦打开瓶子，要将其存放在冰箱内保存。

地中海风味酸辣酱
mediterranean chutney

这一款酱汁让人情不自禁的回想起地中海舒适的气候，由多种蔬菜混合制作而成的酱汁色彩艳丽，风味惬意而柔和，特别适合于搭配铁扒肉类和香肠类菜肴。要想制作出更辣一些、更香浓一些的口味，可以在柿椒粉中加入一点辣椒粉。

营养分析：

能量：8.848千焦；蛋白质27.1克；碳水化合物516.4克，其中含有糖分504.1克；脂肪7.6克，其中饱和脂肪酸1.9克；胆固醇0毫克；钙550毫克；纤维素29克；钠6036毫克。

[大约制作 1.8 千克]

原材料：

450 克西班牙洋葱，切成末

900 克熟透的番茄，去皮后切成碎末

1 个茄子，重量大约在 350 克，去掉蒂把之后切成 1 厘米的丁

450 克西葫芦，切成片

1 个黄色柿椒，切成四半，去籽后切成片

1 个红色柿椒，切成四半，去籽后切成片

3 瓣蒜，拍碎

1 小枝迷迭香

1 小枝百里香

2 片香叶

15 毫升盐

15 毫升柿椒粉

300 毫升麦芽醋

400 克白糖

步骤：

1 将洋葱末、番茄碎、茄子、西葫芦、柿椒和大蒜一起放入一个大锅内。盖上锅盖后用微火缓慢的加热，不时的搅拌，加热大约 15 分钟，或者一直加热到蔬菜开始流出汁液。

2 将迷迭香、百里香和香叶一起用一块棉布包好捆紧。加入锅内，再加入盐、柿椒粉和一半用量的麦芽醋。用小火，去掉锅盖，加热 25 分钟，或者一直加热到蔬菜成熟，锅内的汤汁开始减少。

3 加入剩余的醋和糖，搅拌至糖完全溶化，用慢火继续加热 30 分钟，在加热的最后时间内，要不时的搅拌。

4 当将酸辣酱熬煮到变成非常浓稠的程度并且没有额外的汤汁流出时，捞出香料袋不用，用勺舀到一个热的消过毒的广口瓶内。放到一边失去冷却，然后盖好并用防酸性瓶盖密封好。

5 将冷却后的酸辣酱储存在一个凉爽、避光的地方。在食用之前，先让其熟化至少 2 个月的时间。酸辣酱要在 2 年之内使用完毕。一旦打开瓶子，要放在冰箱内冷藏保存，并且要在 2 个月之内使用完毕。

这一款果酱使用的是慢火熬煮而成的，如同焦糖晶莹剔透般的洋葱，在酸甜可口的香脂醋中，密封保存在广口瓶内，存放在冰箱里可以保存几天的时间。你可以使用红皮洋葱、白皮洋葱或者黄皮洋葱来制作，但是黄皮洋葱制作好的洋葱果酱口感会略甜一些。

洋葱果酱

confit of slow-cooked onions

营养分析：

能量：2.838千焦；蛋白质7.5克；碳水化合物87.9克，其中含有糖分76.4克；脂肪35.5克，其中饱和脂肪酸11克；胆固醇32毫克；钙161毫克；纤维素9.8克；钠113毫克。

[大约制作 500 克]

原材料：

30 毫升橄榄油

15 克黄油

500 克洋葱，切成丝

3~5 枝新鲜的百里香

1 片新鲜的香叶

30 毫升红糖，多备出一点

50 克即食李子干

30 毫升香脂醋，多备出一点

120 毫升红葡萄酒

盐和黑胡椒粉

3 在锅内加入李子干、香脂醋、红葡萄酒和 60 毫升的水，然后继续用微火加热，不时的搅拌一下，一直加热 20 分钟的时间，或者一直加热到绝大部分的汁液已经完全挥发。最后再加入一点水，如果看起来太干燥，就关掉火。

4 根据口味需要重新调味，可以加入更多一下的糖和 / 或者醋。将炒好的洋葱冷却好，然后将预留出的 5 毫升的橄榄油拌入，上桌即可。

举一反三

- 将 500 克去皮之后的小洋葱在 60 毫升的橄榄油中，用小火煸炒上色。淋撒上 45 毫升的红糖，继续煸炒，使小洋葱变成焦糖色，然后加热 7.5 毫升香菜籽碎末，250 毫升红葡萄酒，2 片香叶，几枝百里香，3 条橙皮，45 毫升番茄酱和使用 1 个橙子挤出的橙汁。盖上锅盖，用慢火加热，大约 1 个小时，期间要不时的搅拌。在最后的 20 分钟时间内去掉锅盖。加入 15~20 毫升的雪利醋增强口味。

步骤：

1 留出 5 毫升用量的橄榄油，将其余的橄榄油与黄油一起放入一个大锅内。加热洋葱翻炒，盖上锅盖后用微火加热大约 15 分钟的时间，期间要不时的翻炒一下。

2 用盐和黑胡椒粉给洋葱调味，然后在锅内加入百里香、香叶和红糖。用慢火，不要盖锅盖，再继续煸炒 15~20 分钟的时间，直到将洋葱煸炒至非常柔软而焦黑的程度。期间要不时的翻炒洋葱，以防止洋葱粘连到一起或者糊底。

克什米尔酸辣酱

kashmir chutney

在那些传统的克什米尔乡村小店里，这一款酸辣酱是通过代代相传来制作的最具象征意义的家庭食谱。非常适合于搭配原味的或者香辣的铁扒香肠类菜肴。

营养分析：

能量：16.4 千焦；蛋白质 22.6 克；碳水化合物 1014.4 克，其中含有糖分 1012.2 克；脂肪 3.3 克，其中饱和脂肪酸 0 克；胆固醇 0 毫克；钙 599 毫克；纤维素 33.7 克；钠 12139 毫克。

[**大约制作 2.75 千克**]

原材料：

1 千克青苹果　15 克大蒜

1 升麦芽醋　450 克枣

115 克腌姜　450 克葡萄干

450 克红糖　2.5 毫升辣椒粉

30 毫升盐

大厨提示

＊这一款甜美的、含有果肉的、异常香辣酸辣酱非常适合于搭配休闲式自助午餐上的冷肉类菜肴。

步骤：

1 将苹果切成四半，去掉核，切成粒状。将大蒜去皮切成末。

2 将苹果和大蒜放入一个锅内，加入足量的没过苹果的麦芽醋。加热烧开，熬煮大约 10 分钟。

3 将枣和姜切碎，加入锅内，然后将其余的原材料也都加入锅内。用小火加热 45 分钟。

4 将熬煮好的酸辣酱用勺舀到热的消过毒的广口瓶内并趁热立刻密封好。

不是为怕辣的人准备的，这一款异常火辣的酸辣酱对于喜爱香香的和辣辣的人们来说是不可多得的选择。尽管在制作好之后熟化 1 个月就可以食用，但是最好还是让其熟化的时间更长一些为佳。

孟加拉风味酸辣酱
fiery bengal chutney

营养分析：

能量：11.67 千焦；蛋白质 18.4 克；碳水化合物 717.3 克，其中含有糖分 701.8 克；脂肪 3.5 克，其中饱和脂肪酸 0 克；胆固醇 0 毫克；钙 573 毫克；纤维素 31.2 克；钠 6163 毫克。

[**大约制作 2 千克**]

原材料：

115 克鲜姜

1 千克苹果

675 克洋葱

6 瓣蒜，切成细末

225 克葡萄干

450 毫升麦芽醋

400 克红糖

2 个鲜红辣椒

2 个鲜青辣椒

15 毫升盐

5 毫升黄姜粉

步骤：

1 将鲜姜去皮切成细丝。将苹果去皮、去核，切成碎末。将洋葱去皮，切成四半，然后切成细丝。将上述原材料与大蒜、葡萄干和麦芽醋一起放入到一个大锅内。

2 将锅烧开，然后用小火慢慢加热熬煮 15~20 分钟。期间要不时的进行搅拌，直到苹果和洋葱完全变软。再加入红糖，用小火加热的同时搅拌至红糖完全溶化。用慢火再继续熬煮 40 分钟，或者一直熬煮到锅内的原材料变得浓稠而软烂的程度，在熬煮的最后时间里，要不停的搅拌。

3 将辣椒切开成两半，去掉籽，切成细丝（处理完辣椒之后一定要立刻用肥皂水清洗自己的双手）。

4 将切好的辣椒加入锅内，继续用小

火加热 5~10 分钟，或者一直加热到锅内的原材料再没有汁液渗出。加入盐和黄姜粉调味。

5 将制作好的酸辣酱用勺舀到热的消过毒的广口瓶内，立即盖好并密封好，然后在冷却好之后贴上标签。

6 储存在一个凉爽、避光的地方，并且要熟化至少 2 个月的时间后再食用。在两年之内使用完毕。一旦打开瓶盖，就要放入冰箱内冷藏保存，并且要在 1 个月之内使用完毕。

胡桃南瓜、杏和杏仁酸辣酱

butternut, apricot and almond chutney

香菜籽和黄姜粉给这一款浓郁的金黄色酸辣酱添加上了些许辛辣的质感。非常适合于在制作开胃小菜时使用，或者搭配马苏里拉奶酪，也非常适合于用来制作三明治。

营养分析：

能量：11.917 千焦；蛋白质 44.5 克；碳水化合物 549.4 克，其中含有糖分 535.4 克；脂肪 67.7 克，其中饱和脂肪酸 5.9 克；胆固醇 0 毫克；钙 959 毫克；纤维素 34.9 克；钠 81 毫克。

[大约制作 1.8 千克]

原材料：

1 个小的胡桃南瓜，大约重 800 克左右

400 克金砂糖

600 毫升苹果醋

2 个洋葱，切成末

225 克即食杏脯，切成四半

1 个橙子，擦取外皮并挤出橙汁

2.5 毫升黄姜粉

15 毫升香菜籽

15 毫升盐

115 克杏仁片

步骤：

1　将胡桃南瓜纵长切成两半，刮出籽。削去外皮，然后将胡桃南瓜肉切成 2 厘米大小的方块状。

2　将金砂糖和苹果醋放入一个大锅内，并用小火加热，搅拌至糖完全溶化。

3　在锅内加入胡桃南瓜块、洋葱、杏脯、橙皮和橙汁、黄姜粉、香菜籽和盐。然后使用小火将锅烧开。

4　开锅后转用微火继续加热熬煮 45～50 分钟，在快到时间时，要勤加搅拌，直到酸辣酱熬至浓稠的程度，并且没有多余的汤汁出现。将杏仁片拌入锅内。

5　将制作好的酸辣酱舀入热的消过毒的广口瓶内，盖好并密封好。储存在一个凉爽、避光的地方，让其熟化至少 1 个月的时间后再食用。在两年之内使用完毕。一旦打开瓶子，就要将酸辣酱储存在冰箱内，并且要在 2 个月之内使用完毕。

举一反三

● 如果购买不到胡桃南瓜，可以使用一块大约 500 克重的南瓜代替。

这一款用果脯制成的香喷喷，浓稠而略带些黏性的酸辣酱，让圣诞节或者感恩节晚宴上剩余的、凉了的烤火鸡又重新焕发了青春。

甜味香辣果脯酸辣酱
sweet and hot dried fruit chutney

营养分析：

能量：12.549 千焦；蛋白质 31.9 克；碳水化合物 746.7 克，其中含有糖分 729.4 克；脂肪 7.2 克，其中饱和脂肪酸 0 克；胆固醇 0 毫克；钙 1157 毫克；纤维素 51.4 克；钠 458 毫克。

[大约制作 1.5 千克]

原材料：

350 克即食杏脯

225 克枣脯，去核

225 克无花果脯

50 克糖渍橘皮

150 克葡萄干

50 克蔓越莓脯

120 毫升蔓越莓汁

400 毫升苹果醋

225 克红糖

1 个柠檬，擦取外皮并挤出汁液

5 毫升混合香料（制作苹果馅饼用香料）

5 毫升香菜粉

5 毫升辣椒面

5 毫升盐

步骤：

1 将杏脯、枣脯、无花果脯和糖渍橘皮切碎，然后将它们全部放入一个大锅内。倒入蔓越莓汁，搅拌好，然后盖上锅盖，放到一边浸泡 2 个小时，或者一直到果脯将锅内的蔓越莓汁的大部分都吸收掉。

2 在锅内加入苹果醋和红糖。用小火加热的同时搅拌至红糖完全溶化。

3 将锅烧开，然后转用微火继续熬煮大约 30 分钟，或者一直熬煮到果脯变得软烂而浓稠。在加热的过程中要不时的搅拌。

4 在锅内加入柠檬皮和柠檬汁、混合香料、香菜粉、辣椒面和盐。继续用微火加热 15 分钟，在快到时间时要勤加搅拌，直到酸辣酱变得浓稠而没有汤汁出现。

举一反三

- 如果你喜欢，可以用酸樱桃来代替蔓越莓脯，使用苹果汁来代替蔓越莓汁。

5 将制作好的酸辣酱舀到热的消过毒的广口瓶内，盖好并密封好。储存在一个凉爽、避光的地方，让其熟化 1 个月之后再食用。保质期为 1 年。一旦开瓶使用了，要储存在冰箱内，并且要在 2 个月之内使用完毕。

桃和辣椒酸辣酱

pickled peach and chilli chutney

这是一款香辣而浓郁的酸辣酱，带有多肉的质感。传统的佐餐方式是带皮冷的烤肉类，例如烤火腿、烤猪肉或者烤火鸡都非常美味可口；与煎鸡肉配热的卷饼也非常搭配。还可以试试与乳清奶酪一起作为皮塔饼的馅料。

营养分析：

能量：8.534 千焦；蛋白质 20.9 克；碳水化合物 517.3 克，其中含有糖分 502.9 克；脂肪 2 克，其中饱和脂肪酸 0.2 克；胆固醇 0 毫克；钙 407 毫克；纤维素 23.6 克；钠 59 毫克。

[大约制作 450 克]

原材料：

475 毫升苹果醋

275 克红糖

225 克枣脯，去核，切成碎末

5 毫升多香果粉

5 毫升豆蔻粉

450 克熟透的桃，去核，切成小块

3 个洋葱，切成细丝

4 个鲜红辣椒，去籽，切成细末

4 瓣蒜，拍碎

5 厘米鲜姜，去皮，切成细末

5 毫升盐

步骤：

1 将苹果醋、红糖、枣脯、多香果粉和豆蔻粉一起放入一个大号锅内，用小火慢慢加热，同时要搅拌，直到糖完全溶化。溶化烧开，期间要不时的搅拌。

2 在锅内加入桃脯、洋葱丝、辣椒末、拍碎的大蒜、姜末和盐，将锅重新烧开，要不时的搅拌。

3 改用微火加热，慢慢熬着 40～50 分钟，或者一直熬煮到酸辣酱变得浓稠状。要不时的搅拌，以防止酸辣酱粘连到锅底上。

4 将制作好的酸辣酱趁热要到热的消过毒的广口瓶内，并立刻密封好。当冷却一会，储存在一个凉爽、避光的地方，在食用之前，熟化至少 2 周的时间。保质期为 6 个月。

大厨提示

* 在装瓶之前要测试一下制作好之后的酸辣酱的浓稠程度，可以舀取一点酸辣酱放入一个餐盘内，酸辣酱能够保持住形状不流淌为好。

去花大力气寻找黄色李子来制作这一款香辣异常、芳香四溢的酸辣酱是完全值得的。黄李子能够给酸辣酱中带来一股淡淡的酸味，使得其能够非常完美的搭配亚洲的风味小吃，例如炸春卷和炸云吞等，或者天妇罗，以及海鲜等。

黄李子酸辣酱
hot yellow plum chutney

营养分析：

能量：5.203千焦；蛋白质8克；碳水化合物320克，其中含有糖分319克；脂肪1.3克，其中饱和脂肪酸0克；胆固醇0毫克；钙313毫克；纤维素16.9克；钠123毫克。

[制作 1.3 千克]

原材料：

900 克黄色李子，切成两半，去掉核

1 个洋葱，切成细末

7.5 厘米长鲜姜，去皮，切成细末

3 粒整个的八角

350 毫升白酒醋

225 克红糖

5 根芹菜，切成薄片

3 个青辣椒，去籽，切成薄片

2 瓣蒜，拍碎

步骤：

1 将切成两半的李子、洋葱、姜和八角一起放入一个大锅内，并倒入一边用来的白酒醋。将锅烧开之后用小火继续加热大约30分钟，或者一直加热到李子变得软烂为止。

2 将剩余的白酒醋、糖、芹菜、辣椒和蒜一起加入锅内。用慢火加热，不时的搅拌，直到红糖完全溶化。

3 将锅烧开，然后用慢火继续加热熬煮45～50分钟，直到锅内的原材料没有多余的汤汁溢出。在加热的最后阶段，要连续不断的搅拌，以防止酸辣酱粘到锅底。

4 用勺将熬煮好的酸辣酱舀到热的消过毒的广口瓶内，然后立刻趁热盖好并密封好。

5 将密封好的酸辣酱储存在一个凉爽、避光的地方，并熟化至少1个月的时间后再食用。在2年之内使用完毕（保质期为2年）。

大厨提示

★ 一旦打开瓶盖使用，需要将酸辣酱保存在冰箱内并且在3个月之内使用完毕。

★ 要确保盛放酸辣酱的广口瓶使用的是非金属瓶盖。

芒果酸辣酱

mango chutney

在印度菜的制作中，没有这一款传统的芒果酸辣酱就不成菜。芒果酸辣酱口味十分甜美、诱人食欲的风味完美的填补了印度菜肴中香料的柔和滋味。在香酥薄脆的印度薄饼上舀上一勺芒果酸辣酱会让人食欲大开。芒果酸辣酱用来搭配炭烧鸡肉、火鸡或者鸭脯等菜肴，与酸奶油一起搭配土豆块，或者与奶酪一起涂抹到烘烤至金黄的面包片上也非常棒。

营养分析：

能量：5.864 千焦；蛋白质 8.7 克；碳水化合物 360.7 克，其中含有糖分 356.6 克；脂肪 2.1 克，其中饱和脂肪酸 0.9 克；胆固醇 0 毫克；钙 238 毫克；纤维素 27.8 克；钠 1019 毫克。

[大约制作 1 千克]

原材料：

900 克芒果，切成两半，去皮，去核

2.5 毫升盐

225 克苹果，去皮

300 毫升蒸馏麦芽醋

200 克红糖

1 个洋葱，切碎

1 瓣蒜，拍碎

10 毫升姜粉

大厨提示

* 制作好的酸辣酱一旦开瓶使用，就要储存在冰箱内，并且要在 3 个月之内使用完毕。
* 当搭配香酥薄脆的印度薄饼时，还可以与搭配其他一系列的调味料，例如泡青柠檬、洋葱沙拉，以及薄荷风味的酸奶等。

步骤：

1 使用一把锋利的刀，将芒果肉切成块状，放入一个大号的、非金属碗里。撒上盐放到一边腌制一会，然后准备苹果。

2 使用一把锋利的刀，将苹果切成四半，然后去掉核和皮。将苹果肉切碎。

3 将麦芽醋和糖放入一个大锅内，使用小火加热，同时搅拌至糖完全溶化。

4 在锅内加入芒果、苹果、洋葱、大蒜和姜粉等，使用小火加热并烧开，期间要不时的搅拌。

举一反三

● 要制作出火辣辣、香辣辣的酸辣酱用来搭配奶酪和冷食的肉类，可以将 2 个青辣椒去籽之后切成薄片，然后与大蒜和姜粉一起拌入到酸辣酱中。

5 改用慢火，继续熬煮大约 1 个小时，在最后时间内要频繁的搅打，直到酸辣酱熔至非常浓稠的程度，并且锅内的原材料中没有汁液渗出。

6 将制作好的酸辣酱用勺舀到热的消过毒的广口瓶内盖好并密封好。储存在一个凉爽、避光的地方，并且要熟化至少 2 周的时间之后再食用。在 1 年之内使用完毕。

梨和核桃酸辣酱
chunky pear and walnut chutney

这一款酸辣酱最好是使用硬质的被风吹落的梨。制作好的酸辣酱其柔和芳醇的风味是奶酪的最佳拍档，也非常适合于搭配谷物类菜肴，例如土耳其风味肉饭，或者塔布勒沙拉等。

营养分析：

能量：14.654 千焦；蛋白质 29.8 克；碳水化合物 705.3 克，其中含有糖 699.3 分克；脂肪 81.4 克，其中饱和脂肪酸 6.4 克；胆固醇 0 毫克；钙 603 毫克；纤维素 40.7 克；钠 189 毫克。

[大约制作 1.8 千克]

原材料：

1.2 千克肉质坚硬的梨

225 克酸苹果

225 克洋葱

450 毫升苹果醋

175 克葡萄干

1 个橙子，擦取碎皮并挤出橙汁

400 克白糖

115 克核桃仁，切碎

2.5 毫升肉桂粉

步骤：

1 将水果去皮、去核、然后切成 2.5 厘米大小的块状。将洋葱去皮，切成四半，然后切成与水果同样大小的块。与糖一起放入一个大锅内。

2 使用小火烧开，然后改用慢火慢慢熬煮 40 分钟，直到苹果、梨和洋葱完成成熟，期间要不时的进行搅拌。

3 在熬煮水果的时候，将葡萄干放入一个小碗里，倒入橙子，放到一边浸泡一会。

4 在锅内加入糖、橙皮、葡萄干连同橙汁。使用慢火加热至糖完全熔化，然后继续加热 30～40 分钟，或者一直加热到酸辣酱变得浓稠，并且各种原材料中没有汁液渗出。在加热的最后时间段内，要持续不断的搅拌以防止酸辣酱粘连到锅底。

5 将核桃仁放入一个不粘锅内，用慢火加热 5 分钟，期间要不时的翻动，直到核桃变了一点颜色。将核桃仁拌入酸辣酱中，同时拌入肉桂粉。

6 将制作好的酸辣酱用勺舀入热的消过毒的广口瓶内，盖好之后密封好。储存在一个凉爽、避光的地方，至少熟化 1 个月的时间。在 1 年之内使用完毕。

淡淡的青柠檬风味提升了青葡萄愉悦芳香的风味，并有效的补充了这一款酸辣酱其甜蜜甘美的风味。在搭配烤猪肉时，加上一点热的黄油，味道会更加鲜美可口。

青葡萄酸辣酱
green grape chutney

营养分析：

能量：11 千焦；蛋白质 8.6 克；碳水化合物 689 克，其中含有糖分 689 克；脂肪 1.8 克，其中饱和脂肪酸 0 克；胆固醇 137 毫克；钙 392 毫克；纤维素 20.7 克；钠 63 毫克。

[制作 1.2 千克]

原材料：

900 克无籽青葡萄

900 克苹果

450 克白糖

450 毫升白酒醋

1 个青柠檬，擦取碎皮并挤出青柠汁

1.5 毫升盐

大厨提示

* 一旦打开瓶盖使用，就要将酸辣酱储存在冰箱内，并且要在 1 个月之内使用完毕。

步骤：

1 如果葡萄粒够大，就切成两半，然后将苹果去皮、去籽、切碎。将切好的水果放入一个大锅内，再放入白糖和白酒醋，用小火慢慢烧开。

2 改用慢火，继续熬煮 45 分钟，或者一直熬煮到水果软烂，酸辣酱变得浓稠。

3 加入青柠檬皮和青柠汁，以及盐，继续用慢火熬煮 15 分钟，直到酸辣酱变得浓稠，并且锅内的原材料中没有汁液渗出。

4 将酸辣酱用勺舀到热的消过毒的广口瓶内，盖好之后密封好。储存在一个凉爽、避光的地方，让其熟化至少 1 个月的时间后再食用。在 18 个月内使用完毕。

圣诞酸辣酱

christmas chutney

这一款加有香料和果脯的酸辣酱，其灵感来自于水果馅，是圣诞自助大餐不可或缺的传统美味。可以搭配冷肉类一起食用。

营养分析：

能量：12.042 千焦；蛋白质 14.6 克；碳水化合物 746.3 克，其中含有糖分 746.3 克；脂肪 2.5 克，其中饱和脂肪酸 0 克；胆固醇 0 毫克；钙 569 毫克；纤维素 18.2 克；钠 270 毫克。

[大约制作 1~1.6 千克]

原材料：

450 克苹果，去皮，去核，切碎

500 克什锦果脯

1 个橙子，擦取碎皮

30 毫升混合香料

150 毫升苹果醋

350 毫升红糖

大厨提示

* 如果有可能，在圣诞节之前就要提前几个月准备这种时令性的特别美食，以让其能够充分熟化。

步骤：

1 将切碎的苹果、果脯和橙皮一起放入一个大的、深边的厚底锅内。拌入混合香料、苹果醋和红糖。使用小火加热，同时搅拌至红糖完全溶化。

2 将锅烧开，然后改用慢火继续熬煮 40~45 分钟，不时的搅拌，直到熬煮到浓稠的程度。

3 用勺舀到热的、消过毒的广口瓶内，盖好并密封好，保存 1 个月之后再食用。

大厨提示

* 在酸辣酱快要熬煮好的时候要勤加观察，因为此时水果会开始粘连到锅底上。在此阶段要不时的进行搅拌。

* 广口瓶一旦打开食用，就要储存在冰箱内直到使用完毕。

这一款香辣口感柔和的酸辣酱，将一道普通的午餐所食用的奶酪或者肉类菜肴瞬间变成让人一饱口福的美味佳肴。用来制作三明治，让人食欲大开。在制作这一款酸辣酱时，使用任何品种的番茄都会深受欢迎。

苹果和番茄酸辣酱

apple and tomato chutney

营养分析：

能量：24.625 千焦；蛋白质 35.8 克；碳水化合物 1432.9 克，其中含有糖分 1420.3 克；脂肪8.1 克，其中饱和脂肪酸 1.9 克；胆固醇 0 毫克；钙 940 毫克；纤维素 56.4 克；钠 6152 毫克。

[**制作 1.8 千克**]

原材料：

1.3 千克苹果

1.3 千克番茄

2 个洋葱

2 瓣蒜

250 克无核枣 2 个红柿椒

3 个干红辣椒

15 毫升黑胡椒粒

4 粒小豆蔻

15 毫升香菜籽

10 毫升小茴香籽

10 毫升黄姜粉

15 毫升盐

1 千克糖

600 毫升蒸馏麦芽醋

步骤：

1 将苹果去皮、去核，切碎。将番茄、洋葱、大蒜去皮，切碎。将枣切成四半。将柿椒去筋脉、去籽，然后切成小块状。将所有切好的原材料，除了红辣椒之外，都放入一个大锅内。

2 将红辣椒从中间切开。将胡椒粒和剩余的香料一起放入一个研钵内，用杵捣碎。与辣椒和盐一起加入锅内。

3 再加入糖和醋，继续加热 30 分钟，期间要时常的搅拌。再加入红柿椒。再加热 30 分钟，搅拌至变成浓稠状。

4 哟暗哨舀到热的、干的并消过毒的广口瓶内。立刻在表面覆盖上一块圆形的油纸，并密封好。使其冷却。

甜菜和橙子酸辣酱

beetroot and orange preserve

红艳艳热情似火的色彩和浓郁而芳香的风味，这一款独具特色的酸辣酱非常适合于用来制作沙拉，以及风味强烈的奶酪类，例如切达奶酪、斯蒂尔顿奶酪等。在食用烤土豆时，不妨试试与奶油奶酪一起进行搭配。

营养分析：

能量：4.416 千焦；蛋白质 8.3 克；碳水化合物 271.2 克，其中含有糖分 269.1 克；脂肪 0.8 克，其中饱和脂肪酸 0 克；胆固醇 0 毫克；钙 195 毫克；纤维素 12.3 克；钠 255 毫克。

[**大约制作 1.4 千克**]

原材料：

350 克生的甜菜（红菜头）

350 克苹果

300 毫升麦芽醋

200 克糖

225 克红皮洋葱，切成细末

1 瓣蒜，拍碎

2 个橙子，擦取外皮，并挤出橙汁

5 毫升多香果粉

5 毫升盐

步骤：

1 将甜菜擦洗干净并削去薄薄的外，然后切成 1 厘米大小的块。将苹果去皮，切成四半，去掉核，也切成 1 厘米的块状。

2 将麦芽醋和糖放入一个大锅内，用小火加热，同时持续的搅拌至糖完全溶化。

3 在锅内加入甜菜、苹果、洋葱、大蒜、橙皮和橙汁，多香果粉和盐。大火烧开，之后用小火熬煮 40 分钟。

4 改用中火继续熬煮 10 分钟，或者一直加热到酸辣酱变得浓稠，并且没有多余的汁液渗透出来为止。要不时的搅拌，以防止酸辣酱粘连到锅底。

5 用勺将制作好的酸辣酱舀到热的消过毒的广口瓶内，盖好之后密封好。储存在一个凉爽、避光的地方，让其熟化至少 2 周后再食用。在制作好之后的 6 个月内使用完毕。一旦打开瓶盖使用，就需要将酸辣酱储存在冰箱内，并且需要在 1 个月之内使用完毕。

大厨提示

* 为了加快制作速度，以及制作出质感非常细腻的酸辣酱。可以将去皮之后的甜菜，用研磨器或者一个食品加工机加工成碎末后使用。

在这一款质地柔软的酸辣酱中，在加热的过程中加入大黄，这样就会保持其诱人食欲的色彩和形状。特别适合于与中餐风味的烤鸭一起食用，也或者是与冷的肉类，例如火腿或者腌猪腿等一起食用。

大黄和橘子酸辣酱

rhubarb and tangerine chutney

营养分析：

能量：9.271 千焦；蛋白质 20.2 克；碳水化合物 564.6 克，其中含有糖分 555.4 克；脂肪 2.4 克，其中饱和脂肪酸 0 克；胆固醇 0 毫克；钙 1354 毫克；纤维素 23.1 克；钠 95 毫克。

[**大约制作 1.3 千克**]

原材料：

1 个洋葱，切成细末

300 毫升蒸馏麦芽醋

4 粒丁香

7.5 厘米长肉桂条

1 个橘子

400 克糖

150 克葡萄干

1 千克大黄，切成 2.5 厘米的长度

步骤：

1 将洋葱与醋、丁香和肉桂条一起放到一个大锅内。用大火烧开，然后改用小火煮 10 分钟，或者一直加热到洋葱变得软烂。

2 与此同时，将橘子外皮薄薄的片下来（通常首先会将橘子皮非常容易的剥下来，然后将白色的外皮部分片切掉）。

3 将橘子皮、糖和葡萄干加入锅内。搅拌至糖完全溶化，然后继续用小火加热 10 分钟，或者一直加热到锅内的糖浆变得浓稠。

4 将大黄加入到锅内。用小火继续加热大约 15 分钟，每次搅拌的时候都要小心，直到大黄变得绵软，但是还仍然能够保持形状不变的程度，并且锅内还会残留一点汁液。

5 将锅从火上端离开，让其冷却 10 分钟，然后轻轻搅拌好，使得锅内的水果呈均匀分布的状态。用勺将制作好的酸辣酱舀到热的消过毒的广口瓶内，盖好并密封好。储存在一个凉爽、避光的地方，让其熟化至少 1 个月的时间。其保质期为 1 年。一旦打开瓶盖使用，就业储存在冰箱内，并且要在 2 个月之内使用完毕。

大厨提示

＊可以使用半个切成细丝的橙皮来代替橘子皮丝使用。

酸味番茄

tart tomato relish

在这一款开胃小菜中加入了青柠檬，使其具有了清新爽口的酸性刺激风味，以及令人愉悦的酸酸回味。特别适合于搭配铁扒或者烤肉类菜肴，例如烤猪肉或者烤羊肉等。

营养分析：

能量：2.218 千焦；蛋白质 3.7 克；碳水化合物 134.1 克，其中含有糖分 134.1 克；脂肪 1.4 克，其中饱和脂肪酸 0.5 克；胆固醇 0 毫克；钙 93 毫克；纤维素 4.5 克；钠 2012 毫克。

[大约制作 500 克]

原材料：

2 块腌姜

1 个青柠檬

450 克小番茄

115 克黑糖

120 毫升白葡萄酒醋

5 毫升盐

步骤：

1 将腌姜切碎。将青柠檬切成薄片，包括青柠檬皮，然后切碎。

2 将小番茄、糖、醋、盐、姜，以及青柠檬一起放入一个大号的厚底锅内。

3 将锅烧开，并且要搅拌至糖完全溶化，然后用小火连续熬煮大约 45 分钟。要不时的搅拌，直到锅内的汤汁被完全吸收，并且变得浓稠而且成为泥状。

4 关火之后让其冷却大约 5 分钟，然后用勺舀到消过毒的广口瓶内。待其冷却之后盖好并储存在冰箱内，可以保存 1 个月以上的时间。

举一反三

● 如果你喜欢，可以使用切碎的番茄代替小番茄。

大厨提示

* 腌制类食品爱好者们总是在讨论酸辣酱和泡菜最好的覆盖方法。玻璃纸具有防酸性，但是很难形成一个良好的密封空间，并且在开封之后效果也不好。内侧带有塑料涂层的螺旋形瓶盖是最合适的：在将制作好的热的食品灌装好之后，立即盖上瓶盖，就会形成一个卫生的、气密性非常好的空间。可以购买到标准型号的新的广口瓶盖。

在盛夏时节当番茄和辣椒开始大量上市的时候制作这一款开胃小菜。可以为那些制作简单、口味清淡的菜肴，例如奶酪或者蘑菇蛋卷等菜肴丰富口感。

辣味红色蔬菜酱
red hot relish

营养分析：

能量：5.316 千焦；蛋白质 17.8 克；碳水化合物 306.2 克，其中含有糖分 294.1 克；脂肪 5.6 克，其中饱和脂肪酸 1.4 克；胆固醇 07 毫克；钙 321 毫克；纤维素 23.5 克；钠 121 毫克。

[**大约制作 1.3 千克**]

原材料：

800 克成熟的番茄，去皮，切成四半

450 克红皮洋葱，切碎

3 个红柿椒，去籽，切碎

3 个新鲜的红辣椒，去籽，切成薄片

200 克糖

200 毫升红葡萄酒醋

30 毫升芥末籽

10 毫升芹菜籽

15 毫升柿椒粉

5 毫升盐

步骤：

1 将番茄、洋葱、柿椒、辣椒一起放入一个大锅内，盖上锅盖，用微火加热大约 10 分钟，期间要搅拌几次，直到番茄开始流淌出汁液。

2 加入糖和醋，然后用小火烧开，搅拌至糖完全溶化。再加入芥末籽、芹菜籽、柿椒粉和盐，搅拌至混合均匀。

3 将火略微开大一点，在不盖锅盖的情况下继续熬煮大约 30 分钟，或者一直熬煮到锅内大部分的汁液已经熬干，并且变得浓稠，但是还是湿润的程度。在最后加热时间段内要连续的搅拌，以防止粘连到锅底。

4 用勺将制作好的开胃小菜舀到热的消过毒的广口瓶内，盖好并密封好，储存在一个凉爽、避光的地方，至少熟化 2 周的时间后再食用。在制作好之后的 1 年内使用完毕。

大厨提示

＊一旦打开瓶盖开始使用之后，就需要将红色辣味蔬菜酱储存在冰箱内，并且要在 2 个月之内使用完毕。

血玛丽小菜

bloody mary relish

这一款口感清新的小菜带有对比强烈的红的番茄，绿的芹菜和黄瓜不同的质感，非常适合于炎热的夏天在户外用餐时享用。在特别的场合，还可以搭配新鲜剥壳的生蚝一起食用。

营养分析：

能量：1.799 千焦；蛋白质 13.1 克；碳水化合物 65.6 克，其中含有糖分 65 克；脂肪 4.5 克，其中饱和脂肪酸 1.3 克；胆固醇 0 毫克；钙 233 毫克；纤维素 16.7 克；钠 289 毫克。

[大约制作 1.3 千克]

原材料：

1.3 千克熟透的番茄

1 根黄瓜

30~45 毫升盐

2 根芹菜，切碎

2 瓣蒜，去皮，拍碎

175 毫升白葡萄酒醋

15 毫升糖

60 毫升伏特加酒

5 毫升美国辣椒汁

10 毫升辣酱油

大厨提示

* 要将番茄去皮，投入到开水中浸泡 30 秒钟。番茄的外皮会碎裂开，就会很容易的去掉外皮。

步骤：

1　将番茄去皮，并切碎。将黄瓜去皮，去籽，切成片之后再切碎。将切好的蔬菜分层放入置于一个碗上的网筛内，每层都要撒上盐。盖好之后，放入冰箱内，让其腌制并控汁液一个晚上的时间。

2　第二天，用冷水漂洗番茄和黄瓜，以尽可能的去掉其中的盐分。控净水之后，放入一个锅里（碗里咸味的蔬菜汁倒掉不用）。

3　在锅内加入芹菜、大蒜、醋和糖，用微火烧开。

4　不要盖锅盖，继续熬煮 30 分钟，期间要不时的搅拌，直到蔬菜变得软烂，并且大部分的汤汁被吸收掉。

5　将锅从火上端离开，让其冷却大约 5 分钟。再加入伏特加酒和美国辣椒汁，以及辣酱油，搅拌至完全混合均匀。

6　将制作好的热辣小菜用勺舀入热的消过毒的广口瓶内，待其冷却后，盖好并密封好。储存在冰箱内至少 1 周以上的时间。

大厨提示

* 在 3 个月之内使用完。一旦打开瓶盖，就要储存在冰箱内，并且要在 1 个月之内使用完毕。

新鲜的开胃小菜制作快速而简单，尽管它们没有很长的保质期。试试将以一款开胃小菜与味道柔和的奶油奶酪或者铁扒金枪鱼，也或者其它肉质结实的鱼类、家禽类或者肉类等菜肴进行搭配。

黄柿椒和香菜小菜

yellow pepper and coriander relish

营养分析：

能量：0.38 千焦；蛋白质 0.8 克；碳水化合物 2.9 克，其中含有糖分 2.8 克；脂肪 8.5 克，其中饱和脂肪酸 1.3 克；胆固醇 0 毫克；钙 8 毫克；纤维素 0.7 克；钠 3 毫克。

[供 4 人食用]

原材料：

1 个大的黄皮柿椒

45 毫升香油

1 个大的味道不是特别辣的新鲜红辣椒

几根香菜

盐

步骤：

1 将黄柿椒去籽，切碎。在一个锅内将油烧热，加入黄柿椒煸炒，翻炒 8~10 分钟，直到变成浅色。

2 与此同时，将辣椒去籽，切成薄片，放到一边备用。将黄柿椒放入食品加工机内打碎，但不要搅打成蓉。将一半用量的黄柿椒倒入一个碗里，将其余的一半留在食品加工机内。

3 使用一把锋利的刀，将香菜切碎，然后加热到食品加工机内，继续搅打至混合均匀。将食品加工机内的黄柿椒碎倒入刚才盛放有黄柿椒的碗里，加热红辣椒片，搅拌至混合均匀。

4 用盐调味并搅拌至混合均匀。用保鲜膜将碗盖好，放入冰箱内冷藏保存至需要使用时。

<hr>

大厨提示

＊红色和橙色的甜柿椒可以与黄柿椒一起搭配使用，但是青椒不适合，因为青椒的风味中没有足够的甜味。

＊这一款小菜不适合长时间存放，所以要在制作好之后的 3 天或者 4 天内使用完毕。

＊如果你感觉辣椒的风味太辣，只需使用半个辣椒切碎之后使用即可。

番茄和红柿椒小菜

tomato and red pepper relish

这一款香辣的开胃小菜在冰箱内可以一直保存至少1周的时间。特别适合于搭配香肠类和汉堡类菜肴，但也可以与口感浓郁的硬质奶酪形成绝佳搭配。

营养分析：

能量：0.351千焦；蛋白质0.9克；碳水化合物14.1克，其中含有糖分13.9克；脂肪3.1克，其中饱和脂肪酸0.4克；胆固醇0毫克；钙14毫克；纤维素1.2克；钠254毫克。

[供8人食用]

原材料：

6个番茄

1个洋葱

1个红柿椒，去籽

2瓣蒜

30毫升特级初榨橄榄油或者葵花籽油

5毫升肉桂粉

约5毫升辣椒面

5毫升姜粉

5毫升盐

2.5毫升黑胡椒粉

75克红糖

或者其他深色的糖

75毫升苹果醋

几片新鲜的罗勒叶

步骤：

1 将番茄放入一个耐热盆内。往番茄上倒入一些开水。让其浸泡30秒钟。然后用漏眼勺捞出并用冷水过凉。捞出控净水。

2 使用一把小的锋利的刀，将每一个番茄依次进行切割并刮取掉番茄外皮。这样做会非常容易，但是如果番茄皮与番茄肉粘连到一起的时候，你需要用小刀将其切掉。将番茄切碎。

3 将洋葱、柿椒和大蒜分别切碎，在锅内将油烧热。加入洋葱、柿椒和大蒜煸炒。

4 用小火加热煸炒5～8分钟，直到时间变软烂，但是还能够保持形状的程度。加热番茄碎。盖上锅盖继续加热熬煮5分钟，期间要不时的搅拌，直到番茄开始淌出汁液。

5 加入肉桂粉、辣椒面、姜粉、盐、胡椒粉、糖和醋。用微火继续加热熬煮，不时的搅拌，直到糖完全溶化，锅内的材料感觉开始粘合到一起的程度。烧开，然后改用微火继续熬煮，不要使用大火加热。

6 在加热时，不要盖锅盖，继续熬煮20分钟，直到锅内的原材料变成泥状。拌入罗勒叶，并进行调味。

7 让制作好的开胃小菜完全冷却，然后装入到玻璃广口瓶内或者可以拧紧瓶盖的塑料容器内。密封好，根据需要贴上标签，储存在冰箱内。

大厨提示

* 这一款开胃小菜在完全冷却之后会变得更加浓稠一些，因此如果在制作好之后略显稀薄也不用担心。

* 使用辣椒面的多少，可以依据个人口味习惯。如果喜欢口味柔和一些的开胃小菜，可以不使用辣椒面，也或者加入更多的辣椒面以彰显出更辣的味道。

甜辣蔬菜

sweet piccalilli

毫无疑问，甜辣蔬菜是最受欢迎的开胃小菜之一，它可以与铁扒香肠类、火腿或者猪排类菜肴、冷的肉类或者味道浓郁的奶酪类，例如切达奶酪等一起享用。在幼滑、芥末风味的酱汁中包含着精挑细选出的各种新鲜而脆嫩的蔬菜。

营养分析：

能量：5.684 千焦；蛋白质 34.1 克；碳水化合物 300.8 克，其中含有糖分 266 克；脂肪 12 克，其中饱和脂肪酸 1.2 克；胆固醇 0 毫克；钙 555 毫克；纤维素 20.6 克；钠 4011 毫克。

[大约制作 1.8 千克]

原材料：

1 个菜花

450 克小洋葱

900 克什锦蔬菜，例如西葫芦、黄瓜、芸豆等

225 克盐

2.4 升凉水

200 克糖

2 瓣蒜，剥去皮，拍碎

10 毫升芥末粉

5 毫升姜粉

1 升蒸馏白醋

25 克普通面粉

15 毫升黄姜粉

步骤：

1 准备蔬菜。将菜花掰成小瓣状；将洋葱去皮并切成四半；将西葫芦和黄瓜去籽后切成小粒状；摘取芸豆的两端，然后切成 2.5 厘米长的段。

2 将蔬菜分层铺在一个大的玻璃碗里或者不锈钢碗里，在每一层上多撒上一些盐。然后浇淋上水，用保鲜膜将碗密封好，放到一边静置浸泡大约 24 个小时。

3 将浸泡好的蔬菜捞出，倒掉盐水。在冷水中多漂洗几次，以尽可能的去掉盐分，然后彻底晾干。

4 将糖、蒜、芥末粉、姜粉和 900 毫升白醋倒入到一个大锅内。用小火加热，并搅拌至糖完全溶化。

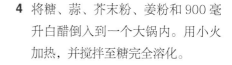

5 在锅内加入各种蔬菜，烧开之后，改用小火继续熬煮 10 ~ 15 分钟，或者一直熬煮到蔬菜全部成熟。

6 将面粉和黄姜粉用剩余的白醋搅拌混合好，并倒入锅内。重新烧开并搅拌，继续加热 5 分钟的时间，直到汤汁变得浓稠。

7 将制作好的蔬菜用勺舀到热的消过毒的广口瓶内，盖好并密封好。储存在一个凉爽、避光的地方至少 2 周。在 1 年之内使用完毕。

玉米粒小菜

corn relish

当黄澄澄的玉米棒子开始大批上市的时候，可以用玉米粒来制作这一款美味可口的开胃小菜。小菜充满着令人愉悦的脆嫩质感和惹人喜爱的欢快而让人食欲大开的色彩。

营养分析：

能量：6.19 千焦；蛋白质 20.3 克；碳水化合物 356.7 克，其中含有糖分 275.1 克；脂肪 6.4 克，其中饱和脂肪酸 1 克；胆固醇 0 毫克；钙 307 毫克；纤维素 15.5 克；钠 3086 毫克。

[大约制作 1 千克]

原材料：

6 个大的新鲜玉米棒子

1.2 个白色卷心菜，重量大约 275 克，切成非常细的丝，

2 个洋葱，切成两半，切成非常细的丝

475 毫升蒸馏麦芽醋

200 克金砂糖

1 个红柿椒，去籽，切成碎末

5 毫升盐

15 毫升普通面粉

5 毫升芥末粉

2.5 毫升黄姜粉

步骤：

1 将玉米棒子放入锅内的开水中，煮 2 分钟。捞出控净水，冷却到可以用手拿取的温度时，使用一把锋利的刀，从玉米棒在上将玉米粒削取下来。

2 将玉米粒放入一个锅里，加入卷心菜和洋葱。留出 30 毫升的醋，然后将剩余的醋全部倒入锅内，再加入糖。用小火将锅烧开，同时，要不断的搅拌，直到糖全部溶化。继续用小火熬煮 15 分钟。再加入红柿椒并继续熬煮 10 分钟。

3 将盐、面粉、芥末粉和黄姜粉用预留出的醋混合好，形成一个非常细腻的面糊。

4 将面糊倒入锅内，并烧开。继续熬煮 5 分钟，直到汤汁变得非常浓稠。

5 将制作好的玉米粒小菜用勺舀到热的消过毒的广口瓶内，盖好并密封好。储存在一个凉爽、避光的地方。在制作好之后的 6 个月之内使用完毕。一旦打开瓶子，就需要将玉米粒小菜储存在冰箱内，并且需要在 2 个月之内使用完毕。

大厨提示

＊ 这一款味道浓郁的开胃小菜特别适合于烧烤类菜肴。能够让烧烤的肉类，例如烧烤鸡肉、烧烤香肠和烧烤汉堡类菜肴充满活力而大快朵颐。

酸甜可口、水果味十足的这一款开胃小菜与铁扒鸡肉、腌火腿、香肠或者培根等是最佳拍档。糖醋菠萝不能长期保存，但是可以使用罐装菠萝罐头随时随地的制作出"新鲜"的开胃小菜。

糖醋菠萝

pineapple relish

营养分析：

能量：0.347 千焦；蛋白质 1 克；碳水化合物 20.6 克，其中含有糖分 20.6 克；脂肪 0.2克，其中饱和脂肪酸 0 克；胆固醇 0 毫克；钙 22 毫克；纤维素 0.7 克；钠 4 毫克。

[供 4 人食用]

原材料：

400 克块状原汁菠萝罐头

30 毫升红糖

30 毫升酒醋

1 瓣蒜，切成细末

4 棵青葱，切成细末

2 个红辣椒，去籽，切碎

10 片新鲜的罗勒叶，切成细丝

盐和黑胡椒粉

举一反三

● 这一款小菜可以使用新鲜菠萝制作：去掉头部叶子，去掉外皮和黑斑，切除硬心，然后切碎即可，保留所有菠萝汁。

步骤：

1 取出菠萝块，控净汁液，并保留醋 60 毫升的汁液。

2 将菠萝汁液倒入小锅内，加入糖和醋。用小火加热，搅拌至糖完全溶化。然后关火，加盐和胡椒粉调味。

3 在一个碗里将菠萝、大蒜、青葱和辣椒在一起混合好。然后将糖醋汁液拌入。让其冷却 5 分钟。

4 待冷却之后，尝味并进行调味。最后在上菜之前拌入罗勒叶。

焦糖洋葱

toffee onion relish

在这一款小菜的制作中，使用慢火、长时间加热，将洋葱熘成柔软之极，呈现出金黄色的焦糖风味。这一款甜美的小菜是成熟奶酪、咸味馅饼或者乳蛋饼类菜肴口味上的有效补充，可以保存 1 周的时间。

营养分析：

能量：1 千焦；蛋白质 2.6 克；碳水化合物 22.1 克，其中含有糖分 18 克；脂肪 16.3 克，其中饱和脂肪酸 7.3 克；胆固醇 27 毫克；钙 75 毫克；纤维素 3.1 克；钠 86 毫克。

[供 4 人食用]

原材料：

3 个洋葱

50 克黄油

30 毫升橄榄油

30 毫升红糖

30 毫升水瓜柳

30 毫升新鲜的香芹，切碎

盐和现磨的黑胡椒粉

步骤：

1 将洋葱去皮，从中间竖切成两半，然后切成细丝。尽可能的将洋葱切的厚薄均匀——这样洋葱就会受热均匀并去上色也会均匀，制作好的成品也会有一个金黄诱人的质地。

2 在一个大号的厚底锅内加热黄油和橄榄油。加入洋葱和糖，用微火加热慢慢熘炒大约 30 分钟，直到将洋葱熘炒至柔软的深棕色，如同太妃糖般的质地。

3 将水瓜柳切碎，拌入熘炒好的洋葱中。让其完全冷却，盛放到一个碗里。

4 拌入切碎的香芹，并用盐和现磨的胡椒粉调味。盖好之后冷藏保存至需要时。

> **大厨提示**
>
> * 制作这一款焦糖洋葱时，要选择使用厚底锅，这样在制作的过程中，洋葱不会轻易的变色——必须让洋葱呈现出均匀的焦糖色，而不可以让其变得焦煳。

> **举一反三**
>
> • 可以使用红皮洋葱或者青葱以体现出各种不同的颜色变化。

这是将那些看起来永远也无法成熟的绿番茄，都全部变废为宝的一种非常好的制作方法。加入的黄瓜，使得这一款浅绿色的开胃小菜非常适合于烧烤类菜肴。

黄瓜和绿番茄小菜
cool cucumber and green tomato relish

营养分析：

能量：7.547 千焦；蛋白质 18.3 克；碳水化合物 450.8 克，其中含有糖分 427.5 克；脂肪 4.3 克，其中饱和脂肪酸 0.9 克；胆固醇 0 毫克；钙 467 毫克；纤维素 18.9 克；钠 129 毫克。

[大约制作 1.6 千克]

原材料：

2 根黄瓜

900 克绿番茄（未成熟的番茄）

4 个洋葱

7.5 毫升盐

350 毫升蒸馏白醋

150 克红糖

200 克白糖

15 毫升普通面粉

2.5 毫升芥末粉

步骤：

1 将黄瓜和绿番茄洗净。切成 1 厘米大小的丁。将洋葱去皮切成细末。

2 将切好的这些蔬菜平铺到摆放在一个碗上面的过滤器或者细筛中，每层之间都撒上一些盐，然后盖好放一边静置 6 个小时，或者一晚上的时间。

3 将控出的汁液丢弃不用，将控净汁液的蔬菜放入一个大的厚底锅内。预留出 30 毫升的醋，将其余的醋与红糖和白糖一起放入锅内。

4 将锅用小火烧开，期间要不时的搅拌，直到糖完全溶化。然后用慢火，慢慢熬着 30 分钟，或者一直加热到蔬菜变得软烂。

5 在一个小碗里，将面粉和芥末粉，再加入预留出的白醋一起混合好成

为糊状。拌入到锅内，再继续用小火加热大约 20 分钟，直到汤汁变得非常浓稠。

6 将制作好的小菜用勺舀到热的消过毒的广口瓶内，盖好并密封好。储存在一个凉爽、避光的地方至少 1 周的时间。小菜要在 6 个月的时间内使用完毕。一旦打开瓶子，就必须储存在冰箱内，并且要在 2 个月之内使用完毕。

马来西亚风味什锦蔬菜

malay mixed vegetable relish

这一款传统的、口感浓郁的开胃小菜，带有着脆嫩的质地和香辣的回味，在马来西亚被称之为 acar kuning（泡菜）。上菜时的量非常大，就如同配菜一般。

营养分析：

能量：5.023 千焦；蛋白质 48 克；碳水化合物 77.7 克，其中含有糖分 57.8 克；脂肪 79.6 克，其中饱和脂肪酸 13.5 克；胆固醇 0 毫克；钙 348 毫克；纤维素 27.4 克；钠 92 毫克。

[大约制作 900 克]

原材料：

12 个小洋葱，切成四半

225 克芸豆，切成 2.5 厘米长的段

225 克胡萝卜，切成 2.5 厘米长的段

225 克菜花，切成小瓣

5 毫升芥末粉

5 毫升盐

10 毫升糖

60 毫升芝麻

制作香辣酱原材料：

2 棵青葱，切成细末 2 瓣蒜，拍碎

2 个新鲜青辣椒，去籽，切成细末

115 克烘烤好的花生米

5 毫升黄姜粉　5 毫升辣椒粉

60 毫升白醋　30 毫升色拉油

175 毫升开水

步骤：

1　先制作香辣酱。将青葱、大蒜、辣椒、花生米、黄姜粉、辣椒粉、醋和色拉油一起放入一个食品加工机或者搅拌机内，搅打成细腻幼滑的糊状。

2　将其倒入一个大的厚底锅内，用小火烧开。然后改用微火熬煮 2 分钟，要不时的搅拌，将开水慢慢的搅拌进去并再熬煮 3 分钟。

3　加入洋葱，盖上锅盖，继续熬煮 5 分钟，然后加入芸豆和胡萝卜。盖上锅盖，再加热 3 分钟的时间。

4　加入菜花，芥末粉、盐和糖，不盖锅盖并继续加热大约 5 分钟，或者一直加热到蔬菜成熟，并且锅内的汤汁大部分都已吸收。将锅从火上端离开，放到一边失去冷却几分钟。

5　与此同时，在一个不粘锅内用中火烘烤芝麻至金黄色，要不时的翻炒。将芝麻拌入锅内的蔬菜中。

6　将制作好的蔬菜用勺舀入热的消过毒的广口瓶内，盖好并密封好。使其完全冷却，然后储存在冰箱内。

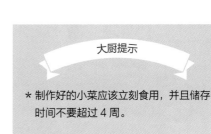

大厨提示

＊ 制作好的小菜应该立刻食用，并且储存时间不要超过 4 周。

胡萝卜和杏仁小菜

carrot and almond relish

这是一款经典的中东风味小菜，通常会使用细长的胡萝卜丝制作而成，可以从许多超市中购买到。相对应的，也可以使用一个中号的擦碎器将胡萝卜纵长擦成丝制作而成。

营养分析：

能量：5.688 千焦；蛋白质 14.9 克；碳水化合物 275.3 克，其中含有糖分 271.5 克；脂肪 29.5 克，其中饱和脂肪酸 2.7 克；胆固醇 0 毫克；钙 374 毫克；纤维素 16.3 克；钠 3125 毫克。

[大约制作 675 克]

原材料：

15 毫升香菜籽

500 克胡萝卜，擦成丝

50 克鲜姜，切成细丝

200 克白糖

1 个柠檬，擦取外皮并挤出柠檬汁

120 毫升白葡萄酒醋

75 毫升水

30 毫升蜂蜜

7.5 毫升盐

50 克杏仁片

步骤：

1 用研杵在研钵内将香菜籽研磨碎。与胡萝卜、姜末、糖和柠檬皮一起放入碗里混合好。

2 将柠檬汁、醋、水、蜂蜜和盐放入盆内，搅拌至盐完全溶化。将混合好的汁液倒入胡萝卜混合物中。搅拌均匀，覆盖好之后放入冰箱内浸泡腌制 4 个小时。

3 将冷藏好的原材料放入大锅内。用小火烧开，然后用慢火慢慢熬着 15 分钟直到胡萝卜和姜成熟。

4 改用小火继续加热熬煮 15 分钟，直到大部分的液体被吸收干净，锅内的原料变得浓稠。在最后熬煮的时候要不断的搅拌，以防止粘连到锅底。

5 将杏仁片放入一个煎锅内用小火烘烤至刚刚开始上色的程度。轻轻拌入锅内的胡萝卜混合物中。在搅拌的时候要注意不要将杏仁片弄碎。

6 将制作好的小菜用勺舀入热的消过毒的广口瓶内，盖好并密封好。静置一个月的时间，并且要在 18 个月之内使用完毕。一旦打开瓶盖，就要储存到冰箱里。

这一款口味厚重的小菜使用独具特色的北非香料和刺激食欲的柠檬来调味，在中东地区的商店内随处可见。非常适合于搭配摩洛哥炖菜。

柠檬和大蒜风味小菜
lemon and garlic relish

营养分析：

能量：0.426 千焦；蛋白质 1.9 克；碳水化合物 11.4 克，其中含有糖分 7.8 克；脂肪 5.8 克，其中饱和脂肪酸 0.8 克；胆固醇 0 毫克；钙 28 毫克；纤维素 1.8 克；钠 4 毫克。

[供 6 人食用]

原材料：

45 毫升橄榄油

3 个红皮洋葱，切成丝

2 头蒜，剥成蒜瓣并去皮

10 毫升香菜籽，碾碎

10 毫升红糖，多备出一些

少许藏红花

5 厘米肉桂条

2~3 个干红辣椒（可选）

2 片新鲜的香叶

30~45 毫升雪利醋

半个橙汁，挤出橙汁

30 毫升腌柠檬，切成碎末

盐和黑胡椒粉

5 用微火，不盖锅盖的情况下，继续加热，直到洋葱变得非常软烂，并且大部分的汁液都被吸收。将腌柠檬加入，再继续加热 5 分钟。

6 尝味之后重新调味，根据口味需要，加入更多的盐、糖和／或者醋。

7 可以温热时或者晾凉之后食用（不是趁热食用或者冷藏后食用）。如果静置 24 小时后食用味道会更好。

大厨提示

＊ 你可以将柠檬和大蒜风味小菜装入碗里或者广口瓶内密封之后储存到冰箱内 1 周的时间。在食用之前提前 1 个小时从冰箱内取出，使其恢复到室温下。

步骤：

1 在一个大的厚底锅捏将橄榄油烧热。加入洋葱翻炒，然后盖上锅盖，用微火加热焖煮 10~15 分钟的时间，期间要不时的搅拌，直到洋葱成熟。

2 加入蒜瓣和香菜籽。盖上锅盖后继续焖煮 5~8 分钟，直到蒜瓣成熟。

3 在锅内加入一点盐，以及足量的黑胡椒粉喝汤，并继续加热，此时不用盖锅盖，继续熬煮 5 分钟的时间。

4 用大约 45 毫升的温水浸泡藏红花 5 分钟，然后连同浸泡的温水一起倒入锅内。加入肉桂条、干辣椒，如果使用的话，以及香叶。拌入 30 毫升的雪利醋和橙汁。

木瓜柠檬小菜

papaya and lemon relish

肉质丰富的木瓜柠檬小菜最好是使用果肉硬实、还没有完全成熟的木瓜来制作。在享用之前先让其静置1周的时间，以让其风味能够充分的融为一体。可以搭配烤肉类菜肴或者与奶酪和咸味饼干一起食用。

营养分析:

能量: 4.474千焦; 蛋白质5克; 碳水化合物277.9克, 其中含有糖分276.5克; 脂肪0.8克, 其中饱和脂肪酸0克; 胆固醇0毫克; 钙241毫克; 纤维素12.6克; 钠72毫克。

2 将锅烧开，然后立刻改用小火，加热10分钟。

3 将所有剩余的原材料全部加入到锅内并烧开，期间要不时的搅拌。检查当糖全部溶化之后，要使用小火继续加热50~60分钟的时间，或者一直加热到原材料变成浓稠入糖浆状。

4 取出香叶不用。将制作好的木瓜柠檬小菜用勺舀入到一个热的，用高温消过毒的广口瓶内。密封好并贴上标签，储存在一个凉爽、避光的地方1周的时间后再使用。在开瓶之后要保存在冰箱内。

[大约制作450克]

原材料:

1个未成熟的木瓜

1个洋葱，切成丝

40克葡萄干

250毫升红酒醋

2个柠檬，挤出柠檬汁

150毫升接骨木花水

150克金砂糖

1根肉桂条

1片新鲜的香叶

2.5毫升辣椒粉

2.5毫升盐

步骤:

1 将木瓜去皮，纵长切成两半。用一把茶勺挖掉籽。使用一把锋利的刀将木瓜肉切成小的块状，放到汤锅内。加入洋葱和葡萄干，然后将红酒醋搅拌进去。

大厨提示

*木瓜籽带有胡椒般的辛辣滋味，非常适合用来制作沙拉酱汁。

木瓜脯带有的艳丽色彩给这一款八角风味的芒果小菜增添了别具一格的风味和质感。水果只需要短暂加热以保持其本身多汁的质地和新鲜的风味。

芒果和木瓜脯小菜

mango and papaya relish

营养分析：

能量：2.599 千焦；蛋白质 4.6；碳水化合物 185.5 克，其中含有糖分 157.6 克；脂肪 1 克，其中饱和脂肪酸 0.3 克；胆固醇 0 毫克；钙 171 毫克；纤维素 16.6 克；钠 623 毫克。

[大约制作 800 克]

原材料：

115 克木瓜脯

30 毫升橙汁或者苹果汁

2 个大的八分熟的芒果

2 棵青葱，切成非常薄的片

4 厘米长的姜，切成末

1 瓣蒜，拍碎

2 粒八角

150 毫升苹果醋

75 克红糖

1.5 毫升盐

步骤：

1 使用一把锋利的刀或者厨用剪刀，将木瓜脯大体切碎，放入小碗里。将橙汁或者苹果汁淋洒到木瓜脯上，静置浸泡至少 10 分钟。

2 与此同时，将木瓜去皮切成片，将木瓜呈大片状的从核上切下来。然后再切成 1 厘米大小的块，放一边备用。

3 将青葱片、姜、大蒜和八角一起放入到一个大锅内。再倒入醋。用小火将锅烧开，然后改用微火，盖上锅盖慢慢熬煮 5 分钟的时间，或者一直加热到青葱开始变得软烂。

4 加入糖和盐，并在用微火加热的过程中，一直搅拌至糖完全溶化。继续加热时，把芒果和木瓜加入锅内，并继续加热 20 分钟，或者一直加热到水果刚好成熟，锅内的原材料熬至汤汁浓稠的程度。

5 让制作好的芒果和木瓜脯冷却大约 5 分钟，然后用勺装入热的消过毒的广口瓶内。在盖上瓶盖并密封之前让其完全冷却。然后储存在一个凉爽、避光的地方，在 3 个月之内使用完毕。一旦打开瓶盖使用后，要将广口瓶放入冰箱内保存并在 1 个月之内使用完毕。

蔓越莓和红皮洋葱小菜

cranberry and red onion relish

这一款酒香浓郁的开胃小菜非常适合于在圣诞节或者感恩节时，搭配热气腾腾芳香四溢的烤火鸡时食用。可以在节假日时，提前几个月的时间做好精心准备并制作好。

营养分析：

能量：6.412 千焦；蛋白质 8 克；碳水化合物 314.6 克，其中含有糖分 304.2 克；脂肪 23.3 克，其中饱和脂肪酸 3.1 克；胆固醇 0 毫克；钙 259 毫克；纤维素 13.5 克；钠 46 毫克。

[大约制作 900 克]

原材料：

450 克红皮洋葱

30 毫升橄榄油

225 克红糖

450 克新鲜的或者速冻的蔓越莓

120 毫升红葡萄酒醋

120 毫升红葡萄酒

15 毫升芥末籽

2.5 毫升姜粉

30 毫升橙味利口酒或者波特酒

盐和黑胡椒粉

步骤：

1 将红皮洋葱切成两半，再切成细丝。在一个大锅内加入油烧热，加入洋葱用小火煸炒大约 15 分钟，直到洋葱变软。在锅内加热 30 毫升的糖。继续煸炒 5 分钟，或者一直煸炒至洋葱呈现出焦糖色，关火备用。

2 与此同时，将蔓越莓放入一个锅内，并加入剩余的糖，以及醋、红葡萄酒、芥末籽和姜粉。用小火加热至糖完全溶化。然后烧开，改用微火继续加热并盖上锅盖。

3 一直加热 12～15 分钟，直到蔓越莓碎裂开并变得软烂，然后将煸炒好的焦糖洋葱拌入锅内。

4 将火略微加大一些，并去掉锅盖，再继续加热蔓越莓 10 分钟，期间要不断的搅拌，直到汤汁熬浓。将锅从火上端离开。然后用盐和黑胡椒粉调味。

5 将制作好的蔓越莓和红皮洋葱小菜装入热的消过毒的广口瓶内。在每一瓶中用勺加入一点橙味利口酒或者波特酒，然后盖好并密封好。储存在一个凉爽、避光的地方 6 个月的时间。一旦打开瓶盖使用，就要储存在冰箱内，并且要在 1 个月之内使用完毕。

大厨提示

★ 在加热熬煮蔓越莓时，一定要盖上锅盖，因为蔓越莓在加热的过程中，有时会在锅内爆裂开，蹦到锅外，并且会非常烫。

举一反三

● 用红醋栗来代替蔓越莓效果也非常不错——用红醋栗制作而成的开胃小菜酸味会略低，并且颜色更加美丽。

这一款制作简单的开胃小菜，可以给铁扒鸡肉或者培根猪排等菜肴带来焕然一新的口感。使用罐头装的菠萝表示可以随时随地的从橱柜中取出来进行制作。

营养分析：

能量：3.595千焦；蛋白质4.7克；碳水化合物222.8克，其中含有糖分222.5克；脂肪0.5克，其中饱和脂肪酸0.1克；胆固醇0毫克；钙152毫克；纤维素5.7克；钠21毫克。

糖醋菠萝

sweet and sour pineapple relish

[**大约制作 675 克**]

原材料：

2 罐各 400 克装，原汁菠萝圈或者菠萝块罐头

1 个柠檬

115 克糖

45 毫升白葡萄酒醋

6 棵春葱，切成细末

2 个新鲜的红辣椒，去籽并切成细末

盐和黑胡椒粉

步骤：

1 捞出菠萝控净汤汁，保留 120 毫升的原汁备用。将菠萝原汁倒入大锅内。根据需要，将菠萝切碎，倒入到一个置于在碗上的网筛上。

2 从柠檬上刮取一条外层柠檬皮。挤出柠檬汁，与柠檬皮、糖和醋一起放入到锅内。

3 用小火加热，不时的搅拌，直到糖完全溶化。然后将锅烧开。继续加热，不盖锅盖，用中火加热大约 10 分钟，或者一直加热到汤汁变得略微浓稠。

4 在锅内加入洋葱碎和辣椒碎，连同从切碎的菠萝中控出的菠萝汁也加入锅内。

5 继续加热 5 分钟，直到汤汁变得浓稠状，如同糖浆般，在加热的最后时间段内要勤加搅拌。

6 将火略微开大一些，将菠萝加入锅内，并继续加热 4 分钟，直到大部分的液体都被吸收。用盐和胡椒粉调味。

7 用勺装入热的消过毒的广口瓶内，盖好并密封好。储存在冰箱内，并且要在 3 个月之内食用完毕。

李子和樱桃小菜
plum and cherry relish

这一款奢华的酸甜口味的水果开胃小菜给芳香四溢的家禽类、野味类或者肉类，包括烤鸭或者铁扒鸭脯等菜肴起到了锦上添花的效果。在酱汁或者肉汁中舀入几勺这种汤汁，不但会增加水果的风味，当一款酱汁的颜色不够明亮时，还能提升其艳丽的色彩。

营养分析：

能量：3.365 千焦；蛋白质 6.5 克；碳水化合物 170.3 克，其中含有糖分 168.9 克；脂肪 11.8 克，其中饱和脂肪酸 1.6 克；胆固醇 0 毫克；钙 156 毫克；纤维素 9.6 克；钠 21 毫克。

[大约制作 350 克]

原材料：

350 克黑皮红李子

350 克樱桃

2 棵青葱，切成细末

15 毫升橄榄油

30 汤勺干雪利酒

60 毫升红葡萄酒醋

15 毫升香脂醋

1 片香叶

90 克红糖

步骤：

1 将李子切成两半并去掉核，然后将李子肉大体切碎。将樱桃的核去掉。

2 用热油煸炒青葱 5 分钟，或者一直煸炒至青葱变得柔软。加入水果、雪利酒、醋、香叶和糖。

3 用小火烧开，并搅拌至糖完全溶化。然后用中火加热大约 15 分钟，或者一直加热到汤汁变得浓稠，并且水果变得软烂。

4 去掉香叶并用勺装入热的消过毒的广口瓶内。盖好之后密封好。储存在冰箱内，在 3 个月之内使用完毕。

这一款甘甜而香气四溢的水果小菜特别适用于搭配刚出炉的烤肉类菜肴，例如猪肉和猎鸟类，像珍珠鸡和山鸡等。使用大量上市的油桃来制作并密封好保存在冰箱内，用于圣诞节时享用，或者作为应季的馈赠礼品。

酸甜油桃

nectarine relish

营养分析：

能量：10.079 千焦；蛋白质 16 克；碳水化合物 541.8 克，其中含有糖分 532.6 克；脂肪 34.8 克，其中饱和脂肪酸 4.7 克；胆固醇 0 毫克；钙 386 毫克；纤维素 14 克；钠 128 毫克。

[大约制作 450 克]

原材料：

45 毫升橄榄油

2 个洋葱，切成细丝

1 个新鲜的青辣椒去籽，切成细末

5 毫升新鲜迷迭香，切成细末

2 片香叶

450 克油桃，去核，切成块状

150 克葡萄干

10 毫升香菜籽，碾碎

350 克红糖

200 毫升红葡萄酒醋

步骤：

1 在一个大锅内加热橄榄油。加入洋葱、辣椒、迷迭香和香叶持续煸炒大约 15 分钟，或者一直煸炒至洋葱变软。

2 加入油桃、葡萄干、香菜籽、糖和红葡萄酒醋，然后用小火烧开，期间要不时的搅拌。

3 烧开之后改用微火加热，熬煮 1 个小时，或者一直熬煮到锅内汤汁变得浓稠而又黏性。期间要不时的搅拌，特别是在加热的最后时间段内更要频繁的搅动，以防止粘连到锅底。

4 将制作好的酸甜油桃装入热的、消过毒的广口瓶内并密封好。让其静置冷却透，然后储存在冰箱内。在冰箱内一直可以保存 5 个月。

大厨提示

★ 装好瓶的酸甜油桃可以作为非常雅致的礼品。储存在透明而美丽的广口瓶内，再贴上生动而富有趣味的标签用来进行识别。并提醒接收人，酸甜油桃应储存在冰箱内，以及使用的保质期是多少。

泡菜和水果蜜饯
Pickles and Preserved fruits

腌制是保存食物的最好方法，这里精挑细选出的各种咸味和甜味品种吸取了来自世界各地的烹饪传统精华。有酸甜可口的水果，可以用来给热的或者冷的肉类或者奶酪类菜肴增加风味，或者使用香浓的水果和蔬菜来补充亚洲或者中东等地主菜类菜肴的口感。意大利风味的泡菜类可以作为开胃的头盘使用，再加上你手头上的这些传统小菜：酸黄瓜、甜洋葱、莳萝泡菜，以及用各种酒腌制的美味水果等。

莳萝泡黄瓜

dill pickles

带有大蒜的芳香和鲜辣椒的辛辣，咸香口味的莳萝泡菜可以制作成柔嫩多汁的口感，也或者是鲜嫩质脆。每一位泡菜爱好者都有自己特别钟爱的类型。

营养分析：

能量：0.188 千焦；蛋白质 3.1 克；碳水化合物 6.8 克，其中含有糖分 6.3 克；脂肪 0.5 克，其中饱和脂肪酸 0 克；胆固醇 0 毫克；钙 83 毫克；纤维素 2.7 克；钠 5909 毫克。

[大约制作 900 克]

原材料：

20 根小黄瓜

2 升水

175 克海盐粒

15～20 瓣蒜，带皮

2 把新鲜莳萝

15 毫升莳萝籽

30 毫升腌渍香料

1 个或者 2 个鲜红辣椒

步骤：

1 将黄瓜在冷水中擦洗并漂洗干净，沥干。

2 将水和盐放入大锅内并烧开。关掉火，使锅内的盐水冷却到室温下。

3 用刀面或者木槌，将蒜瓣拍碎，使得蒜皮裂开。

4 将黄瓜塞入几个消过毒的广口瓶内并塞紧，在黄瓜上面铺上蒜瓣、新鲜莳萝，莳萝籽和腌渍香料。然后在每一个瓶内装入一个辣椒。将冷却好的盐水倒入瓶内，要确保盐水完全没过瓶内的黄瓜。在工作台面上轻轻拍打广口瓶，将滞留在瓶内的空气泡全部赶出。

5 盖上瓶盖，然后在室温下静置 4～7 天的时间后再使用。需要在冰箱内储存。

大厨提示

＊ 如果你购买不到用于腌制泡菜所需要使用的小黄瓜，可以使用任何品种的小黄瓜来代替。

采用这种方法腌制的蘑菇在整个欧洲非常受欢迎。这一款腌制蘑菇最适合使用养殖蘑菇来制作，但是在腌制蘑菇的时候放入几片牛肝菌来调味，效果也好非常不错。

泡蒜香风味蘑菇
pickled mushrooms with garlic

营养分析：

能量：2.423千焦；蛋白质9克；碳水化合物7.2克，其中含有糖分6.2克；脂肪57.4克，其中饱和脂肪酸8.4克；胆固醇0毫克；钙33毫克；纤维素5.5克；钠25毫克。

[大约制作 900 克]

原材料：

500 克各种菌菇，例如牛肝菌、栗子蘑菇、香菇和黄菌菇等

300 毫升白葡萄酒醋或者苹果醋

15 毫升海盐

5 毫升白糖

300 毫升水

4~5 片新鲜香叶

8 枝新鲜百里香

15 瓣蒜，去皮，切成两半，并将绿芽去掉

1 个红皮洋葱，切成两半后再切成细丝

2~3 个干红辣椒

5 毫升香菜籽，碾碎

5 毫升黑胡椒粒

几条柠檬外皮

250~350 毫升特级初榨橄榄油

步骤：

1 修整并擦拭蘑菇，将大个的蘑菇切成两半。

2 将醋、盐、糖和水一起放入一个锅内，烧开。加入香叶、百里香、大蒜、洋葱、辣椒、香菜籽、黑胡椒粒和柠檬外皮，用小火熬煮2分钟。

3 在锅内加入蘑菇，继续用小火加热3~4分钟。然后将蘑菇用细筛捞出控净水分，保留所有的香草和香料，放到一边静置一会，直到蘑菇彻底控净水分。

4 将蘑菇分装到一个大号的或者两个小号的凉的消过毒的广口瓶内。将大蒜、洋葱、香草和香料均匀的分配到蘑菇表面上，然后加入足量的橄榄油，至少1厘米厚，覆盖住广口瓶的表面。如果你使用了两个广口瓶，你可能需要多预备出一些要使用的橄榄油。

5 让装好瓶的蘑菇静置一会，然后在工作台面上，轻轻拍打广口瓶，以排出瓶内所有的空气泡。将广口瓶密封好，然后储存到冰箱内。在2周之内使用完毕。

泡紫甘蓝

pickled red cabbage

这一款带有淡雅的香味和生机盎然色彩的泡菜，在非正式场合的午餐上是一道用来搭配面包和奶酪的传统的美味佳肴，或者用来搭配冷火腿，鸭肉或者鹅肉等菜肴。

营养分析：

能量：2.821 千焦；蛋白质 12 克；碳水化合物 161.4 克，其中含有糖分 159.3 克；脂肪 2 克，其中饱和脂肪酸 0 克；胆固醇 0 毫克；钙 406 毫克；纤维素 23 克；钠 64 毫克。

[大约制作 1～1.6 千克]

原材料：

675 克紫甘蓝，切成丝

1 个白皮洋葱，切成丝

30 毫升海盐

600 毫升红葡萄酒醋

75 克红糖

15 毫升香菜籽

3 粒丁香

2.5 厘米鲜姜块

1 个八角

2 片香叶

4 个苹果

步骤：

1 将紫甘蓝和洋葱放入碗里，加入盐彻底搅拌均匀。将其倒入置于一个碗上的网筛里，让其控一个晚上的汁液。

2 第二天，将紫甘蓝漂洗干净，控干水之后用厨纸拭干。

3 将醋倒入锅内，加热糖、香料和香叶，将其烧开。从火上端离开，放到一边上去冷却。

4 将苹果去核并切碎，然后依次与紫甘蓝和洋葱平铺到消过毒的广口瓶内。最后将冷却好的醋浇入（如果你喜欢味道更加柔和一些的泡紫甘蓝，先将香料过滤出去）。将广口瓶密封好，先储存 1 周的时间再食用。在 2 个月之内使用完毕。一点打开瓶盖，就要将泡紫甘蓝储存在冰箱内。

这一款美味的泡菜是中东地区的特产。萝卜在甜菜红色的腌汁中变成了艳丽的红色，摆放至储藏柜内的货架上显得雍容华贵。

萝卜和甜菜泡菜

pickled turnips and beetroot

营养分析：

能量：1.414 千焦；蛋白质 14.1 克；碳水化合物 69.8 克，其中含有糖分 66 克；脂肪 3.3 克，其中饱和脂肪酸 0 克；胆固醇 0 毫克；钙 541 毫克；纤维素 29.7 克；钠 4278 毫克。

[大约制作 1.6 千克]

原材料：

1 千克嫩萝卜

3~4 个甜菜

大约 45 毫升海盐粒

大约 1.5 升水

1 个柠檬，挤出柠檬汁

大厨提示

* 在制备处理甜菜时，一定要小心谨慎，因为其靓丽的红色汁液能够将衣物染上色。

步骤：

1 将萝卜和甜菜清洗干净，但是不要去皮，然后将它们切成大约 5 毫米厚的片状。

2 将盐和水放入一个碗里，搅拌至盐完全溶化。

3 将柠檬汁淋撒到甜菜上，并摆放到四个 1.2 升消过毒的广口瓶的底部位置上。上面摆放萝卜片，要塞的紧密一些，然后将盐水倒入，要确保完全覆盖过瓶内的萝卜和甜菜。

4 密封好并放置到一个凉爽的地方腌制 7 天的时间之后再食用。

香脂醋腌葱头

shallots in balsamic vinegar

这些整个的葱头，使用香脂醋和香草加热熬煮，是在传统腌制洋葱的基础上进行的时髦形创新变化。这些腌制好的葱头味道更加柔和与细腻，非常适合于搭配冷肉类或者味道浓郁的硬质奶酪等菜肴。

营养分析：

能量：1.247 千焦；蛋白质 6.2 克；碳水化合物 70.8 克，其中含有糖分 59.4 克；脂肪 1 克，其中饱和脂肪酸 0 克；胆固醇 0 毫克；钙 141 毫克；纤维素 7 克；钠 17 毫克。

[可以制作一大瓶的容量]

原材料：

500 克

30 毫升黑糖

几片香叶和 / 或者几枝新鲜的百里香

300 毫升香脂醋

举一反三

● 可以使用其他口味浓重的香草来代替百里香。迷迭香、阿里根奴或者牛膝草都是非常不错的选择。

步骤：

1 将没有去皮的葱头放入一个碗里。浇淋上开水并浸泡 2 分钟，以泡软外皮。捞出控净水并去掉外皮，要保持葱头的完整。

2 将糖、香叶和 / 或者百里香，以及醋一起放入一个大号厚底锅内，将锅烧开。加入葱头，盖上锅盖后用小火加热大约 40 分钟，或者一直加热到葱头变得软烂。

3 将葱头和醋汁一起装入一个热的消过毒的广口瓶内，将葱头朝瓶内按紧。密封好之后贴上标签，然后储存在一个阴凉的地方大约 1 个月的时间后再食用。

尽管很难寻找到并且需要长时间的制备，泰国粉红色葱头在这一款香辣泡菜中色香味俱佳。葱头在切成细丝后味道美妙无比，可以作为调味料搭配一系列的东南亚菜肴。

腌泰国风味辣葱头
hot thai pickled shallots

营养分析：

能量：0.531 千焦；蛋白质 2.3 克；碳水化合物 30.4 克，其中含有糖分 26.5 克；脂肪 0.4 克，其中饱和脂肪酸 0 克；胆固醇 0 毫克；钙 52 毫克；纤维素 2.7 克；钠 7 毫克。

[**大约制作 3 瓶**]

原材料：

5~6 个新鲜的红或者青辣椒，根据需要，可以切成两半，并去掉籽

500 克泰国粉色葱头，去皮

2 瓣蒜，去皮，切成两半并去掉绿芽

600 毫升苹果醋

45 毫升白糖

10 毫升盐

5 厘米鲜姜，切成片

15 毫升香菜籽

2 棵柠檬草，纵长切成两半

4 片柠檬叶或者青柠檬外皮

15 毫升香菜末

举一反三

● 普通的葱头和小洋葱随处可见，可以使用相同的腌制方法进行腌制。

步骤：

1 如果使用整个的辣椒（会非常辣），可以使用牙签将辣椒戳几下。

2 将一大锅水烧开。烫辣椒、葱头和大蒜 1~2 分钟，然后捞出，用冷水过凉并控净水。

3 制作腌制醋，将苹果醋、糖、盐、姜、香菜籽、柠檬草和青柠叶或者青柠皮一起放入一个大锅内并加热烧开。然后用小火熬煮 3~4 分钟，然后关掉火，放到一边静置至冷却。

4 使用一把漏眼勺，将姜片从锅内捞出不用。将醋再重新加热烧开，然后加入香菜末、大蒜和辣椒，继续加热 1 分钟。

5 将葱头、香料和芳香植物塞入热的消过毒的广口瓶内，然后浇入热醋。冷却之后密封好。在一个避光的地方储存 2 个月的地方之后再食用。

英式腌洋葱

english pickled onions

这些味道强烈的腌洋葱是一盘冷切肉和面包以及奶酪的传统配菜。使用麦芽醋进行腌制，并且在食用之前至少要储存 6 周的时间。

营养分析：

能量：0.439 千焦；蛋白质 3 克；碳水化合物 23.7 克，其中含有糖分 17.9 克；脂肪 0.5 克，其中饱和脂肪酸 0 克；胆固醇 0 毫克；钙 65 毫克；纤维素 3.5 克；钠 8 毫克。

[**大约制作 4 瓶**]

原材料：

1 千克小洋葱

115 克盐

750 毫升麦芽醋

15 毫升糖

2~3 个干红辣椒

5 毫升褐色芥末籽

15 毫升香菜籽

5 毫升多香果

5 毫升黑胡椒粒

5 厘米鲜姜，切成片

2~3 粒豆蔻

2~3 片新鲜香叶

步骤：

1 将小洋葱去皮，去掉根部，但是要保持小洋葱为一个整体状。将顶端也切除一点。然后将小洋葱放入碗里，浇入开水。浸泡大约 4 分钟，捞出控净水，此时小洋葱的外皮，使用一把锋利的小刀，会非常容易的剥除。

2 将去皮的小洋葱放入碗里，用冷水浸泡一会，然后将浸泡用的冷水倒入大锅内。加入盐并用小火加热使其溶化开。在加入小洋葱进行腌制之前，让盐水先冷却。

3 加入小洋葱腌制，并在小洋葱上放入一个餐盘使得将所有的小洋葱都能够压住并浸泡到盐水中。静置腌制 24 小时。

4 与此同时，将醋倒入大锅内，将除了香叶之外的所有原材料，用一块棉布包好，放入锅内。将锅烧开，然后用小火熬煮大约 5 分钟，将锅从火上端离开，放到一边静置一晚上的时间。

5 第二天，将洋葱捞出，冲洗干净并拭干。将洋葱塞入消过毒的 450 克容量的广口瓶内。将在醋内浸泡的香料，除了姜片之外，加入一部分或者全部加入瓶内。腌汁在加入辣椒之后会变辣，最后将醋倒入到瓶内没过所有的原材料，并加入香叶（将剩余的醋灌装到一个瓶内，留待下一次制作时再使用）。

6 将瓶口用非金属瓶盖密封好并存储在一个凉爽、避光的地方至少 6 周的时间之后再食用。

这一款新鲜的、带有沙拉风格的泡菜不需要长时间的储存，所以，当你立刻想享用一碗腌制的蔬菜时，这种速腌什锦蔬菜是非常不错的选择。但是其缺点是不能够久放。

速腌什锦蔬菜

instant pickle of mixed vegetables

营养分析：

能量：3.248 千焦；蛋白质 19.1 克；碳水化合物 42.5 克，其中含有糖分 38.3 克；脂肪 59.6 克，其中饱和脂肪酸 8.7 克；胆固醇 0 毫克；钙 302 毫克；纤维素 17.8 克；钠 109 毫克。

[**大约制作 450 克**]

原材料：

半个菜花，切成小瓣

2 根胡萝卜，切成片

2 根芹菜，切成薄片

1/4 ~ 1/2 个白色卷心菜，切成细丝

115 克芸豆，切成寸段

6 瓣蒜，切成片

1 ~ 4 个鲜辣椒，整个使用或者切成片

5 厘米鲜姜，切成片

1 个红柿椒，切成块

2.5 毫升黄姜粉

105 毫升白葡萄酒醋

15 ~ 30 毫升白糖

60 ~ 90 毫升橄榄油

2 个柠檬，挤出柠檬汁

盐

步骤：

1 将菜花、胡萝卜、芹菜、卷心菜、芸豆、大蒜、辣椒、姜和柿椒与盐一起轻轻拌和，并倒入摆放在一个碗上面的过滤器内，控 4 个小时的汁液。

2 不时地翻动一下蔬菜，以便将所有的汁液都控出。

3 将蔬菜放入碗里。加入黄姜粉、醋、糖调味，再加入橄榄油和柠檬汁搅拌均匀。然后加入足量的水释放出各种蔬菜的风味。将碗盖好，放入冰箱内冷藏至少 1 个小时，或者一直冷藏至需要时。

酿馅嫩茄

stuffed baby aubergines

这一款中东风味发酵泡菜作为冷肉类的配菜，鲜嫩多汁而香辣适口，但是也非常适合于与几种叶类蔬菜制作而成的沙拉和面包相互搭配来作为一组简单易做的开胃菜。

营养分析：

能量：0.297 千焦；蛋白质 3.6 克；碳水化合物 11.6 克，其中含有糖分 10.7 克；脂肪 1.6 克，其中饱和脂肪酸 0.4 克；胆固醇 0 毫克；钙 50 毫克；纤维素 8 克；钠 26 毫克。

[大约制作 3 瓶]

原材料：

1 千克嫩茄子

2 个鲜红辣椒，纵长切成两半

2 个青辣椒，纵长切成两半

2 根芹菜，切成火柴粗细的条

2 根胡萝卜，切成火柴粗细的条

4 瓣蒜，去皮，切成细末

20 毫升盐

4 片小的葡萄叶（可选）

750 毫升凉开水

45 毫升白葡萄酒醋

步骤：

1 修剪茄子的把，不要全部切除。在每一个茄子上纵长切出一个切口，几乎切透，形成一个口袋形状。

大厨提示

* 有众多不同颜色的茄子，从深紫色到黄色和奶白色。不管你使用的是哪一种颜色的茄子，一定要挑选那些外皮绷紧，光滑油亮的茄子。

* 一旦你切开了茄子，就要立刻去蒸茄子，因为茄子的肉质在接触到空气之后，立刻就会变色。

2 将切口茄子放入蒸锅内蒸 5~6 分钟，或者一直蒸到茄子用刀尖测试时，成熟为好。

3 将茄子放入摆放在一个碗上方的过滤器中，然后在茄子上压上一个餐盘。然后在餐盘上面压上一些重物，以朝下缓慢的进行挤压 4 个小时，将茄子中的水分全部挤压出去。

4 将 2 个红辣椒和 2 个青辣椒分别切成细末放入碗里。加入芹菜和胡萝卜、大蒜，以及 5 毫升的盐。混合好，用来酿入茄子中。

5 将制作好的酿馅茄子，剩下的辣椒和葡萄叶（如果使用的话）塞入一个大的消过毒的广口瓶内。
将凉开水装入一个水壶内，加入剩余的 15 毫升盐和醋，搅拌均匀，使得盐完全溶化。将制作好的腌汁倒入到广口瓶内，没过瓶内的茄子。

6 用一块干净的毛巾盖好广口瓶，放置到一个温暖的、通风良好的地方去进行发酵。腌汁在开水发酵之后会变得浑浊，但是会在 1~2 周茄子完成发酵之后变得清澈。一旦腌汁变得清澈，盖上瓶盖和密封好，然后储存到冰箱内。在 2 个月之内食用完毕。

腌柠檬

preserved lemons

这些风味浓郁的水果在中东地区的烹饪中被广泛使用。在本食谱中只使用柠檬的外皮，因为其包含着柠檬的芳香风味。传统的制作方法是使用整个的柠檬来腌制，但是这里的食谱中使用的柠檬角，这样会更容易的塞入广口瓶内进行腌制。

营养分析：

能量：0.397 千焦；蛋白质 5 克；碳水化合物 16 克，其中含有糖分 16 克；脂肪 1.5 克，其中饱和脂肪酸 0.5 克；胆固醇 0 毫克；钙 425 毫克；纤维素 0 克；钠 25 毫克。

2 将涂抹好盐的柠檬块塞入两个 1.2 升容量的热的消过毒的广口瓶内。在每一个瓶子内，加入 30~45 毫升的海盐和半个柠檬的柠檬汁，然后倒入开水覆盖过瓶内的柠檬块。将广口瓶密封好，静置腌制 2~4 周的时间后再使用。

3 使用时，将腌制好的柠檬块用水漂洗，以去掉多余的咸味，然后将柠檬肉去掉不用。将柠檬皮切成条，或者根据需要切成块状后使用。

[**大约制作 2 瓶**]

原材料：

10 个没有打蜡的柠檬

大约 200 毫升鲜榨柠檬汁或者鲜榨柠檬汁与浓缩柠檬汁的混合汁

开水

海盐

步骤：

1 将柠檬洗干净，切成 6~8 块。在每一块的切面处涂抹上盐。

大厨提示

* 用来腌制柠檬的带有咸味的，浓郁的腌汁可以用来给沙拉酱汁增添风味，也或者给热的酱汁增添风味。

这一款香辣浓郁的泡菜来自于印度的旁遮普邦。先经过熟化，或者再经过储存，用盐腌渍的方法中和了青柠檬的外皮风味并且加强了青柠檬本身的风味，经过腌制的青柠檬味道会特别咸，所以，其最好是搭配那些味道略显清淡一些的菜肴。

腌青柠檬
pickled limes

营养分析：

能量：8.103 千焦；蛋白质 12.3 克；碳水化合物 502.3 克，其中含有糖分 502.3 克；脂肪 3 克，其中饱和脂肪酸 1 克；胆固醇 0 毫克；钙 1089 毫克；纤维素 0 克；钠 2042 毫克。

[**大约制作 1 千克**]

原材料：

1 千克没有打蜡的青柠檬

75 克盐

6 个小豆蔻的籽

6 粒丁香

5 毫升茴香籽

4 个鲜红辣椒，去籽，切成片

5 厘米鲜姜，去皮，切成细丝

450 克白糖

3 将青柠檬片放入一个碗里，在每一片上都撒上盐。盖好之后静置腌制 8 个小时。

4 将汁控出，并倒入一个大锅内。将小豆蔻籽和茴香籽碾碎，与红辣椒、姜和糖一起加入到锅内，加热烧开，期间要搅拌至糖完全溶化。用小火加热 2 分钟，使其熬煮成糖浆，然后使其冷却。

5 将青柠檬用糖浆搅拌均匀。装入消过毒的广口瓶内，盖好并密封好。储存在一个凉爽、避光的地方至少 1 个月的时间后再食用。保质期为 1 年。

步骤：

1 将青柠檬放入一个大碗里，浇淋上冷水浸泡。让其浸泡 8 个小时，或者根据需要浸泡 1 个晚上的时间。

2 第二天，从水中取出青柠檬。使用一把锋利的刀，将青柠檬都纵长切成两半，然后将每一半青柠檬都切成片。

香腌橙片

striped spiced oranges

这些让人爱不释手的、酸甜口味的香腌橙片，带有让人神旷心怡的舒适风味，并且看起来非常漂亮美丽。香腌橙片可以搭配烤火腿、香浓的肉批和野味肉酱等菜肴。搭配烤红椒和铁扒哈洛米奶酪也非常美味可口。

营养分析：

能量：15.772 千焦；蛋白质 11.1 克；碳水化合物 991.5 克，其中含有糖分 991.5 克；脂肪 0.6 克，其中饱和脂肪酸 0 克；胆固醇 0 毫克；钙 759 毫克；纤维素 10.2 克；钠 84 毫克。

[**大约制作 1.2 千克**]

原材料：

6 个中等大小的橙子

750 毫升白葡萄酒醋

900 克白糖

7.5 厘米长肉桂条

5 毫升多香果

8 粒丁香

45 毫升白兰地酒（可选）

大厨提示

* 这些香腌橙片，其本身艳丽的色彩和温和而舒适的风味，使得它们在节日期间，可以作为——搭配隔夜的烤火鸡或者切成薄片的烤火腿等的完美配菜。

步骤：

1 将橙子擦洗干净，然后使用一把削皮器，在每一个橙子上都削下条状的橙皮，以达到一个条形的装饰效果。保留好这些条状橙皮。

2 使用一把锋利的刀，将橙子横切成略厚于 5 毫米的圆片。去掉橙片中所有的籽。

3 将橙片倒入大锅内，并倒入足量的冷水以没过橙片。将锅内的水烧开，然后使用小火慢慢加热 5 分钟，或者一直加热到橙子成熟。使用一把漏眼勺，将橙片捞出到一个大碗里。

4 将醋和糖一起放入一个干净的锅内。将肉桂条、多香果和橙皮条用一块棉布包裹好，也放入锅内。将锅用小火烧开，并且搅拌至糖完全溶化。然后用小火继续加热 1 分钟。

5 将橙片放入锅内，再继续用小火熬煮 30 分钟，或者一直熬煮到橙皮变成透明状并且橙片看起来光亮剔透。关掉火，取出香料包不用。

6 使用一把漏眼勺，将橙片捞出到热的消过毒的广口瓶内，在每一层中间加入丁香。将锅内的糖浆用大火烧开，饼继续用小火熬煮大约 10 分钟，或者一直熬煮到略微浓稠的程度。

7 让熬煮好的糖浆冷却几分钟，然后，如果使用白兰地酒，此时要倒入白兰地搅拌均匀。将糖浆灌装到广口瓶内，要确保将所有的橙片都浸泡在糖浆中。在工作台面上轻轻拍打广口瓶，让所有的空气泡全部逸出，然后盖好并密封好广口瓶。储存至少 2 周的时间后再使用。在 6 个月之内使用完毕。

腌李子

pickled plums

腌李子在中欧地区盛行，并且适合于使用各种各样的李子，从个头小巧的野生西洋李子，和苦涩的洋李子到滋味更加甘甜的黄色或者颜色红扑扑的米拉别里李子等。李子容易变软，所以要确保使用那些肉质硬实的李子。

营养分析:

能量：12.729 千焦；蛋白质 8.9 克；碳水化合物 799.4 克，其中含有糖分 799.4 克；脂肪 1.1 克，其中饱和脂肪酸 0 克；胆固醇 0 毫克；钙 485 毫克；纤维素 14.4 克；钠 62 毫克。

[**大约制作 900 克**]

原材料：

900 克肉质硬实的李子

150 毫升苹果汁

450 毫升苹果醋

2.5 毫升盐

8 粒多香果

2.5 厘米鲜姜，去皮，切成火柴梗粗细的条

4 片香叶

675 克白糖

举一反三

● 杜松子果可以用来代替多香果使用。

步骤：

1 将李子洗净，然后用一根牙签在每一个李子上戳出几个小孔。将苹果汁、醋、盐、多香果、姜和香叶一起放入到一个大锅内。

2 将李子放入锅内并用小火加热烧开。然后改用慢火继续加热 10 分钟，或者一直加热到李子刚好软烂的程度。用一把漏眼勺将李子从锅内捞出并装入到热的消过毒的广口瓶内。

3 在锅内加入糖，继续用小火加热的同时搅拌均匀至糖完全溶化。然后用小火继续加热 10 分钟，或者一直将锅内的汁液熬煮成糖浆。

4 让熬煮好的糖浆冷却几分钟的时间，然后倒入到瓶内的李子中。盖好并密封好。储存至少 1 个月的时间之后再使用，并且要在 1 年之内使用完毕。

这一款经典的、非常受欢迎的意大利芥末风味腌水果，使用的是出产至夏末和秋季的水果，在制作好之后，经过熟化至圣诞节期间，搭配意大利蒸香肠食用。各种水果可以组合到一起，或者在广口瓶内，按照层次进行摆放，以取得令人惊叹的效果。

意大利芥末风味腌水果

italian mustard fruit pickles

营养分析：

能量：13.143 千焦；蛋白质 20.2 克；碳水化合物 813.4 克，其中含有糖分 813.4 克；脂肪 1.2 克，其中饱和脂肪酸 0 克；胆固醇 0 毫克；钙 442 毫克；纤维素 14.4 克；钠 53 毫克。

[大约制作 1.2 千克]

原材料：

450 毫升白葡萄酒醋

30 毫升芥末籽

1 公斤各种水果，例如桃、油桃、杏、李子、瓜类、无花果和樱桃等

675 克白糖

举一反三

● 如果你更喜欢味道更加淡雅一些的腌水果，可以使用苹果醋代替食谱中所使用的白酒醋。

步骤：

1 将醋和芥末籽放入锅内，加热烧开，然后用小火继续加热 5 分钟。然后从火上端离开，盖好并静置 1 个小时。将醋过滤到一个干净的锅内，芥末籽另作他用。

2 准备水果、将所使用的水果，桃、油桃、杏和李子等分别洗净并拭干，然后去核，或者切成厚片或者切成两半。将瓜切成两半，去掉籽，然后切成 1 厘米厚的块状，或者使用挖球器挖成球形。将无花果切成四半，并从樱桃上去掉茎把。

3 将糖加入芥末籽醋中，然后使用小火加热，并搅拌至糖完全溶化。继续加热至烧开，然后使用微火熬煮 5 分钟，或者一直熬煮成糖浆状。

4 在糖浆中加入水果，用微火继续加热熬煮 5~10 分钟。其中会有一些水果比另外一些成熟的早，这样就需要使用一把漏眼勺，将成熟的水果立刻捞出。

5 将熬煮好的水果装入热的消过毒的广口瓶内。将热的芥末籽风味糖浆舀入瓶内的水果中。盖好瓶盖并密封好。让制作好的腌水果熟化 1 个月后再食用。并且要在 6 个月之内使用完毕。

糖腌西瓜皮

sweet pickled watermelon rind

这一款别具一格的泡菜，略微带有一些西瓜的芳香风味和脆嫩的质地。这是一种非常好的变废为宝、物尽其用的使用水果的方法。

营养分析：

能量：7.685千焦；蛋白质6.8克；碳水化合物478.4克，其中含有糖分478.4克；脂肪1.8克，其中饱和脂肪酸0克；胆固醇0毫克；钙608毫克；纤维素9.9克；钠567毫克。

[**大约制作900克**]

原材料：

900克西瓜皮（从一个西瓜上获取的西瓜皮）

50克盐

900毫升水

450克白糖

300毫升白葡萄酒醋

6粒丁香

7.5厘米长的肉桂条

步骤：

1 从西瓜皮上去掉其深绿色的外皮，留下一薄层不超过3毫米厚、带有粉色的部分外皮。将西瓜皮切成5厘米×5毫米厚的条状，放到大碗里。

2 用600毫升的水将盐溶化。倒入西瓜皮中，盖好之后腌制6小时，或者一晚上的时间。

3 捞出西瓜皮并用冷水漂洗。再将西瓜皮放入一个锅内，并加热没过西瓜皮的水。烧开之后改用小火继续加热10~15分钟至西瓜皮刚刚成熟。捞出控净水。

4 将糖、醋和剩余的水一起放入一个干净的锅内。将丁香和肉桂用一块棉布包好也放入锅内。用小火加热，同时不断地搅拌，直到糖完全溶化，溶化将锅烧开，并继续用小火加热10分钟。关掉火。加入西瓜皮，盖上锅盖，放一边静置大约2小时。

5 再重新将锅烧开，然后用小火继续加热20分钟，或者一直加热到西瓜皮开始变成透明状。将香料包取出不用。将西瓜皮装入热的消过毒的广口瓶内。加入糖浆，轻轻拍打瓶子，以排出瓶内滞留的空气泡，盖好之后密封好。

大厨提示

* 在食用之前，让制作好的糖盐西瓜皮至少熟化4周。这样做有助于其风味更加浓郁。

随着香煮覆盆子梨的熟化，梨会吸收覆盆子醋的颜色，形成一种非常美丽的粉红色。特别适合于搭配冷的火鸡、野味馅饼，风味浓郁的奶酪或者肉酱等菜肴。

香煮覆盆子风味梨
blushing pears

营养分析：

能量：8.928 千焦；蛋白质 5 克；碳水化合物 560.3 克，其中含有糖分 560.3 克；脂肪 0.9 克，其中饱和脂肪酸 0 克；胆固醇 0 毫克；钙 338 毫克；纤维素 19.8 克；钠 54 毫克。

[大约制作 1.3 千克]

原材料：

1 个柠檬

450 克金砂糖

475 毫升覆盆子醋

7.5 厘米长肉桂条

6 粒丁香

6 粒多香果

150 毫升水

900 克肉质硬实的梨

举一反三

- 油桃和桃子可以使用相同的方法进行腌制。先将它们烫一下，再去掉外皮，然后切成两半并去核。在糖浆中加入橙皮来代替柠檬皮。

步骤：

1 使用一把锋利的刀，从柠檬上削下几条薄薄的外皮。挤出 30 毫升的柠檬汁，连同柠檬外皮一起放入一个大锅内。

2 在锅内加入糖、醋、香料和水。用小火加热，同时搅拌至糖完全溶化，然后用小火将锅烧开。

3 与此同时，准备梨。将梨去皮并切成两半，用一把挖球器或者一把小的茶勺去掉梨核。如果梨特别大，可以将梨切成四半会更好处理。

4 将梨放入锅内，继续用小火加热大约 20 分钟，或者一直加热到梨成熟，并且变成透明状，但是还能够保持完整的形状的程度。在加热的最后时间段内，要多检查几遍梨的成熟程度。使用一把漏眼勺，从锅内将梨盛出，装入到热的消过毒的广口瓶内，同时装入香料和柠檬外皮。

5 继续加热锅内的糖浆 5 分钟，或者将其熬至略微减少的程度。撇净浮沫，然后用勺将糖浆浇入瓶内的梨上。盖好瓶盖并密封好。先储存 1 个月之后再食用。

红酒煮香梨

mulled pears

特别是在寒冷的冬季，这些浸泡在芳香四溢的热糖浆中，显得异常美丽的香梨，可以作为一道诱人食欲的甜点来享用。可以搭配鲜奶油或者香草冰淇淋，或者是各种风味的挞一起食用。

营养分析：

能量：10.096 千焦；蛋白质 7.7 克；碳水化合物 495 克，其中含有糖分 495 克；脂肪 1.8 克，其中饱和脂肪酸 0 克；胆固醇 0 毫克；钙 410 毫克；纤维素 39.6 克；钠 125 毫克。

[大约制作 1.3 千克]

原材料：

1.8 千克小个头的肉质硬实的梨

1 个橙子　1 个柠檬

2 条肉桂条，从中间折开

12 粒丁香　5 厘米鲜姜，去皮，切成片

300 克白糖

1 瓶果味浅色红葡萄酒

大厨提示

＊梨的风味精细柔和，所以要使用清淡的、水果风味的葡萄酒，例如博若莱红葡萄酒或者梅乐红葡萄酒来制作糖浆。

步骤：

1 将梨去皮，保留梨把。使用一把削皮刀，从柠檬和橙子上削下非常薄的条形外层皮，将梨和橙皮、柠檬皮一起装入一个大的消过毒的广口瓶内，将香料均匀地分布到每个瓶内。

2 将烤箱预热至 120℃。将糖和葡萄酒倒入一个大锅内，用小火加热，同时搅拌至糖完全溶化。然后将锅烧开，继续加热 5 分钟。

3 将制作好的葡萄酒糖浆倒入瓶内的梨中，要确保糖浆完全覆盖过水果，并且瓶内没有空气泡残留。

4 盖上瓶盖，但是不要密封。将瓶子放入烤箱内加热 2.5～3 个小时。

5 小心翼翼的从烤箱内取出广口瓶，摆放到一块干燥的毛巾上并密封好。让广口瓶完全冷却，然后贴上标签并存储在一个凉爽、避光的地方。

大厨提示

＊要检查广口瓶是否正确的密封到位，让其冷却 24 个小时，然后松开卡扣。要非常小心的，试试看能否用瓶盖的力量带起广口瓶：如果广口瓶密封良好，其瓶盖会足以提起来整个广口瓶的重量。合上卡扣并将密封好的广口瓶储存至需用时。

将李子装到芳香的糖浆瓶子中是一种非常好的、用来缅怀秋天风味的方法，在寒冷的冬季岁月里，这种方法瞬间就会制作出琳琅满目的各种美味甜食。这些甜食可以搭配打发好的奶油一起食用。

白兰地煮李子
poached spiced plums in brandy

营养分析：

能量：12.704 千焦；蛋白质 7.2 克；碳水化合物 444.9 克，其中含有糖分 444.9 克；脂肪 0.9 克，其中饱和脂肪酸 0 克；胆固醇 0 毫克；钙 303 毫克；纤维素 14.4 克；钠 39 毫克。

[大约制作 900 克]

原材料：

600 毫升白兰地酒

1 个柠檬，削取外层长条形的外皮

350 克白糖

1 根肉桂条

900 克李子

步骤：

举一反三

• 各种各样的李子都可以使用这种方法进行腌制。试试看将西洋李子或者野生的黄李子装瓶作为选择之一二。樱桃按照这种方法来制作，效果也非常棒。

1 将白兰地酒、柠檬皮、糖和肉桂条一起放入一个大锅内，并用小火加热，直到将糖全部溶化开。加入李子并继续加热煮 15 分钟，直到李子软烂。将李子捞出装入消过毒的广口瓶内。

2 将锅内的糖浆用大火烧开，并熬去 1/3，然后过滤到瓶内的李子中并没过李子。将广口瓶密封好。待冷却之后贴上标签，储存在一个凉爽、避光的地方，可以超过 6 个月的时间。

杏仁酒糖浆煮杏

apricots in amaretto syrup

意大利杏仁酒彰显出了杏的甘美风味。试试看将制作好的杏仁酒糖浆煮杏摆放到装填着奶油酱的小挞上，然后在杏上面再浇淋上一些杏仁酒糖浆，让杏显得晶莹剔透、光彩照人。

营养分析：

能量：16.282 千焦；蛋白质 12.1 克；碳水化合物 958.2 克，其中含有糖分 958.2 克；脂肪 0.9 克，其中饱和脂肪酸 0 克；胆固醇 0 毫克；钙 568 毫克；纤维素 15.3 克；钠 87 毫克。

[大约制作 900 克]

原材料：

1.3 千克肉质硬实的杏

1 升水　800 克白糖

1 根香草豆荚

175 毫升意大利杏仁利口酒

大厨提示

＊为了取得最佳效果，可以使用当季的杏来制作这一款煮杏泡菜。要选择那些肉质硬实，无斑点，放在手掌中，轻轻挤压时，会变得略微发红的杏。

步骤：

1 将每一个杏切出一个切口并取出杏核，然后将杏合拢成一体。将水、一半用量的糖和香草豆荚一起放入一个大锅内，用小火加热，并进行搅拌使得白糖全部融化。改用中火继续熬煮 5 分钟制作成为糖浆。

2 将杏放入糖浆中，并持续加热至快要沸腾时。盖上锅盖继续用小火加热 5 分钟。然后用一把漏眼勺将杏长糖浆中捞出并控净汁液。

3 将剩余的糖加入锅内，并用小火加热，搅拌至糖完全溶化，然后用中火将糖浆快速熬煮到 104℃。略微冷却之后，取出香草豆荚并将意大利杏仁酒拌入糖浆中。

4 将熬煮好的杏装入大的、热的、消过毒的广口瓶内。将糖浆浇淋到瓶内的杏上并拍打出瓶内的空气泡。密封好之后储存在一个凉爽、避光的地方腌制 2 周的时间之后再食用。

在糖浆中呈现出来伯爵茶的芳香风味，让浸泡其中的无花果散发出一种甘甜而让人着迷的风味。用勺舀到原味希腊酸奶上令人回味无穷。

伯爵茶泡无花果
figs infused with earl grey

营养分析：

能量：14.734 千焦；蛋白质 31.3 克；碳水化合物 724.8 克，其中含有糖分 724.8 克；脂肪 13.5 克，其中饱和脂肪酸 0 克；胆固醇 0 毫克；钙 2216 毫克；纤维素 62.1 克；钠 530 毫克。

[大约制作 1.8 千克]

原材料：

900 克无花果脯

1.2 升格雷伯爵茶

1 个橙子，削下外皮

1 根肉桂条

275 克白糖

250 毫升白兰地酒

举一反三

● 使用金万利酒或者君度酒来代替白兰地酒，以加强橙皮在糖浆中呈现出来的风味。

步骤：

1 将无花果放入一个锅内，加入伯爵茶，橙皮和肉桂条。加热烧开，盖上盖之后继续用小火加热 10 ~ 15 分钟，或者一直加热到无花果成熟。

2 使用漏眼勺，将无花果从锅内捞出控净汁液。将糖加入到锅内，同时用小火继续加热，将糖搅拌至溶化。再用中火熬煮 2 分钟使其成为糖浆。

3 将锅从火上端离开，糖浆拌入白兰地酒。将无花果和橙皮装入热的消过毒的广口瓶内，然后将糖浆浇淋到瓶内的无花果上并没过无花果。晃动并轻轻拍打广口瓶以释放出所有的空气泡，然后密封好并存储在一个凉爽、避光的地方 1 个月的时间。

桃味利口酒煮桃

peaches in peach schnapps

在制作过程中加入的桃味利口酒使得桃子的芳香滋味得到了有效的补充和加强。可以搭配打发好的奶油，再装饰上一些糖浆并挤上一些柠檬汁后食用。

营养分析：

能量：19.233 千焦；蛋白质 28.1 克；碳水化合物 1082.1 克，其中含有糖分 1080.8 克；脂肪 29.2 克，其中饱和脂肪酸 2.2 克；胆固醇 0 毫克；钙 694 毫克；纤维素 23.2 克；钠 88 毫克。

[**大约制作 1.3 千克**]

原材料：

1.3 千克肉质硬实的桃子

1 升水

900 克白糖

8 粒绿豆蔻

50 克白杏仁，烘烤成熟

120 毫升桃味利口酒

步骤：

1 将桃子放入一个碗里，浇淋上开水。迅速捞出控净水并去掉桃皮，然后切成两半并去掉桃核。

2 将水和一半用量的糖放入一个大锅内，用小火加热至糖完全溶化。改用中火继续加热熬煮 5 分钟。

3 将桃放入到糖浆锅内，并继续加热烧开。改用小火，盖上锅盖后继续加热 5 ~ 10 分钟，或者一直加热到桃成熟，但是并不是太软烂的程度。使用一把漏眼勺，将桃从锅内捞出放到一边控干。

4 将豆蔻和杏仁放入一个大锅内，然后加热 900 毫升的糖浆和剩余的糖。

5 将糖浆用小火加热，并搅拌至糖完全溶化。烧开之后继续加热至糖浆温度达到 104℃。让其略微冷却，去掉豆蔻，然后拌入利口酒。

6 将桃装入热的消过毒的广口瓶内。浇入糖浆和杏仁，晃动并轻轻拍打瓶身以排出瓶内所有的空气泡。密封好并存储在一个凉爽、避光的地方 2 周之后再食用。

举一反三

● 意大利杏仁酒可以用来代替桃味利口酒。

菠萝里的热带水果风味被添加到其中的椰香朗姆酒所强化。为了取得最佳制作效果，在煮菠萝的表面上可以装饰上打发好的奶油和一点擦碎的巧克力。

椰香朗姆酒煮菠萝
pineapple in coconut rum

营养分析：

能量：19.506 千焦；蛋白质 7.7 克；碳水化合物 1119.7 克，其中含有糖分 1119.7 克；脂肪 1.6 克，其中饱和脂肪酸 0 克；胆固醇 0 毫克；钙 636 毫克；纤维素 9.6 克；钠 106 毫克。

[大约制作 900 克]

原材料：

1 个橙子

1.2 升水

900 克白糖

2 个菠萝，去皮，去核切成小块状

300 毫升椰子口味朗姆酒

大厨提示

* 要选择那些饱满实成的菠萝，带着新鲜、坚硬的外壳。要测试菠萝的成熟程度，轻轻拔出其根部的一片叶子，会很容易的拔出。

步骤：

1 将橙子的外皮薄薄的削下，然后切成细丝。将水和一半的糖放入一个大锅内，加上橙皮用小火加热，搅拌至糖完全溶化。然后改用中火继续加热熬煮 5 分钟。

2 将菠萝块小心地加入锅内的糖浆中并重新烧开。再改用小火继续加热 10 分钟。使用一把漏眼勺，将菠萝从锅内捞出，放到一边控净汁液。

3 将剩余的糖加入糖浆中并继续加热，同时搅拌至糖完全溶化。将糖浆烧开并继续熬煮大约 10 分钟，或者一直熬煮到糖浆变得浓稠。经过长时间端离开，放到一边使其略微冷却，然后混入椰子风味辣椒面搅拌均匀。

4 将过滤好的菠萝装入一个热的消过毒的广口瓶内。将糖浆浇淋到菠萝上并完全覆盖过菠萝。轻轻拍打并晃动广口瓶 以排出其中所有的空气泡。密封好，贴上标签后储存在一个凉爽、避光的地方 2 周的时间之后再食用。

罗望子糖浆煮小柑橘

clementines in juniper syrup

罗望子糖浆煮小柑橘搭配上一勺马斯卡彭奶酪显得小巧可爱，也或者将煮小柑橘添加到屈莱弗甜食中。

营养分析：

能量：16.856 千焦；蛋白质 16.2 克；碳水化合物 1053.6 克，其中含有糖分 1053.6 克；脂肪 1.3 克，其中饱和脂肪酸 0 克；胆固醇 0 毫克；钙 880 毫克；纤维素 15.6 克；钠 106 毫克。

[大约制作 1.3 千克]

原材料：

5 厘米鲜姜，切成片

6 粒丁香，多备出几粒用于装入广口瓶内使用

5 毫升罗望子，碾碎，多备出一些用于装入广口瓶内使用　900 克白糖

1.2 升水　1.3 千克小柑橘

大厨提示

★ 这些装在广口瓶内的小柑橘看起来令人难以置信，是圣诞节期间送给亲朋好友的最佳礼品。

★ 在给小柑橘去皮的时候，尽可能的将白色外皮除干净。

步骤：

1 将鲜姜、丁香和罗望子用一小块棉布包好捆起成香料袋。

2 将糖和水放入一个大锅内，用小火加热，同时搅拌至糖完全溶化。再加热香料袋，将锅烧开，继续加热 5 分钟。

3 将小柑橘加入锅内，用小火煮 8~10 分钟，或者一直加热至成熟。使用一把漏眼勺，将小柑橘从锅内的糖浆中捞出控净汁液。

4 趁热将小柑橘装入热的消过毒的广口瓶内，并在每一个瓶内都放入几粒丁香和罗望子。将瓶内滴落的全部液体倒出。

5 将糖浆放回到火上加热烧开，并用大火加热 10 分钟。让糖浆略微冷却，然后倒入瓶内的水果上并完全没过水果。晃动广口瓶并轻轻拍打瓶身，以将瓶内所有滞留的空气泡全部排出，然后密封好并储存在一个凉爽、避光的地方。

白兰地糖浆煮金橘和柠檬金橘

kumquats and limequats in brandy syrup

这些黄色的和绿色的金橘具有极佳的装饰效果，并且口感也非常棒。用于制作随心所欲的甜品，可以将这些腌金橘搭配高品质的冰淇淋或者烤蛋奶饼一起食用。

营养分析：

能量：4.976 千焦；蛋白质 4.9 克；碳水化合物 222 克，其中含有糖分 222 克；脂肪 0.5 克，其中饱和脂肪酸 0 克；胆固醇 0 毫克；钙 232 毫克；纤维素 5.4 克；钠 29 毫克。

[大约制作 900 克]

原材料：

450 克金橘和柠檬金橘

175 克白糖　600 毫升水

150 毫升白兰地酒

15 毫升橙花水

大厨提示

★ 在柑橘类家族中金橘和柠檬金橘与众不同，因为它们是整个食用并且无需剥皮。

步骤：

1 使用一根牙签，在每一个金橘和柠檬金橘上都戳出几个小孔。

2 将糖和水一起放入一个大锅内并加热，搅拌至糖完全溶化，加入水果，用小火加热熬煮 25 分钟，或者一直熬煮到水果成熟。使用一把漏眼勺，将水果捞出，盛放到热的、消过毒的广口瓶内。

3 糖浆的浓度要足够浓稠：如果浓度不够，就将其熬煮几分钟的时间，然后让其略微冷却。

4 在糖浆中拌入白兰地酒和橙花水，然后浇淋到瓶内的水果上，并立刻密封好。储存在一个凉爽、避光的地方，并且在 6 个月内使用完毕。

樱桃白兰地酒煮野生浆果

forest berries in kirsch

煮野生浆果能够很好的保留住时令水果的原汁原味，以及它们浓郁的芳香、深邃的颜色和风味。制作时在糖浆中加入了甜美的樱桃利口酒——樱桃白兰地，则加强了瓶装水果的风味。

营养分析：

能量：6.354 千焦；蛋白质 19.3 克；碳水化合物 334 克，其中含有糖分 334 克；脂肪 3.9 克，其中饱和脂肪酸 1.3 克；胆固醇 0 毫克；钙 444 毫克；纤维素 32.5 克；钠 53 毫克。

[大约制作 1.3 千克]

原材料：

1.3 千克各种夏日盛产的浆果类，例如黑莓、树莓、草莓、红醋栗和樱桃等。

225 克白糖

600 毫升水

120 毫升樱桃白兰地

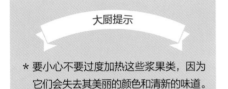

大厨提示

* 要小心不要过度加热这些浆果类，因为它们会失去其美丽的颜色和清新的味道。

步骤：

1 将烤箱预热至 120℃。将各种准备好的浆果类分装入消过毒的广口瓶内。盖好但是不要密封，放入烤箱内烘烤 50~60 分钟，或者一直烘烤到这些浆果类开始流淌出汁液的程度。

2 在烘烤浆果时，将糖和水一起放入一个大锅内并用小火加热，搅拌至糖完全溶化。改用中火加热，将糖浆烧开，并继续加热 5 分钟。拌入樱桃白兰地之后，关火并放到一边静置。

3 小心的将广口瓶从烤箱内取出，摆放到一块干毛巾上。使用其中一瓶水果，将其他瓶装满。

4 将滚开的糖浆倒入每一个广口瓶内，晃动并轻轻拍打瓶身，以确保瓶内没有空气泡残留。将广口瓶密封好，然后储存在一个凉爽、避光的地方。

这些有滋有味的樱桃，应该被珍惜对待，因为它们被白兰地酒所完全浸泡。将它们与香浓的黑巧克力蛋糕进行搭配，或者装饰到奶油米饭布丁上显得妙趣横生。

白兰地酒煮樱桃
cherries in eau de vie

营养分析：

能量：6.19 千焦；蛋白质 9.3 克；碳水化合物 53.5 克，其中含有糖分 52.8 克；脂肪 14.4 克，其中饱和脂肪酸 1.1 克；胆固醇 0 毫克；钙 119 毫克；纤维素 5.9 克；钠 8 毫克。

2 将糖用勺装入水果上，然后倒入白兰地酒没过樱桃并密封好。

3 储存至少 1 个月的时间后再使用，晃动瓶子使糖完全溶化。

大厨提示

* 白兰地酒实际上是发酵后的水果经过蒸馏之后的高度酒。白兰地酒是无色，并带有非常高的酒精含量（酒精度通常是 45%），并带有清澈的、纯正的香气和所使用水果的风味。最受欢迎的白兰地酒（eaux de vie）是使用樱桃和草莓制作而成的。

[大约制作 1.3 千克]

原材料：

450 克熟透的樱桃

8 粒白杏仁

75 克白糖

500 毫升白兰地酒

步骤：

1 将樱桃洗净并去核，然后与杏仁一起装入一个消过毒的宽颈瓶内。

举一反三

● 草莓、树莓和黑醋栗用白兰地酒腌制效果非常好。它们会用来制作优质的水果风味利口酒，同时也可以用来腌制水果。

白兰地黑醋栗

blackcurrant brandy

在一个葡萄酒杯内舀入一点白兰地酒，在上面倒入冰镇白葡萄酒或者香槟酒。

营养分析：

能量：12.4 千焦；蛋白质 9.8 克；碳水化合物 425.1 克，其中含有糖分 425.1 克；脂肪 0 克，其中饱和脂肪酸 0 克；胆固醇 0 毫克；钙 726 毫克；纤维素 32.4 克；钠 48 毫克。

[大约制作 1 升]

原材料：

900 克黑醋栗，洗干净

600 毫升白兰地酒

350 克白糖

大厨提示

★ 在你开始滤掉白兰地酒的时候，保留黑醋栗并冷冻起来留作他用。这些黑醋栗非常适合于添加到水果沙拉中和蛋糕中，或者用来制作出一种美味的、风味香浓的冰淇淋装饰。不过使用这些黑醋栗时要小心，因为它们的酒精含量很高。

步骤：

1 剥去黑醋栗的　　，装入一个消过毒的 1.5 升广口瓶内，使用一把木勺的背面将黑醋栗略微压碎。

2 在瓶内加热白兰地和糖，要确保白兰地将黑醋栗完全覆盖。晃动并轻轻拍打瓶身，以确保瓶内没有残留空气泡。

3 将广口瓶密封，并储存在一个凉爽、避光的地方大约 2 个月的时间，期间要定期的晃动广口瓶。

4 将酒用一个铺有一层棉布的细网筛过滤到一个消过毒的广口瓶内（壶内）。灌入消过毒的宽颈瓶内，密封好，贴上标签并储存在一个凉爽、避光的地方。

金酒糖浆煮蓝莓

blueberries in gin syrup

糖浆变成了难以置信的蓝色，并且带有金酒别具一格的风味，却没有遮盖住蓝莓的芳香。

营养分析：

能量：6.186 千焦；蛋白质 12.8 克；碳水化合物 301.4 克，其中含有糖分 301.4 克；脂肪 2.6 克，其中饱和脂肪酸 0 克；胆固醇 0 毫克；钙 652 毫克；纤维素 40.3 克；钠 40 毫克。

[大约制作 1.8 千克]

原材料：

1.3 千克蓝莓

225 克白糖

600 毫升水

120 毫升金酒

步骤：

1 将烤箱预热至 120℃。将蓝莓装入消过毒的广口瓶内并盖好，不用密封。将广口瓶放入烤箱内烘烤 50～60 分钟，直到蓝莓的开始渗出汁液。

2 与此同时，将糖和水放入一个锅内，并用小火加热，搅拌至糖完全溶化。然后用中火加热烧开，继续熬煮 5 分钟。将金酒拌入。

3 小心的将烤箱内的广口瓶取出放到一个干燥的棉布上。使用其中一个瓶内的蓝莓，将其它瓶子装满。

4 小心的将烧开的金酒糖浆倒入瓶内，完全没过瓶内的蓝莓。晃动并轻轻拍打瓶身，以确保瓶内没有空气泡残留。

5 密封好，然后储存在一个凉爽、避光的地方，直到需要时。

罐腌水果

rumtopf

这种水果的腌制方法来自于德国，在特制的陶罐 rumtopf 中，装入各种时令水果。当然我们在制作时不需要使用这些特制的陶罐，你可以使用一个大号的广口瓶来代替。要储存在一个阴凉的地方。

营养分析：

能量：14.432 千焦；蛋白质 8.4 克；碳水化合物 315.3 克，其中含有糖分 315.3 克；脂肪 0.9 克，其中饱和脂肪酸 0 克；胆固醇 0 毫克；钙 277 毫克；纤维素 9.9 克；钠 69 毫克。

[大约制作 3 升]

原材料：

900 克水果，例如草莓、黑莓、黑醋栗、红醋栗、桃、杏、樱桃以及李子等。

250 克白糖

1 升白朗姆酒

步骤：

1 准备水果：将各种水果分别去蒂把、外皮、籽和核等，并将大个的水果切成块状。将水果和糖放入一个碗里，盖好之后腌制 30 分钟。

2 将水果用勺连同汤汁一起装入一个消过毒的 3 升的广口瓶或者陶罐内，浇淋上白朗姆酒，盖好。

3 用保鲜膜将瓶口盖好，然后密封好并储存在一个凉爽、避光的地方。

4 如果瓶内空间足够，并且各种水果都是应季上市的，可以按照本食谱中列出的比例，多放入一些水果、糖和朗姆酒。

5 当将瓶装满之后，储存在一个凉爽、避光的地方腌制 2 个月的时间。使用的时候，可以用勺将这些水果舀取到冰淇淋上，或者其他的甜品上，并且将朗姆酒倒入被子里作为利口酒享用。

这一款苹果馅是在圣诞节期间制作小馅饼时的传统馅料，但是香甜苹果馅也适合于在任何时候使用。试试看作为大的馅饼的馅料，并在馅饼上覆盖上一个格子造型的装饰，再搭配上卡仕达酱。要制作出口味更加清淡一些的苹果馅，可以在使用之前再加入一些切碎的苹果。

香甜苹果馅
spiced apple mincemeat

营养分析：

能量：25.412 千焦；蛋白质 52.2 克；碳水化合物 963.6 克，其中含有糖分 939.7 克；脂肪 227.3 克，其中饱和脂肪酸 92.4 克；胆固醇 144 毫克；钙 1156 毫克；纤维素 44.4 克；钠 488 毫克。

[大约制作 1.8 千克]

原材料：

500 克苹果，去皮，去核，切成小粒状

115 克即食杏脯，大体切碎

900 克什锦果脯

115 克杏仁，切碎

175 克牛肉丝或者素油（冻硬，擦成碎末）

225 克黑糖

1 个橙子，擦取碎皮，并挤出橙汁

1 个柠檬，擦取碎皮，并挤出柠檬汁

5 毫升肉桂粉

2.5 毫升豆蔻粉

2.5 毫升姜粉

120 毫升白兰地

步骤：

1 将苹果、杏脯、各种果脯、杏仁、素油和糖一起放入一个大的非金属的碗里，搅拌到一起至混合均匀。

2 将橙汁和橙皮，以及柠檬汁和柠檬皮、肉桂粉、豆蔻粉、姜粉和白兰地酒加入碗里混合好。将碗用一块干净的毛巾盖住，摆放到一个凉爽的地方浸泡 2 天的时间，期间要不时的搅拌几次。

3 将苹果馅用勺装入凉的消过毒的广口瓶内，按压好，一定要小心不要让瓶内有空气泡。盖好广口瓶并密封好。

4 将广口瓶储存在一个凉爽、避光的地方至少 4 周的时间后再使用。一旦打开瓶盖，就需要储存在冰箱内，并且要在 4 周之内使用完毕。没有打开瓶盖的苹果馅，可以保存 1 年的时间。

大厨提示

* 如果你打开了瓶盖后，苹果馅看起来显得干燥，在瓶内加入一点白兰地酒或者橙汁，并轻轻搅拌好。可能你需要先从瓶内用勺舀取 1~2 勺的苹果馅之后再如此操作。

咸香味和甜味结力
savoury andsweet jellies

结力需要奢侈般的长时间制作才可以成功，不要匆匆忙忙的进行操作，而要水滴石穿般的将它们的汁液通过传统的果汁过滤袋慢慢的滴落下来。随着糖的加入，然后其奇妙的变化之旅就会呈现在我们面前，将浑浊的、平淡的、酸性的液体转变成为一种亮丽的、令人愉悦的水果珍品。就如同甘美的水果结力一样，香草和香料也会给咸香风味的结力带来令人回味无穷的口感。它们可以添加上柑橘类水果或者醋来增强风味，也可以添加到酱汁中和肉汁中，或者用来给馅饼和面点中的水果风味的馅料增加晶莹剔透般的亮度。

柠檬草（香茅）和姜风味结力

lemon grass and ginger jelly

这一款芳香的结力，搭配亚洲风味的烤肉和烤家禽类，例如中式脆皮鸭等菜肴会非常美味可口。对于滋味浓郁的鱼类，特别是冷的烟熏虹鳟鱼或者马鲛鱼等，可以用结力在鱼肉上制作出一层完美的涂层。

营养分析：

能量：7.178 千焦；蛋白质 27.4 克；碳水化合物 417.1 克，其中含有糖分 231.8 克；脂肪 4.5 克，其中饱和脂肪酸 0.7 克；胆固醇 0 毫克；钙 63 毫克；纤维素 14.4 克；钠 41 毫克。

[大约制作 900 克]

原材料：

2 棵柠檬草茎秆

1.5 升水

1.3 千克柠檬，洗净并切成小块状

50 克鲜姜，不用去皮，切成薄片

大约 450 克白糖

步骤：

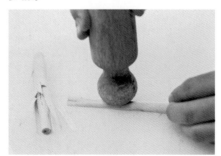

1 使用擀面杖，压扁柠檬草，然后将其切碎。

2 将切碎的柠檬草放入一个大锅内，并将水倒入。加入柠檬和姜，加热烧开，然后用小火继续加热，并盖上锅盖，熬煮 1 个小时，或者一直熬煮到柠檬变得软烂。

3 将水果和其汁倒入悬浮在一个大碗上方的消过毒的果汁过滤袋中。让其控至少 3 个小时，或者一直控到不再有汁液滴落的程度。

4 将过滤好的汁液量好之后倒入干净的大锅内，按照每 600 毫升汁液加入 450 克糖的比例加入糖。

5 将汁液和糖用小火加热，不时地搅拌至糖完全溶化。改用中火继续加热 10 分钟直到结力达到了凝固点（105℃）。将锅从火上端离开。

6 使用撇勺将表面所有的浮沫都撇净，溶化将结力倒入热的消过毒的广口瓶内，盖好并密封好。储存在一个凉爽、避光的地方，在 1 年之内使用完毕。一旦打开瓶盖，就需要保存在冰箱内。并且要在 3 个月内食用完毕。

在这一款红彤彤的结力中蕴含着辣椒的风味，使得其成为热的或者冷的烤肉类、香肠或者汉堡类的理想佐料。这一款结力也非常适合于用来搅拌进入酱汁中进行调味，或者作为增光材料涂抹到家禽类菜肴上。

烤红柿椒和辣椒风味结力

roasted red pepper and chilli jelly

营养分析：

能量：9.522千焦；蛋白质18克；碳水化合物571克，其中含有糖分565.1克；脂肪6.1克，其中饱和脂肪酸1.5克；胆固醇0毫克；钙374毫克；纤维素24.8克；钠89毫克。

[大约制作900克]

原材料：

8个红柿椒，分别切成四半并去掉籽

4个鲜红辣椒，分别切成两半并去掉籽

1个洋葱，切成末

2瓣蒜，切成末

250毫升水

250毫升白葡萄酒醋

7.5毫升盐

450克白糖

25毫升果胶粉

4 将过滤后的菜蓉刮到一个大的不锈钢锅内，然后拌入白酒醋和盐。

5 在一个碗里，将糖和果胶粉混合好，并拌入到菜蓉混合物中。用小火加热，并搅拌，直到糖和果胶粉全部溶化，然后将其烧开。进行熬煮一会，期间要不时的搅拌，以4分钟为宜，将锅从火上端离开。

6 将熬煮好的结力倒入热的消过毒的广口瓶内。使其冷却并凝固之后，盖上瓶盖，贴上标签并存储好。

步骤：

1 将柿椒，外皮朝上，摆放到焗炉架上，焗至表面起泡并变得焦黑。

2 将柿椒放入一个厚塑料袋内，直到变得足够凉，能够用手处理的程度是，去掉柿椒外皮。

3 将去皮之后的柿椒，辣椒、洋葱、大蒜和水一起放入食品加工机或者搅拌机内，搅打成蓉。将蓉倒入到摆放在一个碗上方的尼龙细筛里，用一把木勺用力挤压，以尽可能的挤压出更多的汁液。容量应该差不多是750毫升杯。

番茄和香草风味结力
tomato and herb jelly

这一款深金黄色的结力搭配烤肉类或者铁扒肉类，特别是羊肉类会非常美味可口。同时也可以给以番茄为主料制作而成的用于意大利面的酱汁类更加鲜美可口：将几茶勺的番茄和香草风味结力拌入到酱汁中，以提升酱汁的浓郁风味并中和一下酱汁中的酸度。

营养分析：

能量：15.768 千焦；蛋白质 13.6 克；碳水化合物 980.8 克，其中含有糖分 980.8 克；脂肪 3.9 克，其中饱和脂肪酸 1.3 克；胆固醇 0 毫克；钙 568 毫克；纤维素 13 克；钠 171 毫克。

[**大约制作 1.3 千克**]

原材料：

1.8 千克番茄

2 个柠檬

2 片香叶

300 毫升冷水

250 毫升麦芽醋

1 束新鲜的香草，例如迷迭香、百里香、香芹和薄荷等，多预备几枝放入广口瓶内使用

约 900 克白糖

大厨提示

＊一旦你打开了这一款结力的瓶盖，就需要将其储存到冰箱内，并要在 3 个月之内使用完毕。

步骤：

1 将番茄和柠檬清洗干净，然后将番茄切成四半，将柠檬切成小块。将切好的番茄和柠檬放入一个大的厚底锅内，再加入香叶并倒入水和醋。

2 加入香草，根据自己的爱好，不管是使用一种香草还是使用多种香草均可（如果你使用的是芳香的木本香草类，例如迷迭香和百里香等，大约使用六枝即可；如果你使用的是味道比较柔和的叶类香草，例如香芹或者薄荷等，可以使用大约 12 枝即可）。

3 将锅烧开，然后改用小火继续加热。盖上锅盖一直熬煮 40 分钟，或者一直熬煮到番茄变得非常软烂的程度。

4 将番茄混合物连同锅内的所有汁液全部倒入悬挂在一个大碗上方的，消过毒的果汁过滤袋内。让其控大约 3 个小时的汁液，或者一直控至没有汁液滴落的程度。

5 将过滤好的汁液量好之后倒入干净的大锅内，按照每 600 毫升汁液加入 450 克糖的比例加入糖。用小火加热，并搅拌至糖全部溶化。用中火加热 10 分钟的时间，以达到凝固点（105℃），然后将锅从火上端下来。撇净所有的浮沫。

6 让制作好的结力冷却几分钟的时间，直到表层形成结皮。在每一个热的消过毒的广口瓶内放入一枝香草，然后倒入结力。盖好，等其冷却之后密封好。储存在一个凉爽、避光的地方，并要在 1 年之内使用完毕。

柑橘百里香风味结力
citrus thyme jelly

你可以通过变换所使用的不同水果的比例来制作出各种不同锐利程度的结力口味。例如使用更多一些的橙子和更小量的柠檬和青柠檬以制作出一种更加柔和、更加甘美滋味的结力。

营养分析：

能量：13.202 千焦；蛋白质 4.2 克；碳水化合物 836.1 克，其中含有糖分 836.1 克；脂肪 0.1 克，其中饱和脂肪酸 0 克；胆固醇 0 毫克；钙 434 毫克；纤维素 0.3 克；钠 50 毫克。

[大约制作 1.3 千克]

原材料：

675 克柠檬

675 克青柠檬

450 克橙子

2 片香叶　2 升水

约 800 克白糖

60 毫升新鲜百里香

大厨提示

＊在灌装到加有香草的瓶内之前，将结力进行搅拌这一步骤非常重要。

步骤：

1　将所有的水果清洗干净，然后切成小块状。放入一个大的厚底锅内，加上香叶并倒入水。

2　将锅烧开，并盖上锅盖，然后改用小火继续加热 1 个小时，或者一直加热到果肉变得软烂。取出香叶不用，然后将水果连同汁液一起倒入悬挂在一个大碗上方的，消过毒的果汁过滤袋内。让其控 3 个小时，或者一直控到没有汁液滴落的程度。

3　将过滤好的汁液量好之后倒入干净的大锅内，按照每 600 毫升的汁液加入 450 克糖的比例加入糖。用小火加热，并搅拌至糖全部溶化。然后烧开，用中火继续加热 10 分钟，或者一直达到凝固点（105℃），然后将锅从火上端下来。

4　撇净表面上所有的浮沫，然后拌入百里香。让其冷却几分钟的时间，直到其表面形成一层结皮，再轻轻搅拌，以确保百里香在结力中呈均匀分布的状态。

5　将结力倒入热的消过毒的广口瓶内，等其冷却之后，盖好并密封好。储存在一个凉爽、避光的地方，并要在 1 年之内使用完毕。一旦打开了瓶盖，就要储存在冰箱内，并且要在 3 个月之内使用完毕。

在这一款口感刺激、芳香的结力中，别具一格的青柠檬皮的味道和杜松子香浓、如同树脂般的风味在小许法国绿茴香酒中茴香风味的作用下，得到了充分的体现。

营养分析：

能量：13.193 千焦；蛋白质 4 克；碳水化合物 836 克，其中含有糖分 836 克；脂肪 0 克，其中饱和脂肪酸 0 克；胆固醇 0 毫克；钙 424 毫克；纤维素 0 克；钠 48 毫克。

青柠檬和杜松子风味结力

bitter lime and juniper jelly

[大约制作 1.6 千克]

原材料：

6 个青柠檬

1.3 千克酸味苹果

6 粒杜松子，碾碎

1.75 升水

约 800 克白糖

45 毫升法国绿茴香酒（可选）

步骤：

1 将青柠檬和苹果洗净，然后切成小块状。将它们连同杜松子一起放入一个大的厚底锅内。倒入水，然后加热烧开并用小火继续加热大约 1 个小时，或者一直加热到水果变得软烂的程度。

2 将水果连同汁液一起倒入悬挂在一个大碗上方的，消过毒的果汁过滤袋内。让其控至少 3 个小时，或者一直控到没有汁液滴落的程度为止。

3 将过滤好的汁液量好之后倒入干净的大锅内，按照每 600 毫升的汁液加入 450 克糖的比例加入糖。用小火加热，并搅拌至糖全部溶化。然后烧开，用中火继续加热大约 10 分钟，达到凝固点（105℃），然后将锅从火上端下来。

4 使用一把漏眼勺，将表面上所有的浮沫都撇净，如果使用了法国绿茴香酒，在此时拌入。将结力倒入热的消过毒的广口瓶内，盖好并趁热密封好。

5 将装好瓶的结力储存在一个凉爽、避光的地方，并要在 1 年之内使用完毕。一旦打开了瓶盖，就要储存在冰箱内，并且要在 3 个月之内食用完毕。

大厨提示

* 当使用柑橘类水果制作结力是，尽量使用没有打蜡的品种。如果使用打蜡的水果，要将表面的蜡擦洗干净。

苹果、橙子和苹果酒风味结力

apple, orange and cider jelly

取一两勺这一款芳香扑鼻的琥珀色结力，可以给一盘冷肉，特别是火腿或者猪肉，也或者是味道浓郁的野味肝酱类增添一种晶莹剔透的感觉。酸味的苹果可以制作出最佳口味的结力，而加入的丁香则给结力带出了一种美妙而柔和的、香辛的口味和芳香的气息。

营养分析：

能量：14.407 千焦；蛋白质 10.4 克；碳水化合物 905.2 克，其中含有糖分 905.2 克；脂肪 0.8 克，其中饱和脂肪酸 0 克；胆固醇 0 毫克；钙 671 毫克；纤维素 13.3 克；钠 79 毫克。

[**大约制作 1.8 千克**]

原材料：

1.3 千克酸味苹果

4 个橙子

4 粒丁香

1.2 升甜苹果酒

约 600 毫升冷水

约 800 克白糖

举一反三

● 可以使用一些野苹果来代替部分苹果以获取更加有特色的口感。

步骤：

1　将苹果和橙子洗净，并切碎，然后放入一个大锅内，加入丁香、苹果酒和水，刚好能盖过水果。

2　将锅烧开，盖上锅盖，然后继续加热熬煮 1 个小时，期间要不时的搅拌。

3　将熬煮好的水果连同果汁一起倒入悬挂在一个大碗上方的果汁过滤袋内。让其控水至少 4 个小时，或者一直控到没有多余的汁液滴落的程度。

4　将过滤好的汁液量好之后倒入干净的大锅内，按照每 600 毫升汁液加入 450 克糖的比例加入糖。

5　将汁液和糖用小火加热，不时的搅拌至糖完全溶化。改用中火继续加热 10 分钟直到结力达到了凝固点（105℃）。将锅从火上端离开。

6　使用撇勺将表面所有的浮沫都撇净，然后将结力倒入热的消过毒的广口瓶内，盖好并密封好。储存在一个凉爽、避光的地方，在 18 个月之内使用完毕。一旦打开瓶盖，就需要保存在冰箱内。并且要在 3 个月内使用完毕。

制作这一款结力所需要加入的水的用量，根据温柏的成熟程度不同而有所不同。为了结力更好的凝固，应该使用硬质未成熟的温柏，因为此时它们含有最多的果胶。如果温柏是柔软而成熟的，要在加入水的时候，随着加入一点柠檬汁。

温柏和迷迭香风味结力

quince and rosemary jelly

营养分析：

能量：15.345 千焦；蛋白质 5.4 克；碳水化合物 970.5 克，其中含有糖分 970.5 克；脂肪 0.3 克，其中饱和脂肪酸 0 克；胆固醇 0 毫克；钙 510 毫克；纤维素 6.6 克；钠 63 毫克。

[**大约制作 900 克**]

原材料：

900 克温柏，去掉瘀斑，切成小块状

900 毫升 ~1.2 升水

柠檬汁（可选）

4 大枝鲜迷迭香

约 900 克白糖

步骤：

1 将切成小块状的温柏放入一个大的厚底锅内，加入水，如果温柏的成熟度较低，则使用的水量要略少一些，如果使用的温柏成熟度高，就要多加入一些水，并且还要加入一些柠檬汁。

2 保留出几枝小的迷迭香，然后将剩余的迷迭香放入锅内。烧开之后改用小火，盖上锅盖并继续加热至温柏变得软烂。

3 取出并去掉所有的迷迭香（不要担心在熬煮的过程中掉落到汤汁中的哪些小的迷迭香叶片）。将水果和其汁倒入悬浮在一个大碗上方的消过毒的果汁过滤袋中。让其控至少 3 个小时，或者一直控到不再有汁液滴落的程度。

4 将过滤好的汁液量好之后倒入干净的大锅内，按照每 600 毫升的汁液加入 450 克糖的比例加入糖。

5 将汁液和糖用小火加热，不时的搅拌至糖完全溶化。改用中火继续加热 10 分钟直到结力达到了凝固点（105℃）。将锅从火上端离开。

6 使用撇勺将表面所有的浮沫都撇净，然后让结力冷却几分钟，直到在其表面开始形成结皮。

7 在每一个热的消过毒的广口瓶内放入一枝迷迭香，然后将结力倒入，待冷却之后，盖好并密封好。储存在一个凉爽、避光的地方，在 1 年之内使用完毕。一旦打开结力的瓶盖，就需要保存在冰箱内。并且要在 3 个月内使用完毕。

薄荷风味鹅莓结力

minted gooseberry jelly

这一款酸味结力的颜色，当鹅莓汁在经过加热熬煮的过程中变成粉红色时，经常会让人感到不可思议。

营养分析：

能量：11.732 千焦；蛋白质 5.5 克；碳水化合物 740.7 克，其中含有糖分 740.7 克；脂肪 0.4 克，其中饱和脂肪酸 0 克；胆固醇 0 毫克；钙 401 毫克；纤维素 6.4 克；钠 49 毫克。

[大约制作 1.2 千克]

原材料：

1.3 千克鹅莓

1 枝鲜薄荷 750 毫升冷水

400 毫升白酒醋

约 900 克白糖

45 毫升切碎的鲜薄荷

步骤：

1 将鹅莓、薄荷和水一起放入一个大锅内。加热烧开，然后改用小火，盖上锅盖后，继续加热大约 30 分钟，直到鹅莓变得软烂。将醋加入锅内，然后去掉锅盖继续用小火加热 10 分钟。

2 将水果和其汁倒入悬浮在一个大碗上方的消过毒的果汁过滤袋中。让其控至少 3 个小时，或者一直控到不再有汁液滴落的程度，然后将过滤好的汁液量好之后倒入干净的大锅内。

3 按照每 600 毫升的汁液加入 450 克糖的比例加入糖。将汁液和糖用小火加热，不时的搅拌至糖完全溶化。然后将其烧开，并继续加热 15 分钟直到结力达到了凝固点（105℃）。将锅从火上端离开。

4 使用撇勺将表面所有的浮沫都撇净，然后让结力冷却几分钟，直到在其表面开始形成结皮，将薄荷拌入。

5 将结力倒入热的消过毒的广口瓶内，盖好并密封好。储存在一个凉爽、避光的地方，在 1 年之内使用完毕。一旦打开结力的瓶盖，就需要保存在冰箱内。并且要在 3 个月内使用完毕。

李子和苹果结力

plum and apple jelly

这一款甘美的结力可以对咸味类的菜肴形成有效的补充，例如香浓的烤肉类，像烤羊排和猪肉等。

营养分析：

能量：15.24 千焦；蛋白质 10 克；碳水化合物 955.5 克，其中含有糖分 955.5 克；脂肪 2 克，其中饱和脂肪酸 0 克；胆固醇 0 毫克；钙 617 毫克；纤维素 12 克；钠 64 毫克。

[大约制作 1.3 千克]

原材料：

900 克李子

450 克酸味苹果

150 毫升苹果醋

750 毫升水

约 675 克白糖

大厨提示

* 使用深红色的李子、西洋李子或者野生李子来平衡结力中的甜度。

* 这一款结力可以存储 2 年以上的时间。但是，一旦打开瓶子，就要储存在冰箱内，并要在 3 个月之内食用完毕。

步骤：

1 沿着李子上的纹路，将李子切成两半，并旋转两半李子使其分离开，然后去掉核，将李子肉切碎。将苹果也切碎，包括核和皮。将切碎的水果放入一个大的厚底锅内，加入醋和水。

2 将锅加热烧开，然后改用小火，盖上锅盖继续加热 30 分钟或者一直加热到水果变软成为了泥状。

3 将水果和其汁倒入悬浮在一个大碗上方的消过毒的果汁过滤袋中。让其控至少 3 个小时，或者一直控到不再有汁液滴落的程度。

4 将过滤好的汁液量好之后倒入干净的大锅内，然后按照每 600 毫升的汁液加入 450 克糖的比例加入糖。

5 将汁液和糖用小火加热烧开，不时地搅拌至糖完全溶化，然后用中火继续加热大约 10 分钟，或者一直加热到结力达到了凝固点（105℃）。将锅从火上端离开。

6 将表面所有的浮沫都撇净，然后将结力倒入热的消过毒的广口瓶内，盖好并趁热密封好。储存在一个凉爽、避光的地方，在 2 年之内使用完毕。

黑莓和黑刺李金酒风味结力

blackberry and sloe gin jelly

尽管黑莓带有让人陶醉的风味，但是却全是籽，所以充分利用灌木篱墙上所收获的风味绝佳的黑莓，将它们制作成为深色的结力是一种非常好的方法。这一款结力搭配风味浓郁的烤肉类，例如烤羊排是绝对美味。

营养分析：

能量：15.696 千焦；蛋白质 10.8 克；碳水化合物 984.3 克，其中含有糖分 984.3 克；脂肪 1.3 克，其中饱和脂肪酸 0 克；胆固醇 0 毫克；钙 743 毫克；纤维素 21 克；钠 69 毫克。

[大约制作 1.3 千克]

原材料：

450 克黑刺李（黑李子）

600 毫升冷水

1.8 千克黑莓

1 个柠檬，挤出柠檬汁

约 900 克白糖

45 毫升金酒

举一反三

● 黑刺李（黑李子）比黑莓更难得到，通常你需要在野味寻找。如果找寻不到黑刺李，可以使用更多一些的黑莓来代替。

步骤：

1 清洗黑刺李并用一根牙签在表面戳些孔。然后放入一个大的厚底锅内，加上水之后烧开。盖上锅盖并改用小火继续加热 5 分钟。

2 用冷水快速的漂洗黑莓，并将黑莓和柠檬汁一起加入锅内。

3 将锅重新用小火加热，并一直加热大约 20 分钟，或者一直加热到黑刺李变得成熟，黑莓变得软烂，期间搅动一至两次。

4 将水果和其汁倒入悬挂在一个大碗上方的消过毒的果汁过滤袋中。让其控至少 4 个小时，或者悬挂一个晚上的时间，一直控到不再有汁液滴落的程度。

5 将过滤好的汁液量好之后倒入干净的大锅内，按照每 600 毫升的汁液加入 450 克糖的比例加入糖。

6 将汁液和糖用小火加热，不时的搅拌至糖完全溶化。将锅烧开，然后改用中火继续加热 10 分钟，直到结力达到了凝固点（105℃）。将锅从火上端离开。

7 使用撇勺将表面所有的浮沫都撇净，然后拌入金酒。

8 将结力倒入热的消过毒的广口瓶内，盖好并密封好。储存在一个凉爽、避光的地方，在 2 年之内使用完毕。一旦打开结力的瓶盖，就需要保存在冰箱内。并且要在 3 个月内使用完毕。

大厨提示

＊黑刺李（黑李子）给结力当中带来了很高含量的果胶，如果使用的全部都是黑莓而没有黑刺李，可以选择一些没有成熟的黑莓，并加入一些果胶粉。

蔓越莓和克拉雷红酒风味结力

cranberry and claret jelly

蔓越莓略带锐利的口味使得这一款超级棒的结力适合于搭配香味浓郁的肉类，例如羊排或者野味类。蔓越莓，再加上克拉雷红葡萄酒，给这款结力带来的是美丽而迷人的深红色彩。

营养分析：

能量：15.994 千焦；蛋白质 5.7 克；碳水化合物 967.7 克，其中含有糖分 967.7 克；脂肪 0.3 克，其中饱和脂肪酸 0 克；胆固醇 0 毫克；钙 507 毫克；纤维素 4.8 克；钠 78 克。

[大约制作 1.2 千克]

原材料：

900 克新鲜的或者冷冻的蔓越莓

350 毫升水

约 900 克白糖

250 毫升克拉雷红酒

大厨提示

＊ 在熬煮蔓越莓的时候，要始终盖上锅盖，直到蔓越莓停止"砰砰"，这是因为蔓越莓偶尔会爆裂开，并会飞溅到锅外面。

步骤：

1 如果使用的新鲜的蔓越莓，要进行清洗，放入一个大的厚底锅内，加入水。盖上锅盖，加热烧开。

2 改用小火熬煮大约 20 分钟，或者一直熬煮到蔓越莓变得软烂。

3 将水果和其汁倒入悬挂在一个大碗上方的消过毒的果汁过滤袋中。让其控至少 3 个小时，或者悬挂一个晚上的时间，一直控到不再有汁液滴落的程度。

4 将过滤好的汁液和酒量好之后倒入干净的大锅内，按照每 600 毫升的汁液加入 400 克糖的比例加入糖。

5 将汁液和糖用小火加热，不时地搅拌至糖完全溶化。将锅烧开，然后改用中火继续加热 10 分钟，直到结力达到了凝固点（105℃）。将锅从火上端离开。

6 使用撇勺将表面所有的浮沫都撇净，然后将结力倒入热的消过毒的广口瓶内，盖好并密封好。储存在一个凉爽、避光的地方，在 2 年之内使用完毕。一旦打开结力的瓶盖，就需要保存在冰箱内。并且要在 3 个月内使用完毕。

用一勺深深的宝石红色泽的结力来提升烤牛肉和牛排的风味。你需要在结力中加入小量的果胶以确保能够制作出凝结的非常好的结力。

红葡萄、李子和豆蔻风味结力

red grape, plum and cardamom jelly

营养分析:

能量: 17.773 千焦; 蛋白质 9.2 克; 碳水化合物 1120.9 克, 其中含有糖分 1120.9 克; 脂肪 0.8 克, 其中饱和脂肪酸 0 克; 胆固醇 0 毫克; 钙 628 毫克; 纤维素 10.7 克; 钠 75 毫克。

[大约制作 1.3 千克]

原材料:

1.8 千克李子　450 克红葡萄

15 毫升小豆蔻豆荚

600 毫升冷水

350~450 毫升果胶汁 (可选)

约 1 千克白糖

大厨提示

* 要测试水果中果胶的含量是多少, 舀取 5 毫升测试的结力汁放入到一个玻璃杯内。加入 15 毫升的酒精并轻轻晃动玻璃杯。大约经过 1 分钟, 就会凝结成块。如果结块个头较大, 并呈果冻状, 或者形成了两到三个较小一些的结块, 则其中果胶的含量足够形成凝固的结力。而如果形成的是许多小粒状的结块, 或者没有什么反应, 什么也没有形成, 则果胶的含量太低, 需要额外加入一些果胶。

步骤:

1 将李子切成两半, 然后旋转扭动这两半李子肉, 使其分离开并去掉核。将李子切碎, 并将葡萄切成两半。将豆蔻从豆荚中取出用研钵研碎。

2 将水果和豆蔻放入一个大的厚底锅内, 加入水, 用小火加热烧开, 然后进行熬煮大约 30 分钟, 或者一直熬煮至水果变得非常软烂的程度。

3 检查果胶在水果中的含量 (见下面内容) 如果果胶含量太低, 将果胶汁拌入到水果中并继续用小火加热 5 分钟。

4 将水果倒入悬挂在一个大碗上方的消过毒的果汁过滤袋中。让其控至少 3 个小时, 或者一直控到不再有汁液滴落的程度。将过滤好的汁液和酒量好之后倒入干净的大锅内, 按照每 600 毫升的汁液加入 450 克糖的比例加入糖。

5 将汁液和糖用小火加热, 不时地搅拌至糖完全溶化。

6 将锅烧开, 然后改用中火继续加热 10 分钟, 直到结力达到了凝固点 (105℃)。将锅从火上端离开。

7 将表面所有的浮沫都撇净, 然后将结力倒入热的消过毒的广口瓶内, 盖好并密封好。储存在一个凉爽、避光的地方, 在 2 年之内使用完毕。一旦打开结力的瓶盖, 就需要保存在冰箱内。并且要在 3 个月内使用完毕。

梨和石榴风味结力

pear and pomegranate jelly

这一款典雅精致的结力带有些许异国的芬芳。梨不是富含果胶的水果，所以在制作的过程中，需要添加一些果胶汁，以帮助结力凝固的完美无缺。

营养分析：

能量：15.722 千焦；蛋白质 6 克；碳水化合物 993.6 克，其中含有糖分 993.6 克；脂肪 0.4 克，其中饱和脂肪酸 0 克；胆固醇 0 毫克；钙 530 毫克；纤维素 7.6 克；钠 66 毫克。

[大约制作 1.2 千克]

原材料：

900 克梨

2 个柠檬，削下外皮并挤出柠檬汁

1 根肉桂条

750 毫升水

900 克红石榴

约 900 克白糖

250 毫升果胶汁

15 毫升玫瑰花水（可选）

步骤：

1 将梨清洗干净并去掉梨把，将其切碎。然后放入一个大的厚底锅内，加入柠檬皮和柠檬汁、肉桂条和量好的水。

2 将锅加热烧开，然后改用小火，盖上锅盖继续加热 15 分钟。

3 去掉锅盖，并进行搅拌，然后不盖锅盖继续加热 15 分钟。

4 在梨加热时，将红石榴横切成两半，使用榨汁器将所有的汁液都挤出：应该差不多是 250 毫升的容量。

5 将石榴汁加入锅内，并重新烧开。再改用小火继续加热 2 分钟。然后将水果连同汁液倒入悬挂在一个大碗上方的消过毒的果汁过滤袋中。让其控至少 3 个小时。

6 将过滤好的汁液量好之后倒入干净的大锅内，按照每 600 毫升的汁液加入 450 克糖的比例加入糖。

7 将汁液和糖用小火加热，不时地搅拌至糖完全溶化。将锅烧开，然后改用中火继续加热 3 分钟，将锅从火上端离开，并拌入果胶汁。

8 将表面所有的浮沫都撇净，如果使用了玫瑰花水，在此时拌入，然后将结力倒入热的消过毒的广口瓶内，盖好并密封好。储存在一个凉爽、避光的地方，在 18 个月之内使用完毕。

大厨提示

＊一旦打开使用，就需要将结力储存在冰箱内，并且要在 3 个月之内使用完毕。

芳香扑鼻的番石榴制作出了芳香型的，浅红色的结力，带有柔软的质地，并且因为加入了青柠汁而呈现出淡雅的酸甜口味。番石榴结力非常适合于搭配山羊奶酪。

番石榴结力
guava jelly

营养分析：

能量：8.748 千焦；蛋白质 3.4 克；碳水化合物 552.5 克，其中含有糖分 552.5 克；脂肪 0.3 克，其中饱和脂肪酸 0 克；胆固醇 0 毫克；钙 298 毫克；纤维素 6.6 克；钠 39 毫克。

[**大约制作 900 克**]

原材料：

900 克番石榴

2~3 个青柠檬，挤出青柠汁

约 600 毫升冷水

约 500 克白糖

步骤：

1 去掉番石榴薄薄的外皮，并切成两半。使用一把勺子，从中间将番石榴籽挖出，丢弃不用。

2 将切成两半的番石榴放入一个大的厚底锅内，加入 15 毫升青柠檬汁和水——水的容量应该是刚好能够没过番石榴。将锅加热烧开，然后改用小火，盖上锅盖，继续加热 30 分钟，或者一直加热到番石榴变得软烂。

3 然后将水果连同汁液倒入悬挂在一个大碗上方的消过毒的果汁过滤袋中。让其控至少 3 个小时。

4 将过滤好的汁液量好之后倒入干净的大锅内，按照每 600 毫升的汁液加入 400 克糖和 15 毫升青柠檬汁的比例加入糖和青柠檬汁。

5 将汁液用小火加热，不时地搅拌至糖完全溶化。将锅烧开，然后改用中火继续加热 10 分钟。当结力熬煮到凝结点时，将锅从火上端离开。

6 使用一把撇勺将表面所有的浮沫都撇净，然后将结力倒入热的消过毒的广口瓶内，盖好并密封好。

7 将结力储存在一个凉爽、避光的地方，在 1 年之内使用完毕。一旦打开结力的瓶盖，就需要保存在冰箱内。并且要在 3 个月内使用完毕。

大厨提示

＊在控出果汁的过程中，不要为了加快时间而情不自禁的去挤压果汁过滤袋，这样做的后果会让结力变得浑浊不清。

灌木篱墙果实风味结力

hedgerow jelly

在硕果累累的秋日季节里，灌木篱墙上结满了丰硕的果实，西洋李子、黑莓和接骨木果等，在一个阳光明媚的下午，花费点时间，到花园里将它们采摘下来制作成这一款赏心悦目的结力，是一件非常值得去做的事情。

营养分析：

能量：21.887 千焦；蛋白质 9.3 克；碳水化合物 1382.9 克，其中含有糖分 1382.9 克；脂肪 0.4 克，其中饱和脂肪酸 0.1 克；胆固醇 0 毫克；钙 799 毫克；纤维素 8.6 克；钠 86 毫克。

2 将锅内的水果捣碎，并让其略微冷却。然后将水果连同汁液倒入悬挂在一个非金属碗上方并烫煮过的果汁过滤袋中。让其控一个晚上的时间。

3 将过滤好的汁液量好之后倒入一个大锅内，按照每 600 毫升的汁液加入 450 克糖的比例加入糖。

4 将汁液用小火加热，搅拌至糖完全溶化。然后改用中火，在不搅拌的情况下继续加热 10～15 分钟的时间，或者一直加热到结力达到了凝结点（105℃）。

5 将锅从火上端离开，并使用一把撇勺将表面所有的浮沫都撇净，然后将结力舀入入到热的消过毒的广口瓶内，盖好并密封好，贴上标签并存储好。

[大约制作 1.3 千克]

原材料：

450 克西洋李子，洗净

450 克黑莓，洗净　225 克覆盆子

225 克接骨木果，洗净

2 个柠檬，挤出柠檬汁和柠檬籽

约 1.3 千克白糖，热的

步骤：

1 将水果、柠檬汁和柠檬籽一起放入一个大的锅内。倒入足量的能够没过水果的水。盖上锅盖，用小火加热 1 个小时的时间。

大厨提示

＊如果其中的一种水果的用量不足，你可以不用管水果的数量，只要总的重量一样就可以。

深红色的桑葚是不常见的时令水果，但是如果你碰巧有一棵桑葚树，你会发现，桑葚可以制作出完美的结力和果酱。为了桑葚凝固的更好，可以在其红彤彤的时候就采摘下来。

桑葚风味结力
mulberry jelly

营养分析：

能量：15.156 千焦；蛋白质 8.7 克；碳水化合物 954.3 克，其中含有糖分 954.3 克；脂肪 0.9 克，其中饱和脂肪酸 0.3 克；胆固醇 0 毫克；钙 552 毫克；纤维素 7.5 克；钠 63 毫克。

[大约制作 900 克]

原材料：

900 克没有成熟的红色桑葚

1 个柠檬，擦取外皮，并挤出柠檬汁

600 毫升水

约 900 克白糖，热的

步骤：

1 将桑葚与柠檬皮和柠檬汁、水一起放入一个锅内。加热烧开，然后盖上锅盖用小火继续加热 1 个小时，将锅端下来，并使其冷却。

2 将水果连同汁液倒入悬挂在一个非金属碗上方并烫煮过的果汁过滤袋中。让其控一个晚上的时间。

3 将过滤好的汁液量好之后倒入一个大锅内，按照每 600 毫升的汁液加入 450 克糖的比例加入糖。

4 将汁液用小火加热，搅拌至糖完全溶化。然后改用中火，在不搅拌的情况下继续加热 5~10 分钟，或者一直加热到结力达到了凝结点（105℃）。

5 使用一把撇勺将表面所有的浮沫都撇净，然后将结力舀入热的消过毒的广口瓶内，盖好并密封好，待完全冷却之后，贴上标签并存储在一个凉爽、避光的地方。

大厨提示

* 要测试结力凝固的程度，舀取一点结力倒入一个冷的餐盘内，冷藏大约 3 分钟，然后用手指轻轻推动结力，如果结力表面起皱，结力就达到了凝结点，可以装瓶了。

* 要制作红醋栗结力，也可以使用这种方法，称出同样重量的水果，但是加入到过滤好的汁液中的糖要略微少一些：按照每 600 毫升的汁液加入 400 克糖的比例加入糖。

蔓越莓风味结力

cranberry jelly

这一款清澈而味道绝佳的结力带有酸酸的风味，搭配新鲜出炉的司康饼、烘烤至金黄的茶点，以及松脆饼时味道无出其右，或者也可作为亮光剂涂抹到水果挞上。蔓越莓风味结力还可以在圣诞节期间搭配节日美食烤火鸡、山鸡或者珍珠鸡。

营养分析：

能量：15.575 千焦；蛋白质 6 克；碳水化合物 985 克，其中含有糖分 985 克；脂肪 0.5 克，其中饱和脂肪酸 0 克；胆固醇 0 毫克；钙 497 毫克；纤维素 8 克；钠 64 毫克。

[大约制作 900 克]

原材料：

900 克蔓越莓

450 克甜味苹果，洗净并带皮带核一起切碎

1 个橙子，擦取外皮，并挤出橙汁

600 毫升水

约 900 克白糖

大厨提示

* 不要在控汁的时候试图去挤压果汁过滤袋，否则结力会变得浑浊不堪。

步骤：

1 将蔓越莓和苹果放入一个锅内，加入橙皮、橙汁和水。加热烧开，然后盖上锅盖用小火熬煮 1 个小时。

2 将锅从火上端离开，放到一边使其略微冷却。将水果连同汁液倒入悬挂在一个非金属碗上方并烫煮过的果汁过滤袋中。让其控一个晚上的时间。

3 将过滤好的汁液量好之后倒入一个大锅内，按照每 600 毫升的汁液加入 450 克糖的比例加入糖。

4 将汁液用小火加热，搅拌至糖完全溶化。然后改用中火，在不搅拌的情况下继续加热 5~10 分钟的时间，或者一直加热到结力达到了凝结点（105℃）。

5 将锅从火上端离开，并使用一把撇勺将表面所有的浮沫都撇净，然后将结力舀入热的消过毒的广口瓶内，盖好并密封好，待完全冷却之后，贴上标签并存储在一个凉爽、避光的地方。

豆蔻中温馨而香辛的芳香风味，使其与所有种类的李子都搭配的完美无缺——红李子带有美妙的酸味，特别适合于用来制作这一款甘甜可口、果香浓郁。芳香四溢的结力。可以用来搭配原味冰淇淋和卡仕达或者，用来涂抹到烘烤至金黄的面包上当做美味的早餐。

红李子和豆蔻风味结力

red plum and cardamom jelly

营养分析：

能量：21.883 千焦；蛋白质 10.1 克；碳水化合物 1411.3 克，其中含有糖分 1411.3 克；脂肪 0.6 克，其中饱和脂肪酸 0 克；胆固醇 0 毫克；钙 767 毫克；纤维素 9.6 克；钠 90 毫克。

[大约制作 1.8 千克]

原材料：

1.8 千克红李子，去核

10 毫升碾碎的绿豆蔻豆荚

600 毫升红葡萄汁

150 毫升水

约 1.3 千克白糖

步骤：

1 将李子、豆蔻豆荚、葡萄汁和水一起放入一个大锅内。加热烧开，然后盖上锅盖用小火加热 1 个小时。让其略微冷却一会，将水果连同汁液倒入悬挂在一个非金属碗上方并烫煮过的果汁过滤袋中。让其控一个晚上的时间。

2 将过滤好的汁液量好之后倒入一个大锅内，按照每 600 毫升的汁液加入 450 克糖的比例加入糖。

3 将汁液用小火加热，搅拌至糖完全溶化。然后改用中火，在不搅拌的情况下继续加热 10～15 分钟，或者一直加热到结力达到了凝结点（105℃）。

4 将锅从火上端离开，并将表面所有的浮沫都撇净，然后将结力舀入热的消过毒的广口瓶内，盖好并密封好，待完全冷却之后，贴上标签并存储在一个凉爽、避光的地方。

大黄和薄荷风味结力
rhubarb and mint jelly

在这一款结力中漂浮着斑斑点点的新鲜薄荷，使其成为了一款非常美丽精致的馈赠佳品。

营养分析：

能量：21.619 千焦；蛋白质 11.1 克；碳水化合物 1363.6 克，其中含有糖分 1360.9 克；脂肪 0.6 克，其中饱和脂肪酸 0 克；胆固醇 0 毫克；钙 1073 毫克；纤维素 4.2 克；钠 95 毫克。

[大约制作 2 千克]

原材料：

1 千克大黄

约 1.3 千克白糖

一大把新鲜的薄荷

30 毫升切成细末的新鲜薄荷

大厨提示

* 这一道食谱是处理深红色的老大黄或者是绿茎的大黄最好的方法，因为这样的大黄用来制作甜品时会太硬。
* 就如同作为一款讨人喜爱的甜食一样，这一款结力搭配烤肉类，例如烤羊排和烤鹅等菜肴时也非常适合。

步骤：

1 使用一把锋利的刀，将大黄切成块，放入一个大的厚底锅内。加入刚好能够没过大黄的水，盖上锅盖，加热至大黄变得软烂。

2 将锅从火上端离开，让其略微冷却一会。将熬煮好的大黄连同汁液倒入悬挂在一个非金属碗上方并烫煮过的果汁过滤袋中。让其控一个晚上的时间。

3 将过滤好的汁液量好之后倒入一个大锅内，按照每 600 毫升的汁液加入 450 克糖的比例加入糖。

4 将一把薄荷加入到锅内。加热烧开，搅拌至糖完全溶化。加热到结力达到了凝结点（105℃）。

5 让其静置 10 分钟，然后拌入切碎的薄荷，将结力舀入热的消过毒的广口瓶内，盖好并密封好，待完全冷却之后，贴上标签。

红醋栗风味结力
red gooseberry jelly

这一款美味的结力，在一天的任何时候涂抹到烘烤至金黄的面包上食用都会让人垂涎欲滴。可以挑选那些小个头的深红色的醋栗来制作这一款结力，以制作出最佳的色彩和风味。

营养分析：

能量：21.904 千焦；蛋白质 11.8 克；碳水化合物 1378.3 克，其中含有糖分 1378.3 克；脂肪 1.9 克，其中饱和脂肪酸 0 克；胆固醇 0 毫克；钙 820 毫克；纤维素 12.1 克；钠 89 毫克。

[大约制作 2 千克]

原材料：

1.3 千克红醋栗

2 个红皮苹果，洗净，带皮，带核切碎

2.5 厘米鲜姜，切成片

约 1.3 千克白糖

大厨提示

* 醋栗中果胶的含量随着其成熟而减少，所以在制作这一款结力时，要挑选那些果实硬实、刚好成熟的醋栗，以取得最佳的凝固效果。

步骤：

1 将醋栗和姜一起放入一个锅内，倒入刚好没过醋栗的水。盖上锅盖并用小火熬煮 45 分钟。

2 将锅从火上端离开，让其略微冷却一会。将熬煮好的醋栗连同汁液倒入悬挂在一个非金属碗上方并烫煮过的果汁过滤袋中。让其控一个晚上的时间。

3 将过滤好的汁液量好之后倒入一个大锅内，按照每 600 毫升的汁液加入 450 克糖的比例加入糖。

4 用小火加热，并搅拌至糖完全溶化。煮开后继续加热大约 10 分钟，或者一直加热到结力达到了凝结点（105℃）。撇去浮沫，然后灌装到瓶内，密封好并贴上标签。

玫瑰果和苹果风味结力

rosehip and apple jelly

这一款经济适用的结力，使用的是苹果落果和野生的玫瑰果制作而成的。但是仍然含有丰富的维他命 C，风味浓郁，涂抹到刚出炉烘烤至金黄的松脆饼或者司康饼上会非常的诱人食欲。

营养分析：

能量：23.792 千焦；蛋白质 8.4 克；碳水化合物 1505.7 克，其中含有糖分 1505.7 克；脂肪 0.5 克，其中饱和脂肪酸 0 克；胆固醇 0 毫克；钙 761 毫克；纤维素 7.7 克；钠 94 毫克。

[大约制作 2 千克]

原材料：

1 千克苹果落果，去皮，去核并切成四半

450 克肉质硬实，成熟的玫瑰果

约 1.3 千克白糖

步骤：

1 将切好的苹果放入一个大锅内，加入足量的能够没过苹果的水，额外再加入 300 毫升的水。

2 将锅加热烧开，并用小火继续加热至苹果变得软烂。与此同时，将玫瑰果切碎。加入锅内，继续用小火加热 10 分钟。

3 将锅从火上端离开，让其静置 10 分钟，然后将熬煮好的水果连同汁液一起倒入悬挂在一个非金属碗上方并烫煮过的果汁过滤袋中。让其控一个晚上的时间。

4 将过滤好的汁液量好之后倒入一个大锅内，按照每 600 毫升的汁液加入 400 克糖的比例加入糖，搅拌至糖完全溶化。一直加热到结力达到了凝结点（105℃）。

5 将结力倒入热的消过毒的广口瓶内并密封好。待完全冷却之后，贴上标签并存储好。

大厨提示

＊ 没有必要将全部苹果的皮都去掉，只需简单的将疤痕、受损部位或者腐坏的地方去掉即可。

这一款香浓而美味的结力具有丰厚浓郁、温暖舒心的风味，使得其可以在寒冷的冬季里享用。可以用来涂抹，或者用来制作美味的苹果馅饼和甜点时使用。

香浓苹果风味结力
spiced cider and apple jelly

营养分析：

能量：16.638 千焦；蛋白质 5.4 克；碳水化合物 990.6 克，其中含有糖分 990.6 克；脂肪 0.3 克，其中饱和脂肪酸 0 克；胆固醇 0 毫克；钙 561 毫克；纤维素 4.8 克；钠 123 毫克。

[大约制作 1.3 千克]

原材料：

900 克酸味苹果，洗净，带皮，带核切碎

900 毫升苹果酒

2 个橙子，挤出橙汁，保留籽

1 根肉桂条

6 粒丁香

150 毫升水

约 900 克白糖

步骤：

1 将苹果、苹果酒、橙汁和橙籽、肉桂条、丁香和水一起放入一个大锅内。加热烧开，盖上锅盖后用小火熬煮大约 1 个小时。

2 将锅从火上端离开，让其略微冷却一会。将熬煮好的醋栗连同汁液倒入悬挂在一个非金属碗上方并烫煮过的果汁过滤袋中。让其控一个晚上的时间。

3 将过滤好的汁液量好之后倒入一个大锅内，按照每 600 毫升的汁液加入 450 克糖的比例加入糖。

4 用小火加热，并搅拌至糖完全溶化。用大火加热并煮开后，不要搅拌的同时，继续加热 10 分钟，或者一直加热到结力达到了凝结点（105℃）。

5 将锅从火上端离开，撇干净浮沫，然后舀入热的、消过毒的广口瓶内。盖好并没放好，再贴上标签。

温柏和香菜风味结力
quince and coriander jelly

没有成熟的温柏无法食用，但是，经过加热烹调并加入糖调味之后，温柏会变得芳香四溢，并且带有令人舒适的风味，这里使用的食谱中添加了味道柔和的、香辛的香菜籽进行调味。

营养分析：

能量：15.395 千焦；蛋白质 5.5 克；碳水化合物 973.5 克，其中含有糖分 973.5 克；脂肪 0.3 克，其中饱和脂肪酸 0 克；胆固醇 0 毫克；钙 513 毫克；纤维素 7.3 克；钠 64 毫克。

[大约制作 900 克]

原材料：

1 千克温柏，洗净并带皮、带籽一起切碎

15 毫升香菜籽

2 个柠檬，挤出柠檬汁，保留柠檬籽

900 毫升水

约 900 克白糖

举一反三

• 如果你没有足够用量的温柏，你可以使用等量的苹果来弥补。风味尽管不是十分一样，但是制作而成的结力仍然会美味可口。

步骤：

1　将温柏放入一个锅内，加入香菜籽、柠檬汁和籽，以及水。加热烧开，盖上锅盖并用小火加热大约 1.5 小时。

2　让锅内的水果略微冷却一会。然后连同汁液倒入悬挂在一个非金属碗上方并烫煮过的果汁过滤袋中。让其控一个晚上的时间。

3　将过滤好的汁液量好之后倒入一个大锅内，按照每 600 毫升的汁液加入 450 克糖的比例加入糖。

4　用小火加热，并搅拌至糖完全溶化。用大火加热并煮开后，不要搅拌的同时，继续加热 5~10 分钟，或者一直加热到结力达到了凝结点（105℃）。

5　将锅从火上端离开，使用一把撇勺，撇干净表面上所有的浮沫，然后舀入热的、消过毒的广口瓶内。盖好并密封好，待冷却之后，再贴上标签，并存储在一个凉爽、避光的地方。

大厨提示

＊结力盛放在装饰好的玻璃杯内看起来非常美丽漂亮。将结力按照上述方法装入广口瓶内。然后在使用的时候，将广口瓶放入一个添加了少量水的锅内，用微火加热至结力融化。然后将结力倒入一个耐热的玻璃杯内，在使用之前让其再次凝固。

这一款结力使用的是天竺葵芳香的叶子，以提升梨的芳香风味。如果你有天竺葵，可以使用其玫瑰香味的叶子，否则，你可以在过滤好的汁液中加入几滴玫瑰花水。

梨和天竺葵风味结力
geranium and pear jelly

营养分析：

能量：14.989 千焦；蛋白质 5.7 克；碳水化合物 1019.3 克，其中含有糖分 1019.3 克；脂肪 0.3 克，其中饱和脂肪酸 0 克；胆固醇 0 毫克；钙 516 毫克；纤维素 7.3 克；钠 71 毫克。

[大约制作 900 克]

原材料：

900 克西洋梨，洗净并带皮，带核一起切碎

7 片天竺葵玫瑰香味的叶子，多备出几片用于存储

1 个柠檬，挤出柠檬汁，留出柠檬籽

60 毫升蜂蜜

900 毫升水

约 900 克白糖

步骤：

1 将梨、天竺葵叶、柠檬汁、蜂蜜和水一起放入一个大锅内。加热烧开，然后盖上锅盖，并用小火加热 1 个小时。

2 将锅从火上端离开，让锅内的水果略微冷却一会。然后连同汁液倒入悬挂在一个非金属碗上方并烫煮过的果汁过滤袋中。让其控一个晚上的时间。

3 将过滤好的汁液量好之后倒入一个大锅内，按照每 600 毫升的汁液加入 450 克糖的比例加入糖。

4 用小火加热，并搅拌至糖完全溶化。用大火加热并煮开后，不要搅拌的同时，继续加热 10 分钟，或者一直加热到结力达到了凝结点（105℃）。

5 将锅从火上端离开，使用一把撇勺，撇干净表面上所有的浮沫。在每一个热的、消过毒的广口瓶内，放入一片烫过的天竺葵叶，然后舀入结力。盖好并密封好，贴上标签。

小柑橘和香蜂叶风味结力

clementine and lemon balm jelly

这一款甘美而香浓的结力，可以在早餐中作为橘子果酱美味可口的替代品。

营养分析：

能量：15.575 千焦；蛋白质 7.9 克；碳水化合物 982.6 克，其中含有糖分 982.6 克；脂肪 0.5 克，其中饱和脂肪酸 0 克；胆固醇 0 毫克；钙 585 毫克；纤维素 6.4 克；钠 70 毫克。

[大约制作 900 克]

原材料：

900 克小柑橘，洗净并切碎

450 克酸味苹果，洗净，带皮，带核切碎

2 大枝香蜂叶或者 1 根柠檬草（香茅）

900 毫升水

约 900 克白糖

步骤：

1 将水果、香蜂叶或者柠檬草与水一起放入锅内。加热烧开，盖上锅盖后用小火加热 1 个小时，直到水果变得软烂。略微冷却之后，连同汁液倒入悬挂在一个非金属碗上方并烫煮过的果汁过滤袋中。让其控一个晚上的时间。

2 将过滤好的汁液量好之后倒入一个大锅内，按照每 600 毫升的汁液加入 450 克糖的比例加入糖。

3 用小火加热，并搅拌至糖完全溶化。在用大火加热并煮开后，不要搅拌的同时，继续加热 5~10 分钟，或者一直加热到结力达到了凝结点（105℃）。

4 将锅从火上端离开，使用一把撇勺，撇干净表面上所有的浮沫。倒入热的、消过毒的广口瓶内，盖好并密封好。贴上标签后储存在一个凉爽的地方。

> **大厨提示**
>
> * 要准备柠檬草，你只需将其根部压裂。使用一根擀面杖的底部，轻轻敲击柠檬草的根部，然后放入锅内。这样做有助于柠檬草中的芳香气味和柠檬香味融于到结力中。

麝香葡萄风味结力

muscat grape jelly

麝香葡萄芳香四溢的风味，制作出了别具一格的芳香型的、香浓的结力。

营养分析：

能量：15.814 千焦；蛋白质 5.9 克；碳水化合物 1000.3 克，其中含有糖分 1000.3 克；脂肪 0.3 克，其中饱和脂肪酸 0 克；胆固醇 0 毫克；钙 523 毫克；纤维素 2.3 克；钠 63 毫克。

[大约制作 900 克]

原材料：

900 克麝香葡萄，洗净切成两半

2 个柠檬，挤出柠檬汁，保留柠檬籽

600 毫升水

30 毫升接骨木花水

约 900 克白糖

步骤：

1 将葡萄放入一个锅内，加入柠檬汁和柠檬籽，以及水，加热烧开，盖上锅盖，并用小火继续加热 1.5 小时。略微冷却。

2 将葡萄捣碎，连同汁液倒入悬挂在一个非金属碗上方并烫煮过的果汁过滤袋中。让其控一个晚上的时间。

3 将过滤好的汁液量好之后倒入一个锅内，加入接骨木花水。按照每 600 毫升的汁液加入 450 克糖的比例加入糖。用小火加热，并搅拌至糖完全溶化。在用大火加热并煮开后，不要搅拌的同时，继续加热 5~10 分钟，或者一直加热到结力达到了凝结点（105℃）。

4 将锅从火上端离开，撇干净表面上所有的浮沫。倒入热的、消过毒的广口瓶内，盖好，密封好，并贴上标签。然后储存在一个凉爽的地方。

菠萝和百香果风味结力

pineapple and passion fruit jelly

这一款充满异域情调的结力带有美妙的暖色口感和外观。要制作出口味绝佳的结力，要使用带有酸味的，没有太过于成熟的菠萝，而不要使用熟透的。甜味十足的菠萝。

营养分析:

能量: 15.207 千焦; 蛋白质 5.7 克; 碳水化合物 961.6 克, 其中含有糖分 961.6 克; 脂肪 0.5 克, 其中饱和脂肪酸 0 克; 胆固醇 0 毫克; 钙 515 毫克; 纤维素 2.9 克; 钠 61 毫克。

[**大约制作 900 克**]

原材料:

1 个大菠萝, 去皮, 切去头尾两端并切碎
4 个多香果, 切成两半, 挖出籽和果肉
900 毫升水
约 900 克白糖

大厨提示

* 为了取得最佳风味, 要选择使用那些深色的、带有皱褶外皮的多香果。

步骤:

1 将菠萝和多香果籽和肉一起放入一个大锅内, 加入水。

2 将锅加热烧开, 盖上锅盖后用小火加热 1.5 小时。将锅从火上端离开, 略微冷却。将水果倒入食品加工机内搅碎。

3 将果肉连同汁液, 倒入悬挂在一个非金属碗上方并烫煮过的果汁过滤袋中。让其控一个晚上的时间。

4 将过滤好的汁液量好之后倒入一个大锅内, 按照每 600 毫升的汁液加入 450 克糖的比例加入糖。

5 用小火加热, 并搅拌至糖完全溶化。在用大火加热并煮开后, 不要搅拌的同时, 继续加热 10~15 分钟, 或者一直加热到结力达到了凝结点 (105℃)。

6 将锅从火上端离开, 使用一把撇末勺, 撇干净表面上所有的浮沫。将结力舀入到热的、消过毒的广口瓶内, 盖好并密封好。贴上标签后储存在一个凉爽、避光的地方。

石榴略微带一点酸味，宝石般晶莹剔透的果肉，可以制作出最棒的结力。要小心一点，因为石榴汁滴露到衣服上之后，颜色无法洗掉。

石榴和红石榴糖浆风味结力

pomegranate and grenadine jelly

营养分析：

能量：1.578 千焦；蛋白质 5.5 克；碳水化合物 1000.5 克，其中含有糖分 1000.5 克；脂肪 0.2 克，其中饱和脂肪酸 0 克；胆固醇 0 毫克；钙 511 毫克；纤维素 0.8 克；钠 76 毫克。

[大约 900 克]

原材料：

6 个熟透的红石榴，去皮，将石榴籽从筋膜中取出

120 毫升红石榴糖浆

2 个橙子，挤出橙汁，保留橙子籽

300 毫升水

约 900 克白糖

步骤：

1 将石榴籽放入碗里，挤压出汁液。然后倒入锅内，并加入石榴汁、橙汁、橙子籽和水。

2 将锅加热烧开，盖上锅盖并用小火继续加热 1.5 小时。将锅内的水果捣成糊状，让其略微冷却，然后将果肉连同汁液，倒入悬挂在一个碗上方并烫煮过的果汁过滤袋中。让其控一个晚上的时间。

3 将过滤好的汁液量好之后倒入一个锅内，按照每 600 毫升的汁液加入 450 克糖的比例加入糖。

4 用小火加热，并搅拌至糖完全溶化。在用大火加热并煮开后，不要搅拌的同时，继续加热 5~10 分钟，或者一直加热到结力达到了凝结点（105℃）。

5 将锅从火上端离开，撇干净表面上所有的浮沫。将结力舀入热的、消过毒的广口瓶内，盖好、密封好，并贴上标签。储存在一个凉爽的地方。

果酱，柑橘果酱和涂抹酱（黄油）
jams, marmalades and butters

精细的果皮晶莹剔透，滋味甘美柔滑，这些使用传统方法制作而成的果酱类食品完全可以与商业化大批量生产的产品相媲美。这些产品中包含有柑橘类水果和浆果类、香料类，以及柔软的水果、籽和干果仁等都融为一体。它们可以随心所欲地涂抹到面包上或者用来制作小甜饼，可以用来作为蛋糕中的夹馅，或者用来制作美味可口的甜点酱汁。你也可以将它们少量的添加到咸香味道的酱汁中、各种腌汁中和沙拉酱汁中用来增添别具一格的风味。

覆盆子和百香果果酱

seedless raspberry and passion fruit jam

覆盆子果酱中遍布的籽通常会让很多人对这一种味道极佳的果酱望而却步。而在使用这一款食谱制作而成的果酱中没有任何覆盆子籽，却包含了其全部的风味，并且使用多香果来加强其扑鼻而来的香味。

营养分析：

能量：23.206 千焦；蛋白质 30.5 克；碳水化合物 1435.6 克，其中含有糖分 1435.6 克；脂肪 5 克，其中饱和脂肪酸 1.7 克；胆固醇 0 毫克；钙 1096 毫克；纤维素 425 克；钠 137 毫克。

[大约制作 1.3 千克]

原材料：

1.6 千克覆盆子

4 个多香果，切成两半

1.3 千克含果胶的白糖

1 个柠檬，挤出柠檬汁

大厨提示

* 认真阅读糖袋包装上面有关熬糖时间的详细说明。
* 如果你没有含果胶的白糖，可以使用相同数量的白糖并加入果胶粉或者果胶汁。也一样要认真阅读有关果胶包装袋上使用数量的说明。

步骤：

1 将覆盆子放入一个大锅内，然后用勺舀出百香果籽和果肉，并放入到锅内。盖上锅盖后用小火加热熬煮 20 分钟，或者一直加热到覆盆子开始流淌出汁液。

2 将锅从火上端离开，放到一边使其略微冷却，然后使用一把勺子的背面，在粗眼筛上将果肉挤压过滤到一个大锅内。

3 在大锅内加入糖和柠檬汁，使用小火加热的同时搅拌至糖完全溶化。将锅烧开，并继续加热 4 分钟，或者一直加热到果酱达到了凝固点（105℃）。

4 将锅从火上端离开并撇净所有浮沫。让其略微冷却，然后倒入热的、消过毒的广口瓶内。密封好并贴上标签，储存在一个凉爽的地方。

这一款芳香型果酱是炎炎夏日喝奶茶的必备之选。玫瑰花水让草莓更加惹人喜爱，但是只需加入几滴就足够了，因为玫瑰花香的风味很容易就会喧宾夺主。

野草莓和玫瑰花香果酱

wild strawberry and rose petal conserve

营养分析：

能量：22.967 千焦；蛋白质 17.3 克；碳水化合物 1439.5 克，其中含有糖分 1439.5 克；脂肪 1.4 克，其中饱和脂肪酸 0 克；胆固醇 0 毫克；钙 905 毫克；纤维素 14.9 克；钠 159 毫克。

[大约制作 900 克]

原材料：

900 克阿尔卑斯山野生草莓

450 克草莓，去蒂，捣碎

2 朵深粉色玫瑰花朵，只取用花瓣

2 个柠檬，挤出柠檬汁

1.3 千克白糖

几滴玫瑰花水

步骤：

1 将草莓放入一个非金属的碗里，加入玫瑰花瓣、柠檬汁和糖。盖好之后腌制一个晚上的时间。

2 第二天，将碗里所有的水果倒入一个大锅内，并用小火加热，搅拌至所有的糖全部溶化。继续加热 10~15 分钟或者达到凝固点（105℃）。

3 在锅内拌入玫瑰花水，然后将锅从火上端离开，撇去浮沫，让其冷却 5 分钟，然后搅拌均匀，倒入热的、消过毒的广口瓶内。密封好并贴上标签，然后储存好。

大厨提示

* 如果找不到野生草莓，可以使用普通草莓代替。留出一些小个头的整个草莓，然后将其余所有大一些的草莓捣碎。
* 制作原味草莓果酱，可以使用这道菜谱中的制作方法，但是去掉玫瑰花瓣和玫瑰花水即可。

樱桃和浆果果酱
cherry-berry conserve

酸酸的蔓越莓让甜美的樱桃口味更加生动，同时也增加了这一款靓丽的果酱中的果胶含量，涂抹奥松脆饼上或者烘烤至金黄的面包上让人难以忘怀，津津乐道。果酱拌入到搭配烤鸭、烤家禽或者烤猪肉所使用的肉汁中和酱汁中也非常美味可口。

营养分析：

能量：24.524 千焦；蛋白质 16.7 克；碳水化合物 1540.4 克，其中含有糖分 1540.4 克；脂肪 1.4 克，其中饱和脂肪酸 0 克；胆固醇 0 毫克；钙 844 毫克；纤维素 14.6 克；钠 105 毫克。

3 在锅内加入糖，使用小火加热的同时搅拌至糖完全溶化。将锅烧开，并继续加热 10 分钟，或者一直加热到果酱达到了凝固点（105℃）。

4 将锅从火上端离开，并用一把撇勺撇净所有浮沫。让其冷却 10 分钟，然后轻轻搅拌均匀，倒入热的、消过毒的广口瓶内。密封好，贴上标签，并储存好。

[大约制作 1.3 千克]

原材料：

350 克新鲜蔓越莓

1 千克樱桃，去核

120 毫升黑醋栗或者覆盆子糖浆

2 个柠檬，挤出柠檬汁

250 毫升水

1.3 千克白糖

步骤：

1 将蔓越莓放入食品加工机内搅打成颗粒状。倒入一个锅内，加入樱桃、水果糖浆和柠檬汁。

2 在锅内加入水。盖上锅盖并加热烧开，然后用小火加热 20~30 分钟，或者一直加热到蔓越莓变得非常软烂。

大厨提示

* 蔓越莓在加入糖之前，必须加工得非常成熟。否则会变得很坚硬。

在夏末之际，会有那么一段短暂的时间，所有不同种类的浆果，忽然之间似乎是约好了似的，不约而同的都成熟了起来。将它们混合起来制作成为果酱，随着不同的风味结合到一起，特别是当与杜松子亲密结合之后，就会让人情不自禁的回味起杜松子酒的滋味。

夏日浆果和杜松子果酱

summer berry and juniper jam

营养分析：

能量：22.854 千焦；蛋白质 25.4 克；碳水化合物 1420.6 克，其中含有糖分 1420.6 克；脂肪 4 克，其中饱和脂肪酸 1.4 克；胆固醇 0 毫克；钙 1027 毫克；纤维素 33.8 克；钠 119 毫克。

[大约制作 1 千克]

原材料：

675 克覆盆子

675 克黑莓

10 毫升杜松子，碾碎

300 毫升水

1.3 千克白糖

2 个柠檬，挤出柠檬汁

大厨提示

＊杜松子质地非常柔软，可以非常容易的碾碎成粗粒状。可以将杜松子放入研钵中，用杵捣碎。

步骤：

1 将覆盆子、黑莓和杜松子一起放入一个大的厚底锅内，加入水。用小火加热，盖上锅盖，保持小火加热大约 15 分钟，或者一直加热到将锅内的汁液烧开。

2 在锅内加入糖和柠檬汁，使用小火加热的同时搅拌至糖完全溶化（要小心，不要将浆果搅碎的太多）。

3 将锅烧开，并继续加热 5～10 分钟，或者一直加热到果酱达到了凝固点（105℃）。将锅从火上端离开，并使用一把撇勺，撇净表面上所有的浮沫。让其冷却大约 5 分钟，然后再次轻轻搅拌，倒入热的、消过毒的广口瓶内。密封好并贴上标签，储存在一个凉爽、避光的地方。

蓝莓和青柠檬果酱

blueberry and lime jam

蓝莓雅致而芳香的风味可以让人产生错觉。在制作果酱时加入了大量味道浓烈的青柠檬汁来增强蓝莓的风味并让这一款果酱带有一股清新而美妙的青柠檬皮的滋味。

营养分析：

能量：17.852 千焦；蛋白质 16.7 克；碳水化合物 1111.3 克，其中含有糖分 1111.3 克；脂肪 2.6 克，其中饱和脂肪酸 0 克；胆固醇 0 毫克；钙 1063 毫克；纤维素 40.3 克；钠 86 毫克。

[大约制作 1.3 千克]

原材料：

1.3 千克蓝莓

4 个青柠檬，削下薄薄的外层皮，并挤出青柠汁

1 千克含果胶的白糖

大厨提示

＊蓝莓中天然果胶的含量不是很高，所有需要额外添加一些果胶以让其更好的凝固。如果你喜欢，可以使用白糖并加入果胶来代替含果胶的白糖使用，并根据果胶包装袋上的使用说明来代替白糖中的果胶。

步骤：

1 将蓝莓、青柠汁和一半用量的糖放入一个大的、非金属的碗里，使用土豆捣碎器将蓝莓捣碎。放到一边静置 4 个小时。

2 将捣碎的蓝莓混合物倒入一个锅里，拌入青柠檬皮和剩余的白糖。用小火加热，同时不停的搅拌直到糖完全溶化。

3 改用中火将锅烧开。并继续加热大约 4 分钟，或者一直加热到果酱达到了凝固点（105℃）。

4 将锅从火上端离开，放到一边静置 5 分钟。轻轻的搅拌果酱，溶化倒入热的、消过毒的广口瓶内，密封好，当完全冷却之后，贴上标签，储存在一个凉爽、避光的地方。

这一款果酱富含水果的芳香风味，以及让人沉醉的深黑色。配茶点中的司康饼美妙绝伦，或者用来涂抹到牛角面包上作为悠闲的欧陆式风格的早餐享用。

黑醋栗果酱
blackcurrant jam

营养分析：

能量：23.038 千焦；蛋白质 18.4 克；碳水化合物 1448.7 克，其中含有糖分 1448.7 克；脂肪 0.1 克，其中饱和脂肪酸 0 克；胆固醇 0 毫克；钙 1474 毫克；纤维素 46.8 克；钠 122 毫克。

[大约制作 1.3 千克]

原材料：

1.3 千克黑醋栗

1 个橙子，擦取外皮并挤出橙

475 毫升水

1.3 千克白糖

30 毫升黑醋栗甜酒（可选）

步骤：

1 将红醋栗、橙皮和橙汁，以及水一起倒入一个大的厚底锅内。加热烧开，然后改用小火继续加热 30 分钟。

2 将糖加入锅内，在用小火加热的同时搅拌至糖完全溶化。

3 将锅烧开，并继续加热大约 8 分钟，或者一直加热果酱达到了凝固点（105℃）。

4 将锅从火上端离开，使用一把撇勺，将表面所有的浮沫都撇干净。放到一边静置 5 分钟，如果使用了红醋栗甜酒，在此时拌入。

5 将制作好的果酱倒入热的、消讨毒的广口瓶内，密封好。当完全冷却之后，贴上标签，储存在一个凉爽、避光的地方。

杏脯果酱

dried apricot jam

这一款风味浓厚的果酱可以在一年中的任何时间内进行制作，所以即使你错过了鲜杏短暂的盛产季，你一年到头也都可以去享用这一款甘甜、香醇，美味可口的杏脯果酱。

营养分析：

能量：16.877 千焦；蛋白质 40.9 克；碳水化合物 955.2 克，其中含有糖分 953.9 克；脂肪 31.9 克，其中饱和脂肪酸 2.2 克；胆固醇 0 毫克；钙 971 毫克；纤维素 46.2 克；钠 142 毫克。

[大约制作 2 千克]

原材料：

675 克杏脯

900 毫升苹果汁

2 个没有打蜡的柠檬，擦取柠檬外皮，并挤出柠檬汁

675 克白糖

50 克白杏仁，切碎

大厨提示

＊ 要使用经过传统工艺制作而成的最佳品质的杏脯来制作这一款果酱。它们比即食杏脯有着更加稳定的质地，制作而成的果酱品质也会更好。

步骤：

1 将杏脯放入一个碗里，倒入苹果汁并浸泡一个晚上的时间。

2 将浸泡好的杏脯连同苹果汁一起倒入一个大锅内，加入柠檬汁和柠檬片。加热烧开，然后用小火继续加热 15~20 分钟，直到杏脯变得柔软。

3 将糖加入到锅内，在用小火加热的同时搅拌至糖完全溶化并烧开。继续加热 15~20 分钟，或者一直加热果酱达到了凝固点（105℃）。

4 将切碎的杏仁加入果酱中搅拌好并静置 15 分钟，然后将制作好的果酱倒入热的、消过毒的广口瓶内，密封好。当完全冷却之后，贴上标签，储存在一个凉爽、避光的地方。

在这一款果酱中添加了意大利杏仁酒（杏仁利口酒），制作出这一款奢华甘美的果酱。非常适合于搭配热乎乎的刚涂抹上黄油的烤面包片，或者英式松饼。根据自己口味喜欢，你也可以使用桃味利口酒来代替意大利杏仁酒。

营养分析：

能量：23.729 千焦；蛋白质 19.5 克；碳水化合物 1472.1 克，其中含有糖分 1472.1 克；脂肪 1.3 克，其中饱和脂肪酸 0 克；胆固醇 0 毫克；钙 782 毫克；纤维素 19.5 克；钠 96 毫克。

桃和杏仁甜酒风味果酱

peach and amaretto jam

[大约制作 1.3 千克]

原材料：

1.3 千克桃子

250 毫升水

2 个柠檬，挤出柠檬汁

1.3 千克白糖

45 毫升意大利杏仁酒

步骤：

1　使用削皮刀，小心地将桃的外皮削掉，或者用开水烫过之后用小刀将外皮削掉。将桃皮保留备用。

2　将桃切成两半并去掉桃核，将桃肉切成小丁，放入一个锅内，加入水。将桃皮也放入一个小锅内用水没过。熬煮到锅内的汤汁剩下 30 毫升的量。将桃皮连同汁液用细筛挤压过滤到盛放桃肉的锅内。盖上锅盖，用小火加热熬煮 20 分钟，直到桃肉变得软烂。

3　将柠檬汁和糖加入锅内，在用小火加热的同时搅拌至糖完全溶化并烧开。将锅烧开并继续加热 10～15 分钟，或者一直加热果酱达到了凝固点（105℃）。将锅从火上端离开，使用一把撇勺，将表面所有的浮沫都撇干净。

4　将熬煮好的果酱放到一边静置大约 10 分钟，然后拌入意大利杏仁酒，将制作好的果酱倒入热的、消过毒的广口瓶内。密封好，当完全冷却之后，贴上标签，储存在一个凉爽、避光的地方。

鹅莓和接骨木花风味果酱

gooseberry and elder-flower jam

淡绿色的鹅莓和芳香的接骨木花，在这一款芳香四溢的果酱中完美的融为了一体。

营养分析：

能量：22.473 千焦；蛋白质 20.8 克；碳水化合物 1397.5 克，其中含有糖分 1397.5 克；脂肪 5.2 克，其中饱和脂肪酸 0 克；胆固醇 0 毫克；钙 1053 毫克；纤维素 31.2 克；钠 104 毫克。

[大约制作 2 千克]

原材料：

1.3 千克果肉硬实的鹅莓

300 毫升水

1.3 千克白糖

1 个柠檬，挤出柠檬汁

2 把接骨木花，从枝上摘下

步骤：

1 将鹅莓放入一个大锅内，加入水并加热烧开。

2 盖上锅盖，并继续用小火加热 20 分钟，或者一直加热到鹅莓变得软烂。使用土豆捣碎器，将蓝莓轻轻的大体捣碎。

3 将糖、柠檬汁和接骨木花一起加入溶锅内，在用小火加热的同时搅拌至糖完全溶化。继续加热 10 分钟，或者一直加热果酱达到了凝固点（105℃）。将锅烧开并将锅从火上端离开，将表面所有的浮沫都撇干净。

4 将熬煮好的果酱放到一边静置冷却 5 分钟，然后再次搅拌。灌入瓶内并密封好，让其冷却之后再贴上标签。

大厨提示

* 将果酱熬煮到凝固点温度时需要的时间，会依据所使用鹅莓的成熟程度不同而不同。成熟一些的鹅莓，会需要加热更长一些的时间来达到凝固点所需要的温度。

西洋李子果酱

damson jam

黑色、圆润饱满的西洋李子，可以制作出一款颜色深邃，风味浓郁的果酱。在悠闲的饮茶时光里可以作为一种美味的佐料涂抹到烘烤至金黄的英式松饼上或者热的松脆饼上。

营养分析：

能量：18.082 千焦；蛋白质 10 克；碳水化合物 1141 克，其中含有糖分 1141 克；脂肪 0 克，其中饱和脂肪酸 0 克；胆固醇 0 毫克；钙 770 毫克；纤维素 18 克；钠 80 毫克。

[大约制作 2 千克]

原材料：

1 千克西洋李子或者野生李子

1.4 升水　1 千克白糖

步骤：

1 将西洋李子放入一个大锅内并加入水。加热烧开，然后改用小火继续加热至西洋李子变得软烂，将糖加入搅拌好。

2 将锅烧开，将浮在表面的籽都撇干净。一直加热西洋李子达到了凝固点（105℃）。放到一边静置冷却 10 分钟，然后灌装到广口瓶内，密封好，待其完全冷却之后贴上标签并存储好。

大厨提示

* 最为关键之处是广口瓶在灌装好之后的第一时间内就有密封好，以确保果酱保存在无菌状态下。同时在果酱完全冷却之后再贴上标签，并将它们储存在一个凉爽、避光的地方。

青梅和杏仁风味果酱

greengage and almond jam

当青梅大批上市的时候，或者你有用不完的青梅的时候，都可以用来制作成诱人食欲的果酱。青梅和杏仁风味果酱风味十分浓郁、具有蜂蜜般金黄的色彩和细腻柔滑的质地，与其中点缀般的银色杏仁形成了奇妙的反差对比色。

营养分析：

能量：2.465 千焦；蛋白质 24.9 克；碳水化合物 1476.3 克，其中含有糖分 1475 克；脂肪 29.2 克，其中饱和脂肪酸 2.2 克；胆固醇 0 毫克；钙 978 毫克；纤维素 24.5 克；钠 111 毫克。

[大约制作 1.3 千克]

原材料：

1.3 千克青梅，去核

350 毫升水

1 个柠檬，挤出柠檬汁

50 克白杏仁，切成细片

1.3 千克白糖

大厨提示

＊青梅看起来像极了没有成熟的李子。然而，抛开它们相似的外观，青梅带有更加浓郁的芳香，会完美的保留在制作好的果酱中。

步骤：

1 将青梅和水一起放入一个大锅内，加入柠檬汁和杏仁片。加热烧开，然后盖上锅盖用小火加热 15～20 分钟，或者一直加热到青梅全部变得软烂。

2 将糖加入锅内，在用小火加热的同时搅拌至糖完全溶化，将锅烧开，并继续加热 10～15 分钟，或者一直加热到果酱达到了凝固点（105℃）。

3 将锅从火上端离开，使用一把撇勺，将表面所有的浮沫都撇干净。

4 将熬煮好的果酱放到一边静置冷却大约 10 分钟，然后轻轻搅拌，倒入热的、消过毒的广口瓶内。密封好，当完全冷却之后，贴上标签，储存在一个凉爽的地方。

在夏末的时候是制作这一款果酱的最好时间，那个时候的大黄叶片成长的最大，并且其茎秆最为粗壮，颜色也最为碧绿。带有令人舒适的、扑鼻而来的酸酸风味，舀几勺到原味蛋糕上会美味至极，或者也可以与打发好的奶油一起做馅料。

大黄和姜味果酱
rhubarb and ginger jam

营养分析：

能量：17.308 千焦；蛋白质 14.9 克；碳水化合物 1083.8 克，其中含有糖分 1083.8 克；脂肪 1.7 克，其中饱和脂肪酸 0 克；胆固醇 0 毫克；钙 1582 毫克；纤维素 17.9 克；钠 314 毫克。

[大约制作 2 千克]

原材料：

1 千克大黄

1 千克白糖

25 克鲜姜，拍碎

115 克蜜饯生姜（糖姜）

50 克糖渍橙皮，切碎

大厨提示

＊鲜嫩而细长的大黄茎秆在春季很常见，更适合用来制作馅饼和挞。它们清淡而细腻的风味在制作成为果酱之后几无可问，所以等到后面大黄成熟的季节制作成果酱还是物有所值的。

步骤：

1 将大黄切成小块，平铺到一个玻璃碗里撒上糖。让其腌制一个晚上的时间。

2 第二天，将大黄和糖一起倒入一个大的厚底锅内。

3 用一块棉布将拍碎的姜包起并捆好，放入到锅内。用小火加热熬煮 30 分钟，或者一直加热到大黄变得软烂。

4 从锅内取出姜包，并拌入蜜饯生姜和糖渍橙皮。

5 将锅重新加热烧开，然后使用中火一直加热到凝固点（105℃）。放到一边让其冷却几分钟，然后倒入热的、消过毒的广口瓶内，并密封好，当完全冷却之后，贴上标签，储存好。

木瓜和杏果酱

papaya and apricot jam

杏和木瓜在这一款惹人食欲的果酱中搭配的如此完美。但是如果你更倾向于制作原味杏果酱，只需简单的用同等重量的杏代替木瓜即可。

营养分析：

能量：23.436 千焦；蛋白质 17.4 克；碳水化合物 1471.7 克，其中含有糖分 1471.7 克；脂肪 1.5 克，其中饱和脂肪酸 0 克；胆固醇 0 毫克；钙 938 毫克；纤维素 25.3 克；钠 129 毫克。

[大约制作 1.3 千克]

原材料：

900 克去核杏，保留 6 个杏核

450 克木瓜，去皮、去籽，切成小块

2 个柠檬，擦取外皮，并挤出柠檬汁

250 毫升水　1.3 千克白糖

大厨提示

* 杏核内的苦杏仁可以为果酱增添杏仁的风味。只需使用几个即可，因为苦杏仁的味道过于浓郁，使用之前要烫煮一下，以除掉其中的天然毒素。

步骤：

1 使用核桃夹或者木槌，将预留出的杏核敲碎，取出其中的杏仁。将杏仁放入一个锅内，加入开水煮 2 分钟，然后捞出控干并去掉杏仁外皮。

2 将杏切成片，放入一个大锅内，加入杏仁、木瓜、柠檬碎皮和柠檬汁，以及水。加热烧开，然后盖上锅盖并用小火加热熬煮 20~30 分钟，或者一直加热熬煮到水果全部变得软烂。

3 将糖加入锅内，在用小火加热的同时搅拌至糖完全溶化，将锅烧开，并继续加热大约 15 分钟，或者一直加热到果酱达到了凝固点（105℃）。

4 将锅从火上端离开，使用一把撇勺，将表面所有的浮沫都撇干净。放到一边静置冷却 5 分钟，在轻轻搅拌之后倒入热的、消过毒的广口瓶内，并密封好。将熬煮好的果酱当完全冷却之后，储存在一个凉爽、避光的地方。

哈密瓜精致淡雅的风味被香辛的姜味所彰显，并且又被芳香的八角进行了完美无缺的补充。果酱一旦打开瓶盖使用，就需要把这一款美味可口的果酱储存在冰箱内。

八角风味哈密瓜果酱
melon and star anise jam

营养分析：

能量：8.928 千焦；蛋白质 9.8 克；碳水化合物 554.3 克，其中含有糖分 554.3 克；脂肪 1.5 克，其中饱和脂肪酸 0 克；胆固醇 0 毫克；钙 434 毫克；纤维素 6 克；钠 492 毫克。

[大约制作 1.3 千克]

原材料：

2 个哈密瓜，去皮，去籽

450 克白糖 2 粒八角

4 块糖浆腌姜，控干，切成细末

2 个柠檬，擦取外皮，并挤出柠檬汁

步骤：

1 将哈密瓜切成小块，在一个非金属大碗里分层摆放好，每层都撒上白糖。用保鲜膜盖好，腌制一晚上的时间，或者直到哈密瓜开始渗出汁液。

2 将哈密瓜和糖的混合物倒入一个大锅内，加入八角、姜末、柠檬皮和柠檬汁，搅拌均匀。

3 将锅烧开，然后改用小火继续加热。熬煮 25 分钟，或者一直加热到哈密瓜变成透明状并达到了凝固点（105℃）。

4 用勺舀入热的、消过毒的广口瓶内，并密封好。待熬煮好的果酱当完全冷却之后，储存在一个凉爽、避光的地方。

大厨提示

* 要测试哈密瓜果酱凝固的程度，舀取一点果酱放入一个冷的餐盘内。用手指轻轻推动果酱时，果酱会起皱。

牛津橘子果酱

oxford marmalade

别具一格的焦糖色和浓郁的风味，传统的牛津橘子果酱是将水果切好之后加热熬煮几个小时的时间，然后再加入糖制作而成的。

营养分析：

能量：22.833 千焦；蛋白质 16.4 克；碳水化合物 1435 克，其中含有糖分 1435 克；脂肪 0.9 克，其中饱和脂肪酸 0 克；胆固醇 0 毫克；钙 1112 毫克；纤维素 15.3 克；钠 123 毫克。

[大约制作 2.25 千克]

原材料：

900 克酸橙

1.75 升水

1.3 千克白糖

大厨提示

* 从传统上将只有酸橙一类的橙子可以用来制作橘子果酱，尽管这一个传统做法不一定正确，但是制作牛津橘子酱使用酸橙却是毫无疑问的。

步骤：

1 将酸橙皮擦洗干净，然后使用一把削皮刀，将其外层皮削下来。切碎之后放入一个大锅内。

2 将酸橙切碎，留出籽，将橙肉放入橙皮锅内，加入水。将籽用一块棉布包好捆起，也放入锅内，加热烧开，然后盖上锅盖，用小火加热 2 小时。在熬煮的过程中要添加水，以保持其体积不变。然后将锅从火上端离开，放置一晚上的时间。

3 第二天，将棉布包捞出，挤净汁液，将锅重新加热，并烧开，然后盖上锅盖，再用小火继续熬煮 1 个小时。

4 将糖加入锅内，在用小火加热的同时搅拌至糖完全溶化，将锅烧开，并继续加热大约 15 分钟的时间，或者一直加热到果酱达到了凝固点（105℃）。

5 将锅从火上端离开，将表面所有的浮沫都撇干净。放到一边静置冷却大约 5 分钟，经过搅拌之后倒入热的、消过毒的广口瓶内，并密封好。当完全冷却之后，贴上标签，储存在一个凉爽、避光的地方。

这一款经典的橘子果酱使用橙子和柠檬制作而成，带有浓烈的、令人赏心悦目的柑橘类风味。还带有清雅的、令人神清气爽的风味，特别时候于早餐，涂抹到刚刚烘烤至金黄色的面包上。

营养分析：

能量：21.184 千焦；蛋白质 15.9 克；碳水化合物 1330.5 克，其中含有糖分 1330.5 克；脂肪 0.9 克，其中饱和脂肪酸 0 克；胆固醇 0 毫克；钙 1059 毫克；纤维素 15.3 克；钠 117 毫克。

圣克利门特教堂橘子果酱

st clement's marmalade

[**大约制作 2.25 千克**]

原材料：

450 克酸橙

450 克甜橙

4 个柠檬

1.5 升水

1.2 千克白糖

步骤：

1 将橙子和柠檬洗净，然后切成两半，并挤出汁液，倒入一个大锅内。将橙子外皮和柠檬外皮切成丝也放入锅内，将橙子籽和柠檬籽和白色橙皮，以及白色柠檬皮一起用一块棉布包起捆好放入锅内。

3 将糖加入锅内，在用小火加热的同时搅拌至糖完全溶化，将锅烧开，并用中火加热大约 15 分钟，或者一直加热到果酱达到了凝固点（105℃）。

4 将锅从火上端离开，将表面所有的浮沫都撇干净。放到一边静置冷却大约 5 分钟，经过搅拌之后倒入热的、消过毒的广口瓶内，并密封好。当完全冷却之后，贴上标签，储存在一个凉爽、避光的地方。

2 在锅内加入水，加热烧开，然后盖上锅盖并用小火继续加热 2 小时。取出棉布袋，让其冷却，然后挤出棉布袋中的汁液到锅里。

粉红西柚和蔓越莓果酱

pink grapefruit and cranberry marmalade

蔓越莓给这一款奢华之极的果酱带来一股特殊的酸冽感和丰富的水果风味，同时也带来了无与伦比的靓丽色彩。制作好的果酱使其成为了早餐中充满活力之选，搭配冷的烤火鸡也是节假日冷的烤火鸡令人心旷神怡的配菜。

营养分析：

能量：22.616 千焦；蛋白质 12.6 克；碳水化合物 1424.4 克，其中含有糖分 1424.4 克；脂肪 0.9 克，其中饱和脂肪酸 0 克；胆固醇 0 毫克；钙 853 毫克；纤维素 12.4 克；钠 103 毫克。

[大约制作 2.25 千克]

原材料：

675 克粉红西柚

2 个柠檬，挤出柠檬汁，保留柠檬籽

900 毫升水

225 克蔓越莓

1.3 千克白糖

大厨提示

＊你可以使用新鲜的或者速冻的蔓越莓来制作这一款果酱。效果都非常棒。

步骤：

1 洗净西柚，切成两半，然后再切成四半，最后全部切成薄片，保留西柚籽，以及流淌出来的汁液。

2 将西柚籽和柠檬籽用一块棉布包起捆紧放入一个大锅内，加入西柚片和柠檬汁。

3 在锅内加入水，加热烧开。盖上锅盖后用小火继续加热 1.5～2 小时，或者一直加热到西柚的外皮变得软烂。取出棉布袋，让其冷却，然后将棉布袋中的汁液挤出到锅内。

4 将蔓越莓加入锅内，然后继续加热烧开。再用小火继续加热 15～20 分钟，直到蔓越莓的籽裂开并变得软烂。

5 将糖加入锅内，在用小火加热的同时搅拌至糖完全溶化，将锅烧开，并用中火加热大约 10 分钟，或者一直加热到果酱达到了凝固点（105℃）。

6 将锅从火上端离开，使用一把撇勺，将表面所有的浮沫都撇干净。放到一边静置冷却 5～10 分钟，经过搅拌之后将熬煮好的果酱，倒入热的、消过毒的广口瓶内，并密封好。当完全冷却之后，贴上标签。

如果你喜欢制作一款味道超级浓烈的果酱，非西柚果酱莫属。要制作出色泽艳丽、红彤彤的果酱，选择红色西柚比粉红色的西柚更合适。红色西柚可以制作出一款风味令人愉快，滋味美味而甘甜，颜色如宝石般的果酱。

红西柚果酱
ruby red grapefruit marmalade

营养分析：

能量：22.57 千焦；蛋白质 13.7 克；碳水化合物 1419.7 克，其中含有糖分 1419.7 克；脂肪 0.9 克，其中饱和脂肪酸 0 克；胆固醇 0 毫克；钙 896 毫克；纤维素 11.7 克；钠 105 毫克。

[大约制作 1.8 千克]

原材料：

900 克红西柚

1 个柠檬

1.2 升水

1.3 千克白糖

步骤：

1 将红西柚和柠檬清洗干净，使用削皮刀，将红西柚和柠檬的外皮削下。将水果切成两半，将汁液挤出，倒入一个大锅内，将所有的籽保留好。

2 将所有的籽和白色的筋脉包入一块棉布中捆好，放入锅内。将西柚和柠檬的皮丢弃不用。

3 使用一把锋利的刀，根据喜好，将西柚和柠檬的外皮切成细丝或者切碎，也放入锅内。

4 在锅内加入水，并加热烧开。盖上锅盖后改用小火继续加热 2 小时，或者直到水果外皮变得软烂。

5 取出棉布包，让其冷却，然后将汁液挤出到锅内，将糖加入锅内，在用小火加热的同时搅拌至糖完全溶化，将锅烧开，并用中火加热 10~15 分钟，或者一直加热到果酱达到了凝固点（105℃）。

6 将锅从火上端离开，使用一把撇勺，将表面所有的浮沫都撇干净。放到一边静置冷却大约 10 分钟，经过搅拌之后将熬煮好的果酱，倒入热的、消过毒的广口瓶内，并密封好。当完全冷却之后，贴上标签。

大厨提示

＊尽管你也可以使用黄色的西柚来制作这一款果酱，比使用红西柚制作出的果酱更浓烈一些，颜色也更浅一些，但是水果的风味也会更淡一些。

姜味柠檬果酱

lemon and ginger marmalade

这一款有滋有味的果酱可以作为给肉类菜肴增亮的基础材料。只需混入几勺酱油搅拌均匀之后，在铁扒肉类之前涂刷到肉上。

营养分析：

能量：15.843 千焦；蛋白质 17.3 克；碳水化合物 980.3 克，其中含有糖分 980.3 克；脂肪 3.9 克，其中饱和脂肪酸 1.2 克；胆固醇 0 毫克；钙 1559 毫克；纤维素 1.6 克；钠 204 毫克。

[大约制作 1.8 千克]

原材料：

1.2 千克柠檬

150 克鲜姜，去皮、擦碎成细末

1.2 升水

900 克白糖

大厨提示

* 在挑选鲜姜的时候，要选择鲜嫩、肉质硬实、表皮光滑的姜。为取得最佳效果，只需擦取鲜嫩多汁的部分，老的部分、筋多的部分不用。

步骤：

1 将柠檬切成四半，再切成片。将籽用一块棉布包起捆好，连同柠檬、姜和水一起，放入一个大锅内。加热烧开，盖上锅盖后后小火继续加热 2 小时，或者一直加热到柠檬变得软烂。

2 取出棉布包，让其冷却，然后将汁液挤出到锅内，以释出所有的汁液和果胶。将糖加入锅内，在用小火加热的同时搅拌至糖完全溶化，将锅烧开，并用中火加热 5 ~ 10 分钟，或者一直加热到果酱达到了凝固点（105℃）。

3 将锅从火上端离开，使用一把撇勺，将表面所有的浮沫都撇干净。

4 将锅放到一边静置冷却 5 分钟，经过搅拌之后，将熬煮好的果酱，倒入热的、消过毒的广口瓶内，并密封好。当完全冷却之后，贴上标签并存储在一个凉爽的地方。

橙子和香菜风味果酱

orange and coriander marmalade

这一款果酱使用苦味的酸橙制作而成，并添加了口味柔和的香菜来增加香味。

营养分析：

能量：15.935 千焦；蛋白质 12.4 克；碳水化合物 999.2 克，其中含有糖分 997.9 克；脂肪 1.2 克，其中饱和脂肪酸 0 克；胆固醇 0 毫克；钙 826 毫克；纤维素 12.6 克；钠 110 毫克。

[大约制作 1.8 千克]

原材料：

675 克酸橙　2 个柠檬

15 毫升碾碎的香草籽

1.5 升水　900 克白糖

步骤：

1 用削皮刀，削下橙子和柠檬的外层皮。将橙子和柠檬分别切成两半，并挤出所有的汁液。将橙子籽和柠檬籽，以及香草籽用一块棉布包好捆起。使用一把锋利的刀将橙皮和柠檬皮切成丝，连同橙汁和柠檬汁一起放入一个大锅内。

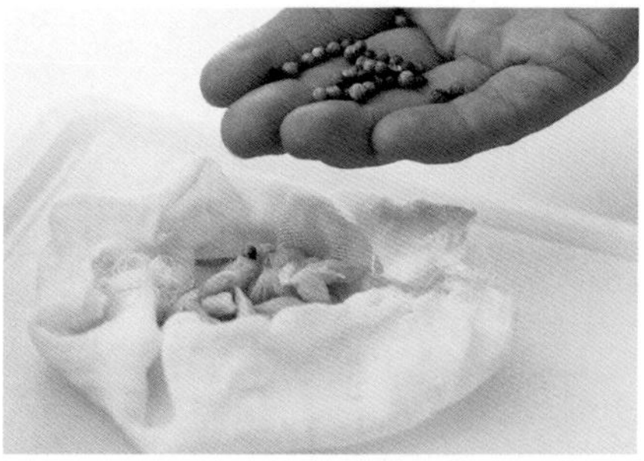

2 在锅内加入水并加热烧开。盖上锅盖，用小火继续加热 2 小时，或者一直加热到锅内的汁液熇至减少了一半，并且橙皮和柠檬皮变得软烂。

3 从锅内取出棉布包，放到一边让其冷却，然后将汁液挤出到锅内，以释出所有的汁液和果胶。

4 将糖加入锅内，在用小火加热的同时搅拌至糖完全溶化，将锅烧开，并用中火加热 5 ~ 10 分钟，或者一直加热到果酱达到了凝固点（105℃）。

5 将锅从火上端离开，使用一把撇末勺，将表面所有的浮沫都撇干净。将锅放到一边静置冷却 5 分钟，经过搅拌之后，将熬煮好的果酱，倒入热的、消过毒的广口瓶内，并密封好。当完全冷却之后，贴上标签。

橙子威士忌风味果酱

orange and whisky marmalade

在橙子果酱中加入威士忌，让果酱中产生了梦幻般的热情和别具一格的风味。威士忌是在果酱熬煮好之后才加入的，以保持威士忌本身的浓郁滋味和略带苦感的回味，如果经过长时间的加热，威士忌的这些特色就会失去。在蒸好的海绵蛋糕上，舀上几勺橙子威士忌风味果酱会令人回味无穷。

营养分析：

能量：23.39千焦；蛋白质16.4克；碳水化合物1435克，其中含有糖分1435克；脂肪0.9克，其中饱和脂肪酸0克；胆固醇0毫克；钙1112毫克；纤维素15.3克；钠123毫克。

3 从锅内取出棉布包，放到一边让其冷却，然后将汁液挤出到锅内，以释出所有的汁液和果胶。将糖加入锅内，在用小火加热的同时搅拌至糖完全溶化，将锅烧开，并用中火加热5~10分钟，或者一直加热到果酱达到了凝固点（105℃）。

4 将锅从火上端离开，使用一把撇勺，将表面所有的浮沫都撇干净。拌入威士忌，然后将锅放到一边静置冷却5分钟，经过搅拌之后，将熬煮好的果酱，倒入热的、消过毒的广口瓶内。密封好，当完全冷却之后，贴上标签。储存在一个凉爽、避光的地方。

[大约制作 2.25 千克]

原材料：

900 克酸橙

1 个柠檬，挤出柠檬汁，保留柠檬籽

1.2 升水

1.5 千克白糖

60 毫升威士忌

步骤：

1 将橙子擦洗干净并切成两半。将橙汁挤到一个大锅内，保留橙子籽和所有的筋脉部分。将它们连同柠檬籽一起包入一块棉布中并捆好，放入到橙汁锅中。

2 使用一把锋利的刀，将橙皮切成细丝，也放入锅内，加入水。将锅加热烧开，然后盖上锅盖，用小火继续加热 1.5~2 个小时，或者一直加热到橙皮变得非常软烂。

这一款青柠丝果酱可以真正的保持住青柠的风味和芳香。这其中最为重要的是要将青柠皮切成非常细的丝，因为青柠的皮比其他柑橘类水果都要老硬，如果切的太粗了，在果酱中会嚼不动。

青柠丝果酱
fine lime shred marmalade

营养分析：

能量：21.975 千焦；蛋白质 13.3 克；碳水化合物 1380.1 克，其中含有糖分 1380.1 克；脂肪 2 克，其中饱和脂肪酸 0.7 克；胆固醇 0 毫克；钙 1263 毫克；纤维素 0 克；钠 112 毫克。

[大约制作 2.25 千克]

原材料：

12 个青柠檬

4 片青柠叶

1.2 升水

1.3 千克白糖

步骤：

1 将青柠檬纵长切成两半，然后切成薄片，将所有的青柠檬籽都保留好。将籽和青柠檬也用一块棉布包好捆起，与青柠檬片一起放入一个大锅内。

2 在锅内加入水，加热烧开。盖上锅盖后，用小火加热 1.5～2 小时，或者一直加热到青柠檬皮变得非常软烂。取出棉布包，放到一边让其冷却，然后将汁液挤到锅内，以释出所有的汁液和果胶。

3 将糖加入锅内，在用小火加热的同时搅拌至糖完全溶化，将锅烧开，并用中火加热 15 分钟，或者一直加热到果酱达到了凝固点（105℃），期间要不时的搅拌。

4 将锅从火上端离开，将表面所有的浮沫都撇干净。将锅放到一边静置冷却 5 分钟，经过搅拌之后，将熬煮好的果酱，倒入热的、消过毒的广口瓶内，密封好。当完全冷却之后，贴上标签。储存在一个凉爽、避光的地方。

大厨提示

＊在经过静置之后灌装入瓶之前要搅拌果酱，以使得果皮在果酱凝固之前，能够均匀的分布在果酱中。

＊要检查果胶凝固的程度，舀取一点果酱放入到一个冷的餐盘内并冷藏 2 分钟。然后用手指朝前推动果酱，如果能起皱纹，则果酱可以装瓶了。

大厨提示

＊要检查果皮是否熬煮到软烂，从锅内取出一片（在加入糖之前），让其略微冷却。当冷却到可以用手拿取时，用拇指和食指碾动——果皮应该是非常柔软的。

芳香南瓜酱

spiced pumpkin marmalade

这一款果酱中靓丽的橙色和温馨舒适的风味，担保你能够消除冬天抑郁。而南瓜的加入，让这一款果酱更加饱满而丰富，有了令人舒心和愉悦的质感。搭配烘烤至金黄色，涂抹上黄油的面包片或者刚出炉的牛角面包上令人回味无穷。

营养分析：

能量：23.629 千焦；蛋白质 26.5 克；碳水化合物 1467 克，其中含有糖分 1463 克；脂肪 3.9 克，其中饱和脂肪酸 1.3 克；胆固醇 0 毫克；钙 1727 毫克；纤维素 23.3 克；钠 146 毫克。

[大约制作 2.75 千克]

原材料：

900 克酸橙，洗净，切成两半

450 克柠檬，切成两半，再切成薄片，保留柠檬籽

2 根肉桂条

2.5 厘米鲜姜，去皮，切成薄片

1.5 毫升豆蔻碎

1.75 升水

800 克南瓜，去皮、去籽、切成薄片

1.3 千克白糖

步骤：

1 将橙汁挤出，倒入一个大锅内。取下橙子中白色的筋脉，与橙子籽放到一起。

2 将橙子皮切成细丝，放入锅内，将柠檬片也放入锅内。将橙子籽和柠檬籽和白色的筋脉，以及香料一起用一块棉布包好捆起，也放入锅内，加入水。加热烧开，然后盖上锅盖，并用慢火加热 1 小时。

3 在锅内加入南瓜，继续用小火加热 1~1.5 小时。取出棉布包，放到一边让其冷却，然后将汁液挤到锅内。

4 将糖加入锅内，在用小火加热的同时搅拌至糖完全溶化，将锅烧开，并用中火加热大约 15 分钟，或者一直加热到果酱变得浓稠，并达到了凝固点（105℃）。加热期间要搅拌几次，以防止果酱粘连到锅底。

5 将锅从火上端离开，将表面所有的浮沫都撇干净。将锅放到一边静置冷却 5 分钟，经过搅拌之后，将熬煮好的果酱，倒入热的、消过毒的广口瓶内。用圆片杏油纸封住果酱的表面，然后将瓶密封。当完全冷却之后，贴上标签。储存在一个凉爽、避光的地方。

小巧而味酸的小柑橘可以制作出带有独特风味的果酱，在烹调中使用范围非常广泛。与酸奶混合，或者用一点热水搅拌好，可以制作成为小甜饼或者法式薄饼的香浓酱汁。是搭配细腻而熟化好的布里奶酪和香脆的饼干不二的选择。

营养分析：

能量：16.894 千焦；蛋白质 12.6 克；碳水化合物 1038.5 克，其中含有糖分 1038.5 克；脂肪 0.9 克，其中饱和脂肪酸 0 克；胆固醇 0 毫克；钙 759 毫克；纤维素 10.8 克；钠 97 毫克。

小柑橘和利口酒风味果酱

clementine and liqueur marmalade

[大约制作 1.8 千克]

原材料：

900 克小柑橘，洗净，切成两半

2 个柠檬，挤出柠檬汁，保留柠檬籽

900 毫升水

900 克白糖

60 毫升橘子味利口酒或者君度酒

大厨提示

* 所有种类的橘子都可以用来制作这一款果酱，但是小柑橘制作的果酱味道最佳。

步骤：

1 将小柑橘切成片，保留所有的籽。将籽和柠檬籽一起用一块棉布包好捆紧与切成片的小柑橘一起放入一个锅内。

2 将柠檬汁和水也加入锅内并加热烧开，然后盖上锅盖用小火加热大约 1.5 小时，或者一直加热到果皮变得非常软烂。取出棉布包，放到一边让其冷却，然后将汁液挤到锅内。

3 将糖加入锅内，在用小火加热的同时搅拌至糖完全溶化，将锅烧开，继续加热 5~10 分钟，或者一直加热到果酱达到了凝固点（105℃）。

4 将锅从火上端离开，将表面所有的浮沫都撇干净。将锅放到一边静置冷却 5 分钟，然后拌入利口酒，将熬煮好的果酱，倒入热的、消过毒的广口瓶内。然后将瓶密封好。当完全冷却之后，贴上标签。

橘子和柠檬草风味果酱

tangerine and lemon grass marmalade

柠檬草和柠檬叶精致淡雅的风味给这一款果酱添加了异域风味的特点。你也可以在装瓶之前将切成细丝的柠檬叶拌入到果酱中，以给果酱带来异常美丽的视觉享受。

营养分析：

能量：16.471 千焦；蛋白质 14.8 克；碳水化合物 1029.5 克，其中含有糖分 1029.5 克；脂肪 1.1 克，其中饱和脂肪酸 0 克；胆固醇 0 毫克；钙 949 毫克；纤维素 15.1 克；钠 82 毫克。

2 将所有的籽、柠檬草和青柠檬叶包入一块棉布中捆好，也放入锅内。加热烧开，然后使用小火继续加热 1.5～2 小时，或者一直加热到橘子皮变得软烂，取出棉布包，放到一边让其冷却，然后将汁液挤到锅内。

3 将糖加入锅内，在用小火加热的同时搅拌至糖完全溶化，将锅烧开，继续加热 5～10 分钟，或者一直加热到果酱达到了凝固点（105℃）。

4 将锅从火上端离开，将表面所有的浮沫都撇干净。将锅放到一边静置冷却 5 分钟，然后拌入利口酒，将熬煮好的果酱，倒入热的、消过毒的广口瓶内。然后将瓶密封好。当完全冷却之后，贴上标签。

[**大约制作 1.8 千克**]

原材料：

900 克橘子，洗净，切成两半

2 个酸橙，挤出酸橙汁，保留酸橙籽

900 毫升水

2 棵柠檬草，从中间片开，然后切碎

3 片青柠檬叶

900 克白糖

步骤：

1 使用一把锋利的刀，将橘子切成薄片，保留橘子籽备用。将橘子片连同酸橙汁和量好的水一起放入一个大锅内。

大厨提示

＊如果你没有青柠檬叶，可以削下一个青柠檬的外皮代替。

比西柚略微大一点，柚子有着青柠绿色的外皮和强烈的、清新的风味，与芳香的菠萝混合制作成为美味可口的果酱。可以作为涂抹的材料或者舀取到甜品上进行装饰。

柚子和菠萝果酱

pomelo and pineapple marmalade

营养分析：

能量：16.919 千焦；蛋白质 10.1 克；碳水化合物 1065.3 克，其中含有糖分 1065.3 克；脂肪 0.4 克，其中饱和脂肪酸 0 克；胆固醇 0 毫克；钙 633 毫克；纤维素 9.2 克；钠 74 毫克。

[**大约制作 2.75 千克**]

原材料：

2 个柚子

900 毫升水

2 罐，432 克罐装原汁碎菠萝

900 克橘子，洗净，切成两半

900 克白糖

步骤：

1 将柚子洗净并切成两半。挤出柚子汁，放入一个大锅内，保留所有的籽。将所有的筋脉和白色的外皮取下，与籽一起用一块棉布包好捆起，放入锅内。将柚子皮切成细丝也放入锅内，再加入水。

2 将锅加热烧开。盖上锅盖用小火加热 1.5～2 小时，期间要不时的搅拌，或者一直加热到橘子皮变得软烂。加入菠萝和菠萝原汁，继续用小火加热 30 分钟。

3 取出棉布包，放到一边让其冷却，然后将汁液挤出到锅内。将糖加入到锅内，在用小火加热的同时搅拌至糖完全溶化，将锅烧开，用中火继续加热 10 分钟，或者一直加热到果酱达到了凝固点（105℃）。

4 将锅从火上端离开，使用一把撇末勺，将表面所有的浮沫都撇干净。将锅放到一边静置冷却 10 分钟，然后再次搅拌果酱，将熬煮好的果酱，倒入热的、消过毒的广口瓶内。然后将瓶密封好。当完全冷却之后，贴上标签。

桃和金橘果酱

peach and kumquat marmalade

将甘甜、芳香的桃和金桔混合到一起，制成这一款精彩绝伦，口味清新的果酱。

营养分析：

能量：17.132 千焦；蛋白质 19.6 克；碳水化合物 1067.6 克，其中含有糖分 1067.6 克；脂肪 1.6 克，其中饱和脂肪酸 0 克；胆固醇 0 毫克；钙 749 毫克；纤维素 21.6 克；钠 90 毫克。

[大约制作 1.8 千克]

原材料：

675 克金橘切成薄片，保留籽和汁

1 个青柠檬，挤出青柠檬汁，保留青柠檬籽

900 克桃子，去皮、切成薄片，保留桃皮

900 毫升水　900 克白糖

步骤：

1　将籽和桃皮用一块棉布包好捆紧，放入一个锅内，加入金橘、汁液和水。加热烧开，然后盖上锅盖，用小火加热 50 分钟。

2　将桃放入锅内，烧开，然后用小火继续加热 40～50 分钟，或者一直加热到水果变得非常软烂。取出棉布包，放到一边让其冷却，然后将汁液挤出到锅内。

3　将糖加入锅内，在用小火加热的同时搅拌至糖完全溶化，将锅烧开，用中火继续加热大约 15 分钟，或者一直加热到果酱达到了凝固点（105℃）。期间要搅拌几次。

4　将锅从火上端离开，使用一把撇勺，将表面所有的浮沫都撇干净。

5　将锅放到一边静置冷却 5～10 分钟，再次搅拌果酱，将熬煮好的果酱，倒入热的、消过毒的广口瓶内。将瓶密封好。当完全冷却之后，贴上标签。储存在一个凉爽、避光的地方。

杏和橙子果酱

apricot and orange marmalade

橙子和滋味浓郁的杏混合到一起制作而成的果酱是浓咖啡的不二选择。

营养分析：

能量：16.475 千焦；蛋白质 15.9 克；碳水化合物 1030.8 克，其中含有糖分 1030.8 克；脂肪 1.2 克，其中饱和脂肪酸 0 克；胆固醇 0 毫克；钙 753 毫克；纤维素 20.4 克；钠 87 毫克。

[大约制作 1.5 千克]

原材料：

2 个酸橙，洗净，切成四半

1 个柠檬，洗净，切成四半

1.2 升水

900 克杏，去核，切成薄片

900 克白糖

大厨提示

＊在这道食谱中，非常重要的一点是要使用食品加工机将橙子和柠檬搅碎成细末，这有助于果酱的质地稳定。如果用手工切制，效果远远不够。

步骤：

1　将柑橘类水果的籽取出，用一块棉布包好捆紧。用食品加工机将橙子和柠檬搅碎成细末状，放入一个大锅内，加入棉布包和水。

2　将锅加热烧开，然后盖上锅盖，用小火继续加热 1 小时。

3　将杏加入锅内，烧开，然后继续用小火加热 30～40 分钟，或者一直

加热到水果变得非常软烂。取出棉布包，放到一边让其冷却，然后将汁液挤出到锅内。

4　将糖加入锅内，在用小火加热的同时搅拌至糖完全溶化，将锅烧开，用中火继续加热大约 15 分钟，或者一直加热到果酱达到了凝固点（105℃）。期间要搅拌几次。

5　将锅从火上端离开，使用一把撇末勺，将表面所有的浮沫都撇干净。将锅放到一边静置冷却 5 分钟，再次搅拌果酱，将熬煮好的果酱，倒入热的、消过毒的广口瓶内。将瓶密封好，当完全冷却之后，贴上标签。储存在一个凉爽、避光的地方。

柠檬凝乳

柠檬酱，lemon curd

这一款传统的芳香型、乳脂状的柠檬酱现在仍然是所有的凝乳类中最受欢迎的凝乳之一。在新鲜出炉的方面包上涂抹上厚厚的一层柠檬凝乳会非常美味可口，或者是搭配美式风格的小甜饼，也可以制作成为一款香浓而滋味犀利，令人叫绝的酱汁，用勺舀到水果挞上进行装饰。

营养分析：

能量：8.128 千焦；蛋白质 22.5 克；碳水化合物 209.7 克，其中含有糖分 209.7 克；脂肪 118.8 克，其中饱和脂肪酸 66.8 克；胆固醇 1105 毫克；钙 242 毫克；纤维素 0 克；钠 895 毫克。

[大约制作 450 克]

原材料：

2 个柠檬

200 克白糖

115 克无盐黄油

2 个鸡蛋

2 个蛋黄

步骤：

1 将柠檬洗净，然后擦取柠檬外层碎皮，并放入一个耐热碗里。使用一把锋利的刀，将柠檬切成两半并挤出柠檬汁，倒入碗里。将碗放入一个用小火加热的热水锅上，加入糖和黄油。搅拌至白糖完全溶化，黄油也溶化。

2 将鸡蛋和蛋黄放入一个碗里，用一把叉子不停的搅打。然后将蛋液混合物过筛，倒入柠檬混合物中，并彻底搅拌好至混合均匀。

3 在隔水加热的情况下，不断的搅打，直到柠檬混合液变得浓稠，能够覆盖到一个木勺的背面为好。

4 将锅从火上端离开，将搅打好的柠檬凝乳装入一个小的、热的、消过毒的广口瓶内。盖好，密封好，并贴上标签。储存在一个凉爽、避光的地方，建议放到冰箱内进行储存。在 3 个月内使用完毕（一旦打开瓶盖，就要储存在冰箱内）。

大厨提示

* 如果你没有足够的耐心隔水加热搅拌蛋黄液体和柠檬凝乳，可以直接使用厚底锅用微火加热，来制作柠檬凝乳。但是你自始至终都要瞪大眼睛瞧仔细，以避免凝乳形成结块。如果凝乳看起来好像要开始结块了，立刻将锅底放入到冷水里并快速的搅打。

使用味道足够浓烈的酸橙给这一款凝乳带来不可思议的橙子的原汁原味。非常适合于涂抹到烘烤好的面包片上用于早餐或者茶点时享用，也非常适合与打发好的奶油混合到一起，用来作为蛋糕、蛋糕卷和司康饼的馅料。

酸橙凝乳

酸橙酱，seville orange curd

营养分析：

能量：8.593 千焦；蛋白质 25.8 克；碳水化合物 235.2 克，其中含有糖分 235.2 克；脂肪 119.1 克，其中饱和脂肪酸 66.8 克；胆固醇 1105 毫克；钙 383 毫克；纤维素 5.1 克；钠 910 毫克。

[大约制作 450 克]

原材料：

2 个酸橙

115 克无盐黄油，切成粒

200 克白糖

2 个鸡蛋

2 个蛋黄

步骤：

1 将橙子洗净，然后擦取橙子外层碎皮，并放入一个耐热碗里。将橙子切成两半并挤出橙汁，与橙皮一起倒入碗里。

2 将碗放入一个用小火加热的热水锅上，加入糖和黄油。搅拌至白糖完全溶化，黄油也溶化。

3 将鸡蛋和蛋黄放入一个小碗里，轻轻搅散开。然后将蛋液混合物过筛，倒入橙子混合物中，并彻底搅拌好至混合均匀。

4 在隔水加热的情况下，不断的搅打，直到橙子混合液变得浓稠，能够覆盖到一个木勺的背面为好。

5 将搅打好的橙子凝乳倒入小的、热的、消过毒的广口瓶内。盖好并密封好。储存在一个凉爽、避光的地方，建议放到冰箱内进行储存。

西柚凝乳

grapefruit curd

如果你喜欢味道更强烈，也更清新的凝乳类食品，这一款西柚凝乳就值得一试。在制作西柚凝乳时，使用散养的、新鲜的鸡蛋可以制作出最佳的品质和风味。

营养分析：

能量：8.25 千焦；蛋白质 27.1 克；碳水化合物 218 克，其中含有糖分 218 克；脂肪 116.8 克，其中饱和脂肪酸 66.1 克；胆固醇 1006 毫克；钙 255 毫克；纤维素 0 克；钠 996 毫克。

[大约制作 675 克]

原材料：

1 个西柚，擦取外层碎皮，挤出西柚汁

115 克无盐黄油，切成粒

200 克白糖

4 个鸡蛋，打散成蛋液

步骤：

1 将柚子皮和柚子汁放入一个大的耐热碗里，加入黄油和白糖。将碗放入一个用小火加热的热水锅上。用小火加热的同时，搅拌至白糖完全溶化，黄油也溶化开。

2 将打散的鸡蛋加热到水果混合物中，然后用一个细筛过滤。不断的搅打，然后在隔水加热的情况下，不断的搅打，直到西柚混合液变得浓稠，能够覆盖到一个木勺的背面为好。

3 将搅打好的西柚凝乳倒入小的、热的、消过毒的广口瓶内。盖好并密封好。待瓶子冷却之后，你可以贴上标签，储将广口瓶储存在一个凉爽、避光的地方，建议放到冰箱内进行储存。在 3 个月内使用完毕（一旦打开瓶盖，就要将西柚凝乳储存在冰箱内）。

举一反三

- 味道浓烈的西柚和甘甜的橙子，在乳脂状的水果凝乳中互为补充。在这一款西柚凝乳中加入擦取的一个小橙子的外皮，来增添焕然一新的口味。

热带风味并芳香四溢的百香果，给这一款凝乳带来了无与伦比的炎炎夏日般的烙印。特别适合于涂抹到烘烤至香喷喷的英式松饼上，或者小巧玲珑的美式薄饼上。

百香果凝乳
passion fruit curd

营养分析：

能量：9.949 千焦；蛋白质 34.4 克；碳水化合物 291.5 克，其中含有糖分 291.5 克；脂肪 128 克，其中饱和脂肪酸 69.3 克；胆固醇 1409 毫克；钙 334 毫克；纤维素 2 克；钠 1023 毫克。

[大约制作 675 克]

原材料：

2 个柠檬，擦取外层碎皮，并挤出柠檬汁

115 克无盐黄油，切成粒

275 克白糖

4 个百香果

4 个鸡蛋

2 个蛋黄

步骤：

1 将柠檬碎皮和柠檬汁一起放入一个耐热碗里，加入糖和黄油。

2 将百香果切成两半，挖出籽，放入置于在一个碗上方的细筛里；挤压出所有的汁液，然后将籽丢弃不用。

3 将耐热碗放入一个用小火加热的热水锅上，搅拌至糖完全溶化，黄油也溶化开。

4 将鸡蛋和蛋黄一起搅打均匀，倒入耐热碗里搅拌均匀，然后将混合物过筛，搅打至混合物变得浓稠，能够覆盖到一个木勺的背面为好。

5 将搅打好的凝乳装入小的、热的、消过毒的广口瓶内。盖好并密封好。储存在一个凉爽、避光的地方，建议放到冰箱内进行储存。在 3 个月内使用完毕（一旦打开瓶盖，就要储存在冰箱内）。

苹果和肉桂风味涂抹酱

苹果和肉桂风味黄油，apple and cinnamon butter

香酥苹果馅饼的爱好者一定会喜欢上这一款异常甘美的苹果涂抹酱。搭配烘烤好的面包片或者新鲜出炉的布里欧面包，当做一顿丰盛的早餐，或者用于茶点时，搭配小甜饼和奶油一起享用。

营养分析：

能量：13.168 千焦；蛋白质 6.1 克；碳水化合物 797.8 克，其中含有糖分 797.8 克；脂肪 0.9 克，其中饱和脂肪酸 0 克；胆固醇 0 毫克；钙 432 毫克；纤维素 14.4 克；钠 92 毫克。

[大约制作 1.8 千克]

原材料：

475 毫升干苹果酒

450 克酸味苹果，去皮、去核，切成片

450 克甜苹果，去皮、去核，切成片

1 个柠檬，擦取外层碎皮，挤出柠檬汁

675 克白糖

5 毫升肉桂粉

大厨提示

＊ 将制作好的黄油静置 2 天的时间，让其风味能够充分挥发出来。

步骤：

1 将苹果酒放入一个大锅内并加热烧开。一直加热到将苹果酒熸去一半的容量为止，然后加入苹果和柠檬皮及柠檬汁。

2 盖上锅盖后继续加热 10 分钟。去掉锅盖并继续加热 20～30 分钟，或者一直加热到苹果变得非常软烂。

3 让苹果混合物略微冷却，然后倒入食品加工机内或者搅拌机内搅打成泥状。用细筛过滤到一个碗里。

4 量好苹果泥，并放入一个大的厚底锅内，按照每 600 毫升的苹果泥加入 275 克糖的比例加入糖。加入肉桂粉并搅拌至混合均匀。

5 用小火加热，并不时的搅拌，直到糖完全溶化。改用中火烧开并继续加热 20 分钟，期间要不断的搅拌，直到混合物变成浓稠状的果泥，舀取一勺放入一个冷的餐盘内能够定型的程度。

6 将制作好的苹果和肉桂风味黄油用勺装入热的、消过毒的广口瓶内。密封好后贴上标签，然后储存在一个凉爽、避光的地方两天以上的时间，让风味得以充分的发挥后再使用。

梨柔和而雅致的风味被这款涂抹酱中的香草风味所提升，体现出水果风味的精髓。在食用之前让其熟化几天的时间是非常物有所值而值得期待的。

梨和香草风味涂抹酱

梨和香草风味黄油，pear and vanilla butter

营养分析：

能量：12.641 千焦；蛋白质 6.1 克；碳水化合物 795.4 克，其中含有糖分 795.4 克；脂肪 0.9 克，其中饱和脂肪酸 0 克；胆固醇 0 毫克；钙 457 毫克；纤维素 19.8 克；钠 68 毫克。

[大约制作 675 克]

原材料：

900 克梨，去皮、去核、切碎

3 个柠檬，挤出柠檬汁

300 毫升水

1 个香草豆荚，从中间劈开

675 克白糖

步骤：

1 将梨放入一个大锅内，与柠檬汁、水和香草豆荚一起加热烧开。盖上锅盖后用小火继续加热 10 分钟。去掉锅盖并继续加热 15～20 分钟，或者一直加热到梨变得非常软烂。

2 从锅内取出香草豆荚，用一把刀的刀尖小心的将香草籽刮取下来并放入到锅内。

3 让梨混合物略微冷却，然后倒入食品加工机内或者搅拌机内搅打成泥状。用细筛将梨泥过滤到一个碗里。

4 量好梨泥，并放入一个大的厚底锅内，按照每 600 毫升的梨泥加入 275 克糖的比例加入糖。

5 用小火加热，并不时的搅拌，直到糖完全溶化。改用中火烧开并继续加热 15 分钟，期间要不断的搅拌，直到混合物变成浓稠状的果泥，舀取一勺放入一个冷的餐盘内能够定型的程度。

6 将制作好的梨黄油用勺装入小的、热的、消过毒的广口瓶内。密封好后贴上标签，然后储存在一个凉爽、避光的地方至少两天以上的时间再使用。

大厨提示

＊水果黄油具有柔软至可以涂抹的浓稠程度——你水果凝乳浓稠一些，但是比水果奶酪柔软一些。可以作为茶点时间内非常棒的佐料。

＊水果黄油在密封好的广口瓶内保存良好，并且可以储存 3 个月以上的时间。一旦打开瓶盖，应储存在冰箱内。

李子涂抹酱

李子黄油，plum butter

用慢火加热熬煮而成的李子涂抹酱，带有浓郁的风味、鲜艳的色彩和细腻的质感。

营养分析:

能量: 8.853 千焦；蛋白质 7.9 克；碳水化合物 553.9 克，其中含有糖分 553.9 克；脂肪 1 克，其中饱和脂肪酸 0 克；胆固醇 0 毫克；钙 361 毫克；纤维素 14.5 克；钠 50 毫克。

[大约制作 900 克]

原材料:

900 克红李子，去核

1 个橙子，擦取外皮，并挤出橙汁

150 毫升水

450 克白糖

步骤:

1 将李子放入一个大的厚底锅内，加入橙皮和橙汁、水一起加热烧开。然后盖上锅盖，并用小火继续加热 20～30 分钟。或者一直加热到李子变得非常软烂。放到一边使其冷却。

2 将李子用一个细筛过滤。量好李子泥，并放入锅内，按照每 600 毫升的梨泥加入 350 克糖的比例加入糖。

3 当糖完全溶化之后，改用中火烧开并继续加热 10～15 分钟，并不时的搅拌，直到舀取一勺放入一个冷的餐盘内，果泥能够定型的浓稠程度。

4 将制作好的梨黄油用勺装入热的、消过毒的广口瓶内。密封好后贴上标签，然后储存在一个凉爽、避光的地方两天以上的时间待其熟化后再使用。

> **大厨提示**
>
> * 可以将李子涂抹酱涂抹到烘烤至香喷喷的核桃和葡萄干面包上当做一顿美味可口的早餐，在茶点时间内食用，或者只是作为小吃来食用都会非常美味可口。

金桃涂抹酱

金桃黄油，golden peach butter

这一款滋味丰厚，暗金色，美味可口的香浓涂抹酱，可以让人大快朵颐。

营养分析:

能量: 12.93 千焦；蛋白质 16.4 克；碳水化合物 804.2 克，其中含有糖分 804.2 克；脂肪 1.3 克，其中饱和脂肪酸 0 克；胆固醇 0 毫克；钙 449 毫克；纤维素 19.5 克；钠 54 毫克。

[大约制作 2.25 千克]

原材料:

1.3 千克熟透的桃子，去核

600 毫升水

675 克白糖

1 个柠檬，擦取外层皮并挤出柠檬汁

2.5 毫升肉桂粉

2.5 毫升豆蔻粉

步骤:

1 将桃切成片，放入一个大锅内，加入水后一起加热烧开。然后盖上锅盖，并用小火继续加热大约 10 分钟。

2 去掉锅盖后继续用小火加热 45 分钟，或者一直加热到桃肉变得非常软烂。

3 放到一边使锅略微冷却，然后倒入食品加工机内或者搅拌机内搅打成泥状。用一个细筛过滤到碗里。

4 量好桃泥，并放入一个大锅内，按照每 600 毫升的梨泥加入 275 克糖的比例加入糖。

5 将柠檬皮和柠檬汁，以及香料加入锅内并搅拌混合均匀。用小火加热，搅拌至糖完全溶化开。

6 将锅烧开，并继续加热 15～20 分钟，并不时的搅拌，直到舀取一勺放入一个冷的餐盘内，果泥能够定型的浓稠程度。

7 将制作好的桃涂抹酱用勺装入小的、热的、消过毒的广口瓶内，密封好后贴上标签，然后储存在一个凉爽、避光的地方两天以上的时间后再使用。

> **大厨提示**
>
> * 为取得别具一格的风味，可以将这一款甘美、芳香的涂抹酱用勺装入到小的挞皮内或者盛到小个的布里欧面包上享用。

南瓜和枫叶糖浆涂抹酱

南瓜和枫叶糖浆黄油，pumpkin and maple butter

这一款典型的美国风味涂抹酱带有讨人喜爱的靓丽，如同秋日般的色彩和风味。特别适合涂抹到刚从扒炉上取下的煎至金黄色的小甜饼上，或者用来作为馅料，也或者用在蛋糕上作为装饰配料。

营养分析：

能量：13.357 千焦；蛋白质 12.4 克；碳水化合物 831 克，其中含有糖分 825 克；脂肪 2.4 克，其中饱和脂肪酸 1.2 克；胆固醇 0 毫克；钙 730 毫克；纤维素 12.1 克；钠 370 毫克。

[**大约制作 675 克**]

原材料：

1.2 千克南瓜或者冬南瓜，去皮、去籽，切碎

450 毫升水

1 个橙子，擦取外层碎皮，并挤出橙汁

5 毫升肉桂粉

120 毫升枫叶糖浆

675 克白糖

举一反三

● 这一款涂抹酱使用蜂蜜来代替枫叶糖浆也同样美味可口。并且会增添一种独特的风味。

步骤：

1 将南瓜或者冬南瓜放入一个锅内，加入水后一起加热烧开。然后用小火继续加热 30～40 分钟，或者一直加热到南瓜变得非常软烂。捞出，用一把勺子的背面，将南瓜通过一个细筛挤压过滤到一个碗里。

2 将橙皮和橙汁，以及肉桂粉和枫叶糖浆拌入南瓜泥中，然后按照每 600 毫升的南瓜泥加入 275 克糖的比例加入糖。

3 用小火加热，搅拌至糖完全溶化开。将锅用中火烧开，并继续加热 10～20 分钟，并不时的搅拌，直到混合物形成浓稠状，舀取一勺放入一个冷的餐盘内，果泥能够定型的浓稠程度。

4 将制作好的南瓜涂抹酱用勺装入小的、热的、消过毒的广口瓶内，密封好后贴上标签，然后储存在一个凉爽、避光的地方两天以上的时间后再食用。

你需要使用真正熟透的芒果来制作这一款涂抹酱。如果芒果没有熟透，它们加热所需要的时间就会过长，制作不出如此浓郁芬芳风味的涂抹酱。

芒果小豆蔻风味涂抹酱

芒果小豆蔻风味黄油，mango and cardamom butter

营养分析：

能量：13.461 千焦；蛋白质 10.3 克；碳水化合物 842.8 克，其中含有糖分 840.1 克；脂肪 1.9 克，其中饱和脂肪酸 0.9 克；胆固醇 0 毫克；钙 478 毫克；纤维素 23.5 克；钠 71 毫克。

[**大约制作 675 克**]

原材料：

900 克熟透的芒果，去皮

6 个绿色的小豆蔻豆荚，劈开

120 毫升鲜榨柠檬汁

120 毫升鲜榨橙汁

50 毫升水

675 克白糖

步骤：

1 将芒果肉从核上切下并切碎，然后放入一个锅内，加入小豆蔻豆荚、橙汁和柠檬汁，以及水。

3 从锅内取出小豆蔻豆荚不用。将芒果倒入一个食品加工机内或者搅拌机内搅打成泥状。用细筛将芒果泥过滤到一个碗里。

4 量好芒果泥，并放入一个大的厚底锅内，按照每 600 毫升的芒果泥加入 275 克糖的比例加入糖。用小火加热，并不时的搅拌，直到糖完全溶化。改用中火烧开并继续加热 10～20 分钟，期间要不断的搅拌，直到混合物变成浓稠状的果泥，舀取一勺放入一个冷的餐盘内能够定型的程度。

2 盖上锅盖，然后用小火加热 10 分钟。去掉锅盖，再继续用小火加热 25 分钟，或者一直加热到芒果变得非常软烂，此时锅内仅仅会有一点汁液残留。

5 将制作好的芒果和小豆蔻风味涂抹酱用勺装入小的、热的、消过毒的广口瓶内，密封好后贴上标签，然后储存在一个凉爽、避光的地方至少两天以上的时间后再食用（这一款涂抹酱可以储存 3 个月以上的时间）。

香草风味西洋李子奶酪

damson and vanilla cheese

[大约制作 900 克]

原材料：

1.5 千克西洋李子

1 条香草豆荚，从中间劈开

800 克白糖

这一款奶酪非常适合于搭配烤羊排、烤鸭和烤野味类菜肴，或者半软质的奶酪类。

营养分析：

能量：15.579 千焦；蛋白质 11.5 克；碳水化合物 980 克，其中含有糖分 980 克；脂肪 0 克，其中饱和脂肪酸 0 克；胆固醇 0 毫克；钙 784 毫克；纤维素 27 克；钠 78 毫克。

步骤：

1 将洗净的西洋李子和香草豆荚一起放入一个大锅内。倒入没过西洋李子一半高度的水。盖上锅盖，将锅加热烧开，然后用小火继续加热 30 分钟。

2 取出香草豆荚，用一把小刀的刀尖刮取香草籽，放入锅内。继续加热烧开。

3 将锅内的西洋李子连同汁液一起倒入一个细筛中，将西洋李子挤压过滤到一个碗里。将量好的西洋李子果蓉倒入一个大的厚底锅内，按照每 600 毫升西洋李子果蓉加入 400 克糖的比例加入糖。

4 将果蓉和糖用小火加热，不时的搅拌至糖完全溶化。用小火继续加热大约 45 分钟，期间要不时的用木勺来回搅拌，直到西洋李子果蓉变得非常浓稠。

5 将制作好的西洋李子奶酪用勺舀入热的消过毒的直身广口瓶内。密封好并贴上标签。储存在一个凉爽、避光的地方 2~3 个月的时间，让其略微变得干燥，然后再食用。

温柏奶酪

quince cheese

[大约制作 900 克]

原材料：

1.3 千克温柏

800 克白糖，撒面装饰用

这一款芳香四溢的水果奶酪特别适合于作为甜食来享用。

营养分析：

能量：15.37 千焦；蛋白质 7.9 克；碳水化合物 966 克，其中含有糖分 966 克；脂肪 1.3 克，其中饱和脂肪酸 0 克；胆固醇 0 毫克；钙 567 毫克；纤维素 28.6 克；钠 87 毫克。

步骤：

1 将温柏洗净，切碎并放入一个大锅内。加入几乎可以没过温柏的水，盖上锅盖并用小火加热 45 分钟，或者一直加热到温柏变得非常软烂。关火使其略微冷却。

2 将锅内的温柏连同汁液一起倒入一个细筛中，挤压过滤一个碗里。将量好的温柏果蓉倒入一个大的厚底锅内，按照每 600 毫升果蓉加入 400 克糖的比例加入糖。将果蓉和糖用小火加热，不时的搅拌至糖完全溶化。用小火继续加热 40~50 分钟，期间要不时的搅拌，直到温柏果蓉变得非常浓稠。

3 将制作好的温柏奶酪倒入一个涂抹过有的小号烤盘内，让其冷却静置 24 个小时。然后切成小的方块形，撒上白糖后储存在一个密封的容器内。

香浓樱桃奶酪

spiced cherry cheese

为了取得最佳效果，可以使用那些酸味较大并且肉质为深红色的樱桃来制作。作为口味敦厚的奶酪，或者切成片的烤鸭或者烤肉的配菜。

营养分析：

能量：16.207 千焦；蛋白质 17.5 克；碳水化合物 1008.5 克，其中含有糖分 1008.5 克；脂肪 1.5 克，其中饱和脂肪酸 0 克；胆固醇 0 毫克；钙 619 毫克；纤维素 13.5 克；钠 63 毫克。

[大约制作 900 克]

原材料：

1.5 千克樱桃，去核

2 根肉桂条

800 克白糖

大厨提示

* 将奶酪储存在一个凉爽、避光的地方 2~3 个月之后再食用。
* 将水果奶酪切成片状后食用，从容器内倒出，用一把锋利的刀将奶酪切成片状。可以切成小片。要使用直身的容器，这样奶酪可以非常容易的倒出来。

步骤：

1 将樱桃和肉桂条一起倒入一个大锅内。倒入几乎可以没过樱桃的水。将锅加热烧开，然后盖上锅盖并用小火继续加热 20~30 分钟，或者一直加热到樱桃变得非常软烂。取出去掉肉桂条。

2 将锅内的樱桃，倒入到一个细筛中，使用一把勺子的背面，将水果挤压

过滤到一个碗里。将量好的樱桃果蓉倒入一个大的厚底锅内，按照每 600 毫升樱桃果蓉加入 350 克糖的比例加入糖。

3 将果蓉和糖用小火加热，不时的搅拌至糖完全溶化。用小火继续加热 45 分钟，期间要不时的搅拌，直到樱桃果蓉变得非常浓稠。要测试果蓉的凝固程度，用勺舀取一点制作好的樱桃奶酪，放入一个冷的餐盘内，应该能够形成结实的结力。

4 将制作好的香浓樱桃奶酪用勺舀入热的消过毒的直身广口瓶内，或者涂过油的模具中。密封好并贴上标签。储存在一个凉爽、避光的地方。

这一款滋味浓郁、颜色深邃的奶酪具有令人惊叹的风味和令人着迷的颜色。为了让其更加芳香浓郁，添加了一些覆盆子——也可以添加草莓——代替一部分的黑莓。

黑莓和苹果奶酪
blackberry and apple cheese

营养分析：

能量：14.796 千焦；蛋白质 13.4 克；碳水化合物 921.9 克，其中含有糖分 921.9 克；脂肪 2.3 克，其中饱和脂肪酸 0 克；胆固醇 0 毫克；钙 811 毫克；纤维素 3501 克；钠 75 毫克。

[大约制作 900 克]

原材料：

900 克黑莓

450 克酸味苹果，带皮，带籽，切成块

1 个柠檬，擦取外层柠檬皮，并挤出柠檬汁

800 克白糖

步骤：

1　将黑莓、苹果和柠檬皮及柠檬汁一起放入一个锅内，加入足量的水，没过锅内原材料一半高度。加热烧开，然后不盖锅盖，继续用小火加热 15~20 分钟，或者一直加热到水果变得软烂。

2　让锅内的水果略微冷却，倒入一个细筛中，使用一把勺子的背面，将水果挤压过滤到一个碗里。将量好的果蓉倒入一个大的厚底锅内，按照加入每 600 毫升果蓉加入 400 克糖的比例加入糖。

3　将果蓉和糖用小火加热，不时的搅拌至糖完全溶化。用小火继续加热 40~50 分钟，期间要不时的搅拌，直到结力达到了凝固点（见大厨提示内容）。

4　将制作好的黑莓和苹果奶酪用勺舀入热的消过毒的直身广口瓶内，或者涂过油的模具中。密封好并贴上标签。储存在一个凉爽、避光的地方，保存 2~3 个月，使其略微干燥。

大厨提示

＊当奶酪制作好之后，你用一把木勺在锅内的原材料中划过时，你应该能够看到锅的底部。用勺舀取一点制作好的混合物，放入一个冷的餐盘内，应该能够形成结实的结力。